新・半導体産業のすべて

AIを支える先端企業から
日本メーカーの展望まで

The New Complete Guide to the Semiconductor Industry
An Update to the Cutting-Edge Companies Driving AI
and the Outlook for Japanese Manufacturers

菊地正典
Masanori Kikuchi

ダイヤモンド社

はじめに

2023年2月、筆者は半導体産業の最新状況をお伝えするため、『半導体産業のすべて』を出版し、おかげさまできわめて数多くの読者の皆様から好評・御支持を得ることができました。

前著では「半導体」という「産業の米」について、主に日本の産業を支えるという側面にスポットを当ててアプローチしてみました。そして、単に製品としてだけでなく、半導体がいかに人々の日々の生活やビジネスに関わっているか、社会生活を根底で支えるインフラとして役立っているかを解説し、さらには最近では国の安全保障の要として最重要戦略物資となっていることについてもくわしく説明を加えてきたつもりです。

このようにさまざまな「顔」を持ち、常に進歩し続ける半導体に関しては、「市場、技術、社会、経済、政治」などあらゆる面で、ニュースがない日はないと言ってよい状況です。

しかし、半導体産業は「秒針分歩」の世界であり、前著の発刊からわずか2年の間にも、状況は大きく変わりつつあります。それは半導体の市場そのもの、技術進歩、さらにはChatGPTをはじめとする生成AIの登場によるビジネス分野での変化、各国による半導体メーカーの誘致合戦などあらゆる分野に及び、今回、それに対応すべく新版化をめざしたしだいです。

市場面では、2020年初頭から2022年にかけて極端な半導体不足があり、2023年から2024年にかけては、まだら模様での半導体の回復基調が見え始め、2025年からは本格的な市場拡大が見込まれています。

技術面では、3nm（ナノメートル）以降の先端テクノロジー・ノード（半導体の世代）の開発競争がますます激化するようになりました。これについては新章を設けて解説しています。

社会・経済面では、2022年11月にChatGPTに代表される生成AIが登場。そして、生成AIの有効性が広く認知されるに伴って、生成AIに使われるGPUなどが半導体需要の強力な牽引役になるとともに、半導体メーカー間でも、GPUの8割を押さえるエヌビディアの急成長、王者インテルの凋落など優勝劣敗の生き残り競争がさらに激化しています。

政治面では、米中覇権争いを背景に、各国や各地域で半導体産業への公的資金援助やさまざまな支援がなされ、およびその一環として新工場建設の狂騒的ラッシュが米国、欧州、日本などの世界各地で起こっています（巻末資料に世界と日本の工場新設の表を追加しました）。

このように目まぐるしく変化する状況のなかで、正確な情報と筆者の考えを交えた今後の見通しなどを、できるだけ多くの皆様に知っていただきたいと思い、本書を新たに執筆したわけです。

本書では、前著に掲載したデータや図表を最新のものに完全アップデートしたのはもちろんのこと、半導体産業の現状に合わせて項目の大幅な追加・削除を行なっています。

とりわけ新章として「第7章　半導体の先端技術の動向」と「第8章　注目！　世界の半導体トップ企業38社」を加えたことで、ほとんど新しい本として生まれ変わったものです。

筆者の意図がどこまで達成されたかはわかりませんが、本書が半導体産業に多少でも関わりのある方、学生諸氏、金融証券関係者や個人で株や投資に関心を持たれている方など、多くの人々に届き、お役に立てることがあれば、これに勝る喜びはありません。

最後になりましたが、本書の執筆にあたり、筆者を日頃より温かい目で見守り、励ましてくれる松田葉子さんに改めて感謝の意を表します。

２０２４年12月吉日

菊地　正典

第1章 半導体を取り巻く環境と半導体産業の全体像

第2章 半導体の製造工程から整理する関連業界

第6章 これからの半導体と半導体産業を展望する

第7章 半導体の先端技術の動向

第8章 注目！ 世界の半導体トップ企業38社

巻末資料

第１章

半導体を取り巻く環境と
半導体産業の全体像

半導体不足とその原因は?

この数年の半導体を巡る状況の推移をみると、2020年初頭から2022年中頃までの**極端な半導体不足**、2023年から2024にかけてのまだら模様を含む**市況の回復基調**、2025年からの**本格的成長**の見込みとなっています。

半導体は、日々の生活から産業さらに軍事まで、社会に広く深く浸透しているという特性に加え、製造に際してはグローバルに相関する構図を持ち、また国・地域における深刻な地政学的思惑も絡んできています。

そのため上記の極端な半導体不足は、半導体が一般の人々にも広く知られるある意味で良い契機になったと同時に、半導体が持つさまざまな「顔」を端的に表わしているともいえます。そのため、ここで改めて半導体需給について見ておくことにより、半導体を取り巻くさまざまな状況の具体例として考察し、位置付けることができるでしょう。

▼半導体不足で納品が遅れる?

たとえば、「クルマを買い替えたいけれど、ディーラーからは、半導体不足で納車は数か月先でも確約できない」と言われたとか、「給湯器が壊れたので急を要するけれど、半導体不足で製品を入手できない」など、そんな会話を耳にすることも珍しくありません。

ところで、このような事態を招いた半導体の不足の本当の原因や理由はどこにあるのでしょうか? それを探っていくと、その背景には、社会的、経済的、政治的な要因が複雑に絡みあった状況があります。

そこでこれらの要因(主に2020~2021年)について少し見ていくことにしましょう(図1-1-1)。

▼社会的要因——5G、DXの波

まず、「2020年春頃から本格化した、コロナ禍の影響」が指摘されています。ただ、じつはそれ以前から半導体不

図 1-1-1　半導体不足の原因

社会的要因

コロナ禍以前 (～2020春)	移動通信システムの5Gへの急速な移行 一般市場でのデジタル化の推進
コロナ禍以降 (2020春～)	在宅勤務、テレワーク、在宅長時間化など生活スタイルの変化 ↓ パソコン、スマホ、ゲーム機などの需要拡大
2021年2月／中	アメリカテキサス州オースティンでの寒波で電力供給ストップ ↓ 現地半導体工場が数週間以上、生産中止
2021年2月	台湾で深刻な水不足 ↓ 台湾ファウンドリーが減産
2021年3月	茨城県ひたちなか市のルネサス半導体工場で火災 ↓ 3か月以上生産ストップ
2021年4、5月	台湾の発電所の事故で電力供給不足

経済的要因

コロナ禍以前 (～2020春)	5Gシフト、クラウドコンピューティング普及、デジタル化推進 ↓ 半導体の需要>供給
コロナ禍以降 (2020春～)	ノートパソコン、ゲーム機などのバッテリー動作の電子機器の需要増大 ↓ パワーマネジメントIC不足
	パソコン、テレビなどディスプレイの需要増大 ↓ ドライバーIC不足
	工場の操業短縮・停止、物流停滞など ↓ 半導体サプライチェーンの混乱
	2020年初めまで自動車需要の落ち込み ↓ 車載用の比較的古い枯れた生産ラインを家電用などに振り向け ↓ 2020年秋以降の自動車市場の急速な回復時に、自動車用半導体(MCUなど)の不足で、2021年に入り自動車各社は減産や操業停止

政治的要因

2018年8月	ファーウェイ(中国)のCTO、カナダで逮捕される
2020年8月	ファーウェイに対する禁輸強化 ↓ 半導体や関係資材の調達を完全遮断
2020年12月	中国ファウンドリー企業への半導体製造用部材の禁輸制裁 コロナによる中国深圳市コンテナ船貨物港の閉鎖 ↓ 半導体サプライチェーンの遮断

足は生まれていました。というのは、第5世代移動通信システム（5G）への急速な移行や、一般市場におけるDX（デジタル・トランスフォーメーション）の進展などにより、その核となる半導体が不足するという状況がすでに生まれていたからです。

そんな中で、コロナによる在宅勤務やテレワークの普及・拡大、さらには一般の人々の在宅の長時間化による生活スタイルの変化などがパソコンやスマホ（スマートフォン）、ゲーム機などのエレクトロニクス機器の需要を押し上げ、「コロナ禍が原因」のように言われた経緯があります。

さらに、悪いときには悪いことが重なるものです。世界各地で起きた天災や半導体工場での事故が半導体不足に拍車をかけることになりました。

2021年2月中旬には、アメリカのテキサス州オースティンが猛烈な寒波に襲われ、電力供給が絶たれました。このため、韓国のサムスン電子（三星電子）、オランダのNXPセミコンダクターズ、ドイツのインフィニオン・テクノロジーの現地にある半導体工場が、数週間以上にわたって生産中止に追い込まれました。

日本でも、同2021年3月には茨城県ひたちなか市にある、ルネサス・セミコンダクタマニュファクチャリング（ルネサスエレクトロニクスの生産子会社）のN3棟（300㎜ウエハー・ライン）で火災が発生し、3か月以上にわたり生産がストップしました。このラインでは主に車載用のマイコン（MCU：Micro Controller Unit）と呼ばれるものを生産していて、その火災事故により、自動車メーカーに供給面で多大な影響を与えました。

また台湾では、同2021年2月に深刻な水不足に見舞われました。これにより、世界の半導体供給基地化している台湾のTSMC、UMC、VISなど大手の製造工場は減産に追い込まれたのです。さらに追い撃ちをかけるように、同年4月から5月にかけて、発電所の事故による電力供給不足という事態も起きました。

▼経済的要因——需要と供給のアンバランス

半導体が不足するということは、「半導体に対する供給を需要のほうが上回っている」ことに他なりません。じつは、コロナ禍が本格化する前から、半導体の需給アンバランスは存在していました。

その理由として、スマホの5Gへのシフト、クラウドコンピューティングの普及、デジタル化の進展などの大きな潮流があります。

そんな中でコロナ禍が起こり、まず需要の拡大に拍車がかかったのが「**パワーマネジメントIC**」と呼ばれる半導体製品でした。これはノートパソコンや電子ゲーム機など、小型でバッテリー動作をするエレクトロニクス機器に給電するためのものです。

さらに「**ドライバーIC**」の不足が2020年春頃から見られるようになっていました。こちらはパソコン、液晶テレビ、有機ELディスプレイなどの画素を駆動するための半導体製品です。

いっぽう、半導体の供給体制の逼迫《ひっぱく》の理由として、コロナ禍による製造工場の操業短縮や操業停止、さらには物流の停滞により生産に必要な部材の入手困難など、半導体市場のサプライチェーンの混乱が挙げられます。これが半導体の供給体制に大きな影を落としました。

また2020年初め頃までは自動車への半導体需要が落ち込んでいたため、自動車向けの比較的「**枯れた技術**」(最先端ではない、少し前の技術を使用したもの)の生産ラインを、家電用半導体などの生産に振り向けていました。それが2020年秋以降、自動車市場が急速に回復したため、自動車のエンジン制御などで多数使用されるMCU(マイコン)などの半導体が不足することになったのです。このため、2021年1月には、自動車各社は減産や操業停止に追い込まれることになりました。

▼政治的要因——米中摩擦

くすぶり続ける米中貿易戦争の最中、2018年8月、中国の通信機器サプライヤーのファーウェイ(世界第2位のスマートフォンメーカー)のCTOがカナダで逮捕されるという、衝撃的事件が起こりました。

ファーウェイは5Gの通信技術で世界の先頭を走り、傘下には半導体**ファブレス企業**であるハイシリコン(HiSilicon)を擁し、半導体や人工知能(AI)やクラウドコンピューティングの開発を行なっている企業です。しかし、ファーウェイは中国政府との繋がりが強く、政府のスパイが利用できる「**裏口機能**」が同社の製品に埋め込まれている疑いが取り沙汰されました。

米国は2020年8月、同社に対する禁輸強化の一環として、半導体や部材の調達を完全に遮断する措置に出ました。ファーウェイは、ハイシリコンで設計した半導体の製造の多くを台湾の**ファウンドリー企業**である「TSMC」に製造委託をしています。また同2020年12月には、中国のファウンドリー企業であるSMICやHSMCなどへの、半導体製造用の部材の禁輸制裁が米国から発動されました。さらに中国深圳《しんせん》市の港の閉鎖で、半導体関連のサプライチェーンが一時遮断されるという事態も起きました。

Section 02

半導体不足の影響はどのくらい深刻だったのか？

「産業の米」とも呼ばれる半導体は産業用・民生用を問わず、クルマやパソコンから洗濯機や冷蔵庫に至るまであらゆる機器・製品に搭載されています。いまでは、「半導体が使われていないモノを探すほうが難しい」と言われるほどで、多少でも知的な機能を備えた機器には「必ず」と言ってよいほど、半導体が搭載されています。

ここでは半導体不足が特に深刻な影響を受けた分野や製品について見ておきます（図1-2-1）。

▼自動車、家電に甚大な影響

影響が最も大きかったのは自動車産業です。自動車は近年、「走る半導体」とまで呼ばれるほど、さまざまな種類の半導体が多数使われ、自動車のコストに占める半導体コストの割合は、十数％以上にも上ると言われているほどです。

なかでも「エンジン制御」などに使われるコア（中核的）な半導体であるマイコン（MCU）の不足は、世界中の自動車メーカーに減産や操業停止という、深刻な打撃を与えました。このため、新車販売台数の減少や納車の長期化が生じ、それに伴って中古車の不足や価格上昇も引き起こされました。

自動車産業だけでなく、家電製品への影響も大きなものがありました。いわゆる「白物家電」と言われる冷蔵庫、洗濯機、炊飯器、電子レンジなどや、黒い塗装が多いことから「黒物家電」と言われるテレビ、ビデオレコーダなどが品薄になり、入手困難やリードタイムの長期化が起こりました。

他にも、ライフラインに直接関係するものとして、給湯器の入手や修理がほとんどできず、エアコン、IH調理器、モニター付きインターフォンの入手も困難になりました。

そもそも家電に関しては、使用している半導体は先端的なものではありません。一昔も二昔も前の「枯れた技術」

図 1-2-1　半導体不足の影響

自動車	「走る半導体」とも言われるほどさまざまな半導体が多数使われているが、特にコアとなる半導体であるマイコン（MCU）の不足 ⬇ 減産や操業停止 ⬇ 新車販売数の減少や納車の長期化、中古車の不足や価格上昇
家電	白物家電（冷蔵庫、洗濯機、炊飯器、電子レンジ・・・）や黒物家電（テレビ、レコーダ・・・）が品簿 ⬇ 生活の利便性、快適性への影響 給湯器、エアコン、IH調理器、モニター付きインターフォン・・・の不足 ⬇ ライフラインへの影響 パソコン、家庭用プリンター、タブレット端末、電子ゲーム機・・・の不足 ⬇ 在宅勤務やテレワークの普及、在宅の長時間化による生活スタイルへの影響
医療	イメージセンサーほかの半導体不足 ⬇ 内視鏡ほかの医療機器・医療システムへのマイナスの影響
社会インフラ	インターネット、銀行ATM、公共交通網・・・への影響
産業界全般	上記を含め、深刻な負の影響 さらに半導体不足 ⬇ 半導体製造装置の不足、ひいては半導体そのものの不足という悪循環

で作られている半導体でした。このため、まさかそんな製品が不足することなど、家電メーカーや半導体メーカーにとっては想定外だったと言えるでしょう。

▼半導体の不足が「半導体製造装置の不足」まで招く悪循環に

さらにコロナ禍による在宅勤務やテレワークの急増、あるいは巣ごもり需要（旅行や外出規制）が増えたことによるパソコン、家庭用プリンター、タブレット端末、電子ゲーム機の需要増も大きな影響を与えました。

医療関係でも、内視鏡に用いる半導体（イメージセンサー）の不足や、その他の医療機器・医療システム関連に対する影響もありました。

社会インフラとしてのインターネット、銀行のATM、公共交通網などにも少なからぬ影響が及びました。

さらに皮肉なことに、「半導体不足が半導体製造装置の不足を招き、ひいては製造装置の不足が半導体そのものの不足を招く」という悪循環さえ生じたのです。

このように、半導体の不足は、人々の日々の生活における利便性、快適性、遊びなどを阻害するだけでなく、安全性や生命そのものにも関わる深刻な影響を与えました。

そんななかで、「半導体不足によって、自社の生産や商品・サービスの供給面でマイナスの影響を受けた」と答えた115社のうち製造業が86社に上ったという調査結果もあります（帝国データバンク「上場企業「半導体不足」の影響・対応調査」2021年8月より）。

半導体が不足することで、人々の生活、企業での生産活動が窮地に陥ることを私たちは知ることとなったのです。

▼半導体不足の回復は「まだら模様」

2020年後半から始まった「半導体不足」はいつまで続くのでしょうか。

本書を執筆している2024年11月時点では、さすがに4年近く経ったためか、以前よりも状況は徐々に改善されつつあります。AI関連とそれ以外で大きな差が出ています。すなわちAI関連では極端な不足、それ以外はほぼ過不足ないという状況になっています。

では、いつになったら半導体不足が解消されるのでしょうか。この点に関してはさまざまな意見や見方、憶測があり、2022年中に回復するとの予測もありましたが、AI関連を含めた本格的回復は2025年に入ってからと思われます。

私自身は、需給バランスの回復は「まだら模様ではないか」と感じています。すなわち、先端技術を用いた半導体と、従来技術（枯れた技術）による半導体の違いや、新しい応用分野向けと従来分野向けの違いなどによって、半導体の回復模様が異なってくると感じているからです。

具体的には、先端技術を用いた半導体は2025年以降の回復、と考えています。これらの最先端半導体を使用する新しい分野としては、EV（電気自動車）、自動運転自動車、IoT、AI（人工知能）、AR／VR、メタバース、通信インフラ（5G、さらにB5G：Beyond 5G）などがあり、これらに対して主要半導体メーカーが2020年以降に製造ラインを投資してきました。しかし、それらが本格的に立ち上がり、最先端の半導体を市場に潤沢に供給できるようになるのは、2025年以降だろうと考えるからです。

いっぽう、先端的とは言えない従来技術（枯れた技術）の延長線上にある半導体を使用する分野として、従来型のクルマ、家電製品、モバイル端末機器、データセンター用、DX（デジタル・トランスフォーメーション）などでは、ごく一部の分野を除き、市場そのものの拡張による半導体需要の拡大があります。

加えて米中対立やロシアvsウクライナ戦争などの不安定な政治経済情勢を踏まえ、戦略製品としての半導体サプライチェーンの確保・確立が求められています。

同時に考えなければならないのは、従来技術による半導体は先端技術半導体に比べて利益率が低い点です。このため製造メーカーは大幅なリソース投入を躊躇せざるを得ない、という側面もあります。さらにスマホなどでは、コロナやインフレの影響で、買い替え需要の増減などの要因も、今後の需給見込みに絡んでくることでしょう。

したがって、これらの分野では半導体製品ごとに「まだら模様」を抱えながら、2022年中の比較的短期にバランスが取れる半導体分野と、少なくとも2024年までは需要に対し供給がなかなか追いつかない半導体分野とが混在し続ける、と見るべきではないでしょうか。

2020年初頭から2022年にかけて生じた極端な半導体不足は、2022年中頃から徐々に風向きが変わり、車載用半導体やパワー半導体などを除いた半導体一般の需給アンバランスは、在庫調整や一部製品市場の伸び悩みなどの影響もあり、解消されてきています。

WSTS（世界半導体市場統計）や米国ガートナー社などの調査機関の予測によれば、2022年度の半導体市場は前年比4・4％増と、当初予測を下回っています。特に米国、欧州、日本の10～17％の伸びに対し、全体の60％弱を占めるアジア太平洋地域の伸びが2％台と低かったことが影響しています。いっぽう、2023年度については、上半期の調整期間の影響もあり、8・2％のマイナス成長でした。

しかし、2024年から状況は大きく好転しています。DXやAIの進展、IoTの普及、省エネ化などに加え、本書第6章でも触れる新規市場の立ち上がりが背景に控えているからです。

なお、このような半導体の供給不足、あるいは供給過多の問題というのは2020年～2022年にかけて起きた固有の問題ではなく、昔から半導体業界では、繰り返し繰り返し行なわれてきたことといえます。

ここでは2022年にかけての事例で紹介しましたが、今後も同様の問題が生じたとき、どのように状況をとらえ、どのように対応すればよいのか、その一助としてご理解いただければ幸いです。

Section 03

半導体産業の推移レビュー

ここで半導体産業が辿ってきた道のりを、「世界半導体市場の推移」という面からレビューしてみましょう。

▼自動車産業を上回る規模

図1-3-1には、1985年から2023年までの世界半導体市場の年ごとの推移を示してあります。このグラフからもわかるように、世界半導体市場は、年ごとに多少のバラツキは見られますが、マクロ的に見れば右肩上がりの成長を続け、2022年には過去最高の5741億ドル（80兆円）の大きな市場になっています。

これは自動車業界の市場を少し上回る規模で、半導体が最終製品ではない（部品的）という性格を考えると、いかに大きな産業になっているかがわかります。

▼メモリとロジックは相補的

図1-3-2には、2017年から2023年までの半導

図 1-3-1　世界半導体市場の推移

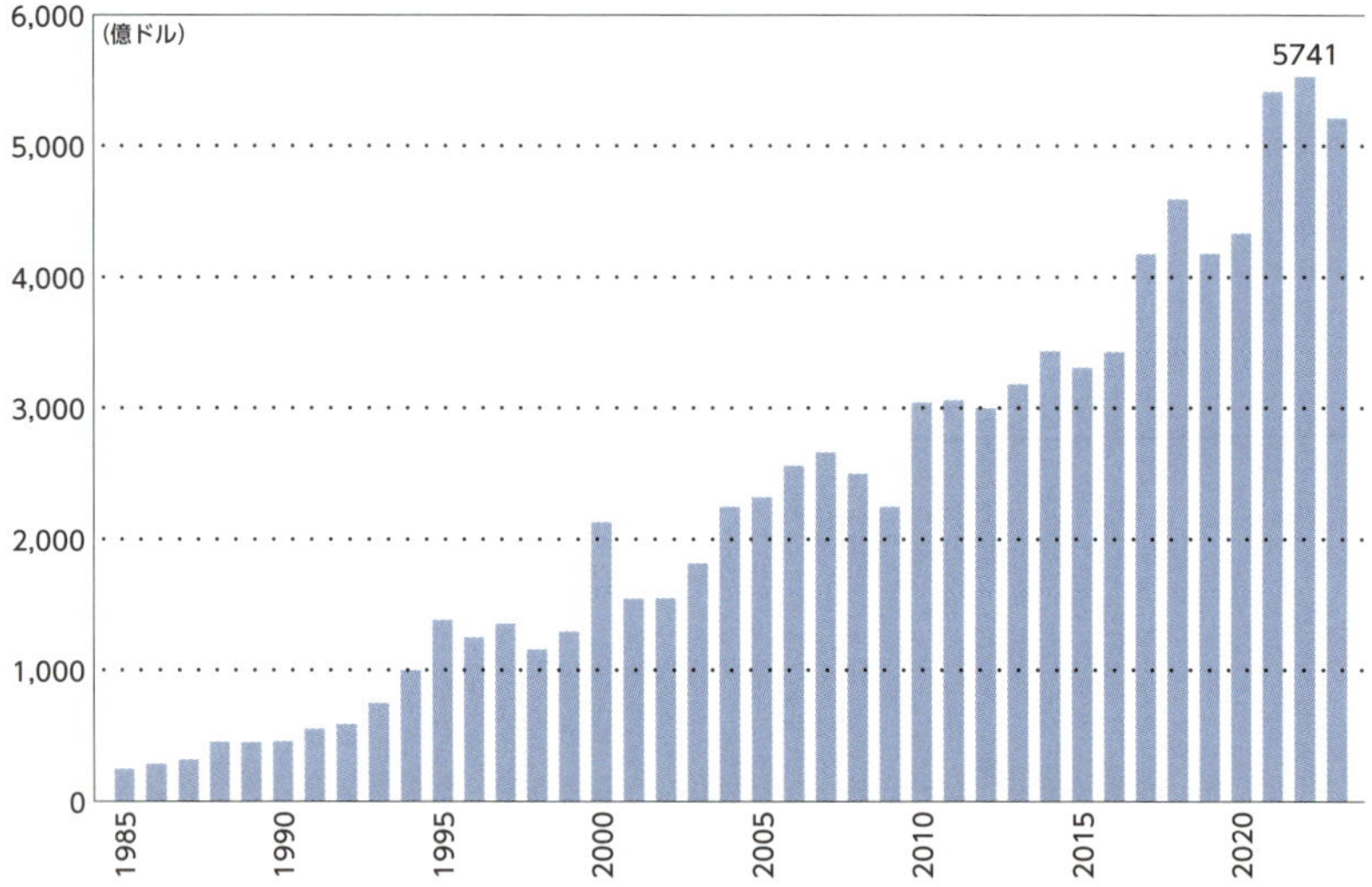

出所：Omdia データ参考

図 1-3-2　半導体市場の製品別割合

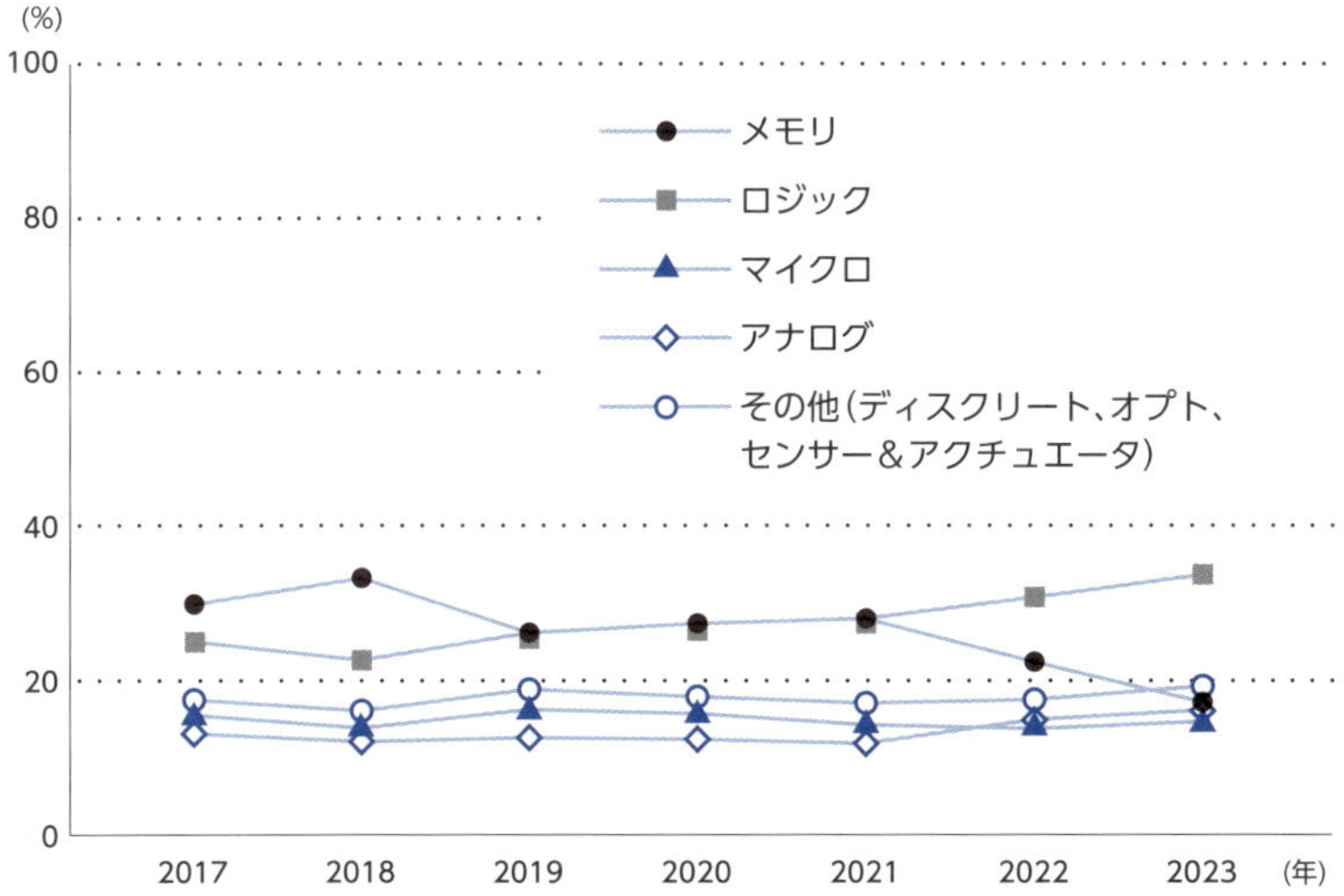

出所：WSTS

体市場の製品別割合の推移を示しています。製品は、メモリ、ロジック、マイクロ、アナログ、その他（ディスクリート、オプト、センサー&アクチュエータ）の5種類に分類されています。

この図から、メモリとロジックとが相補的な関係（一方が増えれば他方が減る関係）にあることがわかります。またメモリは、年度ごとの変動が大きいのに対し、ロジックは少しずつ右肩上がりの傾向を示し、その他の製品には大きな変動はありません。

メモリは汎用品であるため、好不況の影響を受けやすく、特に２０２２年と２０２３年の減少は、２０２０年からの半導体不足の反動でメモリ在庫の積み増しが行なわれ、それが２０２２年以降の在庫増につながったためです。

この図はあくまでも製品別の割合を示したもので、製品の絶対値を表わしているものではありません。したがって市場全体が拡大している時には、伸び率の少ない製品の割合は低く見えることに注意してください。

Section 04

徹底分析「日本半導体メーカーの凋落理由」

▼失われた日の丸半導体の栄光

グローバルな半導体市場の推移のなかで、日本の半導体産業はどのような経緯を辿ってきたのでしょうか？　図1-4-1には、1990年から2021年までの、半導体市場の地域別シェアの推移が示してあります。

まず日本に着目すると、1990年には49％と世界のほぼ半数を占めていたシェアが、その後は坂を転げ落ちるように右肩下がりで減少し、2020年からはわずか6％にまで下がりました。しかし、この傾向はまだまだ止まりそうもありません。

これと対照的なのがアジアパシフィック地域です。1990年のわずか4％から2021年には34％へと、急激な右肩上がりの成長を続けています。この間、アメリカは38％から54％へと堅実な伸びを示し、ヨーロッパは9％から6％へと低レベルでの減少傾向を示しています。

図1-4-2には、半導体メーカーの売上高ランキング

図 1-4-1　半導体市場の地域別シェアの推移（本社所在地ベース）

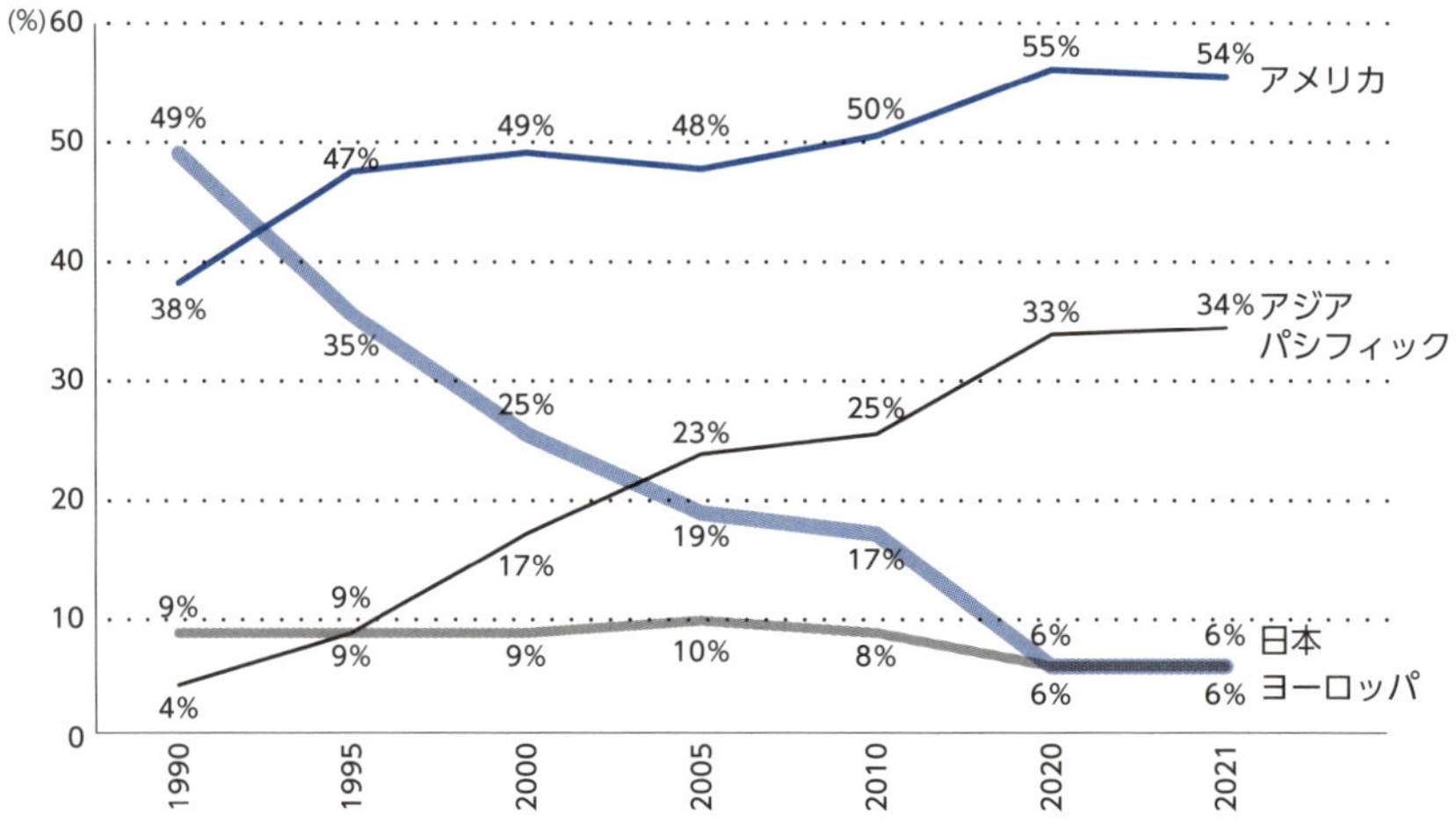

出所：IC Insights

図 1-4-2　半導体メーカーの売上高ランキング

色アミは日本企業

順位	1992年	2001年	2011年	2021年	2023年
1	インテル（米）	インテル	インテル	サムスン電子	インテル
2	NEC（日）	STマイクロエレクトロニクス（スイス）	サムスン電子	インテル	エヌビディア（米）
3	東芝（日）	東芝	TI	SKハイニックス	サムスン電子
4	モトローラ（米）	TI	東芝	マイクロン	クアルコム
5	日立（日）	サムスン電子（韓）	ルネサス（日）	クアルコム	ブロードコム
6	TI（米）	モトローラ	クアルコム（米）	ブロードコム	SKハイニックス
7	富士通（日）	NEC	STマイクロ	TI	AMD（米）
8	三菱（日）	インフィニオン（ドイツ）	SKハイニックス（韓）	インフィニオン	アップル（米）
9	フィリップス（オランダ）	フィリップス	マイクロン（米）	STマイクロ	インフィニオン
10	松下（日）	三菱	ブロードコム（米）	キオクシア（日）	STマイクロ

出所：IC Insights、iSuppli

（トップ10）の推移を1992年から2023年までの5年分を取り上げて示してあります。

1992年には世界トップ10のうち、日本のメーカーが6社を占めていました。それが2001年には3社、2011年には2社、2021年にはわずか1社、そして2023年にはゼロになっています。

この間、米国は3社から6社に増え、インテルがコンスタントに健闘し、新しいメーカーも出現し、中でもエヌビディアが大躍進して2023年には2位にまで上がっています。

また2001年以降、メモリの韓国のサムスン電子とSKハイニックスがポジションを上げています。

これらのデータからもわかるように、1980年代まで半導体の世界では、日本企業が「日の丸半導体」と呼ばれて世界を席巻し、エズラ・ボーゲルに「ジャパン アズ ナンバーワン」と持ち上げられたのも今は昔で、もはやその面影もありません。まさに日本の「失われた30年」と軌を一にしているのです。

この30年間、我が国の半導体メーカーが目を覆うばかりに凋落した原因は一体何だったのでしょうか。日本企業が半導体分野で復活するためには、まずは「原因」を突き止めなければなりません。

▼そもそも「ダントツの地位」を築けた理由は何だったのか？

しかし、その前に、なぜ、日本の半導体メーカーが世界市場の50%、DRAMに限れば75%ものシェアを占めることができたのか、それから考えてみましょう。

半導体技術が、トランジスタから集積回路（IC：Integrated Circuit）、さらに大規模集積回路（LSI：Large Scale Integration）へと進歩するのに歩調を合わせるように、有力なアプリケーションの一つだった電卓分野で、1960年代後半から1970年代前半にかけて電卓戦争と呼ばれた激しい開発競争が行なわれました。これがやがてインテルのマイクロプロセッサ4004に繋がっていったことは周知の事実です。

また1973年から1974年にかけて、IBMからフューチャー・システムと呼ばれた次世代コンピュータシステムを開発するという研究開発プロジェクトが発表されました。これを実現するにはLSI技術の革新的な進歩が必要とされたのです。

これに触発された、あるいは焦った日本の半導体メーカーと政府（当時の「通商産業省」、現在の「経済産業省」）は、1976年に官民合同の超LSI技術研究組合を立ち上げ、1980年までの4年間、VLSI（Very Large Scale Integration 超大規模集積回路）の製造技術の確立に向けたロードマップの策定と製造設備の国産化に向けた活動を続けました。

この活動成果についてはさまざまな評価がありますが、誰もが認めるのはEB直描装置（電子ビームによる直接描画装置）とステッパー（縮小投影露光装置）の量産化の成功によって、その後のLSI技術進歩の大きな原動力になったことでしょう。

▼ムダな仕事を強制された現場

このような背景の中で、筆者が所属していたNECの熊本工場（当時は世界に冠たる半導体工場）では、女性技術者が小集団チームを結成して発塵源の徹底的調査をしたり、製造現場からの自発的な品質管理のボトムアップ活動としてのQCサークル活動やトップダウンを含めたZD（ゼロディフェクト）活動など、日本人らしいきめ細かさで「歩《ぶ》留《ど》まり向上」など、生産活動の改善・向上に努めていました。

さらに主力製品が生産数量の多い標準品としてのDRAM（メモリ）だったこともあり、半導体に関して"how to make"（どのように作るか）としての経験や知識が世界に先駆けて磨かれたものと思われます。

しかしながら、先にも触れたように、1990年をピークに、我が国の半導体は衰退の一途を辿り始めます。それにはさまざまな理由が考えられます。

まず第一に、1985年に日米の政府間協議が始まり1986年に締結された「日米半導体協定」があります。10年間続いた協定の内容は、日本に対する言いがかりとも取れる内容を含んでいました。たとえば、DRAMで日本が圧倒的シェアを占めているのは、「ダンピングによる安売りをしているのでは?」との疑いから、「価格は米国政府が決める」という、とんでもない取り決めでした。

この結果、日本の企業現場では何が起きたか? 両国政府が日本の半導体メーカーに対し、半導体製品のコストデータの提出を求めました。いわゆるFMV（Fair Market Value 公正市場価格）を算出するためという名目でしたが、筆者たちは一日の終業後に、「該当するDRAMにどのくらいの時間をかけたか」という報告義務を課されることになりました。

しかし、半導体工場では異なる製品が同じラインで製造されていましたので、製品ごとの装置、材料、人件費などの割合（賦課率）を算出しなければなりません。

もう一つ、協定には「日本市場に占める外国製半導体の比率を、それまでの10%前後から倍増の20%にしなければならない」という、購買義務まで含まれていました。

このような不平等協定を飲まざるを得なかった日本の半導体業界の直接的ダメージはもちろん、このときのトラウマがその後の日本政府の半導体業界に対する政策に大きなマイナスの影響を与えました。

いっぽう、韓国、台湾、さらに近年では中国が、それぞれの政府による手厚い庇護のもと、半導体産業を大きく伸ばしたのとは対照的な状況が生まれたのです。日本でもその後いくつかの官民プロジェクトが組まれましたが、国の支援の規模を含め、結果として我が国の半導体産業の復活には繋がりませんでした。

▼逆張り戦略のなさ、社内からは「金食い虫」扱い

第二の原因として、我が国の大手半導体メーカーは、すべて総合電機メーカーの一部門として存在していた、ということです。そんなこともあり、半導体部門は会社の中では「新参者」的な立場に置かれていました。半導体ビジネスに精通している経営トップ層は少なく、迅速かつ大胆な決定をできなかったことがあげられます。

半導体ビジネスでは、不況時にこそ投資を行ない、景気が良くなったら一気に売上を伸ばすという、株の売買でいえば「逆張り」の戦略が強く求められます。しかし、半導体ビジネスに精通していない経営陣ではコンセンサスを得

ることは難しく、さらに他部門の役員からは「金食い虫」と揶揄《やゆ》されるような状況でした。

その点、韓国、台湾などの半導体企業では、そのビジネスに精通し、チャレンジ精神に溢れた強い経営者のもとで迅速かつ、思い切った戦略が取られたのです。

第三の原因としては、1990年代以降、半導体技術の急速な進展により、LSIを製造するファブ（工場）や装置に対する膨大な投資と、先端的製造技術が求められるようになりました。このため、従来のIDM（垂直統合型）からファウンドリー（受託生産）などの分業化の動きが顕著になり、日本のIDMはその趨勢に乗り遅れたことも一因としてあげられます。

乗り遅れたというより、半導体ビジネスの新たな動きの意味を「理解できなかった」、あるいは従来の立場に固執したというほうが正しいでしょうか。

第四の原因は、我が国の半導体業界の不振に対し、国から打たれた業界再編の動きが遅きに失し、結果的に「弱者連合」の形になったことです。NECと日立のDRAM部門が合併して生まれたエルピーダメモリは、2012年に会社更生法を申請し、2013年にはアメリカのマイクロン・テクノロジーの完全子会社になりました。もし発足当初から東芝を加えてDRAMとフラッシュメモリまで手がけていたなら、結果はまったく違ったものになっていたのではないでしょうか？

▼オンリーワンの製品をもてなかった

第五の原因として、半導体ビジネスでは数が出るデファクト製品を持つことが重要ですが、我が国の半導体メーカーは、ロジックやSOCの製品でそれができなかったことが挙げられます。その理由としていろいろ考えられますが、システムからLSIへの落とし込みやソフトとハードの協調設計、さらにはEDAツールとその活用法に問題があったと考えられます。

日本の半導体メーカーは、当初自社開発のEDAツールに頼っていましたが、多くのユーザーに使われ、改善されてきたEDA専用メーカーのツールに取って代わられる結果となり、デジタル産業の進展の中でデファクトとなる多くの先端製品を生み出し得ませんでした。

我が国で健闘している半導体メーカーの**キオクシア**（2017年に東芝から分社化、2024年12月に東証プライムに上場予定）は**NANDフラッシュメモリ**を手がけ、ソニーは**イメージセンサー**というデファクト製品を、さらにルネサスはデファクトとまではいかないものの車載用に多く使われる低消費電力マイコンを持っています。

▼why to make?

その他の原因として、日本人のマインドの問題もあると考えられます。欧米などに比べ草食系の日本人は、ビジネスにおいて一応の成功を収めた後もさらに貪欲に伸ばそうとは考えず、その地位に安住してしまう傾向があります。

筆者がいたNECが半導体世界一の座を明け渡したときも、トップ層からは悔悟の念も決意も表明されず、淡々と事実を受け入れているようでした。

また半導体ビジネスの軸足が“how to make”（どう作るか）から次第に“what to make”（何を作るか）さらには“why to make”（何の目的で作るか）に移って行く過程で、我が国の半導体メーカー（エレクトロニクス産業界を含め）には新たな視点やビジョンが足りなかったと考えられます。

図 1-4-3　半導体ビジネスの軸足の変化

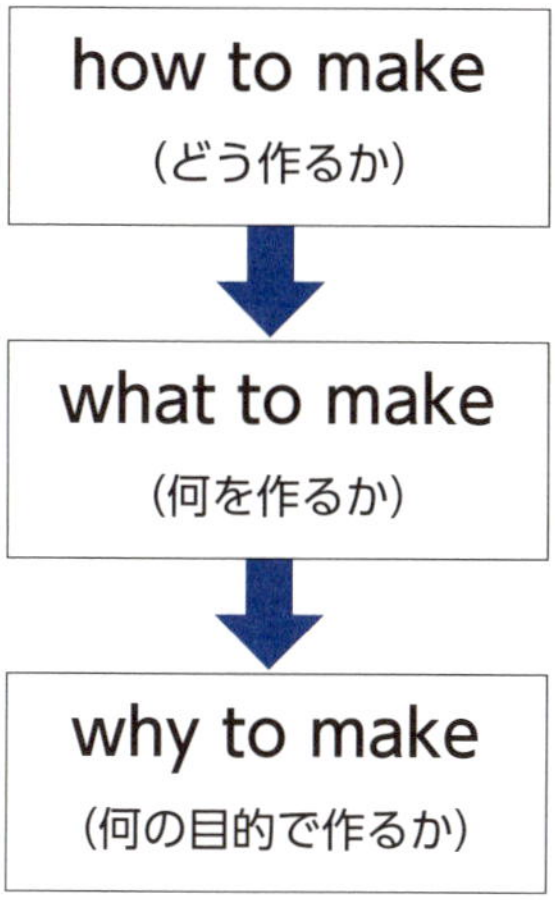

Section 05

なぜ、製造装置メーカーと材料メーカーは健闘しているのか？

▼日本にも好調な「半導体業界」がある？

前節で、「残念な日本の半導体メーカー」の姿を見てきましたが、じつは同じ半導体業界といっても、

- 半導体の「製造装置業界」
- 半導体の「材料業界」

の2つに目を転じると、まったく異なる状況が見えてきます。

我が国の装置業界と材料業界の世界市場における立ち位置は似通っていますので、ここでは装置業界について見ておくことにしましょう。

▼上流と下流の違い

図1-5-1には2005年から2023年までの半導体製造装置メーカーの売上高ランキング（トップ10）の推移を示してあります。

この図を見ると、我が国の半導体製造装置メーカーは、2005年には5社、2020年には4社、2022年には5社、2023年には3社と健闘しています。また ASMLとASMインターナショナルを除いては、日本とアメリカでトップ10をほぼ折半していることがわかります。さらに中国の**NAURA**が初めてトップ10にランクインしたことは注目に値します。

日本の半導体メーカーが凋落の一途をたどったのに対し、半導体業界のなかでも「装置メーカー」が健闘している理由は何でしょうか？

まず考えられるのは、「**神は細部に宿る**」という言葉です。これにはさまざまな意味が込められているのでしょうが、産業技術の下流に行けば行くほど、より経験的あるいは試行錯誤的なノウハウが必要となってくることです。このため、後発メーカーは先行するメーカーになかなか追いつき追い越せない、という現実が存在していると思われます。

したがって、半導体メーカーが製造装置を選ぶ場合、こ

図 1-5-1　半導体製造装置メーカーの売上高ランキング推移（TOP10）

色アミは日本企業

順位	2005年	2009年	2020年	2022年	2023年
1	AMAT（米）	ASML	AMAT	AMAT	ASML
2	東京エレクトロン（日）	AMAT	ASML	ASML	AMAT
3	ASML（オランダ）	東京エレクトロン	ラムリサーチ	ラムリサーチ	ラムリサーチ
4	KLAテンコール（米）	KLAテンコール	東京エレクトロン	東京エレクトロン	東京エレクトロン
5	ラムリサーチ（米）	ラムリサーチ	KLA	KLA	KLA
6	アドバンテスト（日）	SCREEN	アドバンテスト	アドバンテスト	アドバンテスト
7	ニコン（日）	ニコン	SCREEN	SCREEN	SCREEN
8	ノベラス（米）	アドバンテスト	テラダイン（米）	ASMインターナショナル	ASMインターナショナル
9	SCREEN（日）	ASMインターナショナル（オランダ）	日立ハイテク（日）	KOKUSAI Electric（日）	テラダイン
10	キヤノン（日）	ノベラス	ASMインターナショナル	日立ハイテク	NAURA（中）

出所：VLSIリサーチ

れまで使い慣れている既存メーカーの設備をやめて、わざわざ新規メーカーの製品に変更するという大きなリスクを冒すような選択はしない、と考えられます。

半導体業界、なかでも「半導体装置」の開発はまさに“how to make”の世界であって、作るべきものが基本的に決まっています。そうなると、この製造装置産業のしごとは、きめ細かくて丁寧なものづくりをする日本人や日本企業のマインドに合っているのかも知れません。

▼これから正念場を迎える製造装置業界

さらに半導体産業の新興国である韓国、台湾、中国などは、半導体ビジネスに参入するに際し、市場規模も大きく、より戦略的、系統的に攻めやすい上流のデバイス業界から始めたと思われます。

したがって彼らは、半導体産業の上流に食い込んだ昨今、「次は、装置業界と材料業界」をターゲットに据えているのは当然とも言え、いくつかの装置分野ではすでにその兆候が現れてきています。

半導体やディスプレイの二の舞となることなく、我が国の装置・材料メーカーには頑張って欲しいと願わざるを得ません。

期待される「新しい半導体市場」を狙え！

半導体市場は2020年からの10年間でほぼ2倍に拡大し、9000億ドル（95兆円）規模に達するという予測もあります。このような急激な市場拡大を後押しする半導体需要にはどのような製品群が考えられるのでしょうか？その候補となりうるいくつかについて見てみましょう。

▼「DX」が半導体需要をさらに推し進める

現在、個人生活、社会生活、産業分野などのあらゆる場面において、DX、すなわちデジタルテクノロジーの進展による生活やビジネスの変容が進行中です。

この傾向は今後、ますます加速し、それに伴って従来型の半導体に対する需要も拡大し続けると思われます。たとえば、より多くのデータを流通させ、処理し、保存するため、クラウドやデータセンター用の現状型半導体、あるいはその進化版に対する需要がますます高まるでしょう（図1-6-1）。

図1-6-1　需要の高まるデータセンター

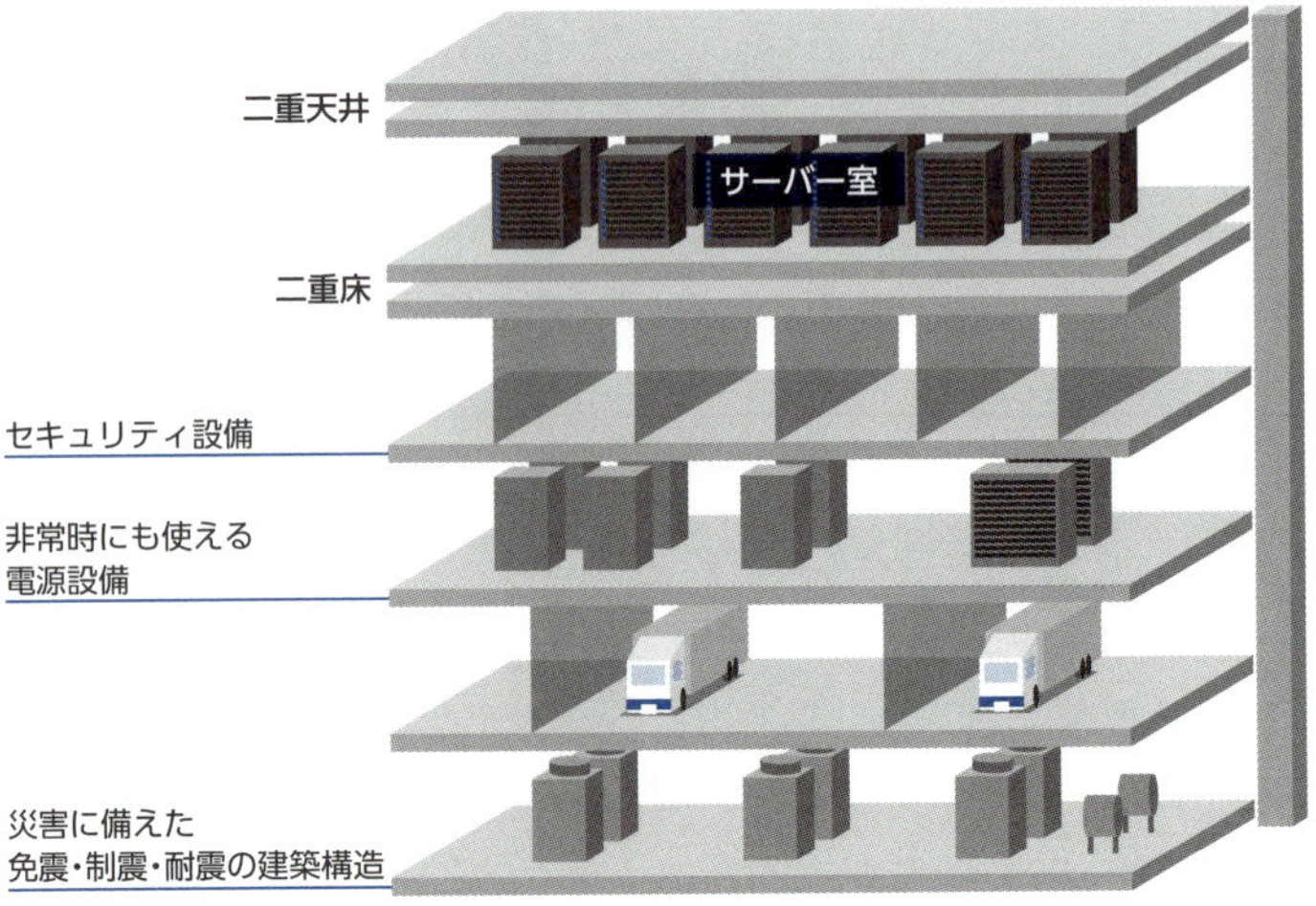

▼「メタバース」と現実との融合

今後、AR／VR技術の進展により、現実世界とは異なる3次元の仮想空間での体験やそのサービスを提供する場としての「**メタバース**」と現実空間の融合がさまざまな局面で起こり、人々の行動や思考、あるいは生活様式にも変化が生じるものと思われます。それを実現するAR／VR技術として、半導体の進歩した微細化技術と超高精細ディスプレイ技術の融合が求められ、新たな技術開発による半導体とディスプレイが一体化した新規デバイスが必要とされるでしょう。

▼「自動運転」をリアルタイムに行なうためには

自動運転に関しては、現在、5段階のレベルが設定されています（国土交通省データ）。レベル1は簡単な運転支援、レベル2は特定条件下での自動運転機能、レベル3は条件付きの自動運転、レベル4は特定条件下での完全自動運転、レベル5は完全自動運転です。

現在の開発段階は、レベル2からレベル3の間と言われています。今後5年から10年かけて、レベル3、4、5と進化させるに当たって、自動運転の利便性、快適性、安全性を改善し確立していくためには、自車と自車を取り巻く環境との関係が時々刻々と変化するなかで、さまざまな情報をリアルタイムに収集・処理し、最適な判断を下し、運転に反映させなければなりません。

そのためには、高速通信網として5G（第5世代移動通信システム）さらにB5G（Beyond 5G）の高速大容量通信網の確立と、さまざまなセンサーや情報処理用の半導体の高性能化が求められます。

▼拡大する「IoT技術」

今後、社会のあらゆる場でIoT（Internet of Things モノのインターネット）技術も普及・拡大すると思われます。

これに伴い、新たな半導体センサーや、ドローン、ロボットに使われる半導体などに対する需要が高まるでしょう。また大量のデータ収集、処理、保存のために、インターネットワーク上のデータセンターを拡充するだけでなく、**エッジ・コンピューティング**、すなわち端末の近くにサーバーを分散配置して、できる限り端末の近く（エッジ）で情報を処理し、処理しきれない情報だけをインターネットに上げることで、上位システムへの負荷を下げ、処理速度や効率を上げなければなりません。そのための新たな半導体への需要を押し上げるでしょう（図1-6-2）。

図1-6-2　IoTでのエッジ・コンピューティング

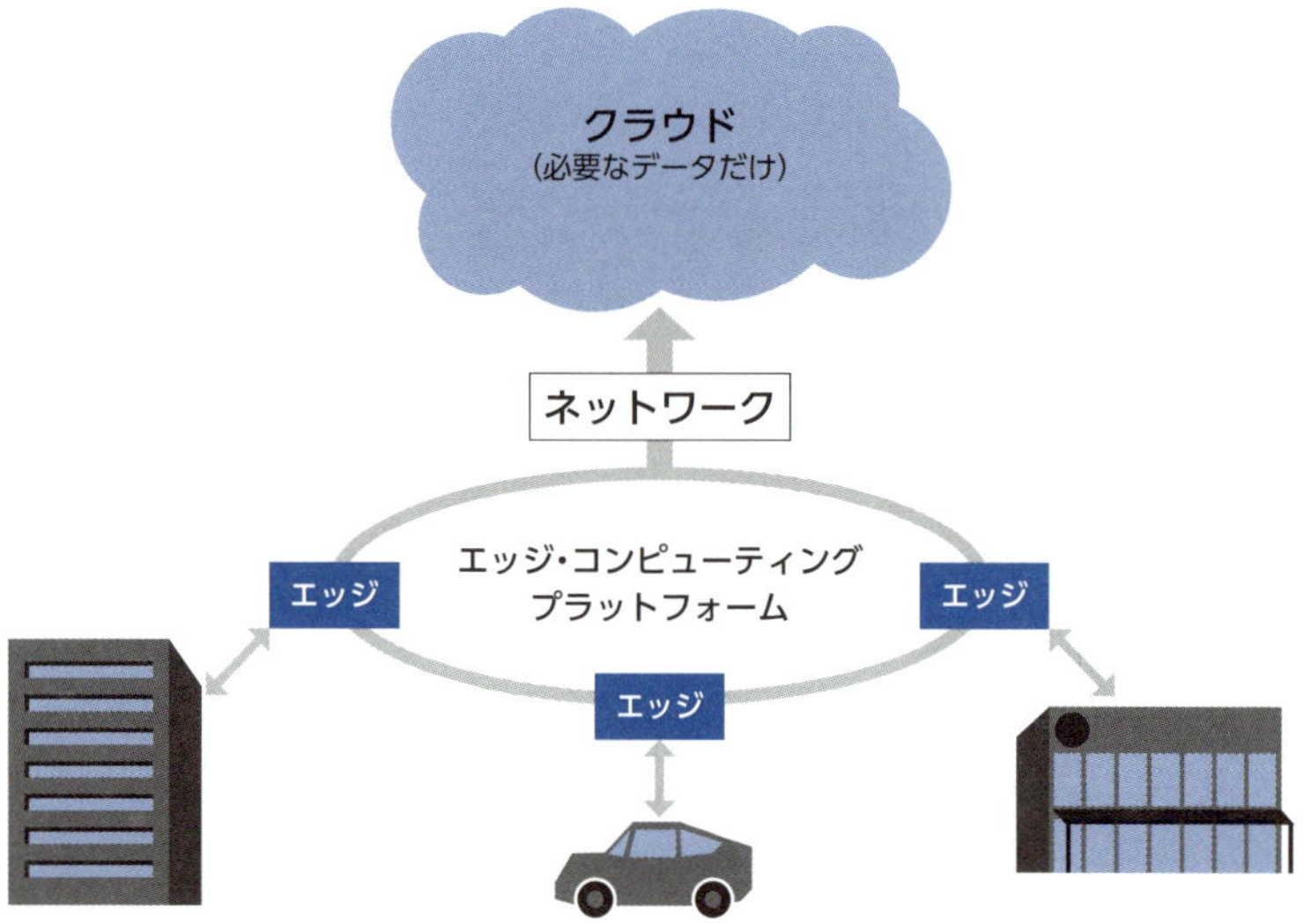

▼「AI」（人工知能）が高性能チップを求める

昨今、医療や福祉や娯楽を含め、産業や生活のあらゆる局面でAI（人工知能）技術が導入、拡大、改善されています。特に生成AIが導入されてからは、人間の知能を超えるAIも出現するようになり、将来人間がやるべきこととして何が残るだろう、という議論さえ起こっています。

1956年から本格的な研究が始まった**AI（人工知能）**は、もともと「人間の知能をいかにして人工的に実現するか」というのがテーマでした。AIは1970年代の第一次ブーム、80年代の第二次ブームを経て、2006年以降の第三次ブームとして現在に至っています。

この間、さまざまな変革、改善、ブレークスルーを経て来ていますが、現在のAIを考える際、図1-6-3に示したような方法やコンセプトの違いがあります。

ここで、**機械学習**（**マシンラーニング**）とは、ある一定のタスクを「教師あり」、あるいは「教師なし」で繰り返しのトレーニングを通じて機械に学習させ、目的に合った実行をさせるものです。したがって、何を学ぶべきかの基準（規則）は人間が与え、機械がそれに沿ってできるだけ最適な分類、認識、予測、判断などの知的行動ができるようにするものです。

深層学習（**ディープラーニング**）とは、人間の脳の機能

図 1-6-3 AI のコンセプト

AI（人工知能）
人間の知能を機械的に実現する。

機械学習（マシンラーニング）
特定のタスクを訓練により機械に学習させる。

深層学習（ディープラーニング）
大量のデータから機械が特徴を抽出・定義しそれに沿って自立的判断を行なう。ニューラルネットワークを模したコンセプト。

生成AI
学習した大量のデータのパターンや関係性に基づき問いかけに対しテキスト、画像、音声などで新しいコンテンツを生成するAIシステムの一種。

を模したもので、大量の入力データから機械が特徴を自動的に定義し、それに沿って独自の知的判断を行なうものです。いわば判断基準（規則）そのものを、機械自身が設定するのです。したがって、深層学習では、機械が「なぜそう判断したのか」が、人間には計り知れないことも少なくありません。しかし、結果を見るかぎり、適切な判断だったと認めざるを得ないことが多くあるのです。

2022年に米国OpenAI社から**ChatGPT**と呼ばれるAIチャットボット（人とコンピュータの自動会話）が公開され、生成AI時代の幕開けとなりました。生成AIとは、学習した大量のデータからパターンや関係性を推論し、与えられた問い（主にテキスト）に対して、テキスト、画像、音声などで応答を生成するAIシステムの一種です。

AIはこの生成AIの登場により、高性能コンピュータ技術の発展と相俟《ま》って、本来の意味での〈人工知能〉と呼べるものに進化し、今や人間の活動のさまざまな局面で人間をサポートないし凌駕しつつあります。

AIの進化を支えている源泉は、半導体技術の進歩によるコンピュータ技術です。そのため、ますます高性能な半導体チップが必要になります。同時に現在の左脳的コンピュータに対し、右脳的働きをするニューロモーフィックチップの開発、実用化も求められるでしょう。

Section 07

半導体産業の全体像を図解でわかりやすく示す

半導体産業は、さまざまな業界が関係している、非常に裾野の広い産業です。その分、全体像を把握することは容易ではありません。この節では、できるだけわかりやすい形で「半導体産業の全体像」に迫れるよう、図解を用いて説明していきます。

本章で述べる個々の項目については、第3章であらためて詳しく説明いたしますので、ここでは全体像の概略をつかんでいただければ十分だと思います。

▼IDM――設計、製造から販売まで一貫して行なう

半導体産業の業界としては、まず**IDM**（アイディーエム：Integrated Device Manufacturer）と呼ばれる企業群、つまり垂直統合型のLSI製造メーカーがあります。

これは半導体デバイスを自ら設計し、製造から販売までを一貫して自社で行なうメーカーのことで、**インテル**、**サムスン電子**、**キオクシア**など、私たちが一般に「半導体メ

図 1-7-1　IDM を中心にした半導体産業の相関図

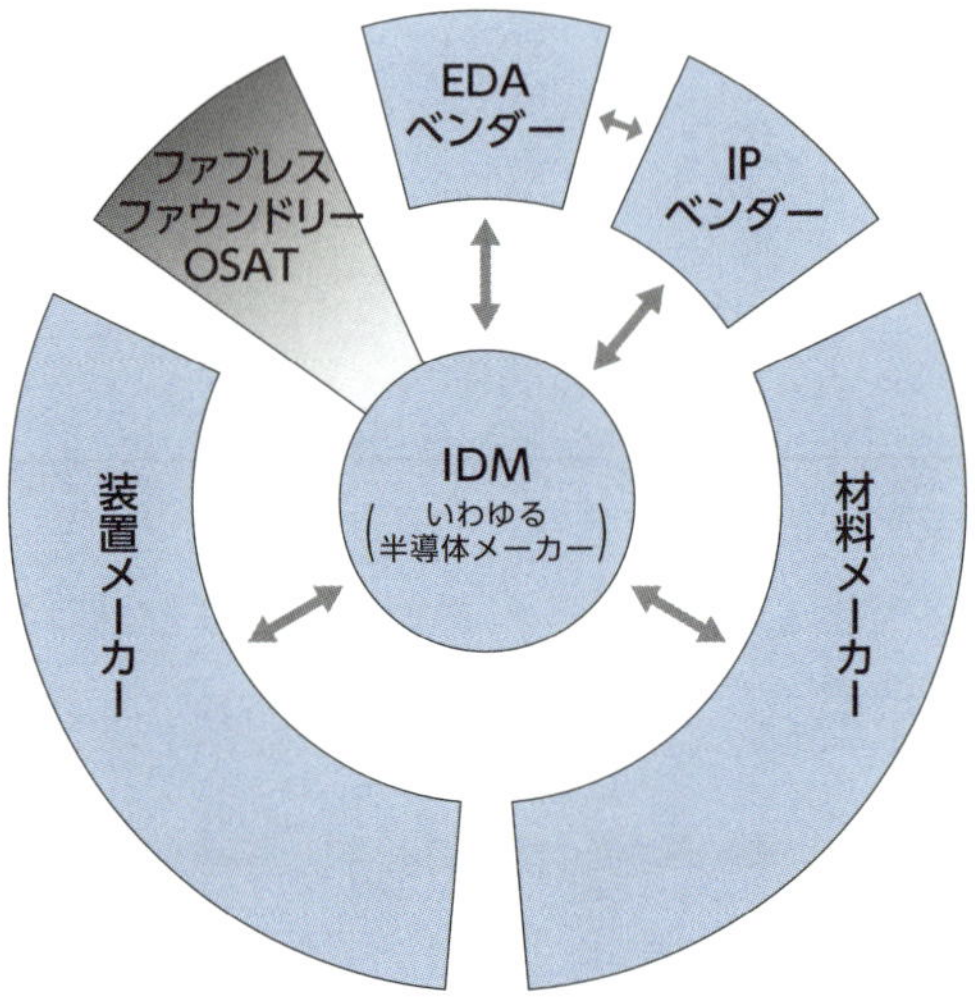

ーカー」と呼ぶときにイメージする企業群がIDM企業なのです。このIDM企業を半導体産業の中心に置いて見ると、周りにはさまざまな関係業界が存在していることがわかります（図1-7-1）。

▼IDMを取り巻く関連メーカー――EDA、IP、装置、材料

これら関係業界に属するメーカーとしては、①EDA（イーディーエイ）ベンダー、②IP（アイピー）ベンダー、③装置メーカー、④材料メーカーなどがあります。

最初の**EDAベンダー**とはEquipment Data Acquisition、またはElectronic Design Automationのことで、設計を自動化するための各種ツールをIDMメーカーに提供し、ハードウエアとソフトウエアの両面からIDMでの設計作業を支援する企業群のことです。

次の**IPベンダー**とは、まとまった回路機能ブロックを有する設計資産としてのIP（知的財産）をIDMメーカーへ提供する会社です。またIPベンダーは、IPの開発・設計を行なう際に、①のEDAベンダーのツールを利用します。

装置業界とは、多種多様な製造装置を有する数多くの装置メーカーからなる業界のことで、半導体を製造するためのさまざまな装置をIDMに提供しています。

また同様に、数多くの材料メーカーからなる材料業界は、半導体を製造するための多種多様な材料をIDM企業に提供しています。

▼ファブレス、ファウンドリー、OSAT

IDMに対し、「**ファブレス**」（Fabless）と呼ばれる企業があります。ファブレスとは、文字通り

「**ファブ（工場）＋レス（もたない）**」

ということです。ファブレス企業は自社で製造をせず、もっぱら半導体の開発・設計に特化しています。ファブレス企業を半導体産業の中心に置いて見ると、その周りにはEDAベンダーとIPベンダーの他にファウンドリー（Foundry）とOSAT（オーサット、後述）と呼ばれる業界があります（次ページ図1-7-2）。

ファウンドリーとは、半導体製造の「前工程」と呼ばれる前半の工程の作業を請け負い、顧客の設計データに基づいた受託生産をする会社の業界です。この業界の世界トップは有名な台湾の**TSMC**です。ファウンドリーには、前工程を行なう装置メーカーと材料メーカーが関係しています。

ファウンドリー企業に対し、**OSAT**企業（オーサット：Outsourced Semiconductor Assembly and Test）と

図 1-7-2　ファブレス企業を中心にした半導体産業の相関図

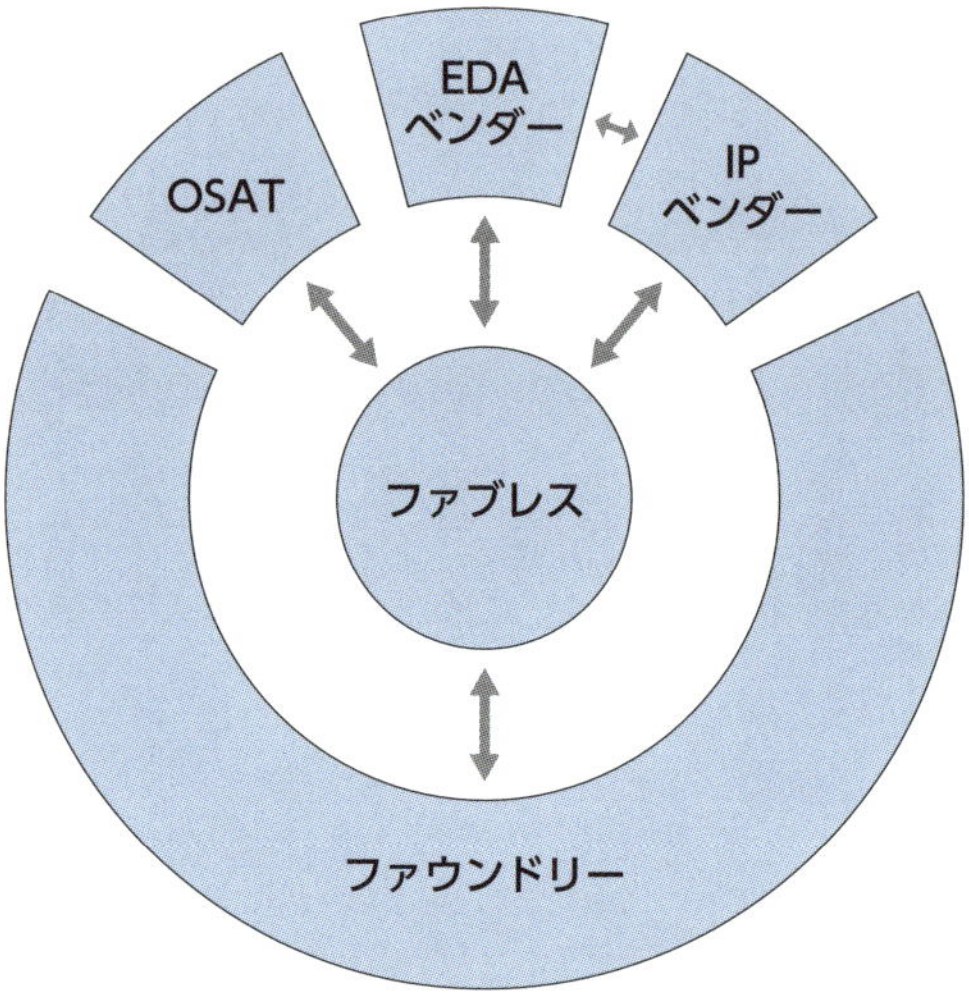

は、「後工程」と呼ばれる半導体製造の後半の工程作業・テストを請け負う会社からなる業界です。OSATには、後工程を行なうための装置メーカーと材料メーカーが関係しています。

▼ファウンドリー

さらに、ファウンドリーを半導体産業の中心に置いて見ると、ファウンドリーは半導体メーカー（IDMやファブレス企業）から半導体製造の前工程を受託し、前工程用の装置と材料を使用して製造を行なうということになります（図1-7-3）。

ここで、ファウンドリーに対して製造委託する会社の一つにIDMを含めたのは、一見奇妙に思えるかもしれません。というのは、IDMは自らが半導体を生産する会社だからです。

しかし、IDMといっても、自社で開発・製品化する半導体の一部は自社で設計のみを行ない、前工程の製造をファウンドリーに委託するケースがしばしば見られるためです。

IDMは自社の製造ラインを持っているにもかかわらず、ファウンドリーに前工程を委託するのには、主に三つの理由があります。

図1-7-3　ファウンドリー企業を中心にした半導体産業の相関図

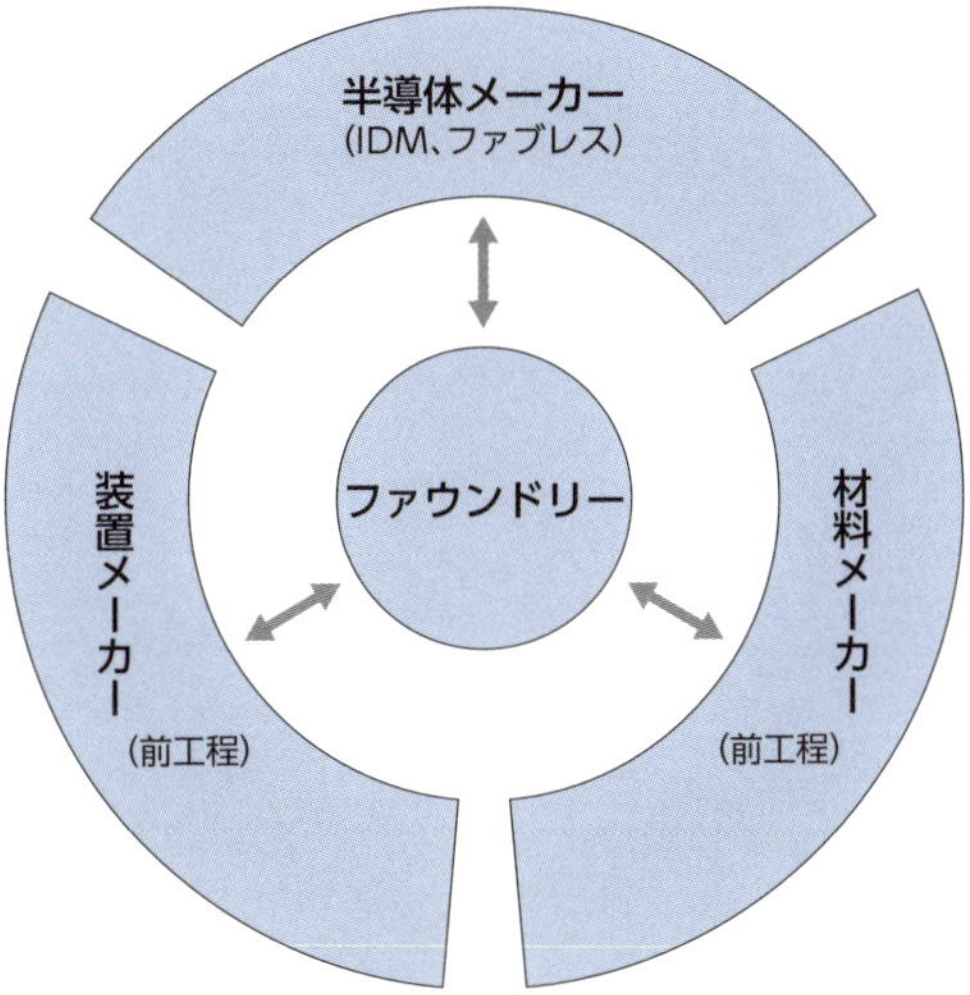

一つ目の理由は、自社のラインで製造できる半導体でも、製造キャパシティが不足している、あるいは製造リードタイムを短縮したい場合です。二つ目の理由は、半導体製品の需給バランスの変動に対する「バッファ」(緩衝)として、ファウンドリーを利用したい場合です。三つ目の理由は、自社で保有しているラインでは製造できないような先端技術製品を開発・製品化したい場合です。

この三つ目のケースでは、先端技術ラインを保有しているファウンドリーに製造委託する他ありません。

▼OSAT(オーサット)

ファウンドリーと同様に、OSATを半導体産業の中心に置いてみると、OSATは半導体メーカー(IDMやファブレス)から半導体製造の後工程を受託し、後工程用の装置と材料を使用して製造を行なう位置にあることがわかります(次ページ図1-7-4)。

ここで、OSATに製造委託する会社としてIDMを含めたのは、IDMが開発・製品化する半導体の中で、自社が保有する後工程の組立や検査のキャパシティが足りない、あるいは後工程のリードタイムを短縮したい場合、さらには自社の保有する後工程ラインではできない組立や検査が必要な場合があるためです。

図 1-7-4　OSAT 企業を中心にした半導体産業の相関図

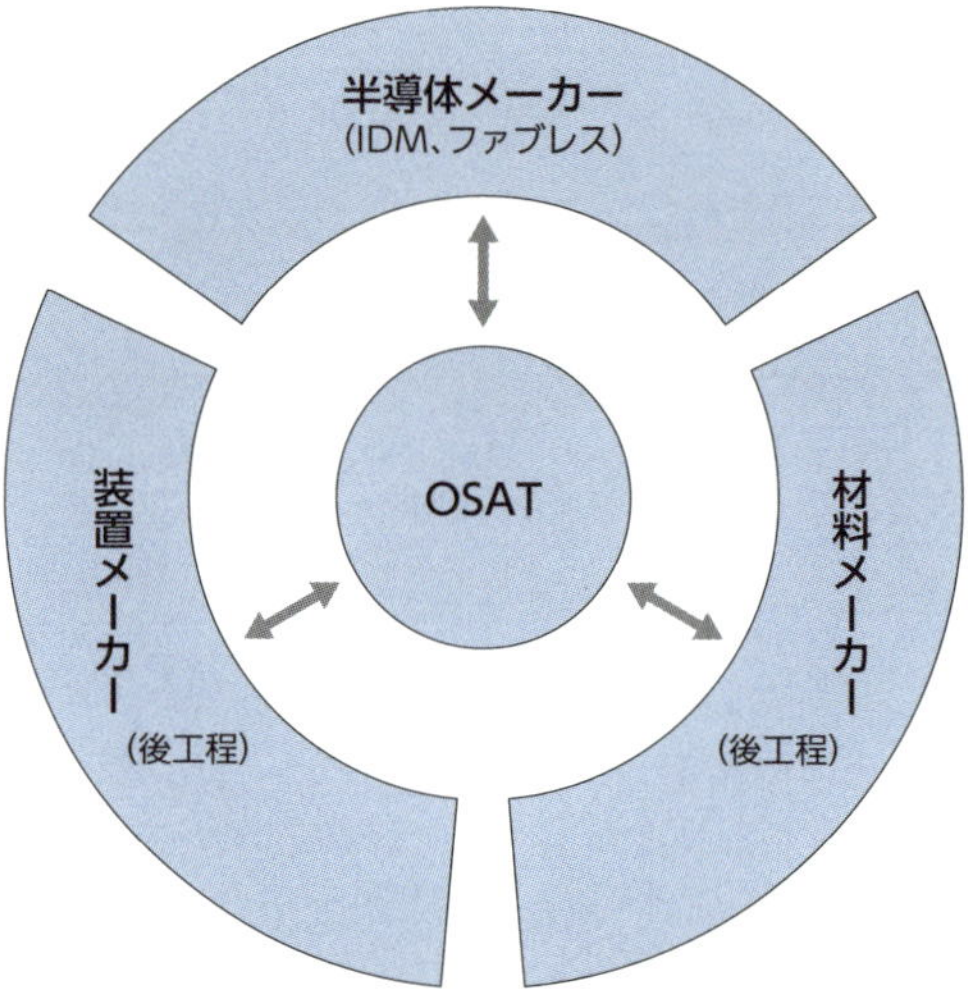

▼デザインハウス、ファブライト企業とはどのような業界か？

これまで述べてきた分類に加え、ファブレスをさらにファブレスと「**デザインハウス**」に分類している記述を見掛けることもあります。この場合、デザインハウスは設計作業のみを請け負い、自社で製品化をしない企業を意味します。

ただ、本書ではファブレスとデザインハウスを特に区別していません。なぜなら、デザインハウスは、ファウンドリー企業の一部門として、あるいは子会社として存在していることも多く、また多数の小規模企業としても存在しているためです。

また、半導体産業の業態の一つとして「**ファブライト**」と呼ばれる企業を区別するケースもあります。ファブライトとは、いわばＩＤＭとファブレスの中間的存在で、自社で小規模な生産ラインを持っているものの、生産の大部分はファウンドリーに委託する企業のことです。

しかしながら近年、半導体産業における業種構造や役割の変化に伴い、明確に「ファブライト」と呼べる企業は少なくなって来ていて、ＩＤＭやファウンドリーと並列に見ることには違和感があります。極端に言えば、ファブライトという言葉自体、ある意味で死語化していると思われます。

▼なぜサムスンやインテルがファウンドリー事業も扱うのか?

近年、サムスン電子やインテルのような巨大IDMもファウンドリー事業を手掛けていますし、さらにファウンドリー事業を拡大するとともに、ファウンドリー事業のコンセプト自体を革新しようとしています。

では、これらの巨大IDMがファウンドリー事業に注力する理由は何でしょうか。それは自社の製品を製造するのに必要な数兆円レベルの巨大投資を必要とする最先端製造ラインをフル稼働させるためには、自社製品だけでなく他社製品の受託生産を請け負うことも必要になるからです。

さらにサムスン電子は現在台湾のファウンドリーの雄TSMCに次ぐ世界第二位のファウンドリーメーカーですが、急拡大するTSMCに半導体製造の主導権を握られ、ひいては業界ポジションが相対的に低下することを懸念していると思われます。

その事情はインテルも同様です。特にインテルは、米国政府の、台湾の地政学的位置付けに基づき、CHIPS法に代表される半導体の国内生産拠点の整備・拡大戦略の実行旗手としての役割を担っていると思われます。

また最近のファウンドリーに関する新しい動きとして、半導体製造の前工程と後工程を融合させた3D(三次元)実装技術やチップレット技術に対応するため、半導体をシステムとしてとらえ、その全製造工程を担う「**システムファウンドリー**」というコンセプト、あるいはアプローチがインテルなどから提案されています。

これに対し、TSMCも先端後工程技術の開発のため、2022年6月には日本の筑波に3DICのR&D拠点を設立するなどの動きを始めています。

今後、大手IDMメーカーと巨大ファウンドリーとしてのTSMCの、新たな半導体ビジネスの熾烈な競争が始まりつつあるとみることもできるでしょう。

このような半導体業界の最近の動きを見ていると「歴史は繰り返す」という言葉を思い浮かべます。半導体製造に関する業種としては、昔はIDMのみでしたが、それがファウンドリーやOSATの出現で「水平分業化」が進みました。

ところが、前工程と同様に3D化を中心とする後工程の技術革新・変革の必要性に迫られるに伴い、資金力・技術力・人材に恵まれた大手IDM(インテル、サムスン電子など)は、もっと大きなフレームのIDMに変貌しようとし、また、TSMCなどの大手ファウンドリーは生き残りを懸け、新たなIDMになろうとしているのです。

コラム

核抑止力、経済安保、情報社会、戦略物資

2022年に起きたロシアによるウクライナ侵攻では、核抑止力の意味が従来の「暗黙の了解」から「明示的な脅し」に性格を変えた感があります。

核抑止力のもとでは、大国同士の覇権争いの主役は直接的な軍事衝突ではなく、「経済的衝突」にならざるを得ません。つまり、経済的手段によって安全保障を確保すること、すなわち国民の生活に重要な物資・製品が確保され、他国の技術に頼り過ぎることのない状態の実現を目指すことが重要になります。

その意味で、一口に「戦略物資」といっても、戦争に必要な重要物資、たとえば石油、食料、希少金属は変わらないとしても、航空、宇宙、原子力、エレクトロニクスなどは、情報化の進んだ現代社会では、その重要性が増してきています。

これらのコアをなす半導体（IC）が、最重要戦略物資として注目され、顕在化してきているのは当然と言えるでしょう。むしろこれまで、特に我が国では深刻に論じられなかったことのほうが不思議な気さえします。

特に米中覇権争いの中で、世界の半導体供給基地化している台湾、およびその地政学的位置により、中国半導体（IC）製品のバックドア疑惑などが重なって、米国を中心とする自由主義諸国では安定的な半導体（IC）サプライチェーンを構築し、自国あるいは同じ圏内で重要な半導体（IC）を調達可能にし、さらに中国半導体（IC）産業への圧力を強めています。それが半導体（IC）の戦略物資としての意味合いをいっそう際立たせることになっているのです。

このような世界的情勢を背景に、我が国でも産学官を巻き込んだ国内半導体産業の再生・復興に向けたプロジェクトや予算措置が図られ始めています。しかし、特に国家プロジェクトに関しては、過去のプロジェクトの功罪を総括し、それに基づいた新たな視点と施策に期待したいものです。

その実務遂行に関する基本は、金は出せども口は出さず、市井《しせい》専門家の意見を積極的に取り入れることが必要です。特に、長期ビジョンに基づく広くて新鮮な視野、卓越した実行力と冷静な評価・判断などを発揮できる人材を発掘し、配置することが何より重要だと思います。

第２章

半導体の製造工程から整理する関連業界

Section 01

半導体はどのように作られるのか？
——第一分類

半導体は1000ステップにもおよぶ多数の複雑な工程を経て作られます。したがって、半導体がどのように作られるのかを理解するためには、いきなり細部の工程に入り込むより、まずは「大まかな全体イメージ」をつかんだうえで、徐々に細部へとズームインしていくほうが、わかりやすいと思います。

ここからは、半導体が作られる工程を、4つの段階（第一分類～第四分類）に分けて説明します。第二分類は次の2-2で、第三分類は2-3で、最後の第四分類は2-4でそれぞれ説明します。

▼半導体が作られる工程

第一分類では、下図2-1-1に沿って説明します。

半導体を作る工程は、大きく「設計工程」と「製造工程」に分けられます。設計工程では、必要な機能・性能を持った半導体（IC）を、モノとして実現するための設計を行ないます。

後者の「製造工程」は、さらに前工程（次ページ図2-1-2）と後工程（図2-1-3）に分けられます。

前工程では、シリコンウエハー上に多数のICチップを同時に作り込みます。

後工程では、完成したシリコンウエハーを1個1個のチップに切り分け、良品チップをパッケージに収納し、製品規格に沿って電気特性の良・不良を検査・判定します（図2-1-3）。

こうしてIC（集積回路）が完成します（図2-1-4）。

図 2-1-1　半導体を作る工程（第一分類）

設計工程		必要な機能・性能を持ったICを設計する
製造工程	前工程	シリコンウエハーに多数のICチップを同時に作り込む
	後工程	完成したシリコンウエハーを1個1個のICチップに切り分け、パッケージに収納し検査する

図 2-1-2　前工程

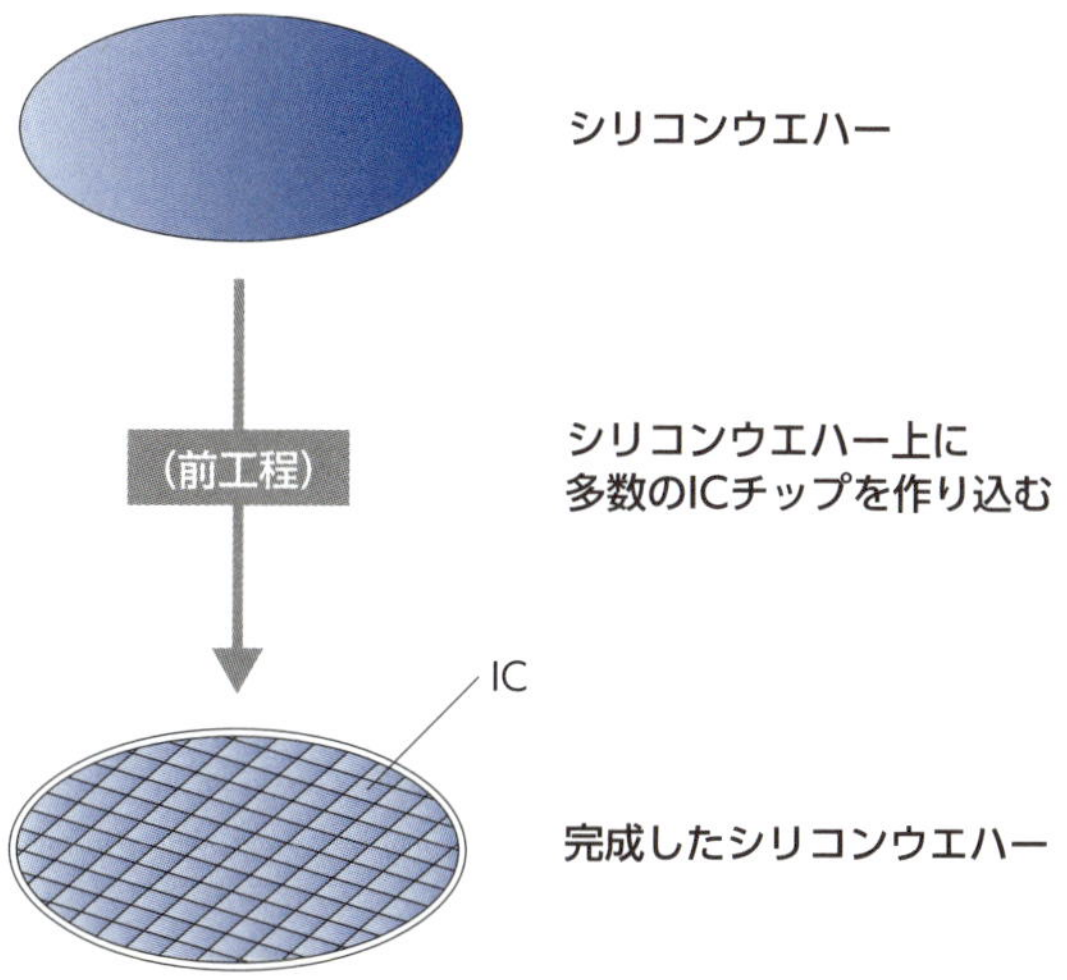

図 2-1-3　後工程

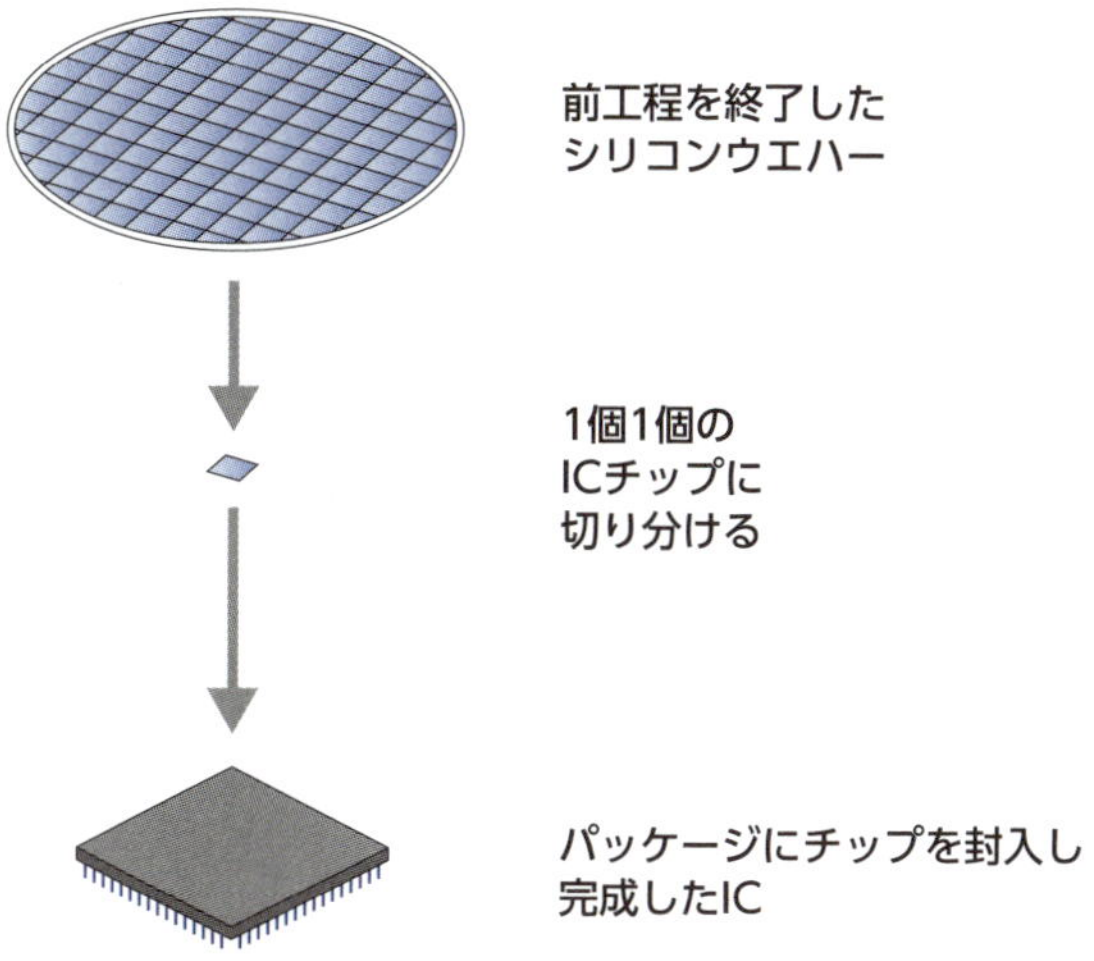

図 2-1-4　最終的に完成した IC（集積回路）

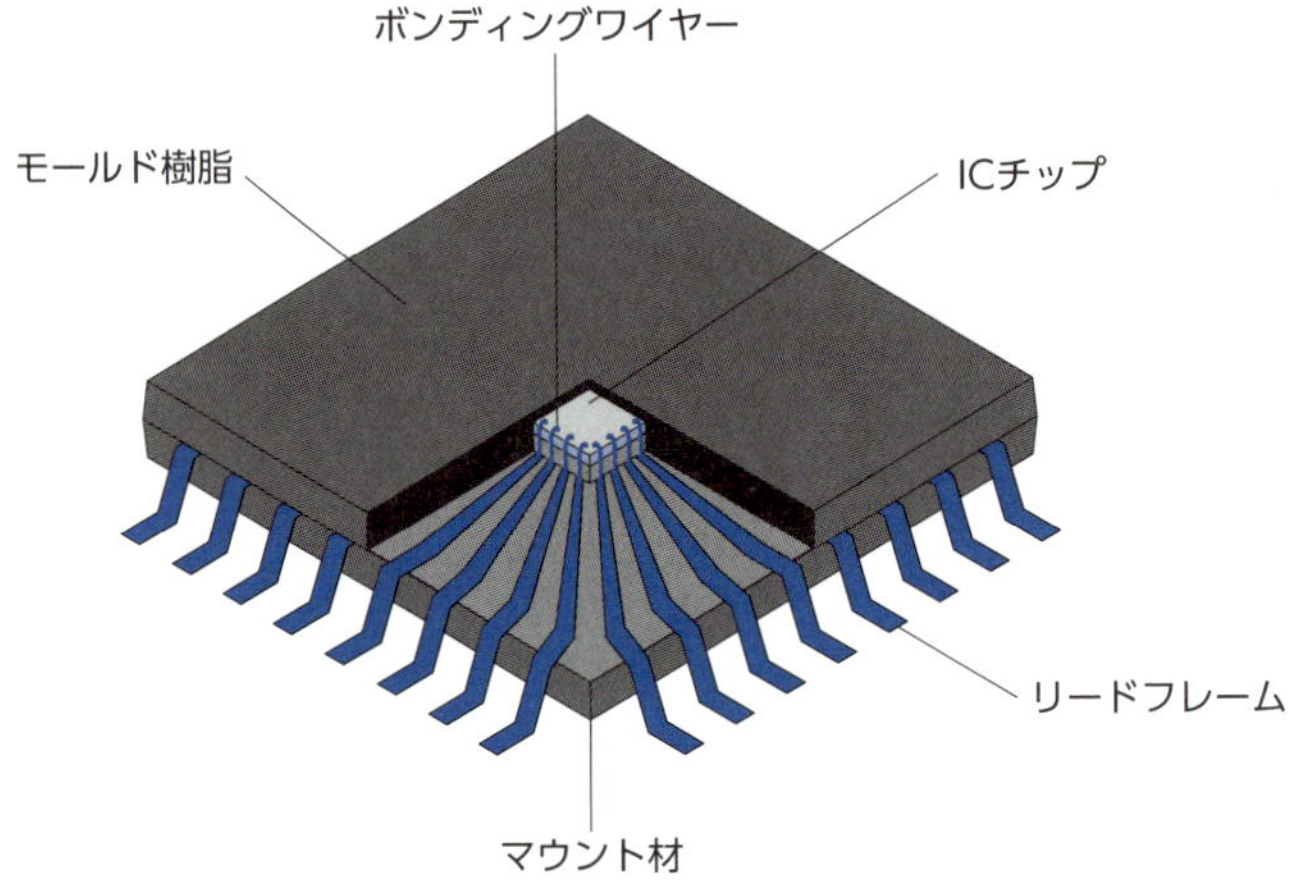

1個のICチップ上に多数の素子が作り込まれると、そのICを動作させるときの消費電力が増え、チップの温度が上がってきます。温度が上がるとICの動作速度が低下し、信頼性などの問題も生じ、極端な場合、ICが破壊されてしまいます。これを防ぐため、消費電力の大きいCPUなどでは半導体のパッケージに熱放散のための「**ヒートシンク**」を付けて使用します。このヒートシンクにも、空冷式（図2-1-5）とパイプを使った水冷式があります。

図 2-1-5　ヒートシンクによる IC からの発熱の放出

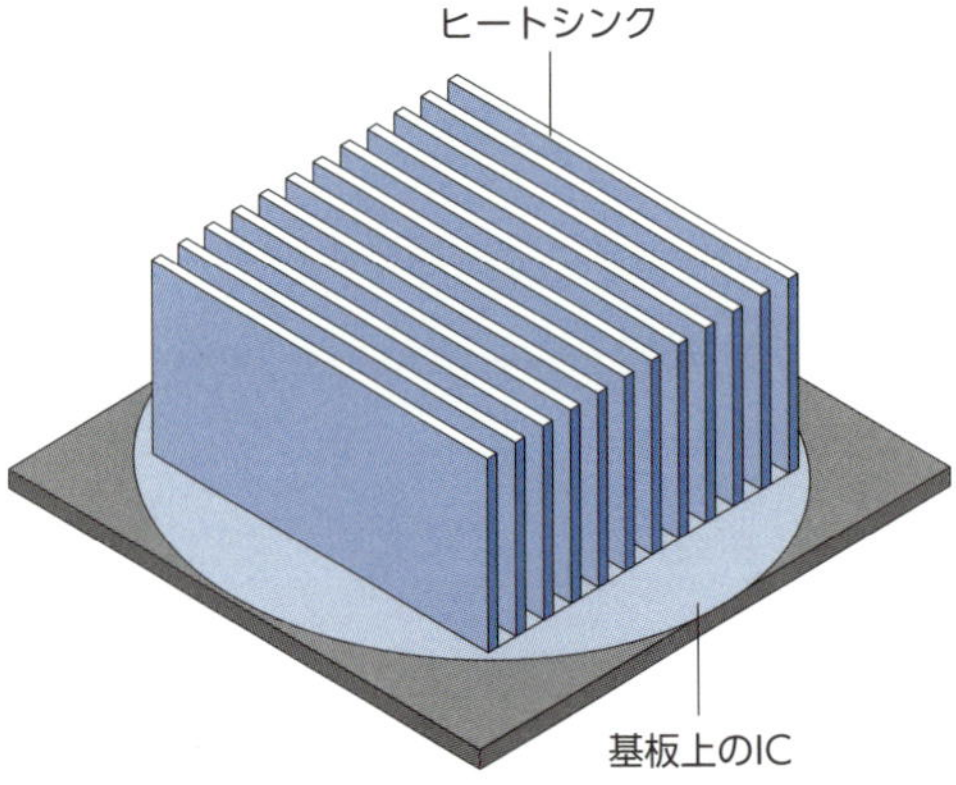

Section 02

半導体はどのように作られるのか？

——第二分類

第一分類では、おおまかに半導体の製造工程全体を2つに分けて俯瞰しましたが、ここでは第二分類としてもう少し詳しく、次ページの図2-2-1に沿って説明していきます。

▼設計工程——設計とフォトマスクの作製

設計工程は、いわゆる「設計」と「フォトマスク作製」の2つに分けられます。まず設計では、EDAツールを用いて、合成・検証・シミュレーションを繰り返し、「論理、回路、パターン、レイアウト」の各種設計を行ないます。

次のフォトマスク（レチクル）作製では、シリコンウエハー上に多数のチップを作り込むに際し、3次元構造を有するチップの各層のパターンを転写するための「フォトマスク」を作製します（図2-2-2）。

▼前工程①と②——FEOLとBEOL

図2-2-1の前工程は、①FEOL（Front End Of Line）、②BEOL（Back End Of Line）、③ウエハー・プローブ検査の3つに分けられます。

①の**FEOL**は「フロントエンド」とも呼ばれ、さまざまな装置と材料、およびフォトマスクを用いて、シリコンウエハー上に多数のICチップを作り込む、「前工程の前半部分」です。この工程でトランジスタなどの素子を形成します（図2-2-3）。

②の**BEOL**は「バックエンド」とも呼ばれ、「前工程の後半部分」です。FEOLで形成したトランジスタなどの多数の素子を相互に接続する配線の形成工程です（図2-2-4）。

以前は、シリコンウエハー上に多数のICチップを作り込む工程は単に「前工程」、あるいは「ウエハー処理工程」とか「拡散工程」などと呼ばれていて、現在のようにFEOL、BEOLの区別はされていませんでした。

しかしIC、特にロジック系ICの進化に伴い、ICの

図 2-2-1　半導体を作る工程（第二分類）

設計工程	設計	EDAツールを用いて合成・検証・シミュレーションを繰り返し、論理・回路・パターン・レイアウトの設計を行なう
	フォトマスク	シリコンウエハー上に多数のICを作り込むため、3次元構造を有するICの各層のパターンを転写するフォトマスク（レチクル）を作製する
前工程	①FEOL	さまざまな装置と材料、およびフォトマスクを用い、シリコンウエハー上に多数のICを作り込む工程の前半部分（トランジスタなどの素子形成）
	②BEOL	さまざまな装置と材料、およびフォトマスクを用い、シリコンウエハー上に多数のICを作り込む工程の後半部分（配線形成）
	③ウエハー・プローブ検査	完成したシリコンウエハー上のICチップの1個1個に探針（プローブ）を当て、電気特性を測ってチップの良・不良を判定する
後工程	①ダイシング	検査の終わったシリコンウエハーを、ダイヤモンドカッター（ダイサー）により1個1個のICチップに切り分ける
	②組立	選ばれた良品ICチップをパッケージに搭載し、チップ上の電極とパッケージのリード線を細いワイヤーで接続し、パッケージに封止・収納する
	③信頼性試験	ICの信頼性を評価する（バーン・インテスト）
	④最終検査	製品スペックに沿って、ICの特性を測定・検査し、ICとしての良品・不良品を判定する

FEOL：Front End Of Line　エフイーオーエルまたはフロントエンドとも呼ばれる
BEOL：Back End Of Line　ビーイーオーエルまたはバックエンドとも呼ばれる
バーン・インテスト：BT（Burn-Inテスト）温度と電圧を掛けた信頼性の加速試験

図 2-2-2　フォトマスクで回路パターンをウエハーに焼き付ける

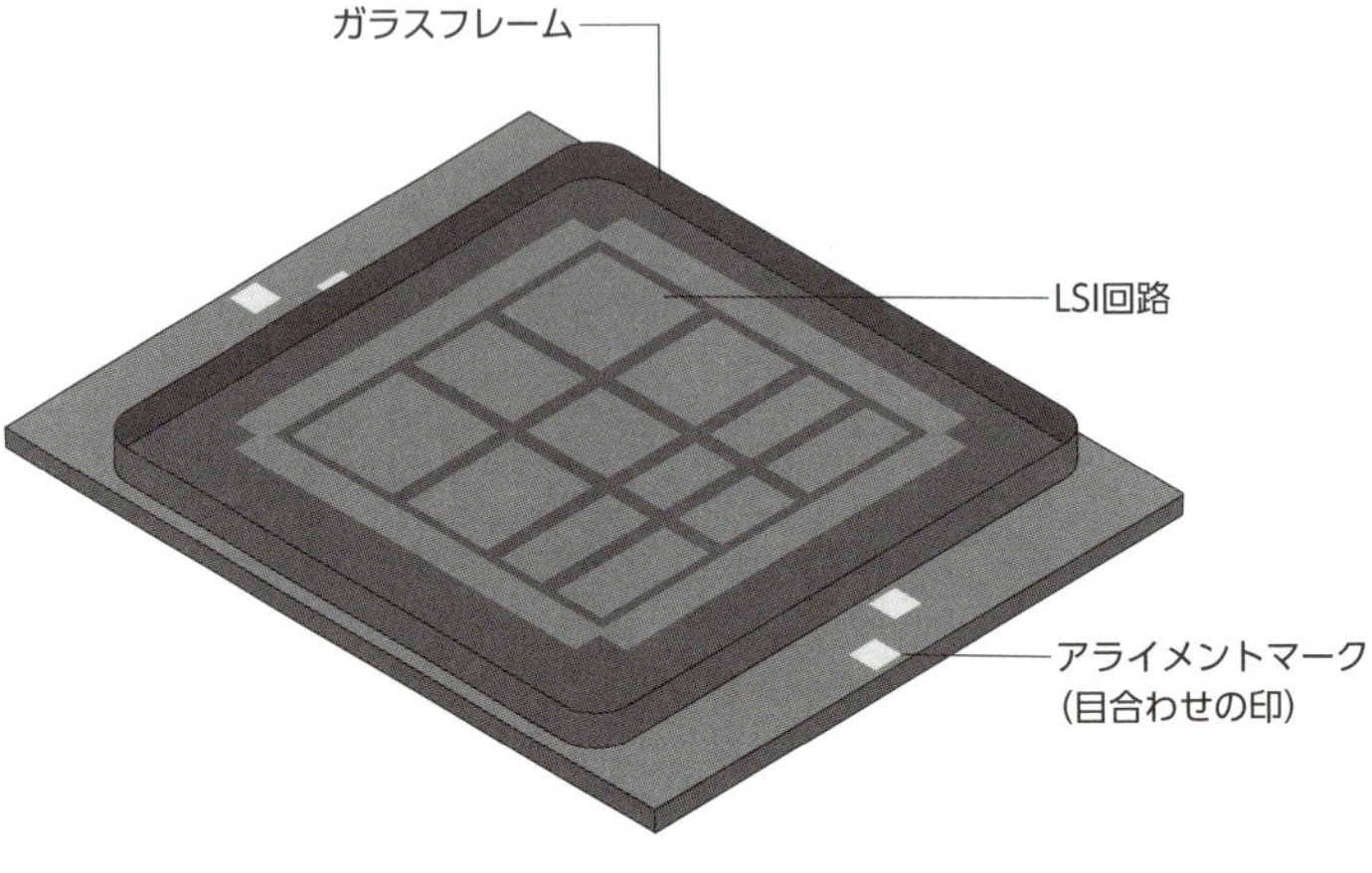

図 2-2-3　FEOL は前工程の前半部分（前工程①）

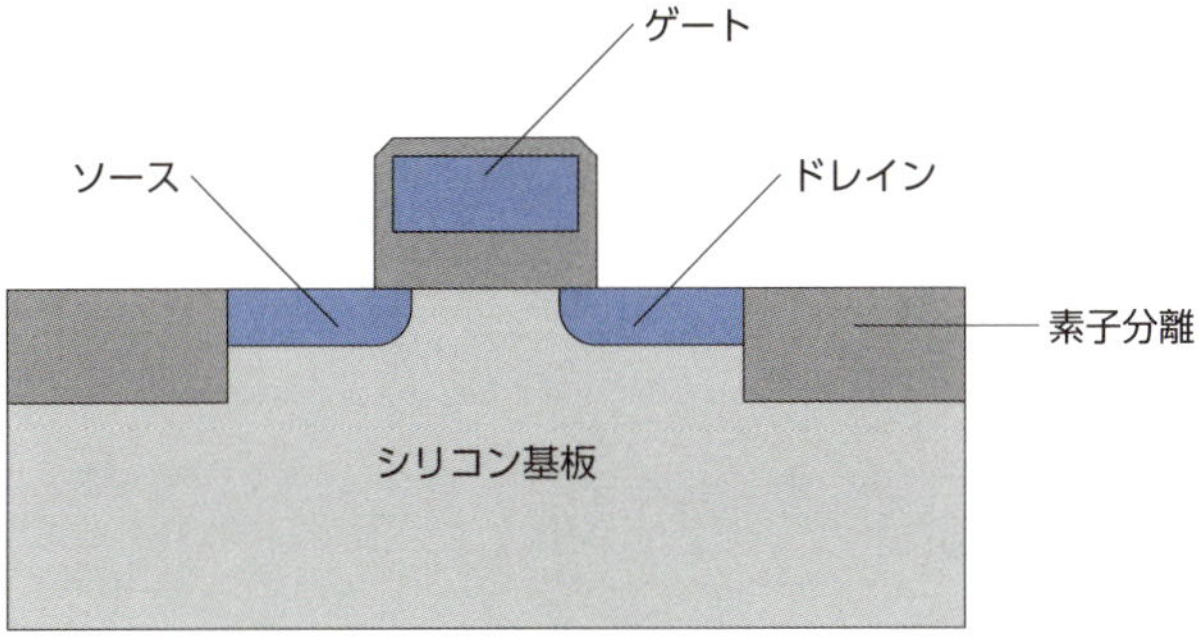

トランジスタ素子形成

図 2-2-4　BEOL は前工程の後半部分（前工程②）

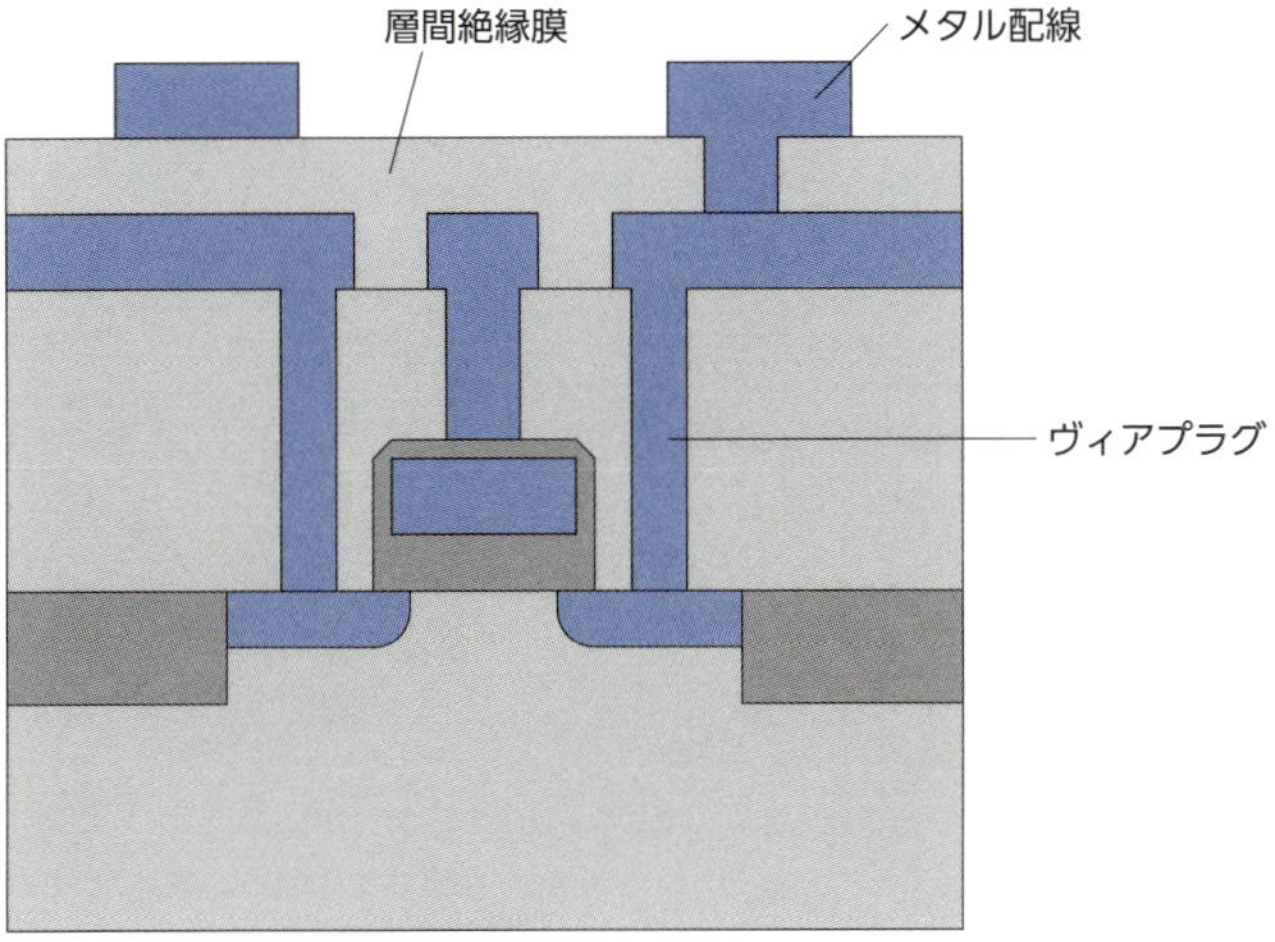

配線形成

集積度や性能がトランジスタなどの素子に加え、あるいはそれ以上に素子間を電気的に接続する配線によって決まるようになったため、配線を縦方向に何層も積み重ねた多層配線が求められるようになりました。

それに伴い、多層配線形成工程は、素子形成工程に劣らず、技術面と工程数面、ひいては設備投資面でも前工程の中に占める割合が大きくなりました。そのため、前工程そのものを

- 前半部分（素子形成、FEOL）
- 後半部分（多層配線形成、BEOL）

の2つに分けて扱った方がよいと考えられるようになり、現在に至っています。

▼前工程③——ウエハー・プローブ検査

最後に、③「**ウエハー・プローブ検査**」ですが、ここでは完成したシリコンウエハー上のICチップの1個1個にプローブ（探針）を当て、プローブに接続されたテスター（電気特性の検査装置）でチップを測定して「チップの良・不良」を判定し、不良チップにはわざと打傷などをしてマーキングします（ウエハー検査をする装置は**プローバ**といいます）。

ウエハー・プローブ検査は、単にウエハー検査やプロー

図 2-2-5　ウエハー・プローブ検査（前工程③）

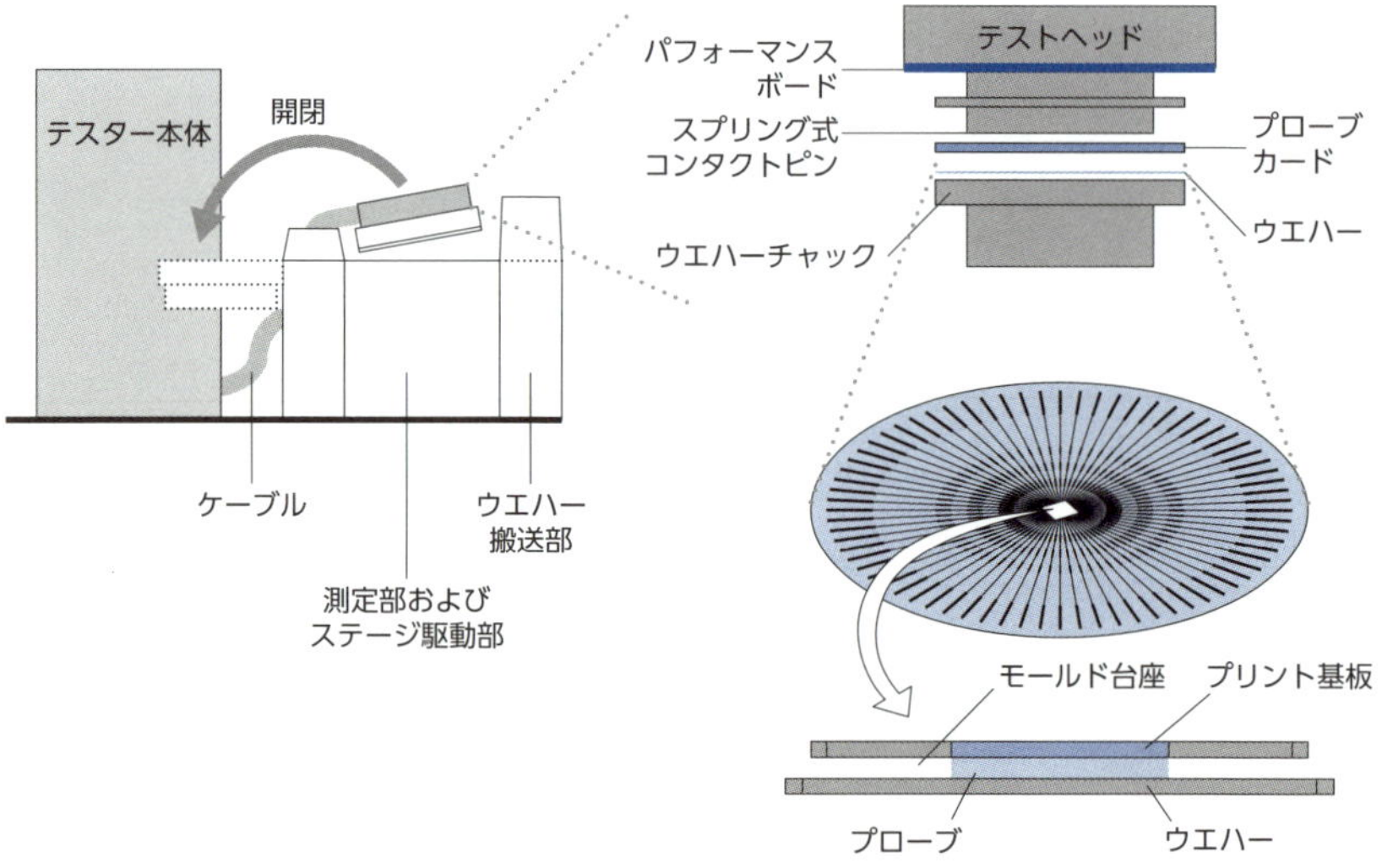

ブ検査などと呼ばれることもありますが、ここでは用語をわかりやすくするために「ウエハー・プローブ検査」と呼ぶことにします（図2-2-5）。

▼後工程①——ダイシング工程

48ページの図2-2-1の後工程は、「①ダイシング、②組立、③信頼性試験、④最終検査」の4つに分けることができます。

①の**ダイシング**は、ウエハー・プローブ検査の終わったシリコンウエハーをダイシングソー（ダイサー）で1個1個のチップに切り分ける作業のことです（図2-2-6）。「ペレタイジング」と呼ぶこともあります。

▼後工程②——組立工程（パッケージング）

②の**組立**は「パッケージング」とも呼ばれます。ウエハー・プローブ検査で良品と判定されたICチップをパッケージに搭載し、チップ上に設けられた引き出し電極とパッケージのリードを細いワイヤーで接続し、パッケージに封止し、収納します（次ページ図2-2-7）。

▼後工程③——信頼性試験（加速テスト）

③の**信頼性試験**は、組立済みのICに電圧と温度をかけ

図 2-2-6　ダイシングでチップを切り離す（後工程①）

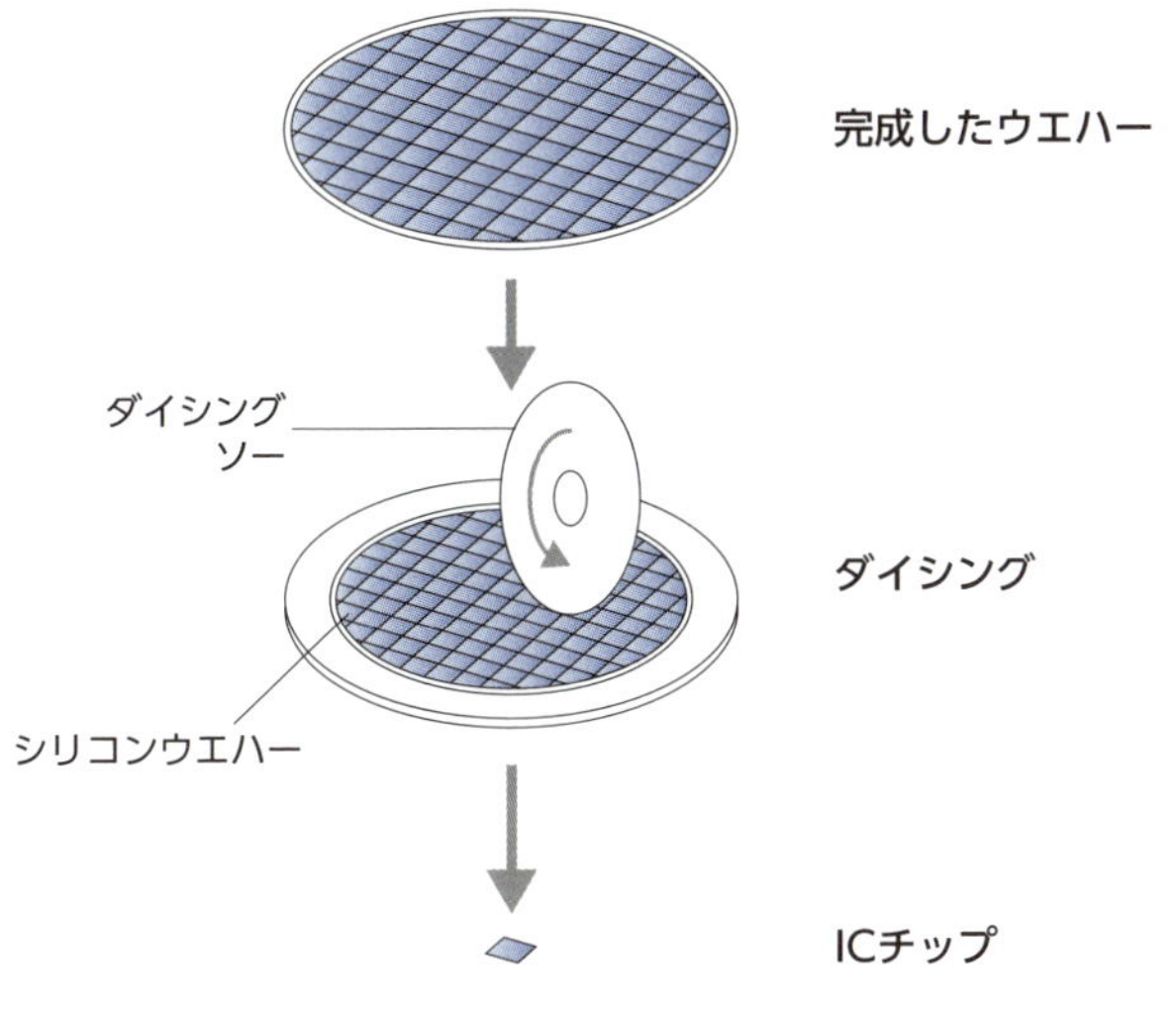

ることで加速試験（加速劣化試験）を行ないます。この試験の目的は、製品を通常よりも過酷な条件下に置くことで、短時間で製品の寿命を検証するものです。加速試験は「バーン・イン」とも呼ばれます（図2-2-8）。

④の最終検査では、製品スペックに照らしてICの電気特性を測定し、良品を選別します（図2-2-9）。

図2-2-7　組立工程の断面図と仕上がり図（後工程②）

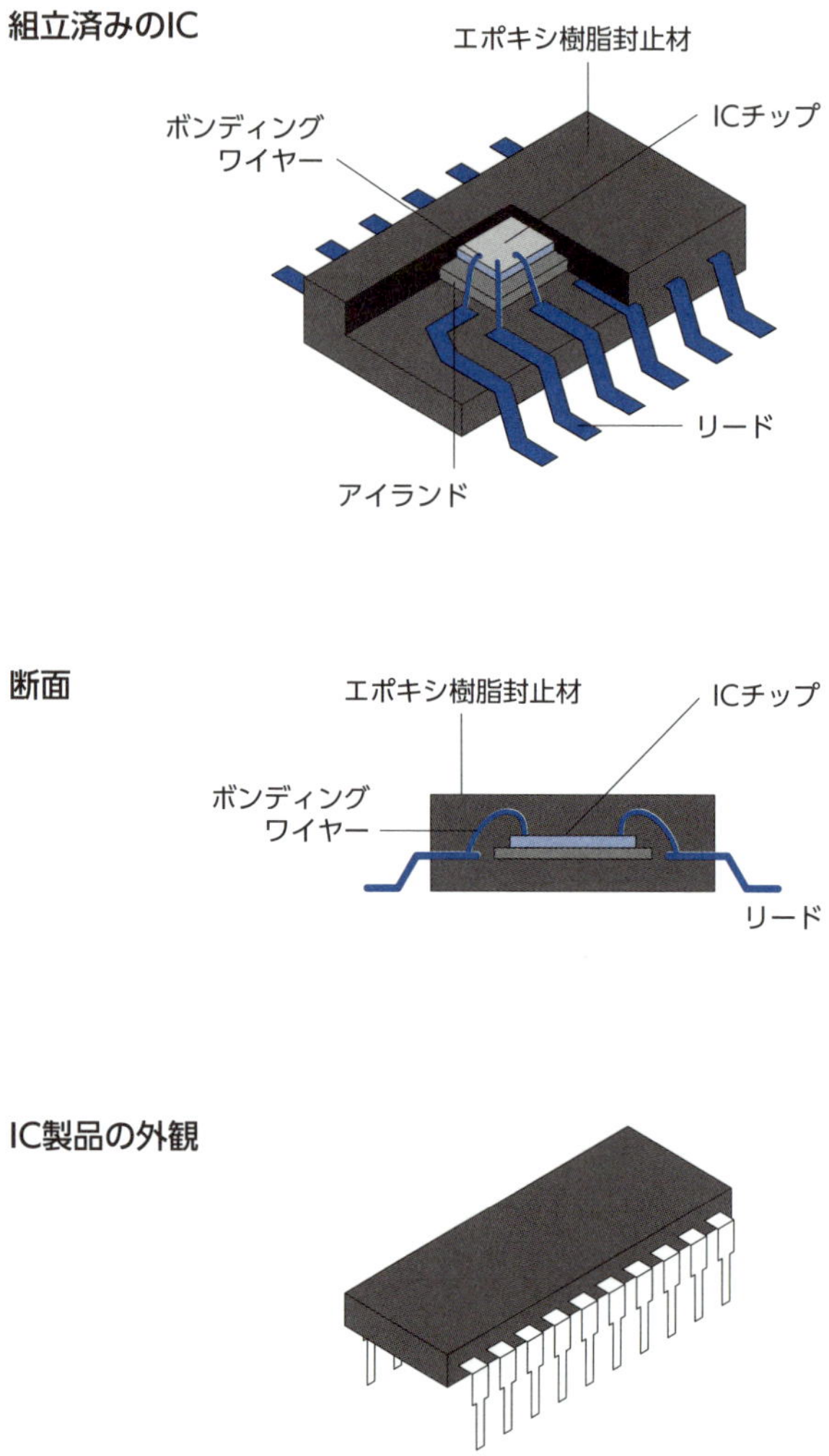

図 2-2-8　加速試験のバーン・イン（後工程③）

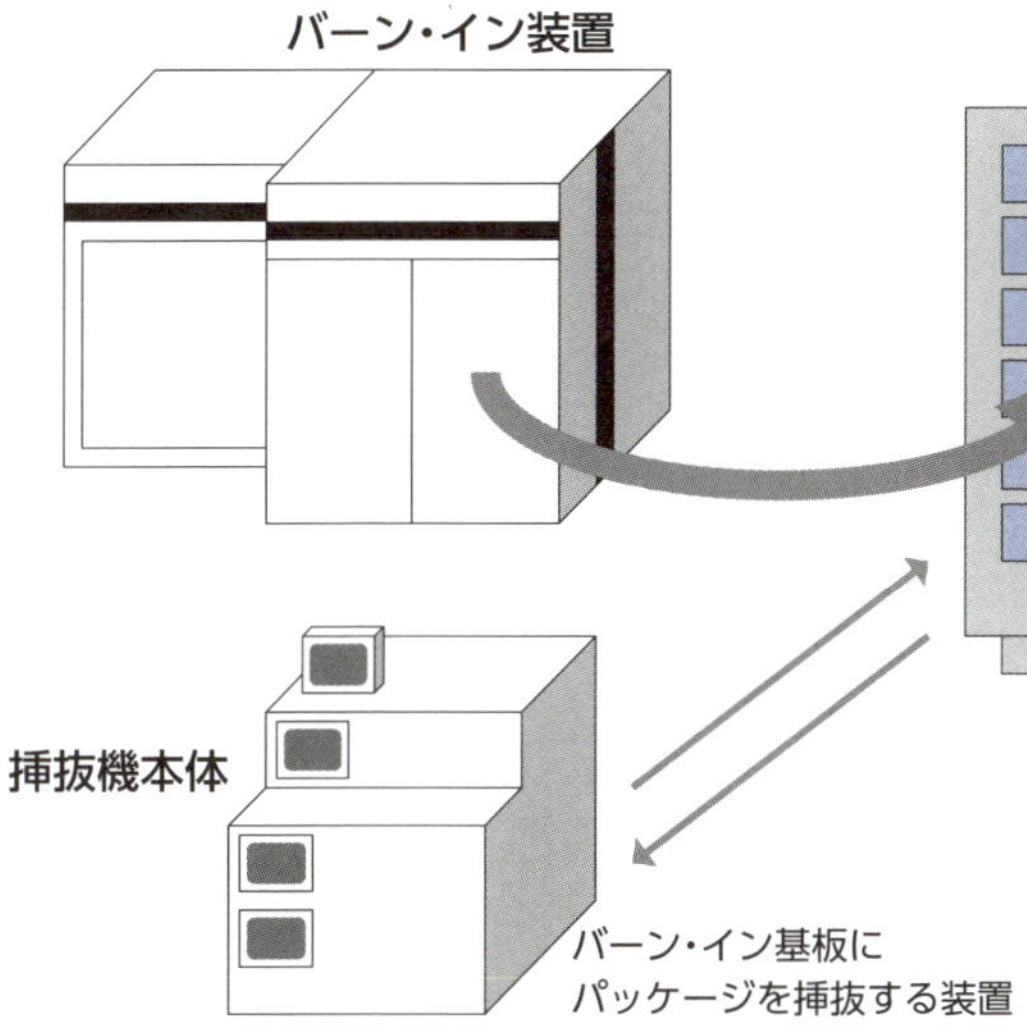

図 2-2-9　最終検査を行なう（後工程④）

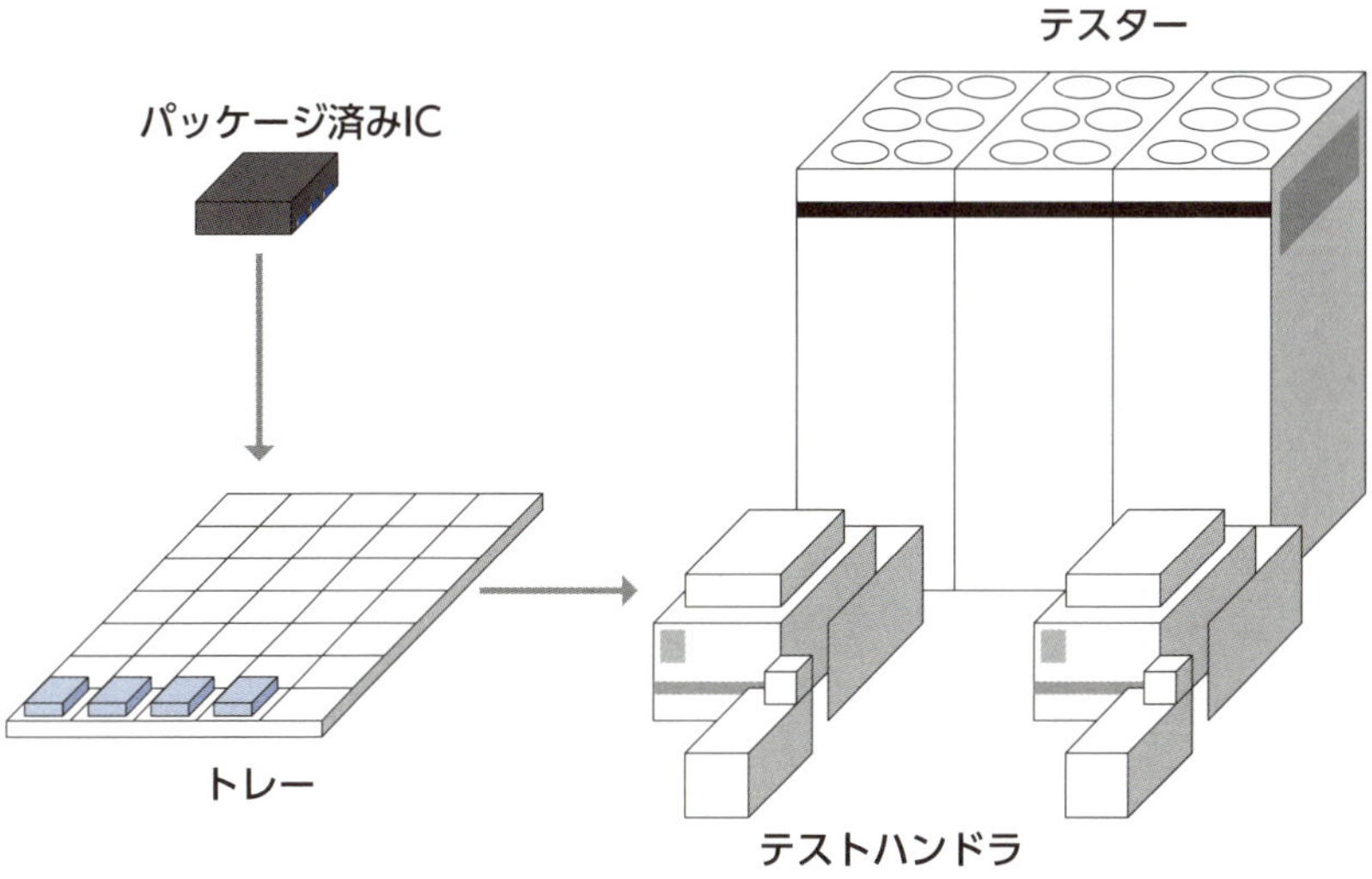

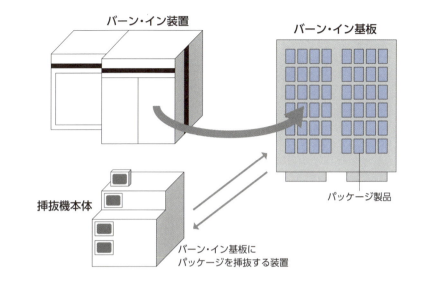

Section 03

半導体はどのように作られるのか？
——第三分類

2-2（前節）の第二分類で、ある程度、半導体を作る工程についておわかりになったかと思いますが、ここでは第三分類として、図2-3-1に沿ってさらに詳細に説明します。

▼FEOLは4つの工程に分けられる

前工程のFEOL（Front End Of Line）は、細かく

①薄膜形成工程
②リソグラフィ工程
③エッチング工程
④不純物添加工程

の4つに分けられます。ただしこれらの工程は一度だけでなく、何度も何度も繰り返し行なわれる工程です。またこれらの工程間には、熱処理工程や洗浄工程などが適宜入ってきます。

▼薄膜形成、リソグラフィ、エッチングの工程

①の「**薄膜形成工程**」では、シリコンウエハー上に絶縁膜、導電膜、半導体膜などの薄膜が、さまざまな装置と材料を用いて形成されます（56ページ図2-3-2）。

②の「**リソグラフィ工程**」では、形成した薄膜上にフォトレジストを塗布し、露光機によりフォトマスクを通して光を当てた後、現像してフォトマスクのパターンをフォトレジストに転写します（56ページ図2-3-3）。

③の「**エッチング工程**」では、パターン形成されたフォトレジストをマスクにして下地の薄膜を選択的に除去し、薄膜にパターンを形成します（57ページ図2-3-4）。

④の「**不純物添加工程**」は、シリコンウエハー内、あるいはシリコンウエハー上に形成された半導体薄膜に「導電型不純物」（リン、砒《ひ》素、ボロンなど）を添加する工程です。

不純物を添加する具体的な方法としては、熱拡散現象を利用した「熱拡散法」と、加速された不純物イオンを機械

図 2-3-1　半導体を作る工程（第三分類の前工程）

		工程	内容
FEOL	繰り返し	薄膜形成工程	シリコンウエハー上に絶縁膜、導電膜、半導体膜などの薄膜をさまざまな装置と材料を用いて形成する
		リソグラフィ工程	薄膜上にフォトレジストを塗布し、露光機によりフォトマスクを通して光を当てた後、現像してフォトマスク上のパターンをフォトレジストに転写する
		エッチング工程	フォトレジストパターンをマスクにして、下地の薄膜を部分的に除去し、薄膜のパターンを形成する
		不純物添加工程	パターン形成されたフォトレジストや材料薄膜をマスクにして、導電型不純物をシリコンウエハー表面に部分的に添加する
BEOL	繰り返し	薄膜形成工程	各種薄膜に加え、一部絶縁体と金属の比較的厚い膜をさまざまな装置と材料を用いて形成する
		リソグラフィ工程	基本的にFEOLと同じ
		エッチング工程	基本的にFEOLと同じ
		平坦化工程	CMPにより表面を真っ平にする
FEOL＋BEOL		その他の工程やシステム	
		熱処理工程	
		洗浄工程	
		ウエハー検査工程	
		ウエハー搬送工程	
		生産管理・モニターシステム	
		CIMシステム	

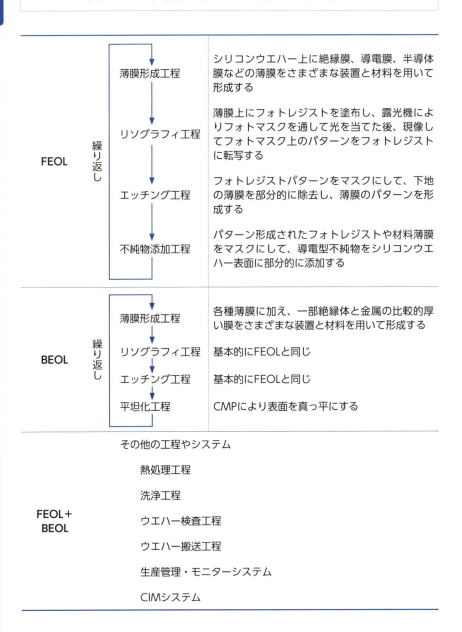

図 2-3-2　①薄膜を形成する

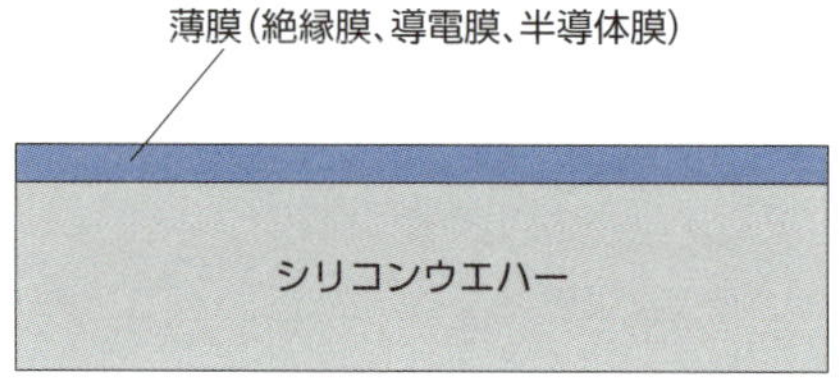

図 2-3-3　②リソグラフィの工程

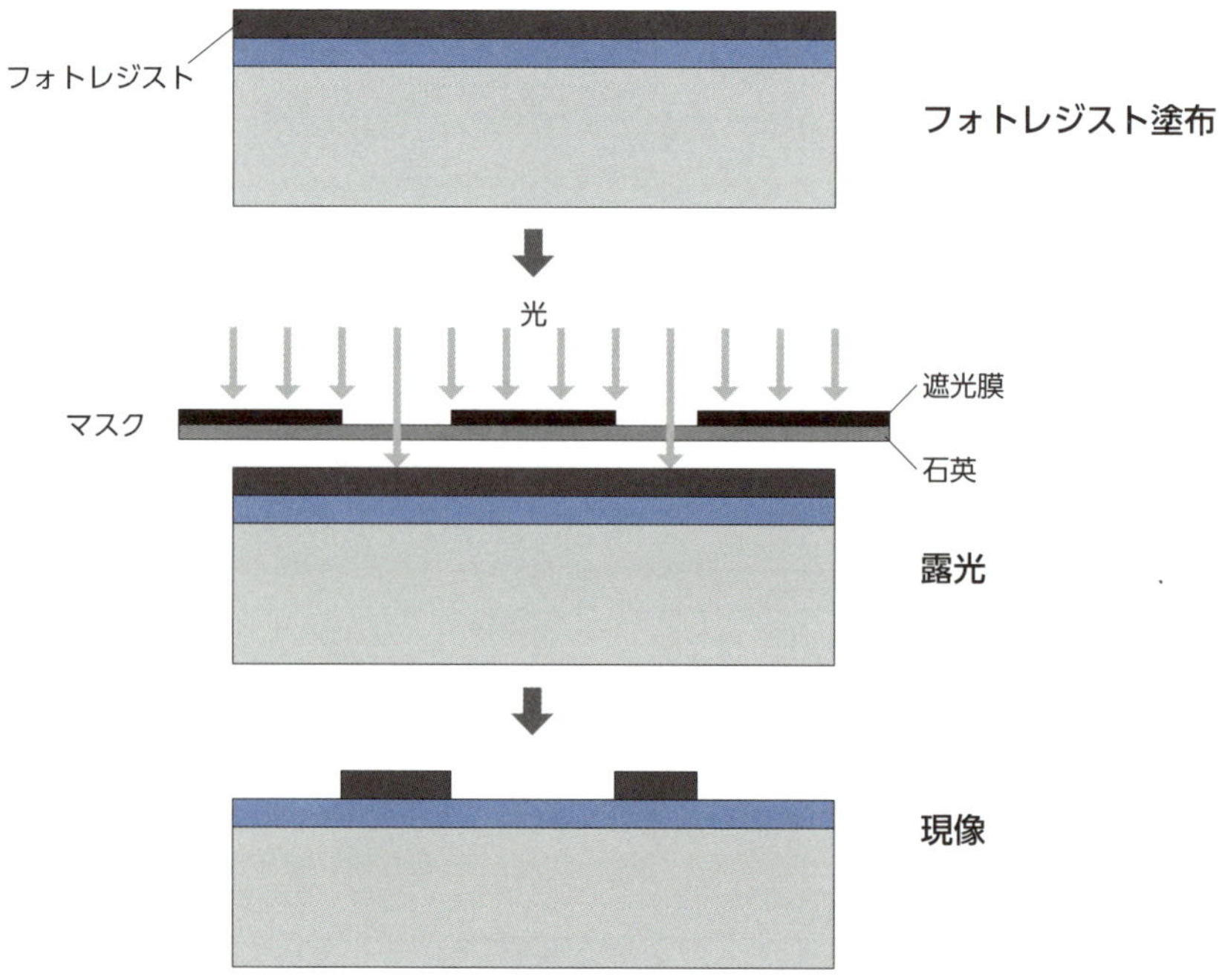

図2-3-4 ③ドライエッチングで薄膜パターンを形成する

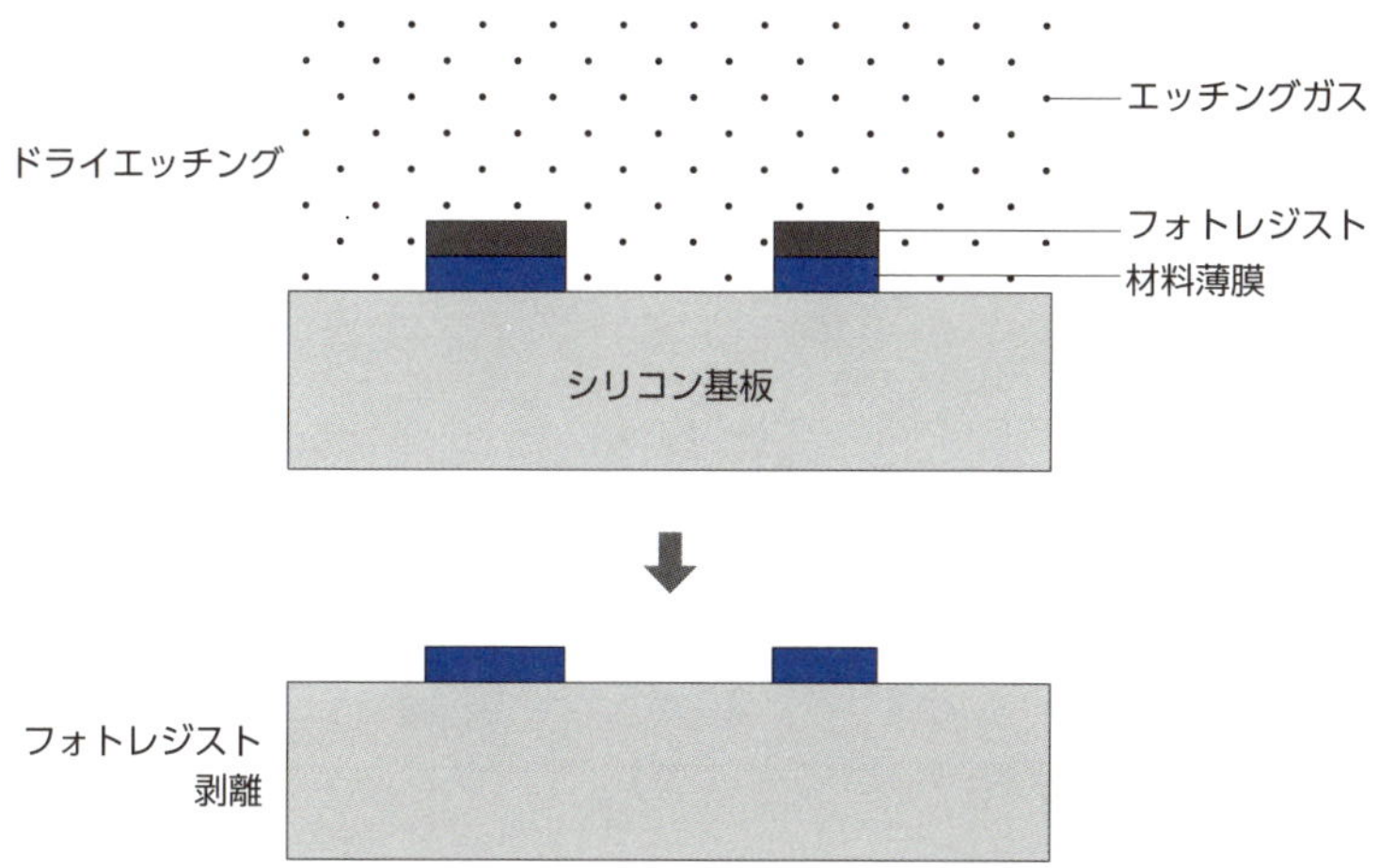

的に打ち込む「イオン注入法」があります。これら2つの方法の具体的内容は、「2-4 半導体はどのように作られるのか?——第四分類」で説明します。

▼BEOLは3つの工程とプロセス

BEOL（Back End Of Line、配線工程、バックエンド）では、

①薄膜形成工程
②リソグラフィ工程
③エッチング工程

の3つがあり、その工程で行なう内容は、前記FEOLで説明したのと基本的に同じです（④不純物添加工程がないだけ）。ただ、**CMP**と呼ばれるシリコンウエハー上の絶縁膜や導電膜の「**完全平坦化工程**」が入る点が異なります（次ページ図2-3-5）。

またBEOLにおける薄膜形成では、一部、絶縁体や金属の比較的厚い膜を、いろいろな装置と材料を用いて形成するステップも含まれています。

▼モールドパッケージで組立を説明

55ページの図2-3-1には、前工程、後工程では述べなかった「その他の工程やシステム」が示されていました。

図2-3-5　CMPと呼ばれる平坦化の工程

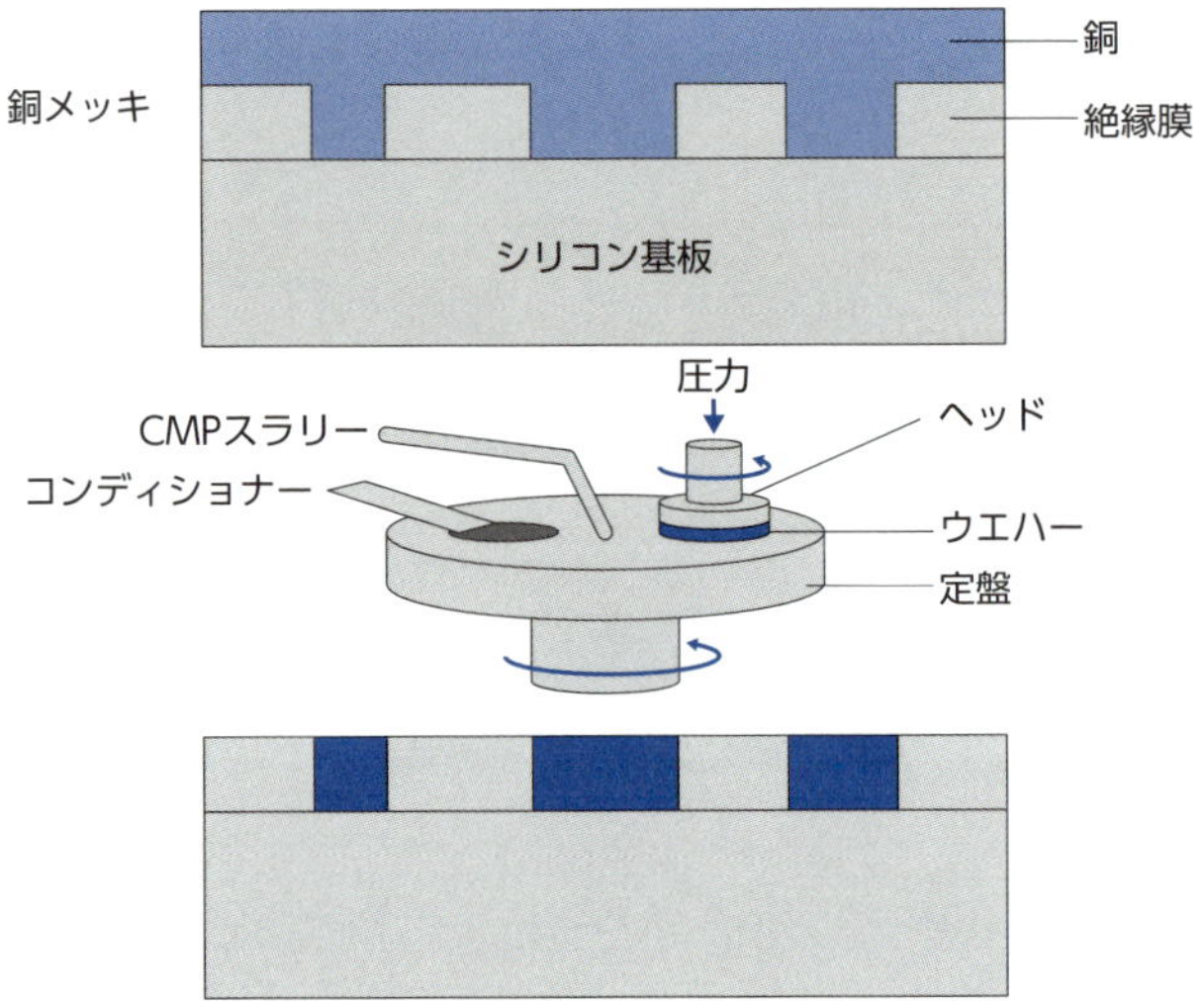

まず、前工程における「その他の工程やシステム」として、

- 熱処理工程
- 洗浄工程
- ウエハー検査工程
- ウエハー搬送工程
- 生産管理・モニターシステム
- CIMシステム

があります。

後工程の組立工程には（図2-3-6）、

- マウント
- ワイヤーボンディング
- 樹脂封止
- ハンダメッキ
- リード加工
- 捺印

などの細かい工程が含まれます。ICの組立は、**アセンブリ**（集めたものを組み立てること）とも呼ばれ、さまざまな方法がありますが、ここではモールドパッケージを例にとって説明します（図2-3-6）。

最初のマウントでは、良品チップ（ダイ）をリードフレームのアイランド部に接着固定（ボンディング）します（図

図 2-3-6　第三分類の「組立工程」をモールドの例で説明

組立	マウント	良品チップをリードフレームのアイランド部に接着固定する
	ワイヤーボンディング	固着されたチップ上の外部電極引き出しパッドとリードフレームのリード線を金（Au）やアルミニウム（Al）の細線で1本1本つなぐ
	樹脂封止	リードフレームのチップが載っている部分を熱硬化性樹脂で包み、チップを封止する
	ハンダメッキ	樹脂に覆われていないリード線の部分にハンダを付着させるためメッキを行なう。理由はICをプリント基板に実装するときハンダ付けを容易にし、リード線の曲げ強度を高めるため
	リード加工	パッケージの種類に応じてリード線を曲げ、必要な形状に加工する
	捺印	モールドパッケージの表面に、品名・会社名・ロット番号などをレーザーで捺印（刻印）する

図 2-3-7　マウント（接着固定）する

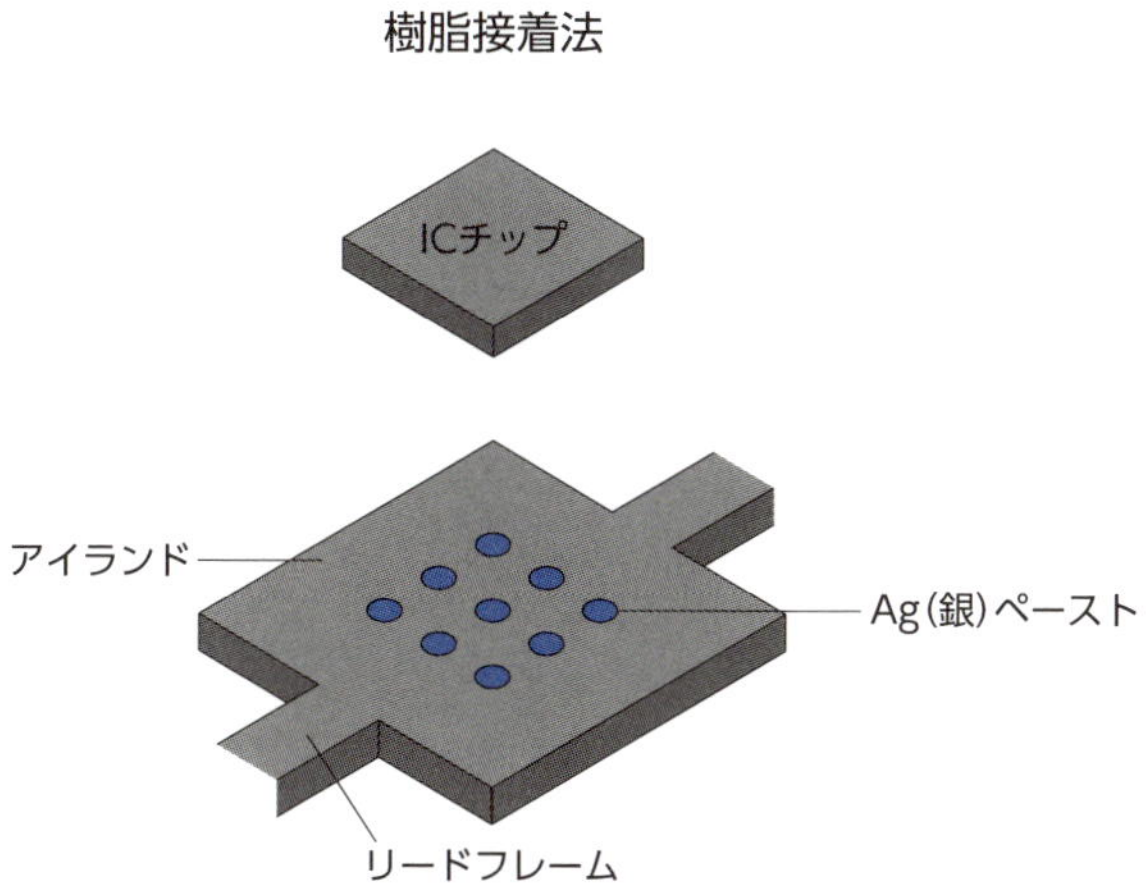

図2-3-8　ワイヤーボンディングでリード線を接続する

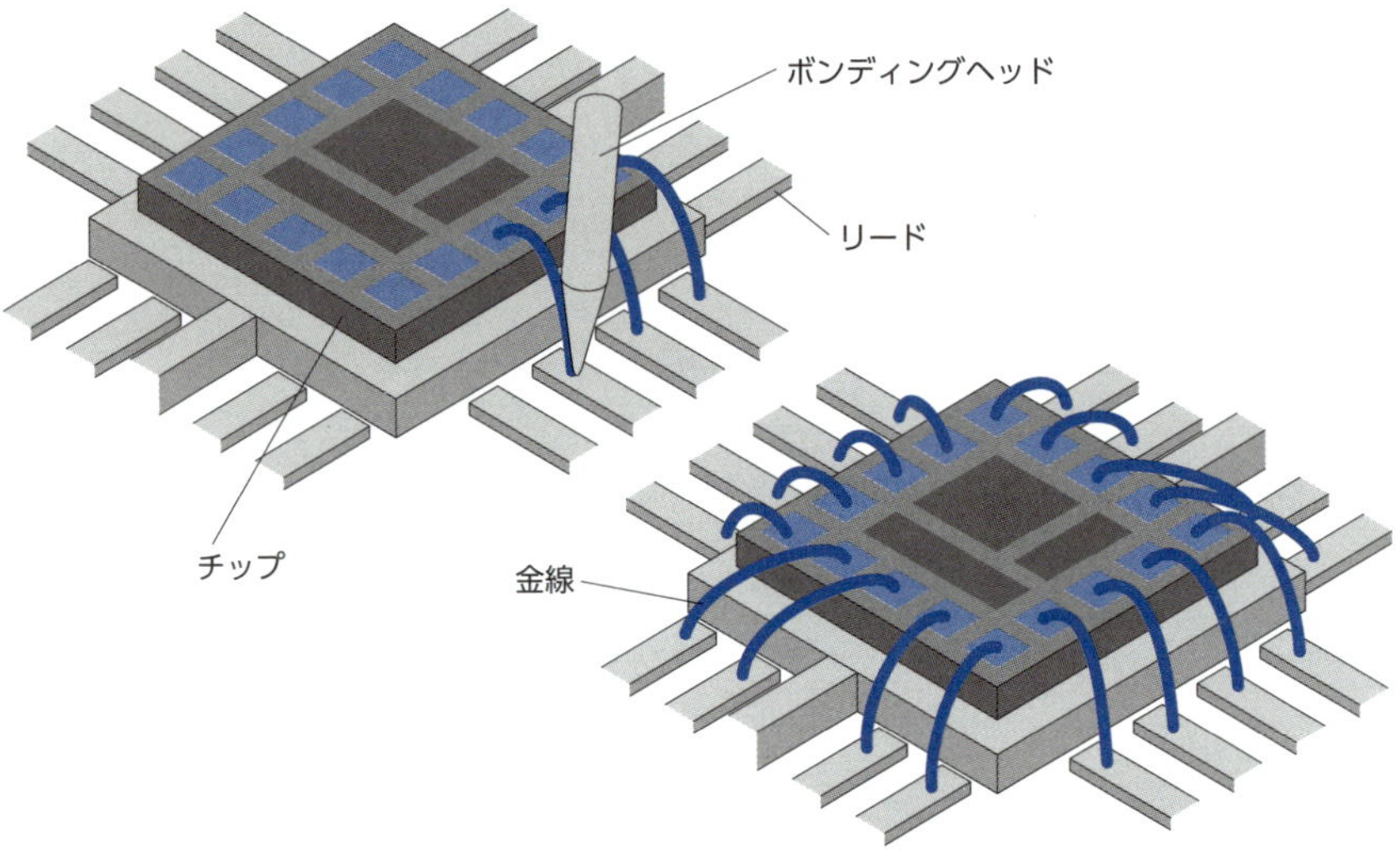

2-3-7）。このため、マウント作業は「ダイ・ボンディング」とか「チップ・ボンディング」と呼ばれることもあります。

マウント後、ワイヤーボンディングでは、固着されたICチップ上の引き出し電極パッドと、リードフレームのリード線を金などの細線で接続します（図2-3-8）。

その後の樹脂封止では、リードフレームのICチップが載っている部分を熱硬化性樹脂で包み、チップを封止します（図2-3-9）。

ハンダメッキでは、樹脂に覆われていないリード線の部分にハンダを付着させます（図2-3-10）。

そうする理由は、ICをプリント基板に実装するときにハンダ付けを容易にするとともに、次のリード加工でモールドパッケージの種類に応じリード線を曲げ加工しますが、そのときの強度を高めるためです。

リード加工では、モールドパッケージの種類に応じて、リード線を曲げ加工し必要な形状にします（図2-3-11）。

捺印では、モールドパッケージの表面に品名・会社名・ロット番号などをレーザー等で捺印（刻印）します（図2-3-12）。

図 2-3-9　チップを樹脂で封止する

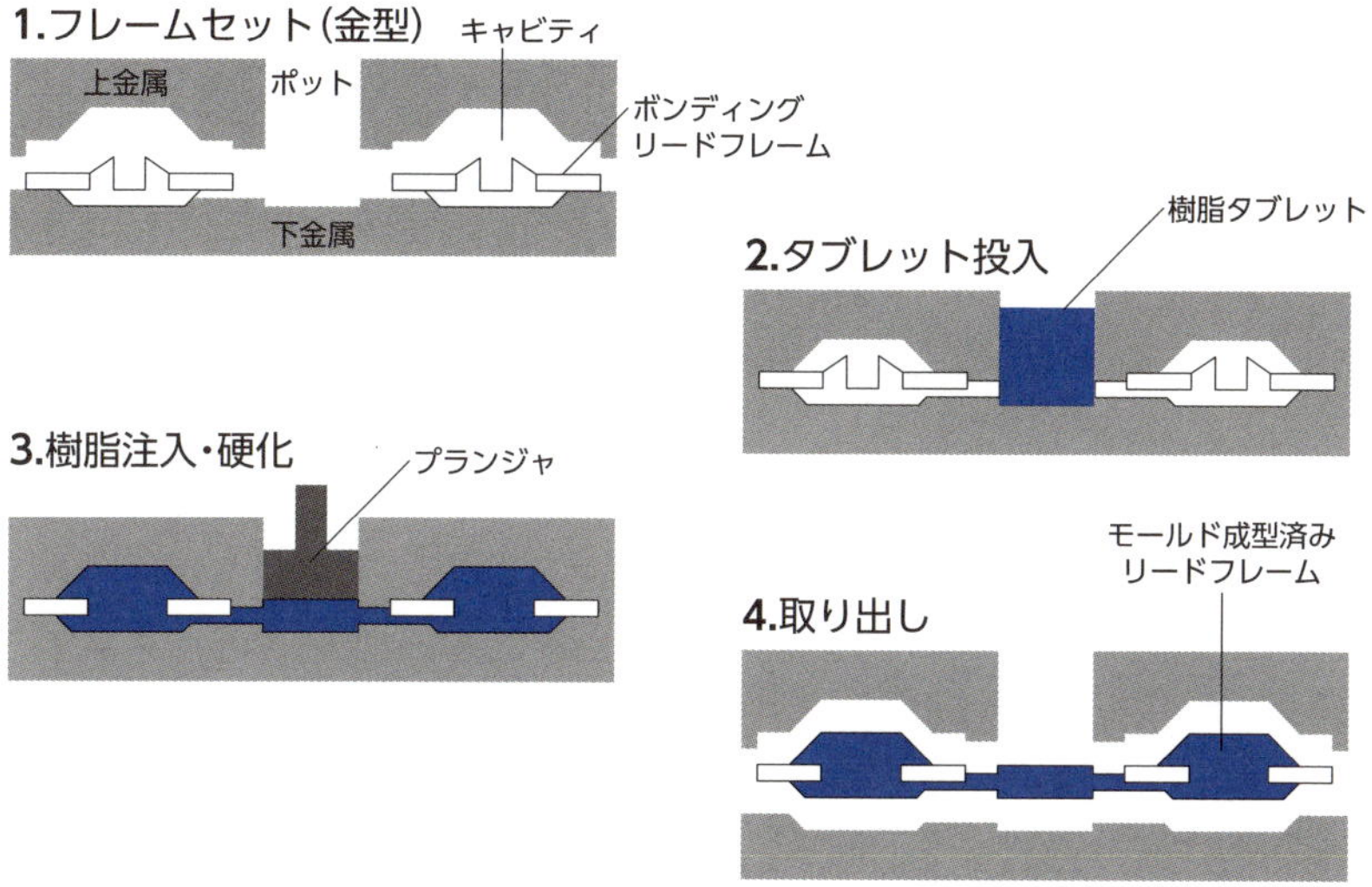

図 2-3-10　ハンダメッキでリードフレームにハンダを付着

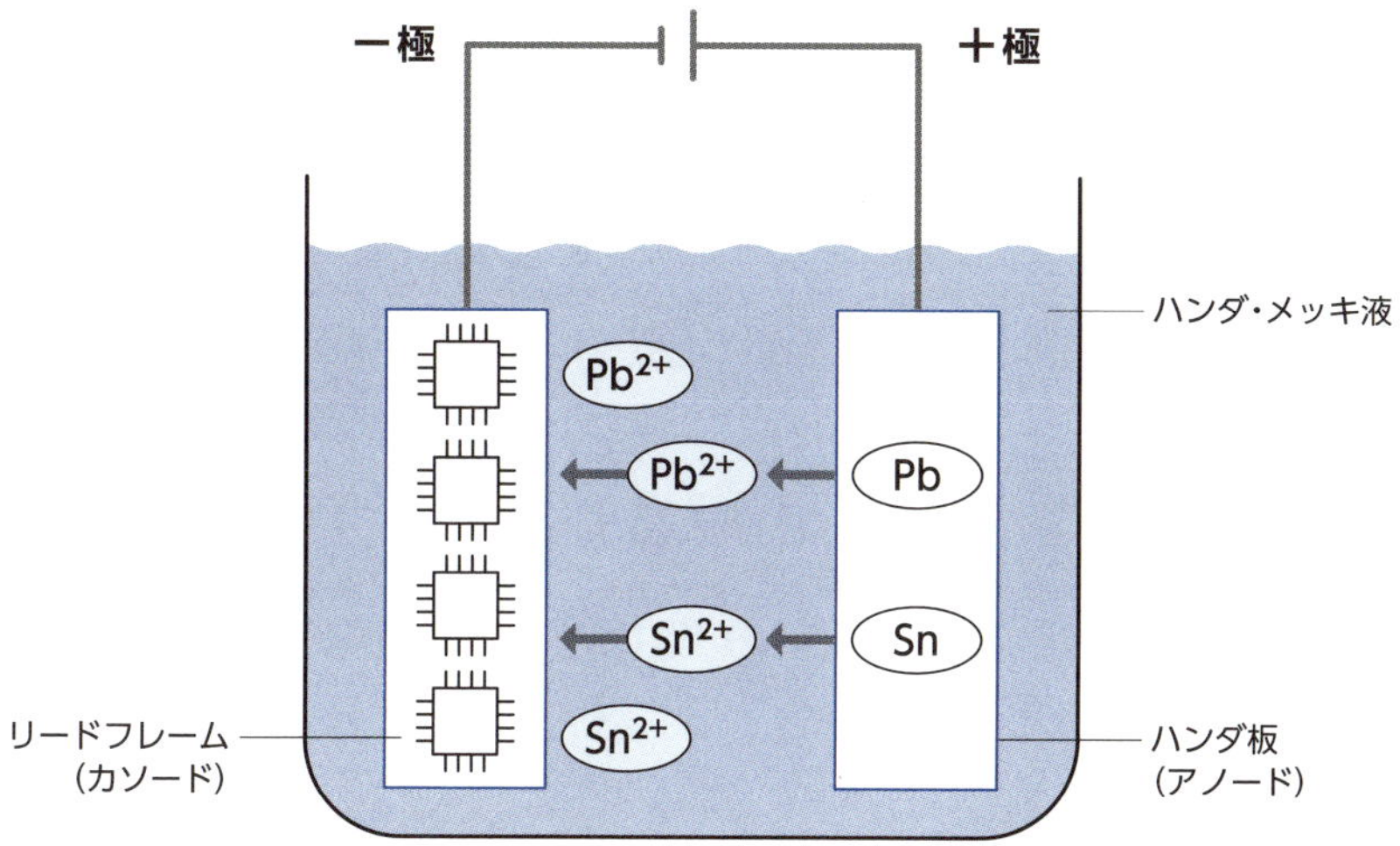

図 2-3-11　リード加工後の各種パッケージ

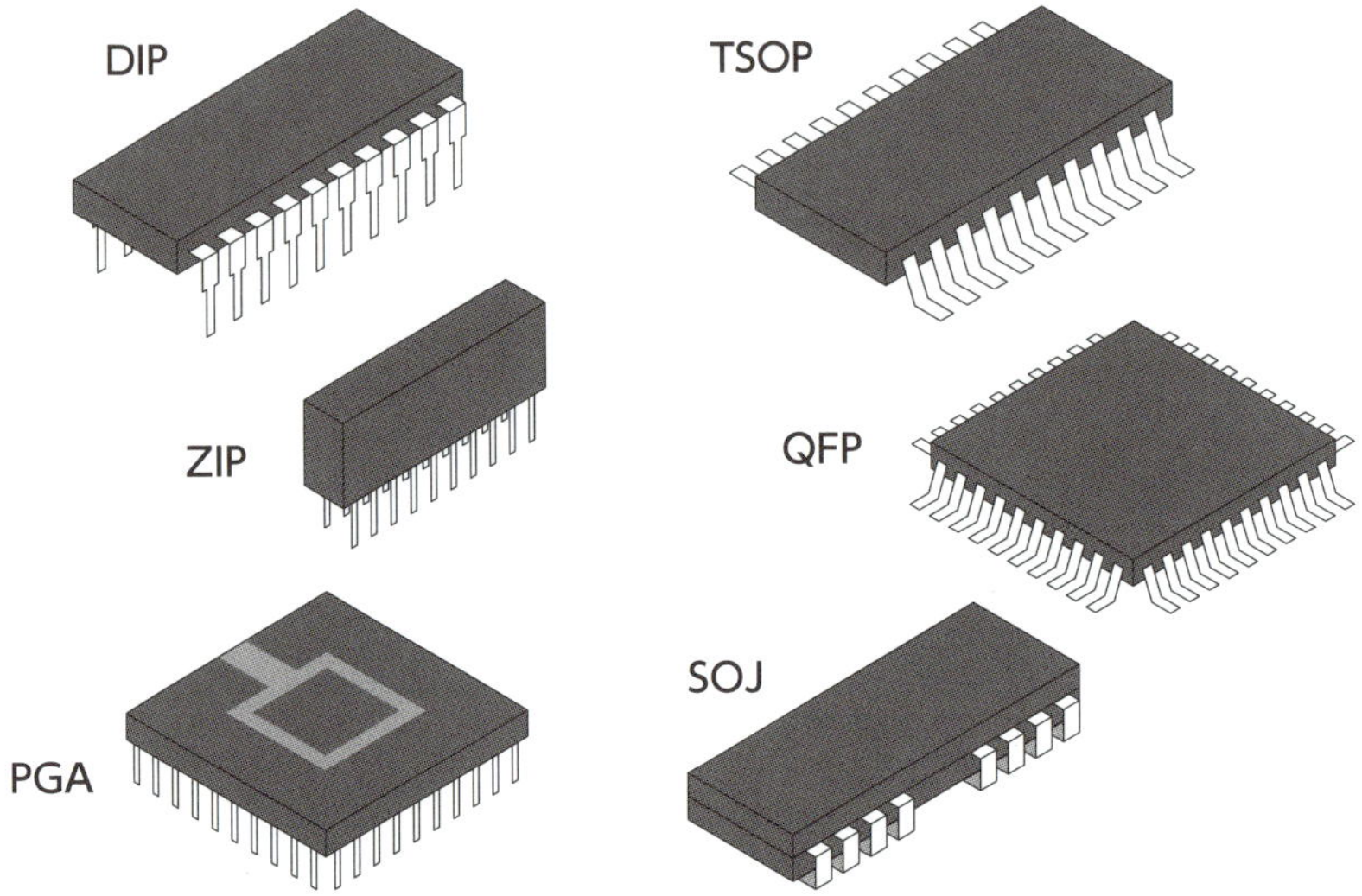

図 2-3-12　最後に捺印（刻印）する

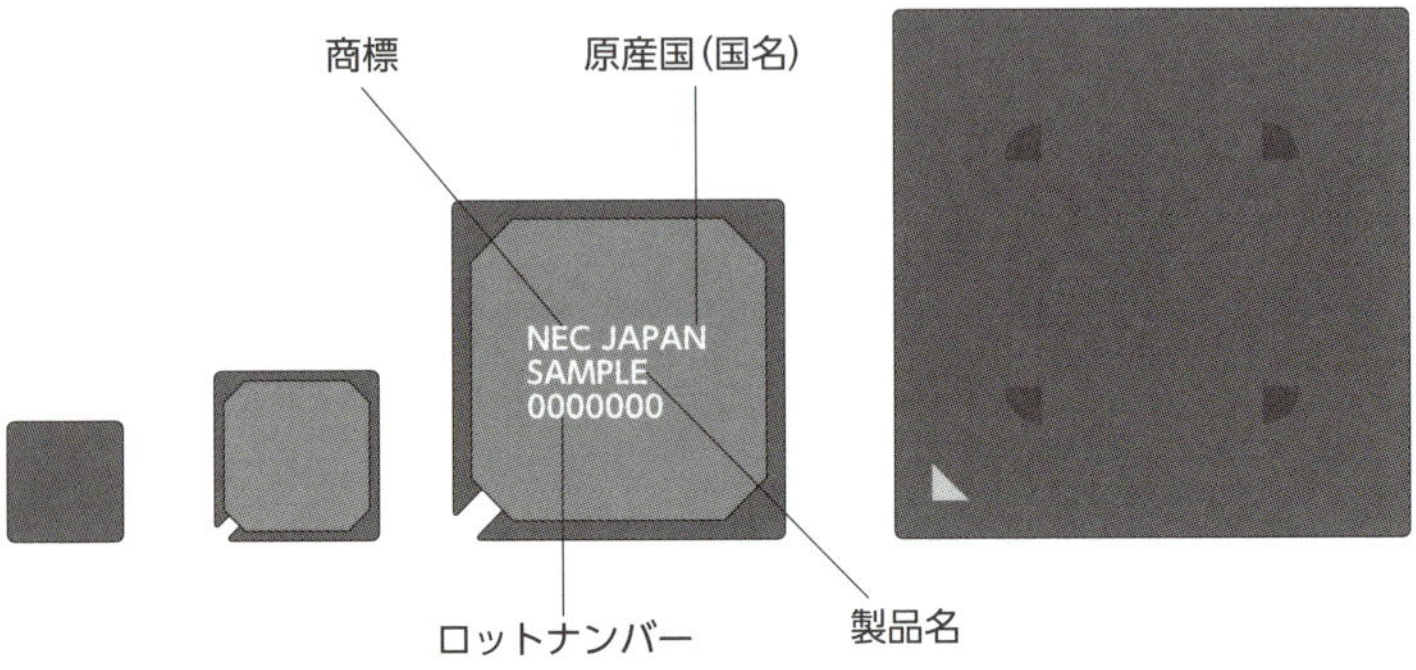

半導体はどのように作られるのか？

――第四分類

第四分類では、さらに半導体を作る工程を詳細に解説します。次ページの図2-4-1（第四分類の1）、図2-4-2（第四分類の2）の2枚の図に沿って説明していきます。

▼FEOLの薄膜形成

まず、図2-4-1の「**薄膜形成（FEOL）**」には、

①熱酸化
②CVD
③PVD（スパッタ）
④ALD

などの方法があります。

①**熱酸化**では、シリコンウエハーを高温で酸化性雰囲気に晒《さら》すことで、シリコンと酸素を化学反応させ、二酸化シリコン膜を成長させます。酸化性ガスとしては、ドライ酸素、ウエット酸素、スチームなどが用いられます（66ページ図2-4-3）。

熱酸化で形成した二酸化シリコン膜（SiO_2）は非常に優れた絶縁膜であると同時に、シリコンと二酸化シリコン膜の界面は安定した電気的特性を示します。このことが、シリコンが半導体材料として多用されている大きな理由の一つになっています。

②**CVD**では、成長させたい薄膜の種類に応じて、原料ガス（前駆体プリカーサー）を熱やプラズマなどで励起《れいき》させ、化学反応で必要な薄膜を堆積させます（67ページ図2-4-4）。

CVDで成長させる膜には、絶縁膜、導電体膜、半導体膜など各種の薄膜があります。

③**PVD**の代表的な方法の一つとして、**スパッタリング**があります。スパッタリングでは、円盤状に加工して置かれた成膜材料（スパッタリングターゲット）にアルゴン原子を高速で衝突させ、反跳《はんちょう》で飛び出してくる膜構成元素をシリコンウエハー上に付着させることで成膜します（図2

図 2-4-1　半導体 IC を作る工程（第四分類の 1）

薄膜形成(FEOL)	熱酸化	シリコンウエハーを高温で酸化性雰囲気に晒すことで、シリコン (Si) と酸素 (O) の化学反応により二酸化シリコン (SiO_2) 膜を成長させる。酸化性ガスとしてはドライO_2、ウエットO_2、スチームなど
	CVD	化学気相成長。成長させたい薄膜の構成元素を含むガス (プリカーサー、前駆体) をプラズマ、熱などのエネルギーで化学反応させ、必要な薄膜を堆積させる。成長させる膜には、絶縁膜、半導体膜、導電体膜がある
	PVD (スパッタ)	成膜材料を円盤状に加工したスパッタリングターゲットにアルゴン原子 (Ar) を高速で衝突させ、反跳で飛び出してくる構成元素を付着させることで成膜する。CVDに対してPVD (物理気相成長) の一種
	ALD	原子層堆積。成長させたい膜種に応じて、複数種類のガスの供給と排気を短時間で複数回繰り返すことで1原子層ずつ必要な組成を有する薄膜を堆積させる
薄膜形成(BEOL)	CVD	上記CVDと基本的に同じ
	PVD	上記PVDと基本的に同じ
	メッキ	銅 (Cu) の比較的厚い膜を電解メッキ法により成長させる
リソグラフィ	フォトレジスト塗布	薄膜上にフォトレジストを塗布する
	露光	フォトマスク (レチクル) を通し、フォトレジストに光を部分的に照射する
	現像	露光されたフォトレジストを現像し、フォトマスクパターンをフォトレジストパターンに転写する

CVD : Chemical Vapor Deposition
PVD : Physical Vapor Deposition
ALD : Atomic Layer Deposition

図 2-4-2　半導体 IC を作る工程（第四分類の 2）

エッチング	ドライエッチング	レジストパターンをマスクにして下地薄膜を反応性ガス、イオン、ラジカルなどで部分的に除去し、下地薄膜にパターンを形成する。反応性ガスエッチング、プラズマエッチング、反応性イオンエッチングなどの種類がある
	ウエットエッチング	液体を用い、材料薄膜を全面あるいはマスクを用いて部分的に除去する
不純物添加	熱拡散	熱拡散を利用して導電型不純物を高温でシリコンウエハー表面近傍に添加する
	イオン注入	パターン形成されたフォトレジストをマスクにして、ウエハー表面近傍に導電型不純物を打ち込む。打ち込むエネルギーとドーズ量（単位面積当たりの注入量）を変化させ、不純物の深さと量を制御する
平坦化	CMP	シリコンウエハーを回転させ、スラリーを流しながら研磨パッドに押し付け、シリコンウエハー上の絶縁膜や金属類を研磨し、ウエハー上面部を真っ平にする
前工程（FEOL）におけるその他の工程やシステム		
熱処理	炉アニール	温度を上げた炉にウエハーを入れアニールする
	RTA（急速熱アニール）	シリコンウエハーを赤外線ランプで急速に昇温・降温の温度処理をする
洗　浄	超純水洗浄	超純水でシリコンウエハーを洗浄・リンス・乾燥する
	ウエット洗浄	薬液でシリコンウエハーを洗浄し、超純水でリンス・乾燥する
ウエハー検査	外観・特性測定	各種測定器を用いて、シリコンウエハーの外観や素子の電気特性を測定する

図 2-4-3　熱酸化でウエハーをガスに晒《さら》す

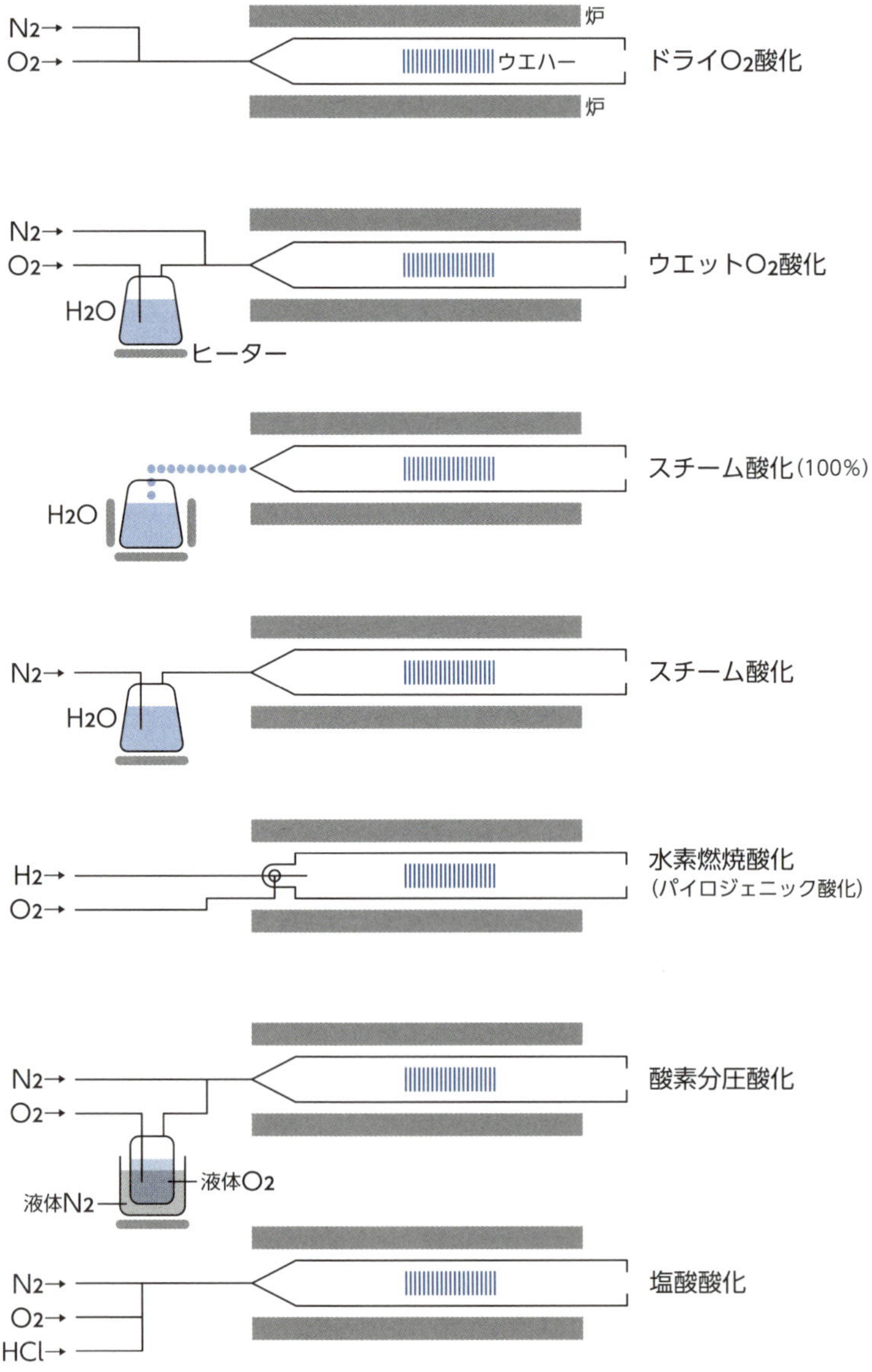

図 2-4-4　プラズマ CVD

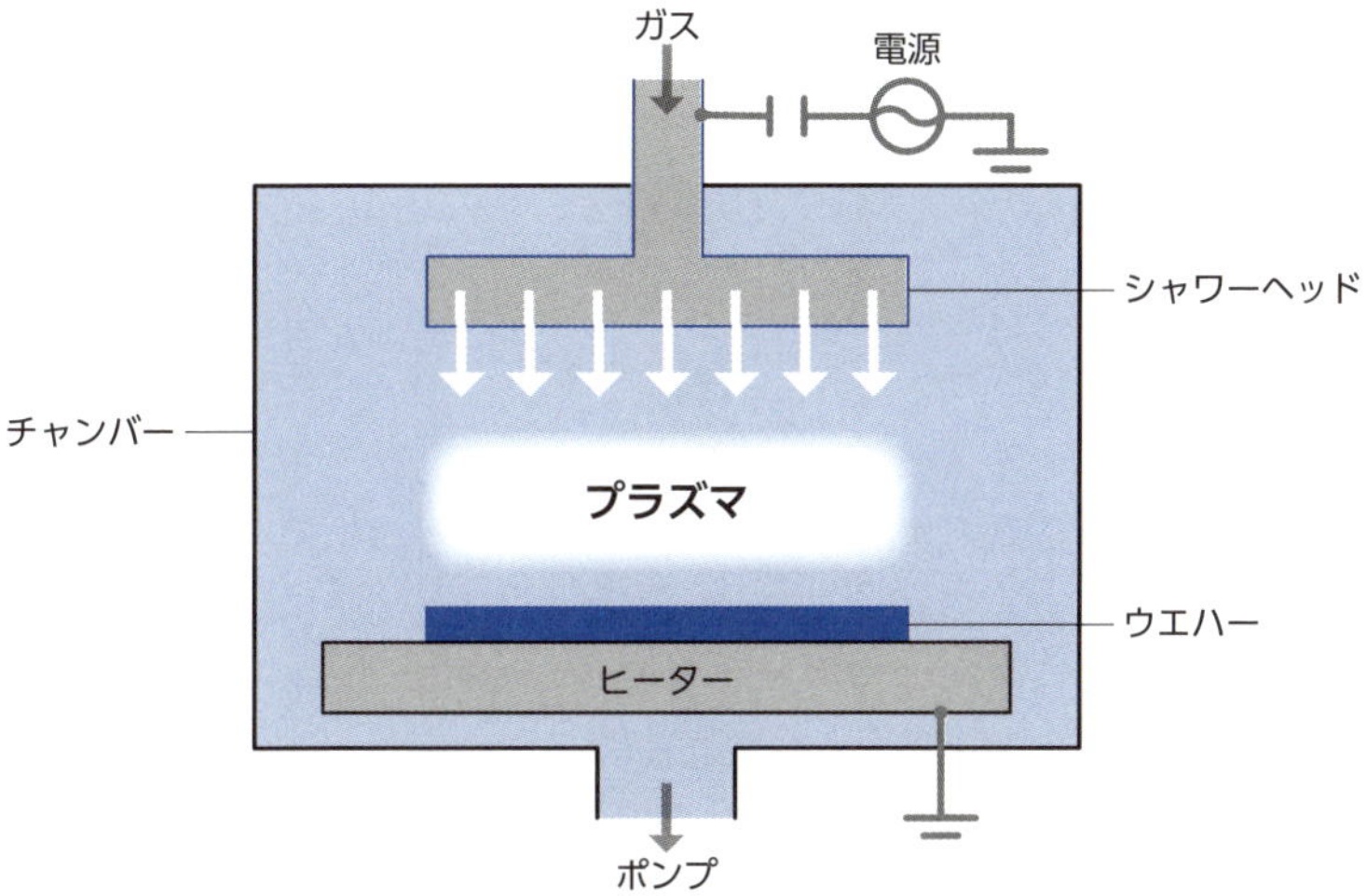

図 2-4-5　スパッタリング（PVD）

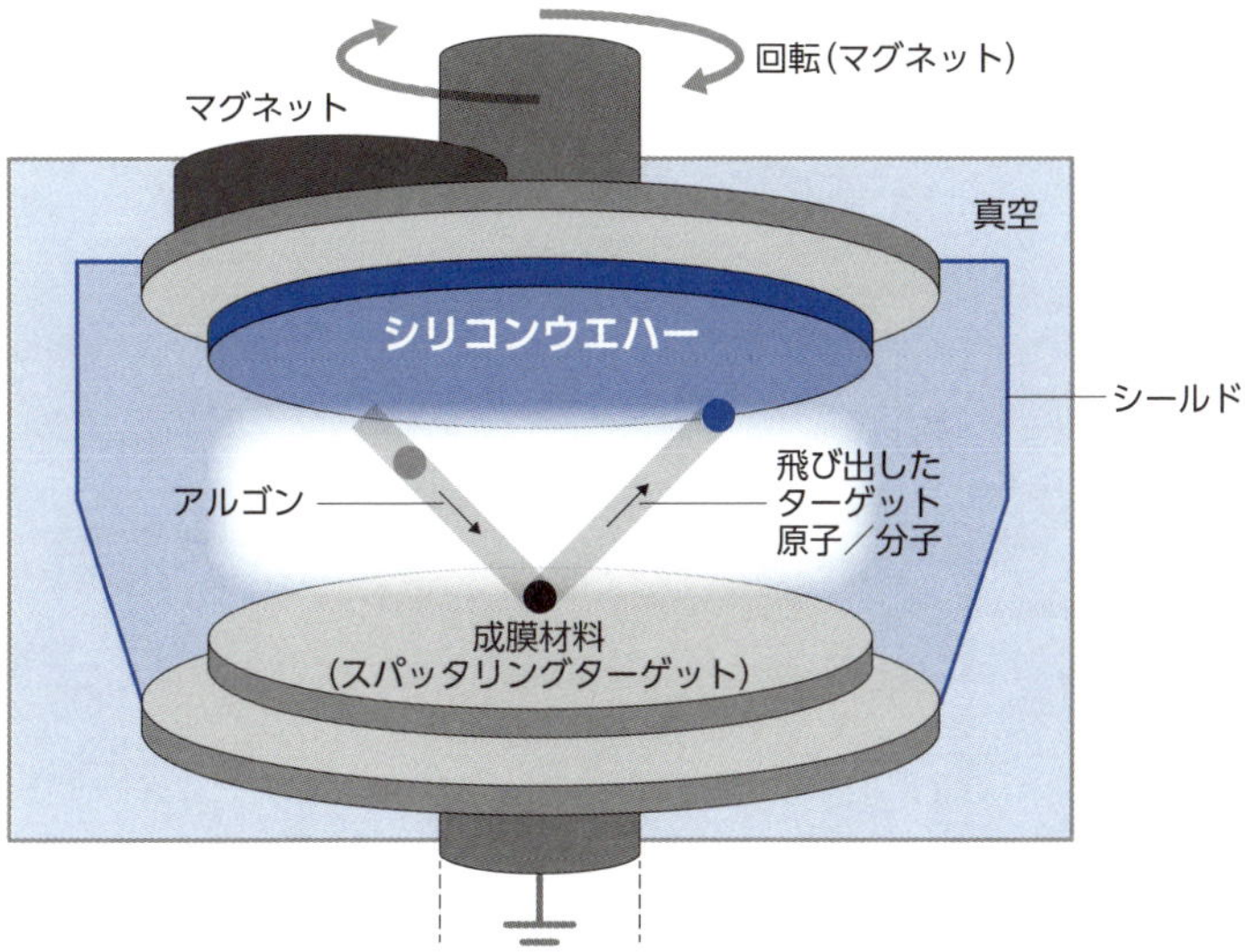

-4-5）。PVDはCVDに対応して使われる名称です。

④**ALD**では、成長させたい膜種に応じて複数種類の原料ガスの供給と排気を短時間で複数回繰り返すことで、シリコンウエハー上に、1原子層ずつ必要な組成を持った薄膜を堆積させます（図2-4-6）。

▼BEOLの薄膜形成

64ページ図2-4-1の「**薄膜形成（BEOL）**」には、

①CVD
②PVD
③メッキ

が含まれます。CVD、PVDについてはFEOLで使用されるものと基本的に変わりません。ただ、③のメッキでは銅の比較的厚い膜を電解メッキで成長させます（図2-4-7）。

▼リソグラフィ工程

図2-4-1の最後の「**リソグラフィ工程**」には、

①フォトレジスト塗布
②露光
③現像

が含まれます。

図2-4-6　ALDで必要な薄膜を形成する

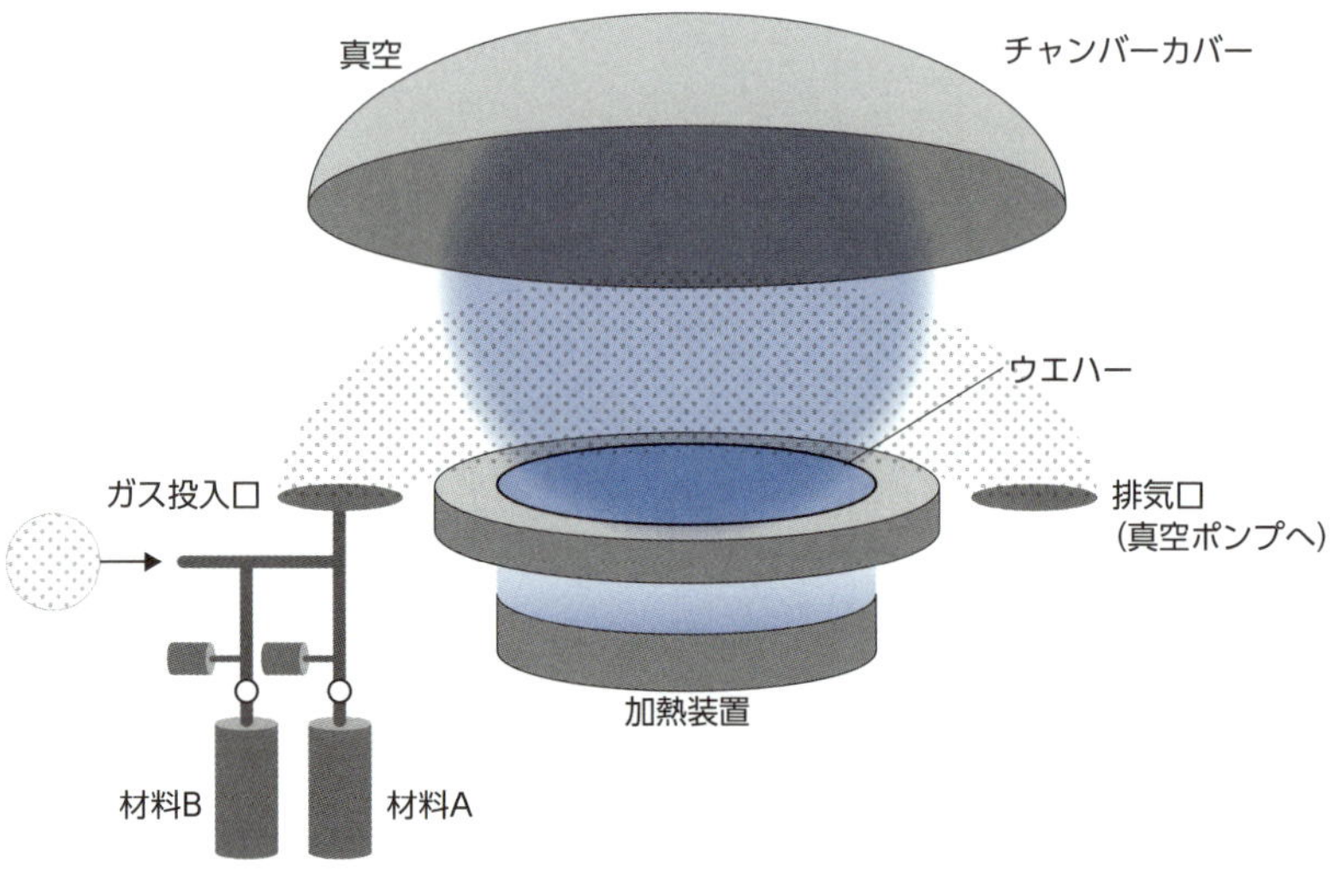

図 2-4-7　銅の電解メッキ

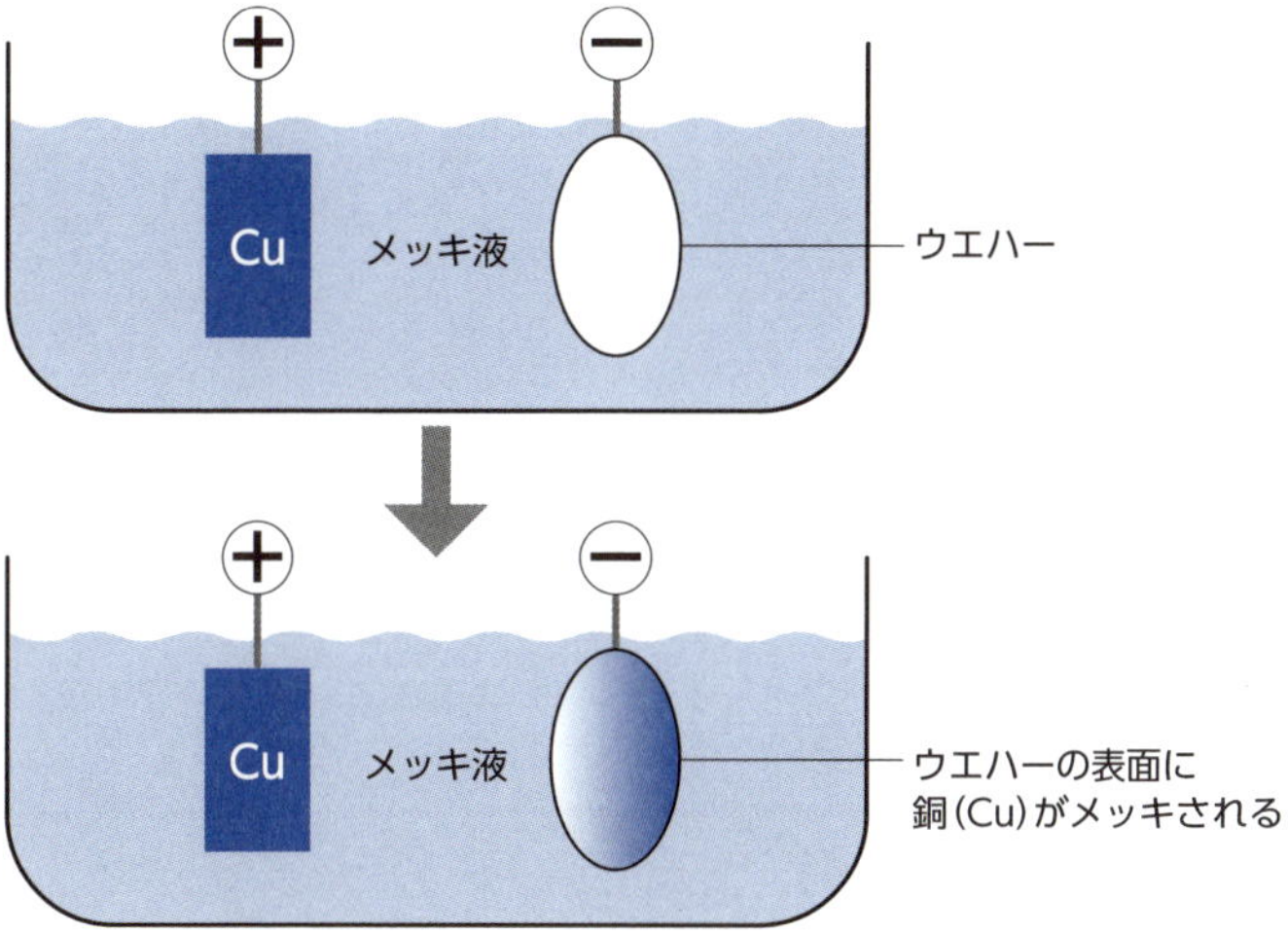

図 2-4-8　フォトレジスト塗布

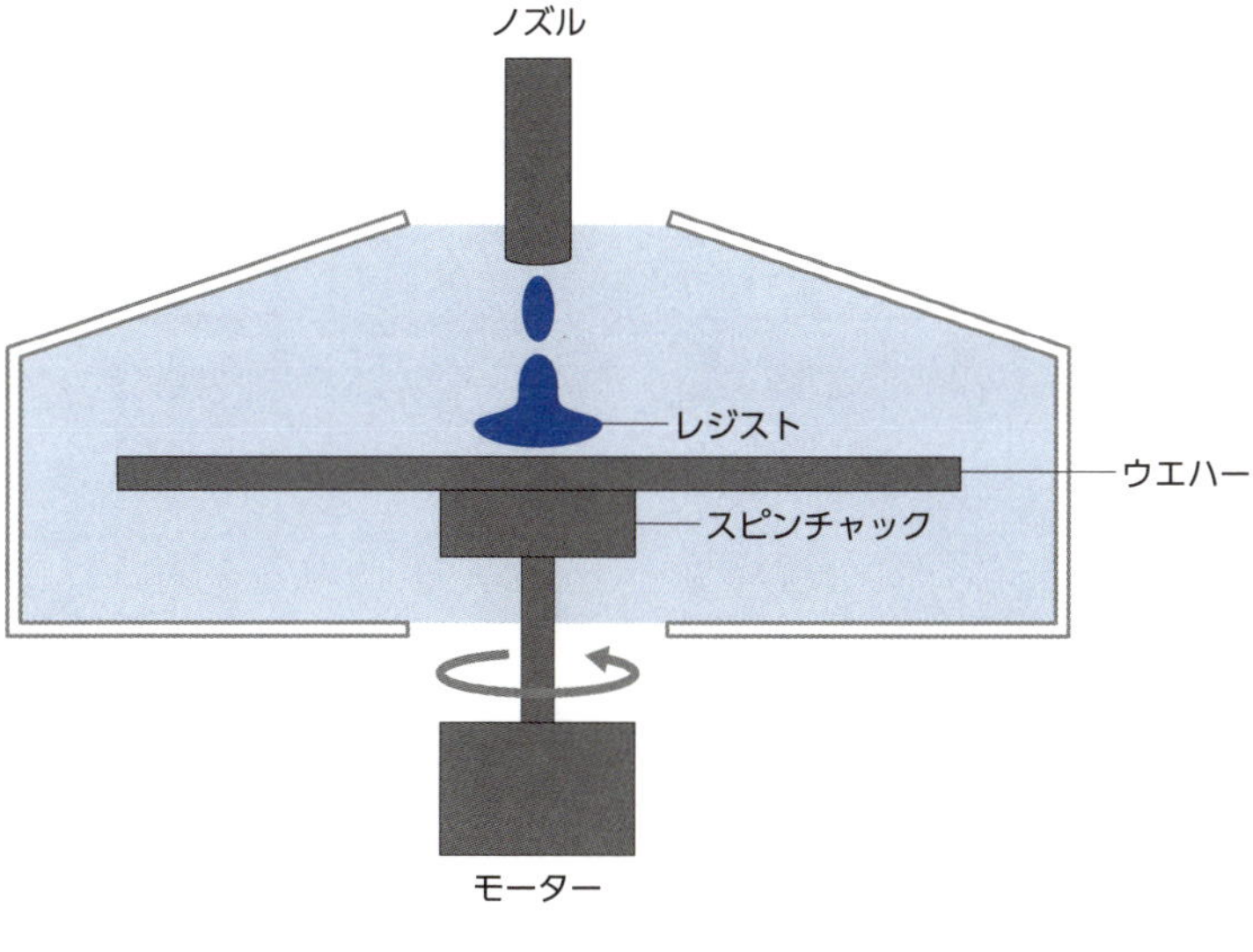

フォトレジスト塗布では、材料薄膜上にフォトレジスト（感光性樹脂）を塗布します（前ページ図2-4-8）。

露光では、フォトマスクを通しフォトレジストに光を部分的に照射します（図2-4-9）。

現像では、露光されたフォトレジストを現像し、フォトマスクのパターンをフォトレジストパターンに転写します（図2-4-10）。

▼エッチングの工程

65ページ図2-4-2の「**エッチング**」には、

①ドライエッチング
②ウエットエッチング

の2つが含まれます。

まず、ドライエッチングでは、フォトレジストパターンをマスクにして、下地薄膜を反応性ガス、イオン、ラジカルなどで部分的に除去し、下地薄膜にパターンを形成します。そこで使われるのがICPドライエッチング装置（エッチャー）です（図2-4-11）。

ウエットエッチングでは、薬液を用いて材料薄膜を、全面あるいはマスクを用いて部分的に除去します（72ページ図2-4-12）。

図2-4-9　スキャナーでフォトレジストへ光を照射（露光）

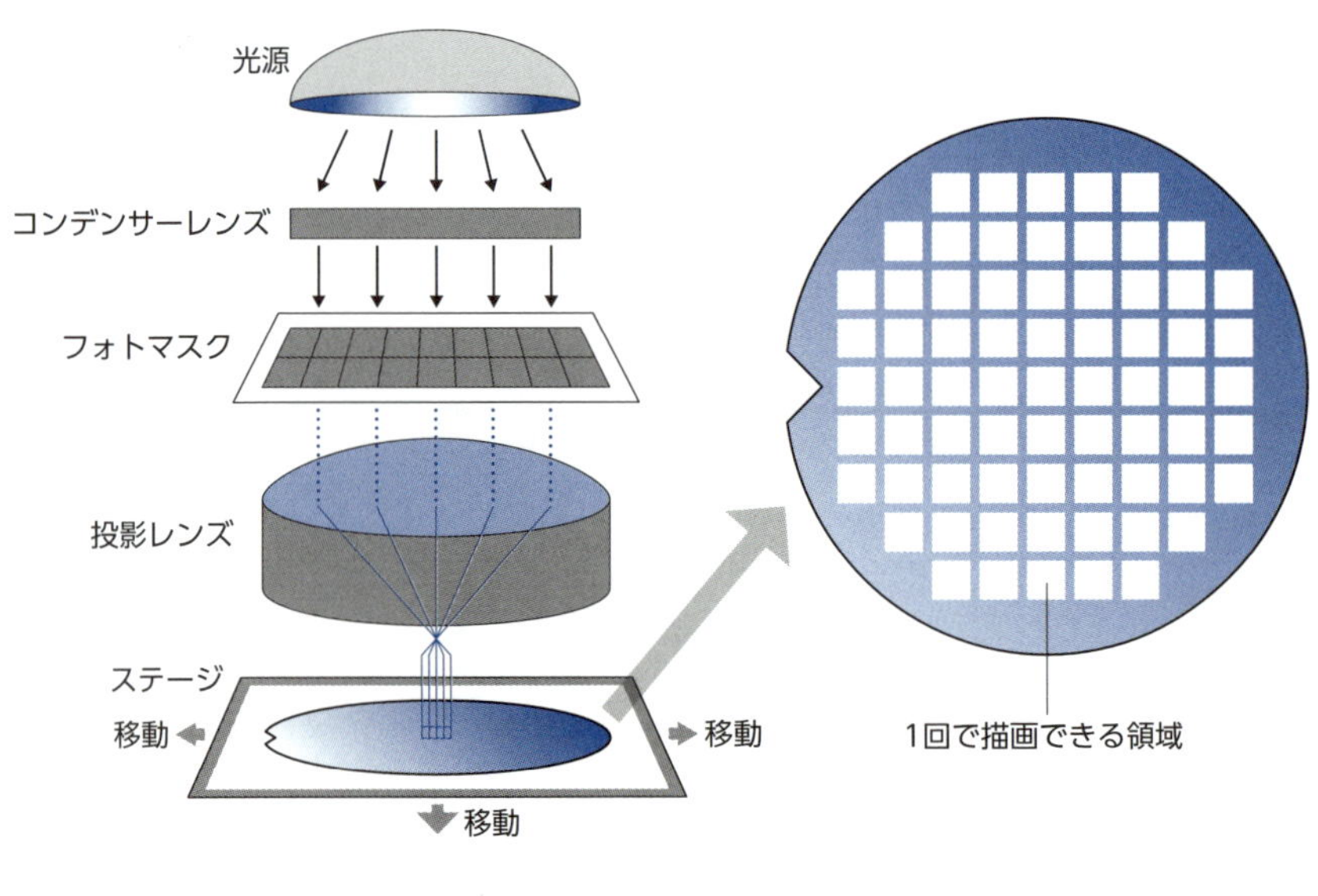

図 2-4-10　フォトレジスト現像

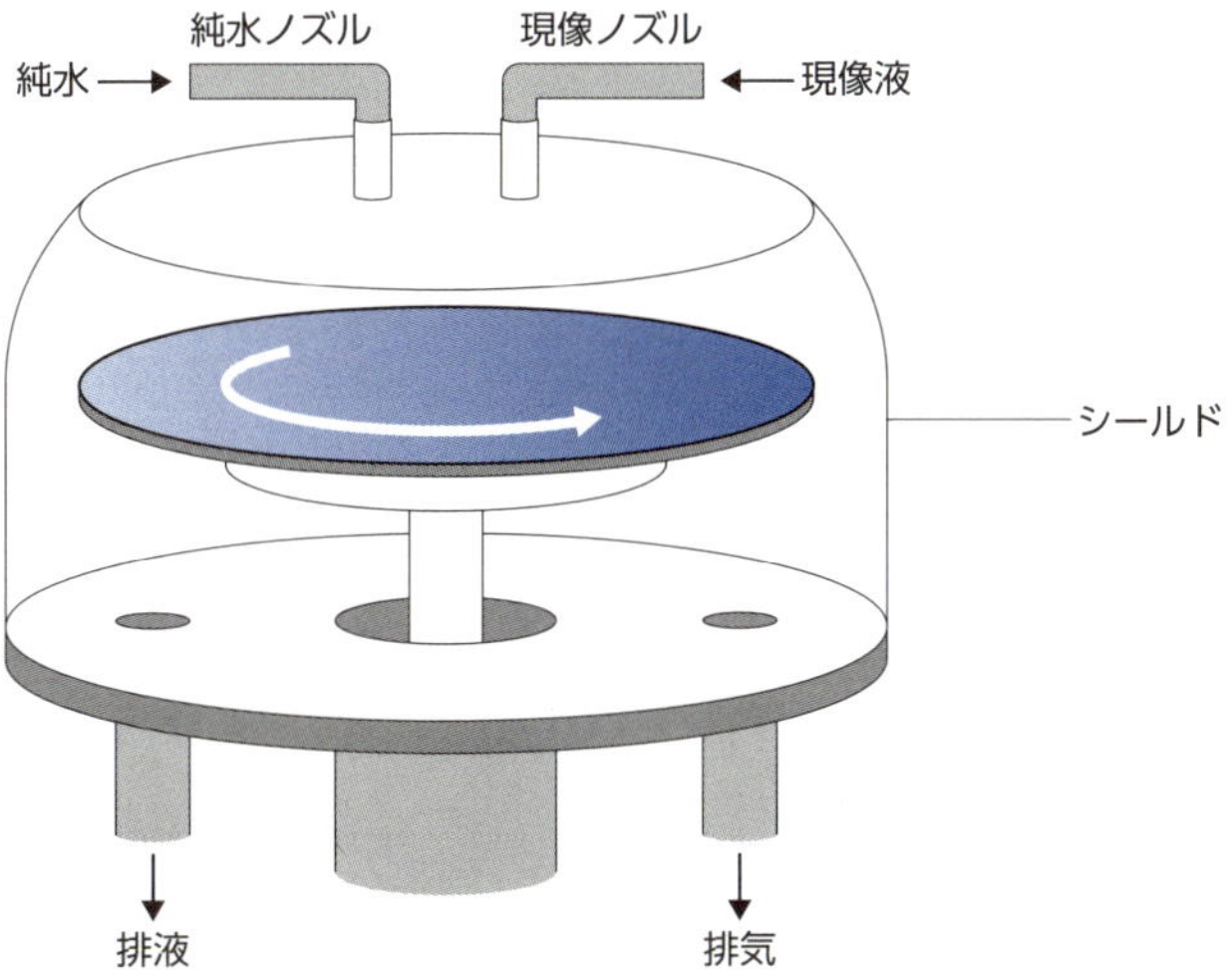

図 2-4-11　ICP ドライエッチャー

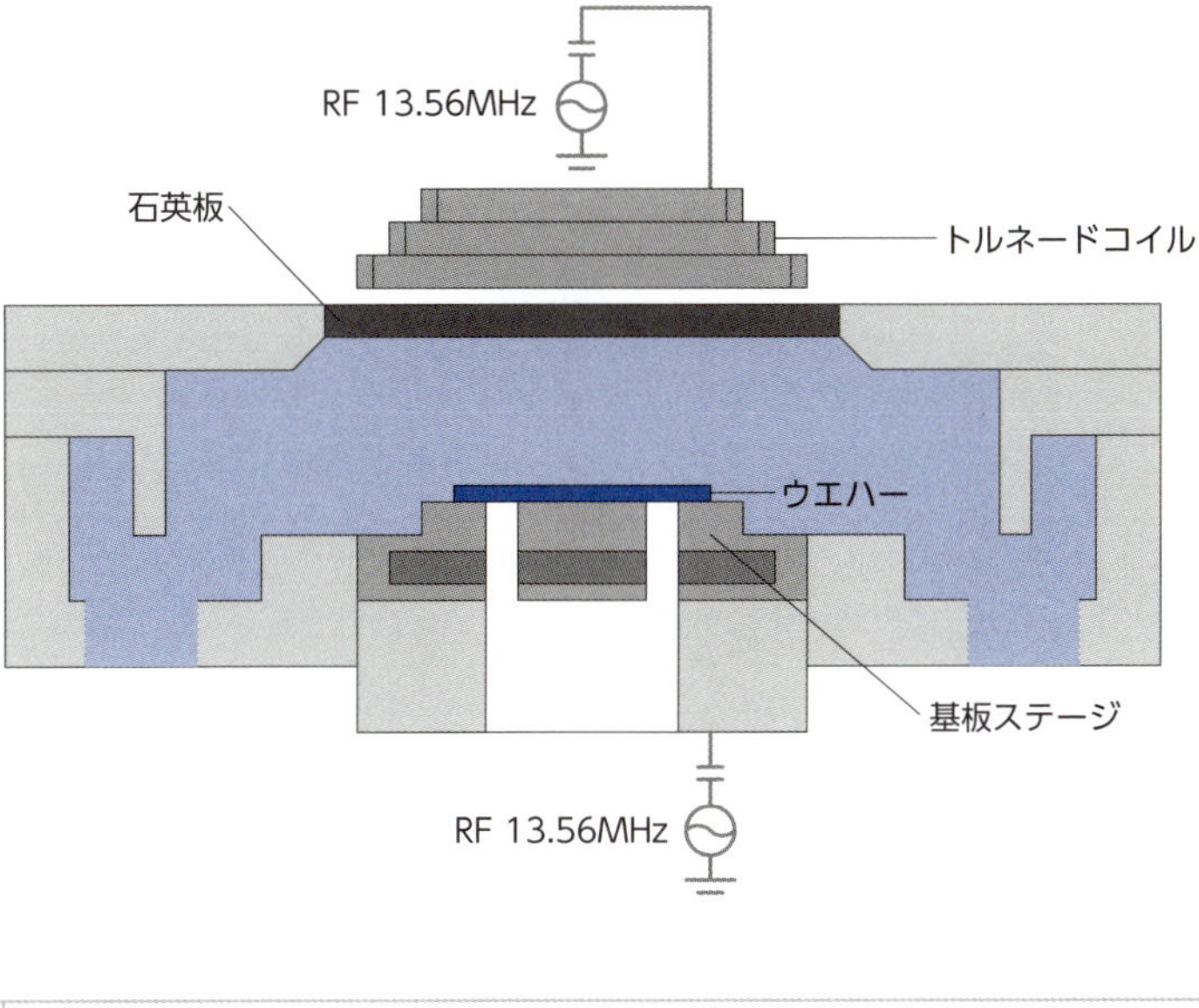

図 2-4-12 ウエットエッチング

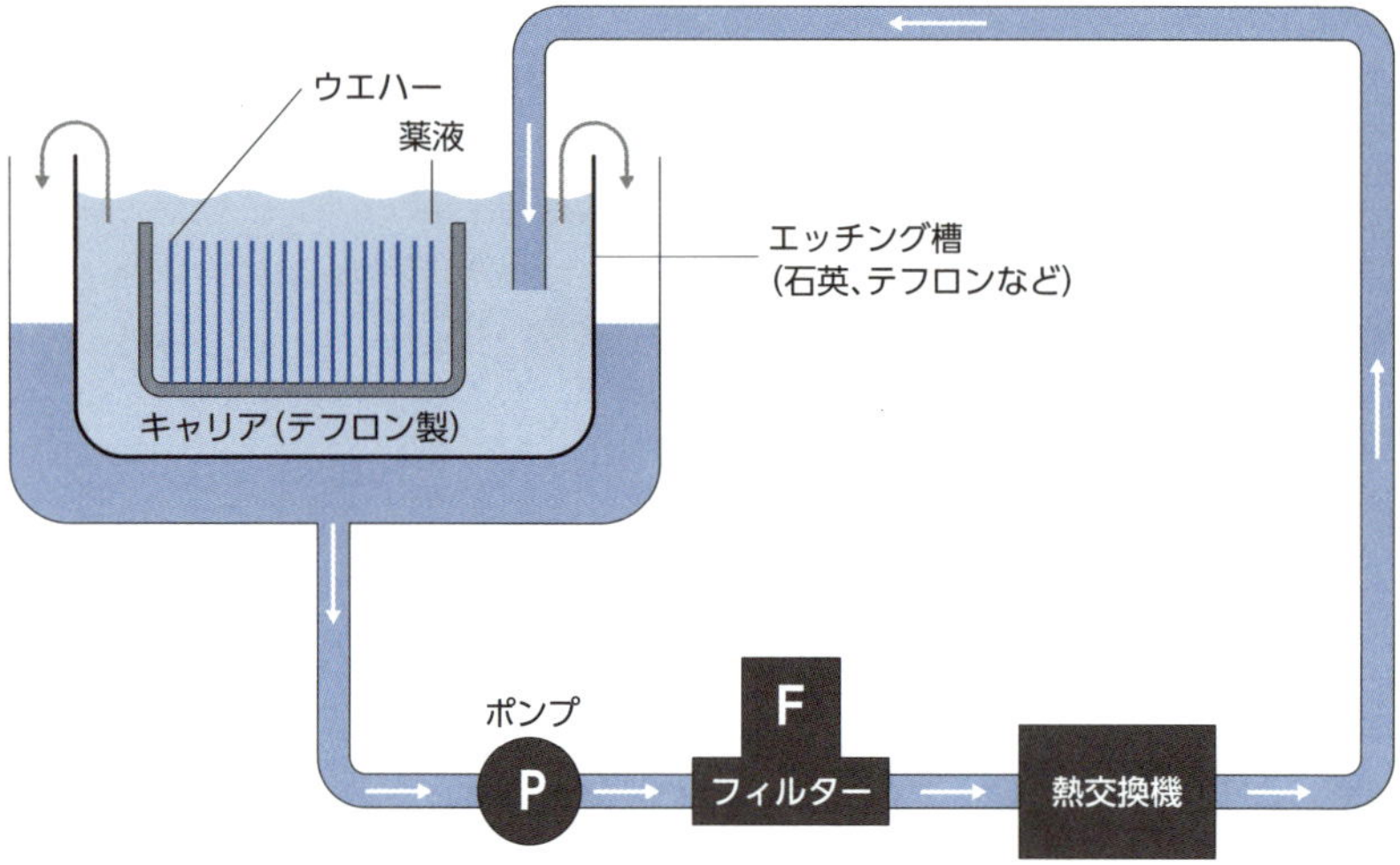

▼不純物添加の工程

65ページ図2-4-2の「**不純物添加**」には、

①熱拡散

②イオン注入

が含まれます。

熱拡散では、導電型不純物を高温に熱したシリコンウエハーの表面近傍《きんぼう》に熱拡散現象を利用して添加します。

イオン注入では、パターンが形成されたフォトレジストをマスクにして、ウエハー表面近傍に電界で加速した導電型不純物イオンを打ち込みます（図2-4-13）。

打ち込むエネルギーを変えることで、添加する導電型不純物の深さ分布をコントロールし、またドーズ量（単位面積当たりの注入量）を変えることで導電型不純物イオンの添加量を制御します。

▼平坦化CMPの工程

図2-4-2の「**平坦化**」は**CMP装置**（Chemical Mechanical Polisher）によって行なわれます。CMPではシリコンウエハーを回転させ、スラリー（液状の研磨剤）を流しながら研磨パッドに押し付けて、シリコンウエハー上の絶縁膜や金属膜を研磨し、ウエハー表面を真っ平にします（図2-4-14）。CMPの使用前、使用後の変化を示し

図 2-4-13　熱拡散（上）とイオン注入（下）

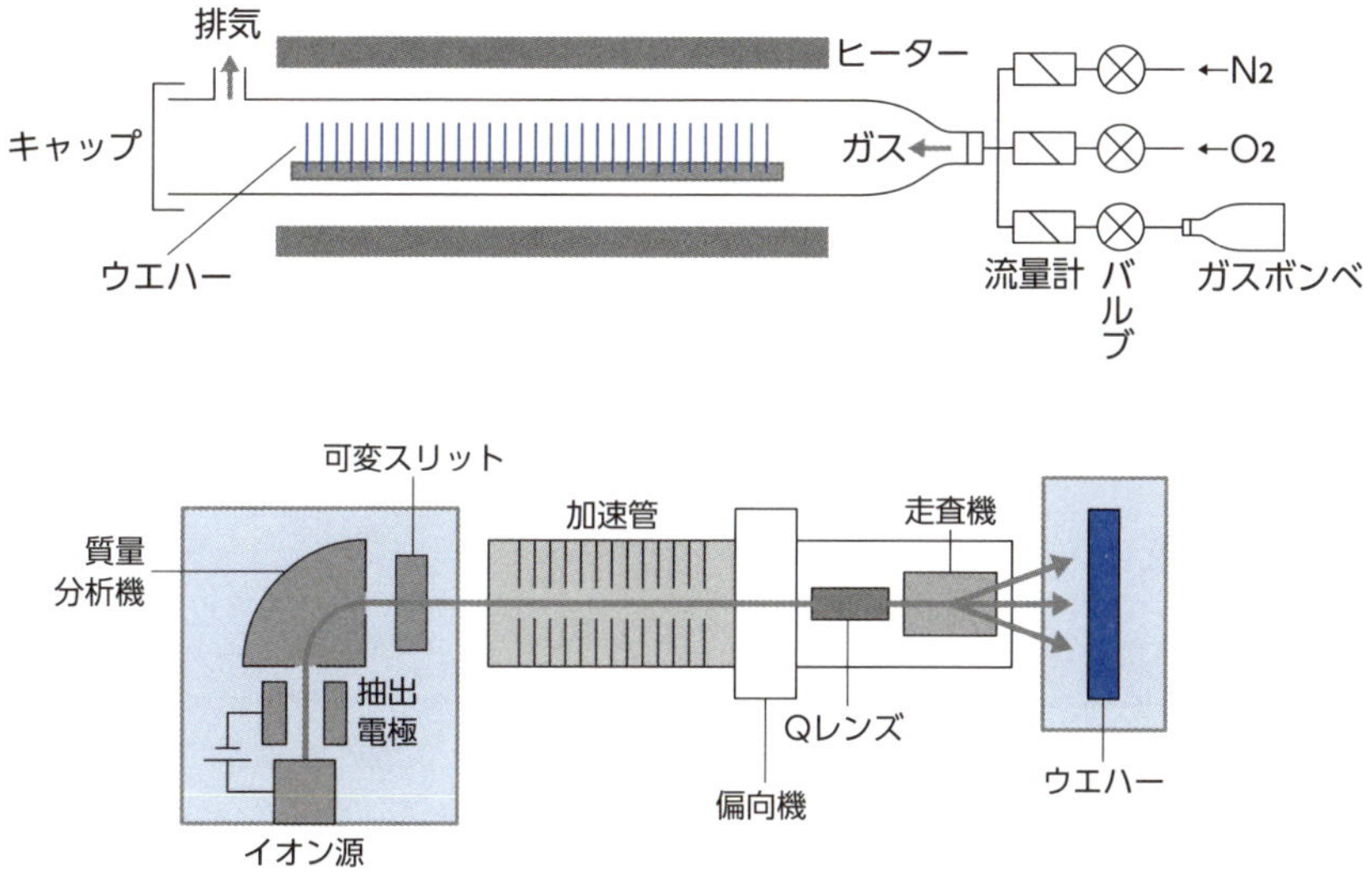

図 2-4-14　シリコンウエハーの表面を平坦化する

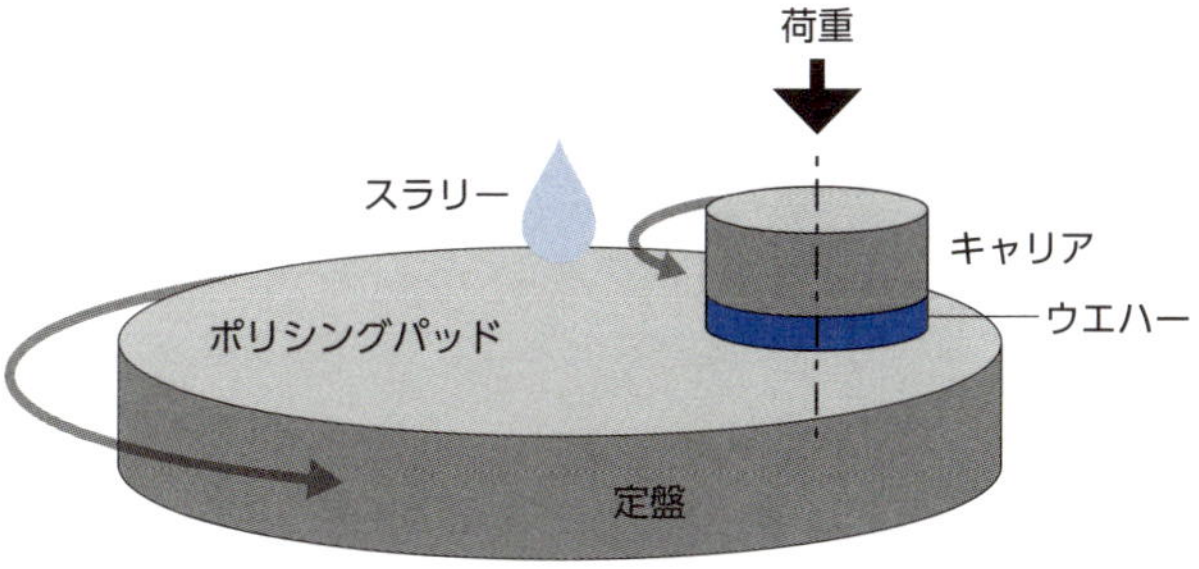

図 2-4-15　CMPの使用前（右）と使用後（左）

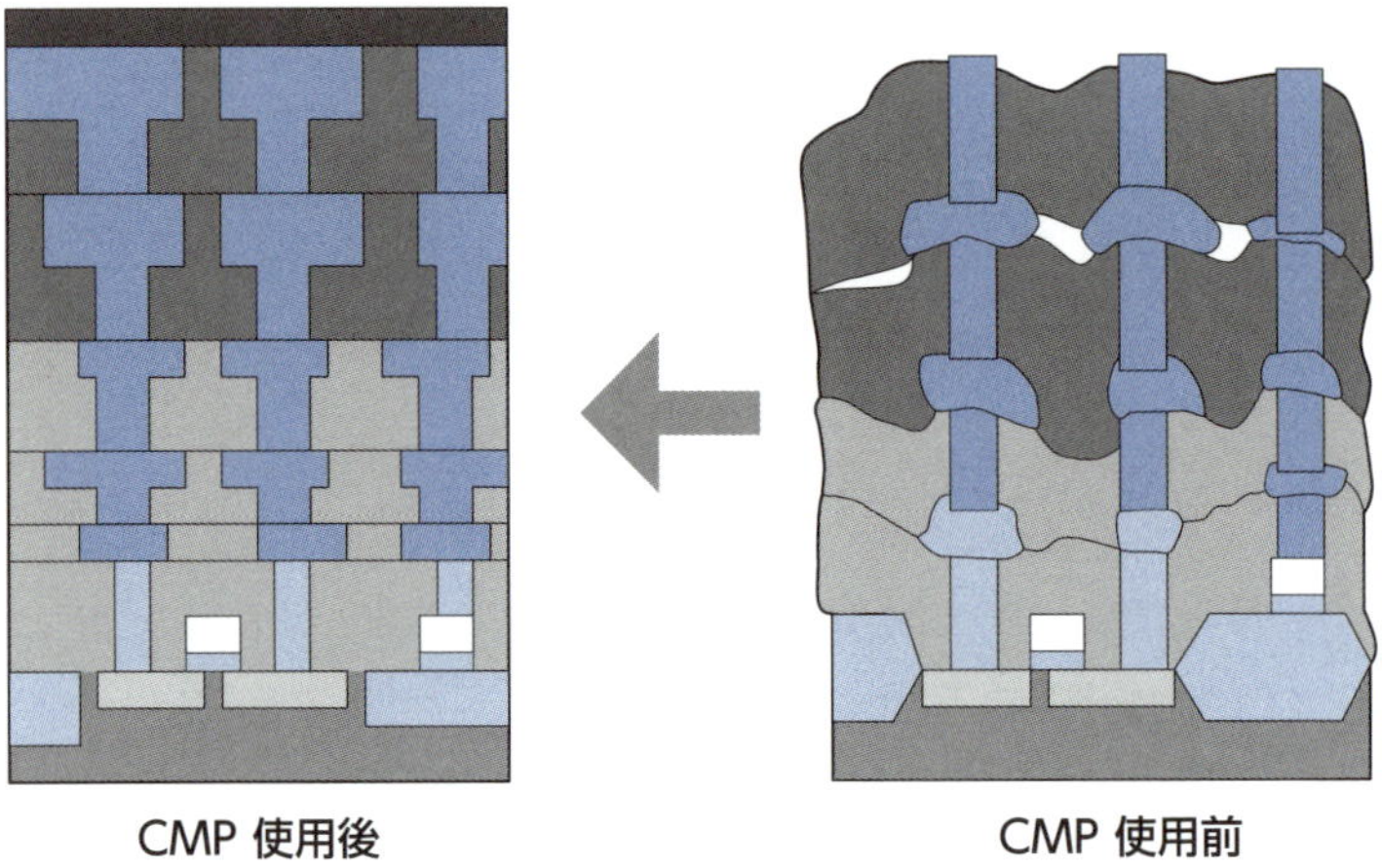

たのが図2-4-15です。

▼その他の熱処理、洗浄などの工程

65ページ図2-4-2の「前工程（FEOL）」におけるその他の工程やシステム」のうち、熱処理には炉アニールとRTA（急速熱アニール：Rapid Thermal Annealing）が含まれます。

炉アニールでは、温度を上げた炉の中にシリコンウエハーを入れ、窒素などの不活性ガス中で、熱処理をします（図2-4-16）。

RTA（急速熱アニール）では、不活性ガスや真空中で、シリコンウエハーを、多数の赤外線ランプを並べたチャンバーの中に入れ、赤外線ランプに電流をオン・オフすることで急速に昇温・降温の処理をします（図2-4-17）。

図2-4-2の「**洗浄**」には、超純水洗浄と薬液によるウエット洗浄が含まれます。「超純水」とは微粒子、有機物、気体などの不純物をさまざまな工程を経て取り除いた、極度に純粋な水のことです。この超純水による洗浄でシリコンウエハーを洗浄した後、乾燥します。

薬液によるウエット洗浄では、シリコンウエハーを薬液で洗浄した後、超純水でリンスし、乾燥させます（76ページ図2-4-18）。

図 2-4-16　炉アニールで熱処理をする

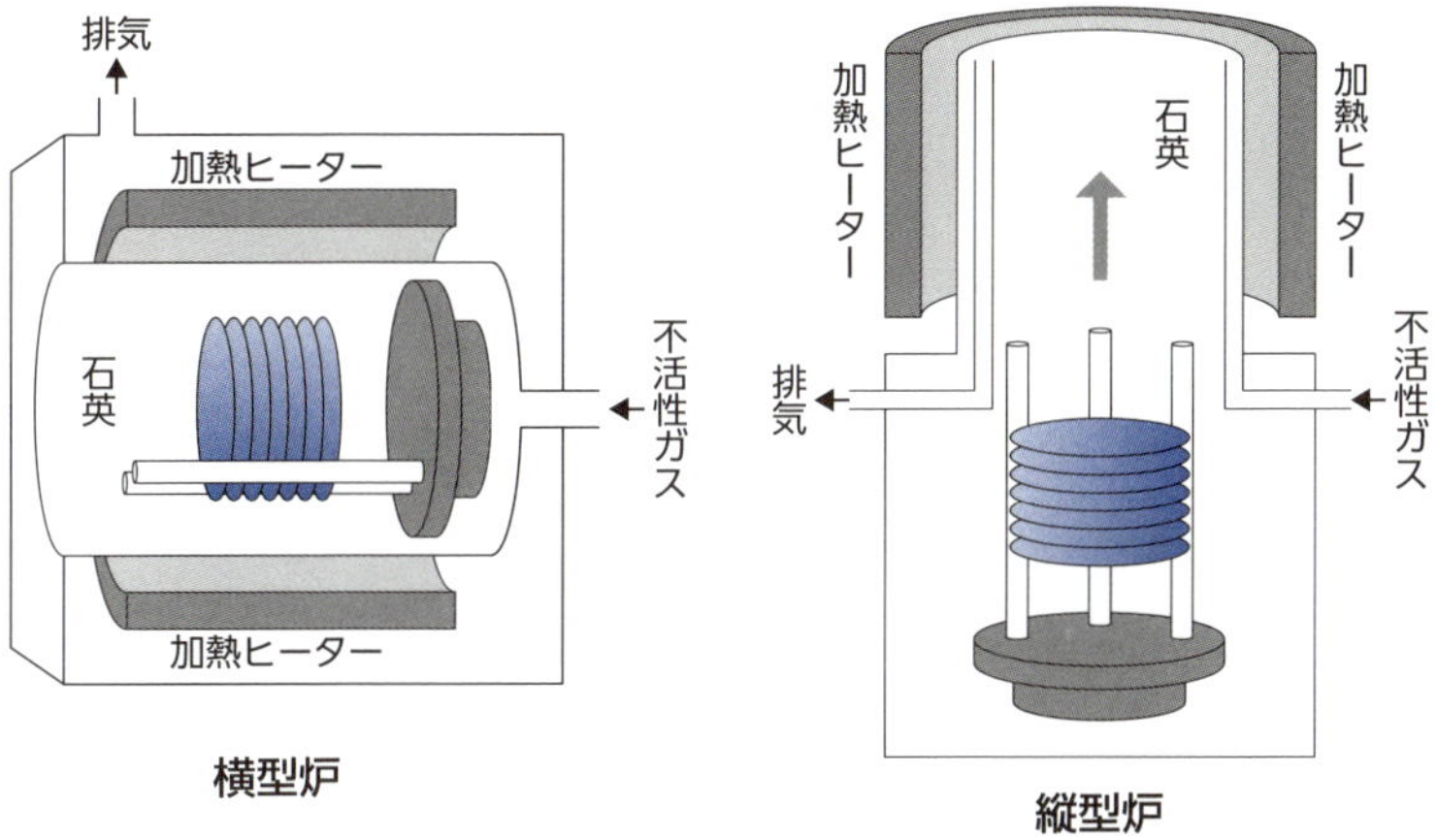

図 2-4-17　チャンバーで温度処理をする（RTA）

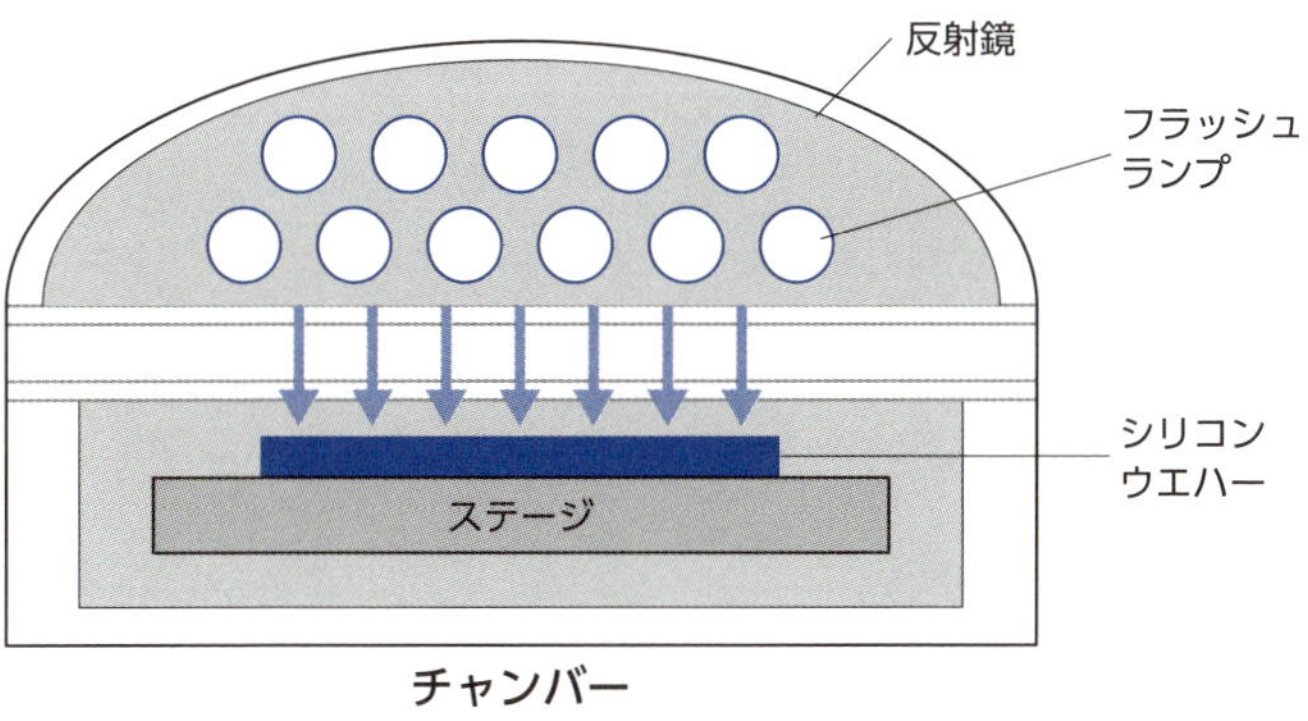

図 2-4-18　薬液ウエット洗浄

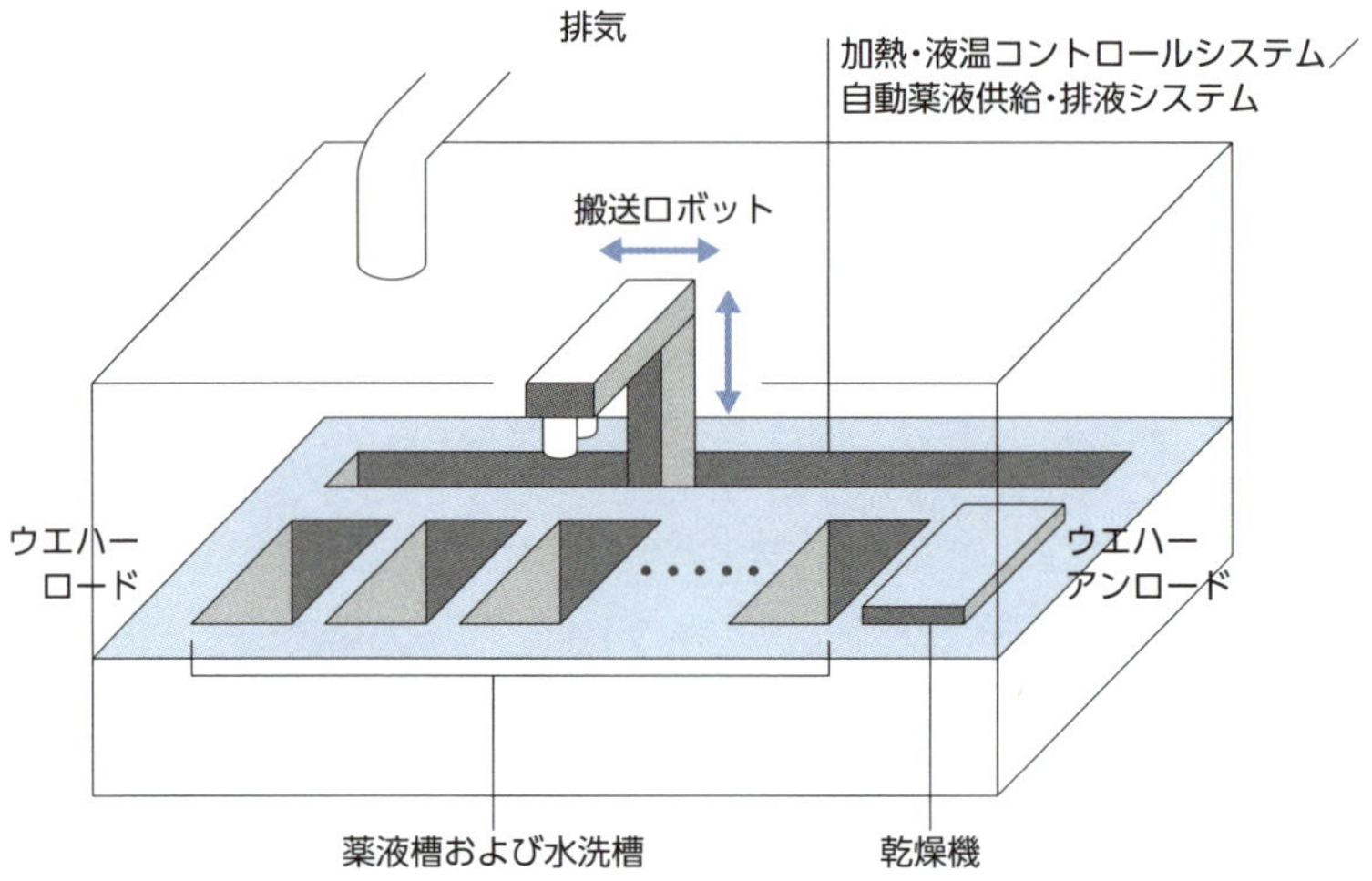

65ページ図2-4-2の最後の「**ウエハー検査**」では、各種の測定器を用いて、前工程に仕掛《しかかり》中のシリコンウエハーの外観・特性の測定を適宜行ないます（図2-4-19）。

搬送システムは、クリーンルーム内でシリコンウエハーの工程間搬送をAGV（自動ウエハー搬送システム Automatic Guided Vehicle）、OHT（天井走行式無人搬送車 Overhead Hoist Transport）などの搬送装置を用いて行ないます（図2-4-20）。特に離れた工程間の搬送用キャリアボックスに収納されたシリコンウエハーの搬送やストッカー（一時的にウエハーを保管する設備）との行き来には、リニアモーター駆動の天井搬送OHTが用いられます。リニアモーターの天井搬送はループ型になっています。

製造工程における装置管理、データ収集・保存、統計処理・判断などの製品と製造ラインの制御・モニター・管理は、「CIMシステム」と呼ばれるシステムを使って行なわれています。

図 2-4-19　ウエハー検査

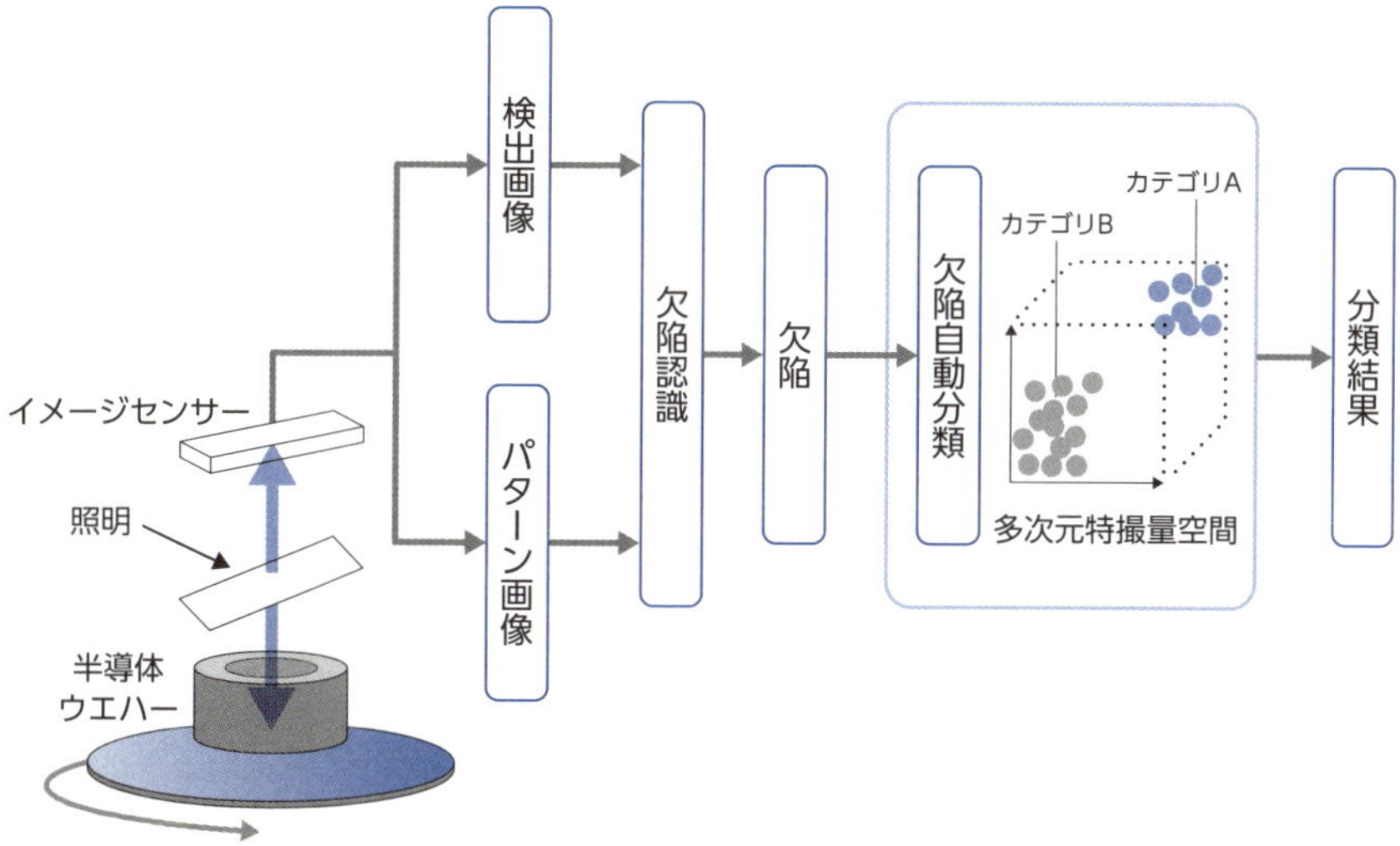

図 2-4-20　ウエハーの工程間搬送に用いる装置

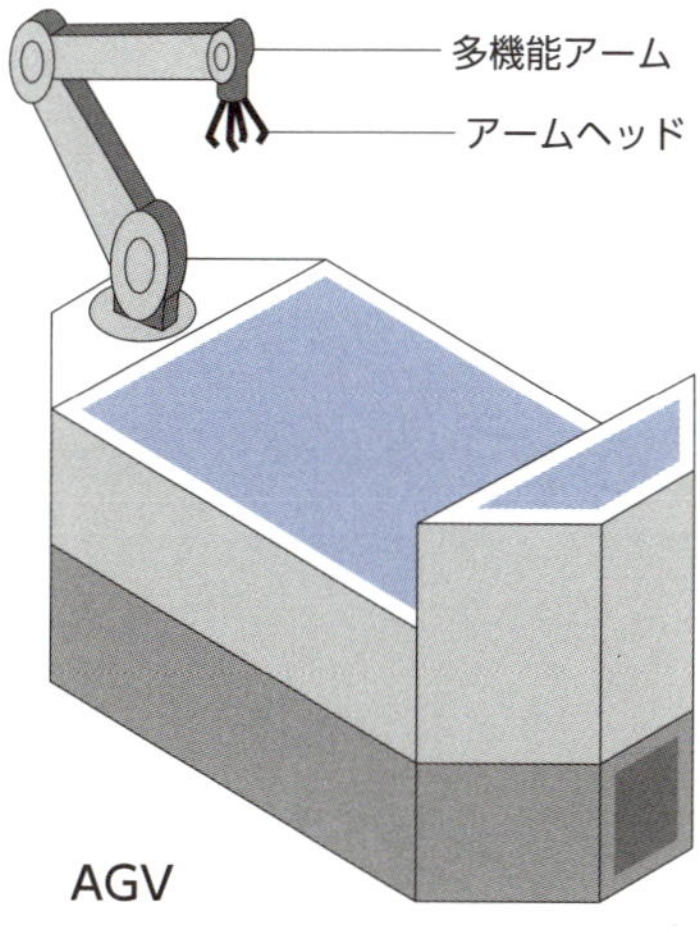

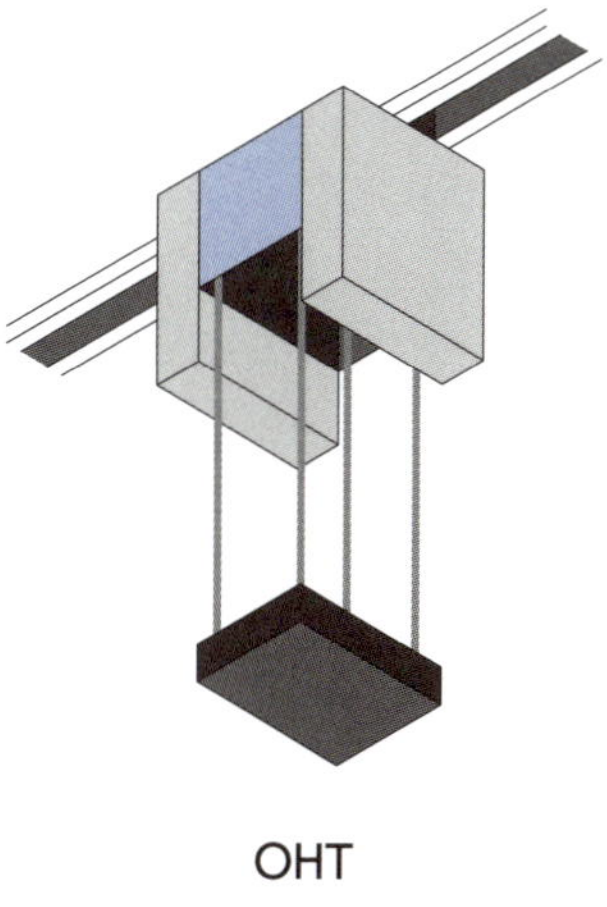

関連業界を半導体製造プロセスに沿って示す

2-1から2-4までに示した「半導体の製造工程」のなかで、2-4の第四分類をメインにして、各工程に関連している業界（装置業界と材料業界）の業態を図2-5-1に示します。

❶設計～シリコンウエハー

「**設計**」に関しては、EDAベンダーが、各種シミュレーションを含むデバイス・プロセス設計、システム・回路設計、マスク設計などに関するハードウエアとソフトウエアのEDAツールを提供します。

「**フォトマスク（レチクル）**」はフォトマスクメーカーが作製し、半導体メーカーに提供します。ステッパーやスキャナー用のレチクルは石英基板などの上にクロムなどの遮光材料膜で転写する実パターンの通常4倍のパターンが形成されています。

また転写時のパターン忠実度を上げるため、さまざまな高解像度技術が適用されています。EUV露光用のマスクは「反射型」と呼ばれるものしか使えませんので、モリブデンとシリコンの多層膜から構成される複雑な構造になっています。

「**シリコンウエハー**」にはさまざまな口径（6、8、12、18インチ）が存在します。また作るデバイスに応じてさまざまな電気的特性を持ったものがあります。大口径のシリコンウエハーほど、先端的な製造ラインで用いられますが、2022年7月時点で18インチ基板を用いた製造ラインはどこにも存在していません。

たしかに、前述したように18インチのシリコンウエハーそのものは存在していますが、主に経済的要因（しかるべきコストダウンが可能かどうか）と技術的課題により、半導体製造メーカーは、18インチファブの建設に踏み切れていません。したがって、現在、量産で用いられているシリコンウエハーの最大口径は12インチです。

図2-5-1　第四分類で半導体の製造装置業界・材料業界を分けてみると

半導体製造工程	装置業界	材料（部材）業界
設計	EDAツール	
フォトマスク（レチクル）		マスク（レチクル）
シリコンウエハー		シリコンウエハー（口径6、8、12、18インチ）
熱酸化	熱酸化炉	酸化性ガス（ドライO_2、ウエットO_2、スチーム）
CVD	CVD装置	原料ガス
PVD	スパッタリング装置	スパッタリングターゲット
ALD	ALD装置	原料ガス
メッキ	メッキ装置	銅メッキ液
フォトレジスト塗布	塗布機（コーター）	フォトレジスト
露光	露光機（KrF、ArF、ArF液浸、EUV、ステッパー、スキャナー）	フォトマスク（レチクル）
現像	現像機（デベロッパー）	現像液
ドライエッチング	ドライエッチャー	エッチング用ガス
ウエットエッチング	ウエットエッチャー	薬液
熱拡散	拡散炉	導電型不純物ガス
イオン注入	イオン注入機	導電型不純物ガス
CMP	CMP装置	スラリー
炉アニール	熱処理炉	N_2ガスなど
RTA	ランプアニーラー	N_2ガスなど
超純水	超純水供給装置	
ウエハー・プローブ検査	テスター	プローバ、プローブカード（部品）
ウエハー搬送	AGV、OHT、OHS	
ウエハー検査	自動外観検査装置、顕微鏡	
CIM	CIMシステム（生産管理、プロセス監視、データ分析のシステム）	
ダイシング	ダイサー	
マウント	マウンター	リードフレーム
ワイヤーボンディング	ボンダー	金、アルミなどの細線
樹脂封止	樹脂封止機	熱硬化性樹脂
ハンダメッキ	ハンダメッキ槽	ハンダ
リード加工	リード加工機	
捺印	捺印機	
信頼性評価	BT炉	
最終検査	テスター	

❷熱酸化～銅メッキ

「**熱酸化**」は酸化炉と呼ばれる、ヒーターで熱せられた石英などのチューブにシリコンウエハーを入れ、酸化性ガス（ドライO_2、ウエットO_2、スチームなど）を流します。

酸化炉には炉心管を垂直にした縦型炉と、水平にした横型炉があります。

「**CVD**」はCVD装置を用い、成膜する材料薄膜に応じて原料ガスを流し、熱やプラズマなどのエネルギーを与えることで、ガスに化学反応を起こさせ、シリコンウエハー上に各種の薄膜を堆積させます。

「**PVD**」の代表格はスパッタリングで、スパッタリング装置は形成する薄膜の材料からなるスパッタリングターゲットと呼ばれる円盤に、アルゴンを高速で衝突させ反跳で飛び出してくる材料分子をシリコンウエハー上に成長させます。

「**ALD**」はALD装置を用い、複数の原料ガス（プリカーサー）の供給と排気を短時間で繰り返すことで1原子層ずつ必要な組成を有する薄膜を形成します。

「**メッキ**」はメッキ装置を用い、銅メッキ液で電解メッキし、比較的厚い銅膜を形成します。

❸フォトレジスト塗布～エッチング（ドライエッチング、ウエットエッチング）

「**フォトレジスト塗布**」は各種薄膜上に、塗布機（コーター）を用いて、フォトレジストを塗布します。フォトレジストには、露光の光源の違いに応じて、またポジ型とネガ型、化学増幅型など、さまざまなタイプのモノがあります。

「**露光**」は露光機（ステッパーやスキャナー）を用い、フォトマスク（レチクル）を通して光源（KrFエキシマレーザー、ArFエキシマレーザー、ArF液浸など）からの光で縮小露光します。このためステッパーやスキャナーは縮小投影露光装置と呼ばれることもあります。EUVでは光源の波長が短く透過型マスクが使えませんので、反射型マスクとして特殊で複雑なマスクが用いられます。

「**現像**」は現像機（デベロッパー）を用い、露光済みシリコンウエハーを現像液に晒して現像し、マスクパターンの縮小パターンをフォトレジストに転写します。

「**ドライエッチング**」はドライエッチャーを用い、エッチングすべき材料に合わせて適切なエッチング用ガスを選び、プラズマなどのエネルギーでガスを励起し、フォトマスクに覆われていない部分の下地材料膜を部分的に除去することで、レジストパターンを薄膜にパターン転写します。

「**ウエットエッチング**」はウエットエッチャーを用い、材料層に合わせて適切な薬液を選び、材料薄膜を部分的あるいは全面を溶解することにより除去します。

❹拡散（熱拡散）～RTA

「**熱拡散**」は拡散炉を用いシリコンウエハーを加熱した炉に入れ、導電型不純物ガスを流し、シリコンウエハーの表面近傍あるいはシリコンウエハー上に形成された半導体膜などに添加します。

「**イオン注入**」はイオン注入機を用い、電界で加速された導電型不純物イオンをシリコンウエハー表面近傍やシリコンウエハー上に形成された半導体膜に部分的あるいは全面に打ち込みます。

「**CMP**」はCMP装置を用い、スラリーと呼ばれるコロイド状の研磨液を流しながら、シリコンウエハー上の絶縁膜や導電膜を研磨し、表面を真っ平にします。

「**炉アニール**」は熱処理炉に入れたシリコンウエハーの温度を上げ、不活性ガスの窒素ガスなどを流すことで熱処理（アニーリング）します。

「**RTA**」は赤外線のランプアニーラーを用い、不活性ガスの窒素ガスや真空中でシリコンウエハーを急速に昇温・降温し、短時間アニールを行ないます。

「**超純水**」とは微粒子（パーティクル）や有機物を取り除いた純粋な水のことで、この超純水でウエハーを洗浄します。

❺良品検査～搬送、CIM制御まで

「**ウエハー・プローブ検査**」はテスターと連動したプローバのプローブ（探針）を完成したシリコンウエハー上の1個1個のICチップ上の外部引き出し電極に当て、製品規格に照らして特性を測定し、良品チップと不良チップに分類します。

「**ウエハー搬送**」には、クリーンルーム内で、仕掛《しかか》りシリコンウエハーを製造工程間搬送するAGV、OHT、OHSなどがあります。

「**ウエハー検査**」では、顕微鏡などを使ってウエハーの外観を目視検査します。

「**CIM**」は前工程において、装置の作業条件のオンラインダウンロード、装置や搬送機の制御、データ収集と解析、統計処理などを行なうシステムです。CIMシステムの構築に当たって半導体メーカーは、自社で行なう場合、外部に依頼する場合、あるいは両者の組合せで行なう場合などがあります。

❻ダイシング～樹脂封止

「**ダイシング**」はウエハー検査の終わったシリコンウエハーを裏面研削で薄くした後、チップ周りの切りしろ（スクライブ線）に沿ってダイサーで切り分け、1個1個のチップに分離します。

組立工程の「**マウント**」はダイボンディングとも呼ばれ、良品チップをリードフレームのアイランド部に銀ペーストなどで固着固定します。

「**ワイヤーボンディング**」はボンダーと呼ばれる装置で、チップ上の引き出し電極とリードフレームのリード線を1本1本、金やアルミニウムなどの細線で接続します。

「**樹脂封止**」はボンディングが終わったチップを包むように、樹脂封止機を用いて熱硬化性樹脂で封止します。

❼メッキ～最終検査

「**ハンダメッキ**」はメッキ装置を用いてリードフレームの樹脂に覆われていないリード部にハンダなどでメッキします。プリント基板への実装を容易にし、リードの曲げなどの加工強度を上げるためです。

「**リード加工**」はリード加工機を用いてリード線を必要な形状に加工します。「捺印」ではモールドパッケージの表面に捺印機を用いてレーザーなどで、ＩＣの製品名、会社名、ロット番号などを捺印（刻印）します。

「**信頼性評価**」は完成したＩＣの信頼性を確かめるため、BT炉を用いて電圧を加え、温度を上げて信頼性の加速試験を行ないます。

「**最終検査**」はテスターを用い、ＩＣが製品規格に照らして良品か否かを検査・判定します。

半導体製造におけるＣＩＭシステムの重要な機能にSPC（統計的プロセス制御）と呼ばれるものがあります。これは主要製造工程における素子寸法などの出来栄えデータを統計的に処理することで、正常な作業が行なわれているか否かを判断し、フィードバックするものです。

具体的には、規格値内に収まっているか否かの判断は当然として、規格値内であっても、たとえば次のような判断基準を設けることで、プロセス処理が安定して推移しているかを統計的に判断します。

- データ推移が右肩上がりや左肩下がりになっていないか？
- データ推移の上下動が激しくないか？
- 以前のデータ推移（たとえば1か月間、1週間など）と比較してどうか

等々です。ＣＩＭが「異常！」と判断するとアラームを発し、担当技術者が対処することで、異常の発生を未然に抑えることに役立てます。

コラム

画像と行列とエヌビディア

デジタルディスプレイ（液晶テレビや有機ELなど）の画像は、**ピクセル**（画素）と呼ばれる色情報（色調や諧調）を持った最小単位の集まりで構成されています。画像を構成するピクセルは、通常、縦横の格子状に配列されています。画素数とは「縦ピクセル×横ピクセル」のことを指します。このため、120万画素と言えば縦1280ピクセル×横960ピクセルが格子状に並んでいることになります。最近のスマートフォンでいうと、フルHD（1920×1080）のディスプレイなら200万画素の解像度をもっている、ということになります。

このような配列によって画像を構成するためには、各ピクセルの色情報を指定し、また動画を表示するには各ピクセルの状態を時間とともに変化させなければなりません。

静止画や動画を表示するためには、各画素の状態とその変化を指定しなければなりませんが、画素の2次元配列を一つのまとまった対象、すなわち**行列（マトリックス matrix）**として扱い、それにさまざまな処理を行なうことで、必要な静止画や動画の表示が可能になります。そのためには、**線形代数**と呼ばれる数学の分野を利用して各種の行列演算が行なわれます。

行列の足し算は画面の重ね合わせ、引き算は画面の逆重畳《ちょうじょう》という作業に相当します。特殊な形の行列を掛け合わせることで画像の拡大縮小、反転、回転、せん断などの処理ができますので、特に動画処理などに行列の掛け算が使われます。

ところが、最も単純な行列の掛け算でも複雑です。1280×960行列の掛け算ともなると、膨大な積和演算（掛け算した結果を加え合わせる計算）が必要になります。動画処理ではこの積和演算を実行するのに汎用のCPUを使っていては効率が悪すぎるため、積和演算に特化した**GPU**（グラフィック処理装置）が必要になり、これに着目してGPUを開発したアメリカの**エヌビディア社**（NVIDIA）が大きな躍進を果たしています。

第3章

各種業界の業務内容と代表的なメーカー

Section 01

半導体製品を出す業界
——IDM、ファブレス、大手IT

半導体産業は実にさまざまな業界から構成されています。この章では、それら業界の業務内容とそれぞれの代表的なメーカーについて見ていきましょう。

「半導体メーカー」というとき、どこからどこまでのメーカーを指すのかは、人によって違います。本書では、一般的と思われる範囲、つまり、

半導体メーカー……必要な半導体を自社内で企画・開発し、製品化する業界

と呼ぶことにします。半導体メーカーにも、**IDM**（垂直統合型デバイスメーカー）、**ファブレス**（Fabless）、**大手ITメーカー**などがあります。

①IDM（垂直統合型の半導体メーカー）

すでに第1章でも述べたとおり、IDMとは「半導体の設計から製造そして販売までを自社で一貫して行なう企業」のことです。代表的なIDMメーカーとその主要製品は次の通りです（図3-1-1）。なお、製品の詳細については164ページ図4-5-2を参照してください。

インテル（Intel Corporation アメリカ）の主要な半導体製品は**MPU**（Micro Proration Unit 超小型演算処理装置）で、パソコンなどに貼ってあるシール"Intel inside"（インテル、入ってる）の会社です。CPUとか、マイクロプロセッサなどとも呼ばれます。コンピュータの「頭脳部分」に相当する、重要な半導体です。

これに対し、**サムスン電子**（Samsung Electronics Co., Ltd. 韓国）、**SKハイニックス**（SK Hynix Inc. 韓国）、**マイクロン・テクノロジー**（Micron Technology, Inc. アメリカ）、**キオクシア**（KIOXIA Corporation 日本）、ウエスタンデジタル（アメリカ）などの主要な半導体製品は**メモリ**です。DRAM（ディーラム）やフラッシュメモリと呼

図 3-1-1　IDM 企業とその主要製品

インテル（アメリカ）	MPU（超小型演算処理装置）、NORフラッシュ、GPU、SSD、チップセット
サムスン電子（韓国）	メモリ（DRAM、NANDフラッシュ）、イメージセンサー
SKハイニックス（韓国）	メモリ（DRAM、NANDフラッシュ）
マイクロン・テクノロジー（アメリカ）	メモリ（DRAM、NANDフラッシュ、SSD）
テキサス・インスツルメンツ（アメリカ）	DSP（デジタル信号処理装置）、MCU（超小型制御装置）
インフィニオン・テクノロジー（ドイツ）	MCU、LEDドライバー、センサー
キオクシア（日本）	メモリ（NANDフラッシュ）
STマイクロエレクトロニクス（スイス）	MCU、ADC（アナログ／デジタルコンバータ）
ソニー（日本）	イメージセンサー
NXPセミコンダクターズ（オランダ）	MCU、ARMコア
ウエスタンデジタル（アメリカ）	メモリ（NANDフラッシュ、SSD）

MPU : Micro Processing Unit　SSD : Solid State Drive
DRAM : Dynamic Random Access Memory　MCU : Micro Controller Unit
LED : Light Emitting Diode　ADC : Analog to Digital Converter
GPU : Graphics Processing Unit

ばれる、「記憶」に相当する製品です。

サムスン電子はまた、近年CMOSイメージセンサーへの進出が著しく、1位のソニーを猛追しています。2億画素のイメージセンサーを最近発表しています。

また、**テキサス・インスツルメンツ**（Texas Instruments Inc. アメリカ）の主要製品はDSP（Digital Signal Processor デジタル信号処理装置）やMCU（Micro Controller Unit 超小型制御装置）です。

さらに、**ソニー**（Sony Corporation 日本）の主要な半導体製品はイメージセンサーです。**インフィニオン・テクノロジー**（Infineon Technologies ドイツ）と**NXPセミコンダクターズ**（NXP Semiconductors オランダ）の主要製品はMCUと呼ばれるものです。STマイクロエレクトロニクス（スイス）はMCU、ADCなどを作っています。

このMCUとインテルのMPUとの違いをひとことでいうと、MPUは高性能品、MCUは一般的な製品（汎用品）という区別です。厳密な区別はありませんが、MCUは4ビットや8ビット、16ビットまでの製品が多く、MPUは32ビット以上が一般的です。

②ファブレス企業（工場を持たない企業）

ファブレスとは、文字通り「ファブ（半導体を製造する施設）を持たず（レス）、設計に特化した企業」のことです。設計したあとは、製造をファウンドリー（前工程）やOSAT（後工程）に委託します。代表的なファブレスと主要製品は以下の通りです（図3-1-2）。

クアルコム（Qualcomm, Inc., 米国）の主要製品は表にもあるように、スナップドラゴン（Snapdragon）と呼ばれるARM（英国）ベースCPUのアーキテクチャです。主に、スマートフォンなどのモバイル端末に利用されています。

ブロードコム（Broadcom Inc., 米国）の主要製品は無線や通信インフラなど、ネットワーキング用のプロセッサです。

エヌビディア（NVIDIA Corporation 米国）の主要製品はGPU（Graphics Processing Unit 画像処理専用プロセッサ）です。GPUは高性能ゲームなどの複雑な画像処理や、暗号資産のビットコインのマイニング（採掘）などに使われています。

メディアテック（Media Tek Inc. 台湾）の主要製品は5G対応スマートフォン向けプロセッサです。

アドバンスト・マイクロ・デバイセズ（Advanced Mi-

図3-1-2　ファブレス企業とその主要製品

クアルコム (Qualcomm,Inc. アメリカ)	スナップドラゴン（Snapdragon）と呼ばれるARMベースのCPUアーキテクチャ、モバイルSOC
ブロードコム（Broadcom Inc. アメリカ）	無線（ワイヤレス、ブロードバンド）、通信インフラ
エヌビディア (NVIDIA Corporation アメリカ)	GPU（グラフィック処理装置）、モバイルSOC、チップセット
メディアテック（Media Tek Inc. 台湾）	スマートフォン向けプロセッサ
アドバンスト・マイクロ・デバイセズ (AMD アメリカ)	組込プロセッサ、コンピュータ、グラフィックス、MCU
ハイシリコン (HiSilicon Technology Co.,Ltd. 中国)	ARMアーキテクチャのSOC、CPU、GPU
ザイリンクス（Xilinx,Inc. アメリカ）	FPGAを中心とするプログラマブルロジック
マーベル・セミコンダクター (Marvell Semiconductor アメリカ)	ネットワーク系
メガチップス (MegaChips Corporation 日本)	ゲーム機向け
ザインエレクトロニクス (THine Electronics 日本)	インターフェース用

FPGA : Field Programmable Gate Array　市場でプログラム可能なゲートアレイ

cro Devices, Inc. 米国）の主要製品はコンピュータ、グラフィックス製品、家電用製品などのマイクロプロセッサです。同社はしばしば**AMD**（エイエムディー）と略称されることもあります。

ハイシリコン（HiSilicon Technology Co., Ltd. 中国）はファーウェイ（Huawei 中国）傘下のメーカーで、主要製品はARMベースのSOC、CPU、GPUなどです。

ザイリンクス（Xilinx, Inc. 米国）の主要製品はFPGA（Field Programmable Gate Array＝市場でプログラム可能なゲートアレイ）を中心とするプログラマブル・デバイスと呼ばれる製品です。ザイリンクスは2022年2月、AMDに買収され、現在はAMD-Xilinxになっています。

マーベル・セミコンダクター（Marvell Semiconductor アメリカ）の主要製品はネットワーク系を中心とする製品のラインアップです。

メガチップス（MegaChips Corporation 日本）はアナログ・デジタル技術をベースにし、ゲーム機用LSIなどを生産しています。

ザインエレクトロニクス（THine Electronics 日本）の主要製品はアナログとデジタル技術をベースにした、インターコネクト用のLSIなどです。

③大手IT企業

グーグル（Google LLC 米国）、**アップル**（Apple Inc. 米国）、**メタ**（Meta Platforms 旧 Facebook 米国）、**アマゾン**（Amazon.com, Inc. 米国）は、フェイスブック社が2021年に「メタ」と社名変更するまでは、それら社名の頭文字を取って「GAFA」と呼ばれていた超巨大企業群で、知らない人はいません。

これら旧GAFAについては、「彼らは半導体メーカーではなく、半導体製品を利用しているだけではないのか？」と思うかもしれませんが、彼ら自身、半導体製品を作っていることは案外、知られていません。

たとえば、グーグルの主要製品は機械学習用のTPU（Tensor Processing Unit）と呼ばれるテンソル処理装置です。アップルはアプリケーション用のプロセッサを作っていますし、アマゾンとメタ（旧フェイスブック）の両者も、その主要製品はAI（人工知能）用のチップです。

この他の大手IT企業としては、**シスコシステムズ**（Cisco Systems, Inc.）、**ノキア**（Nokia Corporation）などがあります。

ただし、これらの会社はもっぱら自社製品に使用する目的で半導体を開発していて（図3-1-3）、外販はほとんどしていません。たとえば、シスコシステムズは主にネッ

図3-1-3 GAFAなど、大手IT企業が作っている主要なチップ

グーグル（Google LLC アメリカ）	機械学習用プロセッサTPU（テンソル処理装置）
アップル（Apple Inc. アメリカ）	アプリケーションプロセッサ
アマゾン（Amazon.com,Inc. アメリカ）	AI（人工知能）用チップ
メタ（Meta Platforms,Inc. アメリカ　旧Facebook）	AI（人工知能）用チップ
シスコシステムズ（Cisco Systems,Inc. アメリカ）	ネットワークプロセッサ
ノキア（Nokia Corporation フィンランド）	基地局向け半導体

TPU : Tensor Processing Unit
AI : Artificial Intelligence

トワーク用プロセッサを、ノキアは基地局向けの半導体を作っています。

▼AIアクセラレータ

図3-1-3に示した大手IT企業が、自社用に独自に開発しているICチップは総じて「**AIアクセラレータ**」と呼ばれる範疇《はんちゅう》のモノです。

AI（人工知能）アクセラレータとは、AI機能を加速・強化する働きをします。とくに深層学習や機械学習を高速化するために特別に設計されたハードウエア、またはコンピュータシステムのことです。AIアクセラレータによって機械学習時間や消費電力を抑えながら、AI処理を効率的に行なうことができます。

グーグルが独自に開発し、・アンドロイド・スマホ「Pixel6」に搭載した**TPU**は、機械学習に特化したAIアクセラレータです。ここでTPUのT（Tensor テンソル）とは、多次元の配列で表わされる線型量で、機械学習の演算処理で多用されます。通常の数は0階の、ベクトルは1階の、そして行列は2階のテンソルと見なされ、本来のテンソルは3階以上の線型量になっています。

Section 02

半導体の受託生産企業 ──ファウンドリー、OSAT

▼なぜ、ファウンドリー、OSATが生まれてきたのか？

ファブレス企業や大手IT企業、場合によってはIDM企業などが設計した半導体の製造を請け負い、それらを受託生産する業種があります。そのなかで、

（1）前工程をもっぱら受託する企業を**ファウンドリー**（Foundry）

（2）後工程を受託する企業を**OSAT**（Outsourced Semiconductor Assembly and Test パッケージングからテストまで請け負う半導体製造業者）

と呼んでいます。

以前は、設計から製造、販売に至るまで、すべてを自社で一貫して行なうIDMのみが半導体を生産していました。それが1990年代以降、半導体産業の水平分業化の一環として台頭してきたビジネス形態がファウンドリーやOSATです。

なぜ、半導体の受託生産サービスが生まれたのか。その理由はいろいろあります。第一に、半導体の微細化技術の急速な進歩により、半導体を生産するライン（生産施設）の建設・維持・向上に莫大な投資や技術力が必要になったことがあげられます。これにより、IDM企業でさえ、自社だけでは先端技術を用いた半導体生産ができなくなりました。

また半導体製品の需給バランスに応じて生産を外部受託する「バッファ的存在」として、ファウンドリーやOSATの利用価値があったこともあります。さらに、外部委託したほうがコスト・納期面で有利な製品もあることなどが主な理由です。

それが半導体の受託生産、特に前工程のファウンドリーサービスが定着するにつれ、大手IDMは自社で膨大な費用を投じて建設した最先端工場の設備を、自社製品を作るだけでなく、ファウンドリーサービス（他社から製造を請け負う）としても利用することで利益を上げるようになっ

てきています。

以下では、代表的なファウンドリー（図3-2-1）とOSAT（図3-2-2）について見ていきましょう。

▼ファウンドリー企業とは

「**ファウンドリー企業**」とは基本的に自社内で設計はせず、ファブレス企業や大手のIT企業などが設計した半導体の受託生産を請け負う企業のことです。以下の表に主なファウンドリー企業10社をリストアップしましたので、それぞれを簡単に説明していきましょう。

まず、台湾の**TSMC**（Taiwan Semiconductor Manufacturing Company, Ltd.）。同社の名前は、ニュースでもよく聞きます。TSMCは世界最大のファウンドリー企業で、日本政府が熊本に工場を招致したことでも話題になりました。

サムスン電子（韓国）はIDMメーカーでありながら、最先端半導体のファウンドリーサービスも行なっている珍しい企業です。

また、世界第3位のファウンドリー企業が**グローバルファウンドリーズ**（Global Foundries 米国）で、同社はアドバンスト・マイクロ・デバイセズ（Advanced Micro Devices, Inc. AMD アメリカ）の半導体製造部門や元IBMの半導体部門などからなっています。

UMC（台湾）は台湾の工業技術研究所ITRIから独立した、台湾初の半導体企業です。また、SMIC（Semiconductor Manufacturing International Corporation 中国）は中国初のファウンドリーです。

タワーセミコンダクター（Tower Semiconductor Ltd. イスラエル）はイスラエル、アメリカ、日本、イタリアの4か所で工場を運営しています（2022年2月インテルが買収）。

パワーチップ（Powerchip Semiconductor Manufacturing Corporation PSMC 台湾）はレガシープロセス（一昔前のプロセス）を採用して投資を抑える、顧客の製造装置を借り受けて生産するオープン・ファウンドリー方式などにも挑戦しています。

VIS（Vanguard International Semiconductor Corporation 台湾）はTSMC傘下の200㎜専門のファウンドリー。

ファホンセミコンダクター（Hua Hong Semiconductor Ltd. 中国）は同じ中国のファウンドリーGSMC（Grace Semiconductor Manufacturing Ltd.）と合併しています。

DBハイテック（DB Hitek Co Ltd. 韓国）は多品種少量生産の製品に力を入れています。

図 3-2-1　ファウンドリーの代表的企業

TSMC（Taiwan Semiconductor Manufacturing Company,Ltd.）	台湾
サムスン電子（Samsung Electronics Co.,Ltd.）IDMでもある	韓国
グローバルファウンドリーズ（Global Foundries）	アメリカ
SMIC（Semiconductor Manufacturing International Corporation）	中国
UMC（United Microelectronics Corporation：聯電）	台湾
タワーセミコンダクター（2022年2月インテルが買収）	イスラエル
パワーチップ（PSMC）	台湾
VIS（Vanguard International Semiconductor Corporation）	台湾
フアホンセミコンダクター（Hua Hong Semiconductor Ltd.）	中国
DBハイテック（DB Hitek Co.Ltd）	韓国

図 3-2-2　OSAT の代表的企業

ASE	台湾
アムコー・テクノロジー	アメリカ
JCET	中国
SPIL	台湾
PTI	台湾
ファーティエン（HuaTian）	中国
TFME	中国
KYWS	台湾

▼代表的なOSAT企業

世界最大のOSAT企業が、台湾の**ASE**（日月光半導体製造：Advanced Semiconductor Engineering,Inc.）です。ASEは中国にある4つの工場を北京のプライベートエクイティ・ファンド（成長余地のある非上場企業に投資するファンド）に売却しています。

アムコー・テクノロジー（Amkor Technology アメリカ）はOSATのパイオニア的存在です。**JCET**（中国）は中国最大のOSATです。**SPIL**（シリコンウェア・プレシジョン・インダストリーズ）は台湾の企業で、EMS最大手の鴻海（ホンハイ）精密工業と資本提携をしています。台湾の**PTI**（Powertech Technology Inc）はテストハウス（半導体の検査のみを行なう企業）のテラプローブ社を子会社化しています。

TFME（中国）とファーティエン（中国）は、先のJCETと並んで中国のパッケージング大手3社を構成しています。

他にも台湾のOSAT企業としては、**KYWS**（京元電子）などがあります。

▼OSATの実態

半導体製造の受託業界の中でも、TSMCのように前工程を請け負い、何かと注目を集める「ファウンドリー」に対し、アセンブリとテストの後工程を請け負う「OSAT」はあまり目立たない存在ですが、ここではその実態に少し迫ってみましょう。

図3-2-3には世界のOSATの市場規模と主要企業のシェアを示してあります。

OSATの2023年の市場規模は430億ドルで、これは世界最大のファウンドリーであるTSMC一社の約半分に相当します。これからもわかるように、OSATとファウンドリーには、大きな市場規模の違いがあります。

またOSATでは特に抜きん出て大きな企業は存在せず、多くの企業にシェアが分散されています。そのため、OSATの工場数は世界で370以上ありますが、特に中国と台湾に多く存在しています。

図 3-2-3　OSATの市場規模とメーカー別シェア

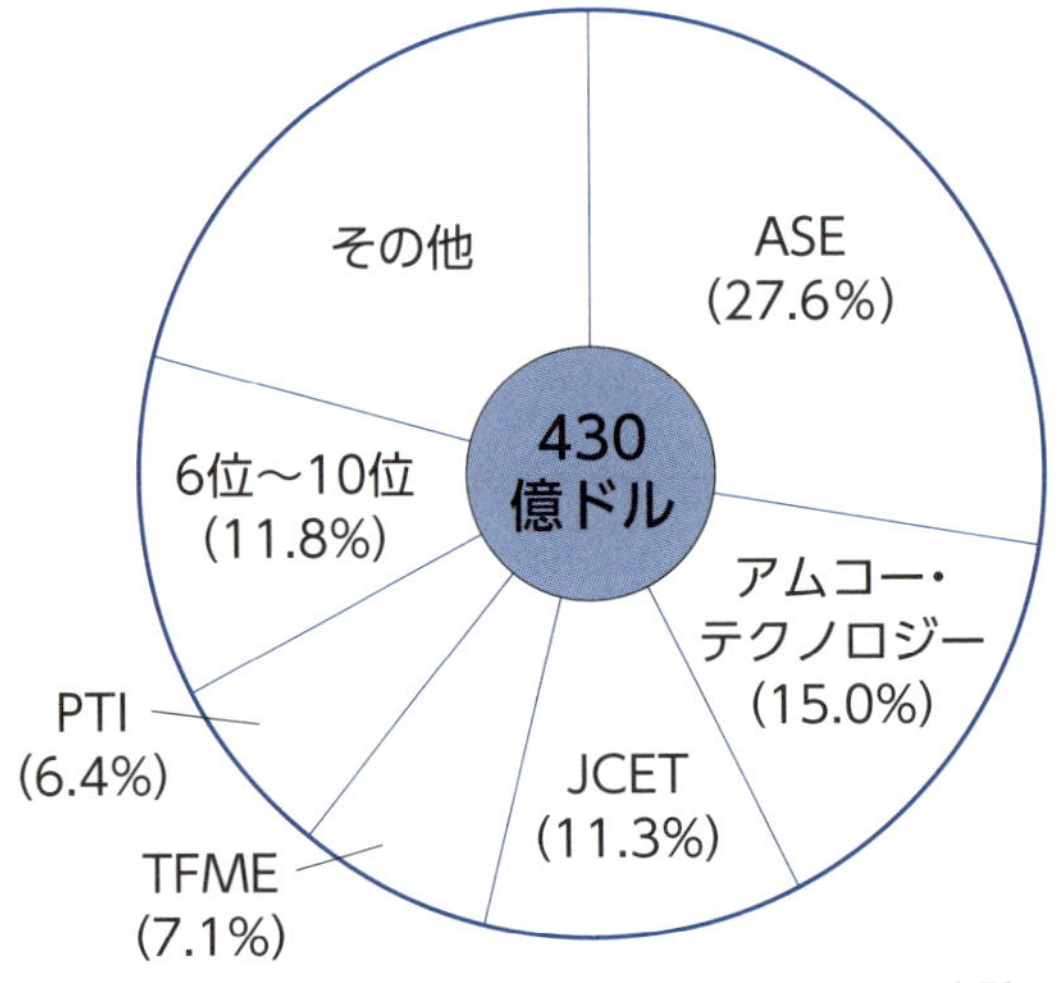

出所：IDC（2023年）

Section 03

EDAベンダー

EDAベンダー(Electronic Design Automation)という名前もよく聞かれるかもしれません。EDAベンダーとは、電子設計を自動化するためのハードウエア、ソフトウエアを提供する企業のことを言います。

彼らはIDM企業やファブレス企業に対して、半導体の設計ツール(EDAツール)である論理合成、回路設計、パターン設計、レイアウト設計やそれらを検証するためのハードウエア、ソフトウエアのツール、さらにデバイス、プロセス、回路、システムなどのシミュレーション用ツールを提供しています(図3-3-1)。

また、一部の大手ベンダーは、自社開発のIPを保有する「IPベンダー」でもあります。

EDAベンダーのビッグ3と言われているのが、図にもある**シノプシス**(Synopsys, Inc.)、**ケイデンス・デザイン・システムズ**(Cadence Design Systems, Inc.)の米国の2社、そしてドイツの**シーメンスEDA**(Siemens

図 3-3-1　EDA ベンダーの代表的企業

シノプシス(Synopsys,Inc.)	アメリカ
ケイデンス・デザイン・システムズ(Cadence Design Systems,Inc.)	アメリカ
シーメンスEDA(Siemens EDA)	ドイツ
アルデック(Aldec,Inc.)	アメリカ
図研(ZUKEN Inc.)	日本
ベンサ・テクノロジーズ(Vennsa Technologies)	カナダ
シルバコ(Silvaco,Inc.)	アメリカ

ベンダーとは、もともと製品をユーザーに届ける「販売会社」のことを意味します。半導体業界で「EDAベンダー」とか「IPベンダー」と呼ぶのは、「知的財産としての設計用のツールなどを提供する会社」という意味合いがあるからです。

EDA）です。

その他、**アルデック**（Aldec, Inc. 米国）は日本にアルデック・ジャパン株式会社（Aldec Japan K.K.）を持っています。

図研（ZUKEN Inc. 日本）は、回路設計や特に基板設計のEDAツールを提供する会社です。

ベンサ・テクノロジーズ（Vennsa Technologies カナダ）や株式非上場の**シルバコ**（Silvaco, Inc. アメリカ）などのEDAベンダーもあります。

▼EDAツールの代表、階層的自動設計

すでに述べたようにEDAベンダーは、半導体の各種設計ツールをIDM、大手IT企業、ファブレス、IPプロバイダーなどに提供し、これらユーザーの半導体製品（IC）設計を支援しています。

EDAツールの代表的なモノの一つとして、IC（LSI）の階層的な自動設計ツールがありますが、その概略を図3-3-2に示します。

製品仕様に基づくシステム設計から始まり、機能設計、論理設計、レイアウト設計を経てマスク（レチクル）データ作成の工程がありますが、これら各工程でそれぞれのEDAツールが利用されています。

図3-3-2　階層的自動設計

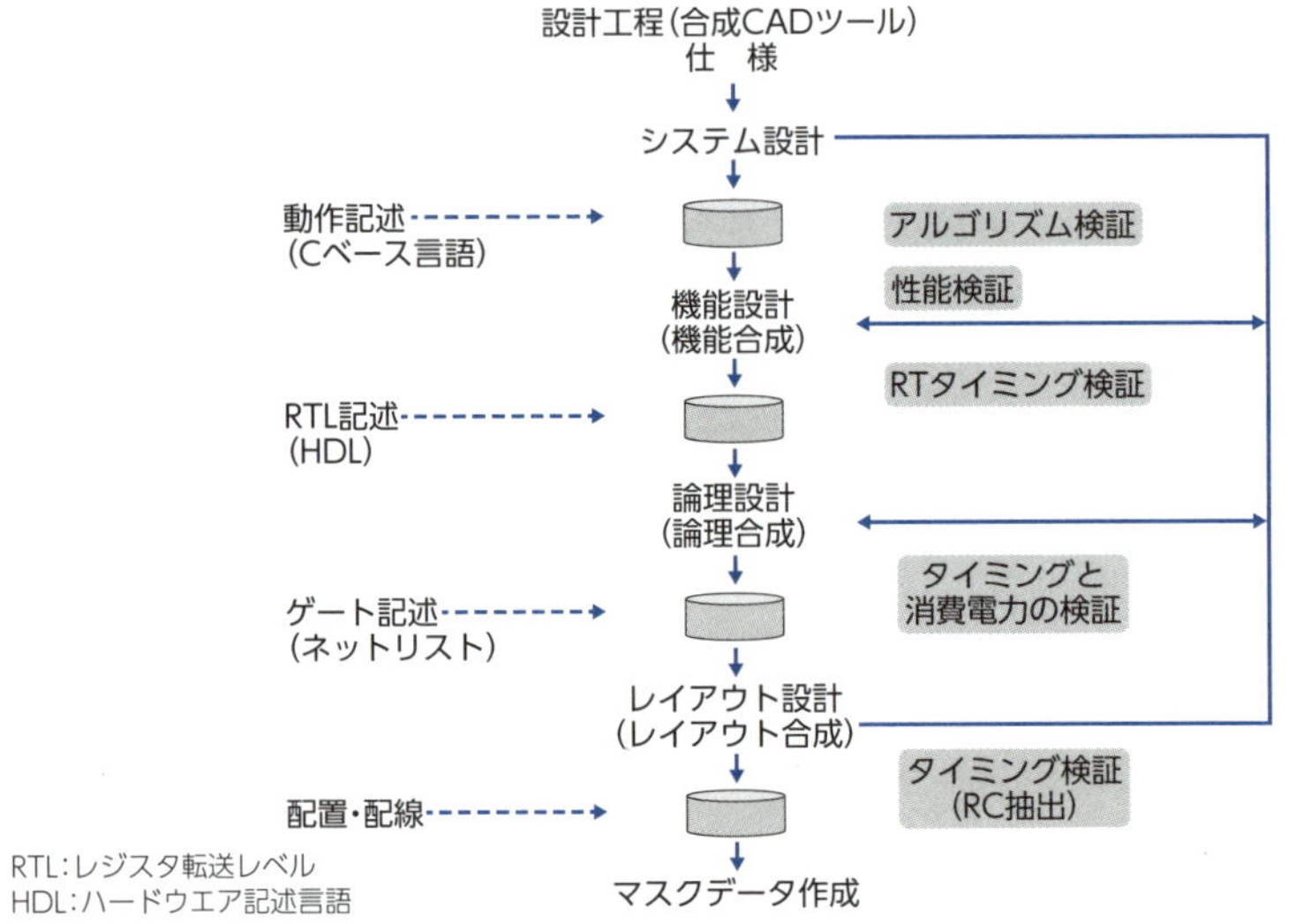

Section 04

IPプロバイダー

▼IPプロバイダーとは「機能ブロックを提供する企業」のこと

IPプロバイダーは、IDM企業やファブレス企業が半導体を設計する際に必要となる「**IP**」（設計資産：Intellectual Property）を提供する企業です。IPプロバイダーはIPベンダーと呼ばれることもあります。

本来、IPというのは「**設計資産**」と訳すように、特許などの知的財産権を意味していましたが、半導体の世界ではMPUやメモリなどの機能ブロックを「設計資産」と考え、**IP**（Intellectual Property）とか**マクロ**と呼んでいます。

それぞれのIPプロバイダーは、半導体が使用される用途や分野によって優れた特性を持ったIPを開発・保有していて、IDM企業やファブレス企業は、それらのIPを有効活用することで、より早くより優れた特性を持ったLSIを設計することができます。

世界的に有力なIPプロバイダー10社を、その主な内容とともに示します（98ページ図3-4-1）。

▼IPプロバイダーの代表的企業は英アーム、米シノプシス

まず、英国の**アーム**（ARM Ltd.）です。ARMは組み込み機器や低電力アプリケーションからスーパーコンピュータまで、さまざまな機器に用いられる32ビットと64ビットのアーキテクチャを設計し、ライセンスしています。

2016年、日本のソフトバンクが3兆円強で買収し、2020年には4・2兆円で米国のNVIDIA（エヌビディア）への売却が決定されていましたが、ARMのもつスマホでのCPU、エヌビディアのGPUが一社に独占される懸念から買収の許可がおりなかったのは有名です。このため、ソフトバンクグループでは2023年9月、ARMを米ナスダック市場に上場しました。

米国の**シノプシス**は先に述べたEDAベンダーであると

図 3-4-1　代表的な IP プロバイダー 10 社

アーム（イギリス）	組込機器や低電力アプリケーションからスーパーコンピュータまで、さまざまな機器で用いられるアーキテクチャを設計しライセンスしている
シノプシス（アメリカ）	業界で広く使用されているインターフェース仕様に対応した実績豊富なIPソリューション・ポートフォリオを提供している
ケイデンス・デザイン・システムズ（アメリカ）	Tensilicaベースの DPUコア群、先端メモリ・インターフェース・コア群、先端シリアル・インターフェース・コア群などのIPコアを提供している
イマジネーション・テクノロジーズ（イギリス）	モバイル向けGPU回路のIP
シーバ（アメリカ）	信号処理、センサーフュージョン、AIプロセッサIP
SST（アメリカ）	マイコン製品に多く搭載されている、スプリットゲート方式の埋め込みフラッシュメモリIP。同社はスーパー・フラッシュ（Super Flash）と呼称
ベリシリコン（アメリカ）	画像信号処理プロセッサ用IP
アルファウェーブ（カナダ）	マルチスタンダード・コネクティビティIPソリューション
eメモリー・テクノロジー（台湾）	書き換え回数の異なる4種類の不揮発性メモリIPを提供
ラムバス（アメリカ）	SDRAMモジュールの1種のRambus DRAM、低消費電力でマルチスタンダード接続可能なSerDes IPソリューション

Tensilica：シリコンバレーを本拠地とする半導体IPコア分野の企業で、現在はケイデンスの一部。
DPU：Data Processing Unit　データ処理装置。
SerDes：Serializer / Deserializerの略で、コンピュータのバス等におけるシリアル／パラレルを相互変換する回路。

ともに、有力なIPプロバイダーでもあります。半導体業界で広く使用されているインターフェース仕様に対応した、実績豊富なIPソリューション・ポートフォリオを開発保有して提供しています。

米国の**ケイデンス・デザイン・システムズ**は買収したテンシリカのDPUコア群、インターフェース・コア群、先端シリアル・インターフェース・コア群などのIPを提供しています。

英国の**イマジネーション・テクノロジーズ**はモバイル向けGPU回路のIPを提供しています。

シーバ（米国）は信号処理、センサーフュージョン、AIプロセッサのIPを提供しています。

SST（Silicon Storage Technology：米国）はマイコン製品に多く採用されているスプリットゲート方式の埋め込みフラッシュメモリーIPのベンダーです。同社はスーパー・フラッシュと呼んでいます。

ベリシリコン（VeriSilicon Inc.：米国）は画像信号処理プロセッサ用IPを提供しています。

カナダの**アルファウェーブ**（カナダ）はマルチスタンダード・コネクティビティIPソリューションを提供しています。

eメモリー・テクノロジー（台湾）は書き換え回数の異

なる4種類の不揮発性メモリIPを提供しています。

ラムバス（Rambus Incorporated：米国）はSDRAMモジュールの1種であるRambus DRAM、低消費電力でマルチスタンダード接続可能なSerDes IPソリューションを提供しています。

▼IPには具体例にどんなモノがあるのか？

近年のLSIでは、さまざまなIPを組み合わせることで設計すると説明しましたが、では具体的にどんなモノがあるのでしょうか？

図3-4-2には、IPの中でも比較的規模の大きいマクロIPの代表例を機能別に示してあります。

これからもわかるように、一般的なファンクションブロック（SCA）、インターフェース（I／O、シリアル、パラレル）、クロック制御、メモリ（SRAM、DRAM、FLASH）、AD／DA（アナログ→デジタル、デジタル→アナログ）変換、CPU、DSPなどのマクロが含まれています。

図3-4-2　代表的な機能別IP（マクロ）

		マクロ設定方法	代表的マクロ名
ファンクションブロック（スタンダードセル）		ハードマクロ	NAND、インバータ、フリップフロップなど
インターフェースマクロ	I/O	ハードマクロ	TTL、LVTTL、CMOSIF、LVDS、HSTL、SSTL
	インターフェースマクロ（シリアルインターフェース）	ハードマクロ ファームマクロ （ソフトマクロ）	USB、PCI - Express、SerialATA、XAUI
	インターフェースマクロ（パラレルインターフェース）	ハードマクロ ファームマクロ （ソフトマクロ）	SDR、DDR、SPI4、ハイパートランスポート
クロック制御マクロ		ハードマクロ ファームマクロ （ソフトマクロ）	PLL、DLL、SMD
メモリマクロ		ハードマクロ ファームマクロ	SRAM、DRAM、FLASH
AD／DAマクロ		ハードマクロ	AD、DA
CPUマクロ、DSPマクロ		ソフトマクロ	ARMコア

半導体の製造工程ごとの装置、材料の代表的メーカー

先に、前章の図2-2-1で示した各工程（第二分類）に沿って、関連する装置と材料および代表的なメーカーについて説明します。工程の内容については第2章で説明していますので、適宜、そちらをご参照ください（本文に図ナンバーを掲載しています）。

▼フォトマスク（レチクル）の代表的企業は米フォトロニクス、日本の大日本印刷

フォトマスクを通して露光することで、マスク上のパターンをフォトレジストに転写しますが、元々は等倍のマスクが用いられていました。そこへステッパーやスキャナー（縮小投影露光装置）などが開発されたことで、マスクパターンは転写パターンの4～5倍の拡大マスクになり、「レチクル」と呼ばれるようになりました（図3-5-1）。

代表的なレチクルメーカーとしては、**フォトロニクス**（Photronics, Inc.：米国）、日本の**テクセンドフォトマス**

図3-5-1　EUVリソグラフィ向けフォトマスク

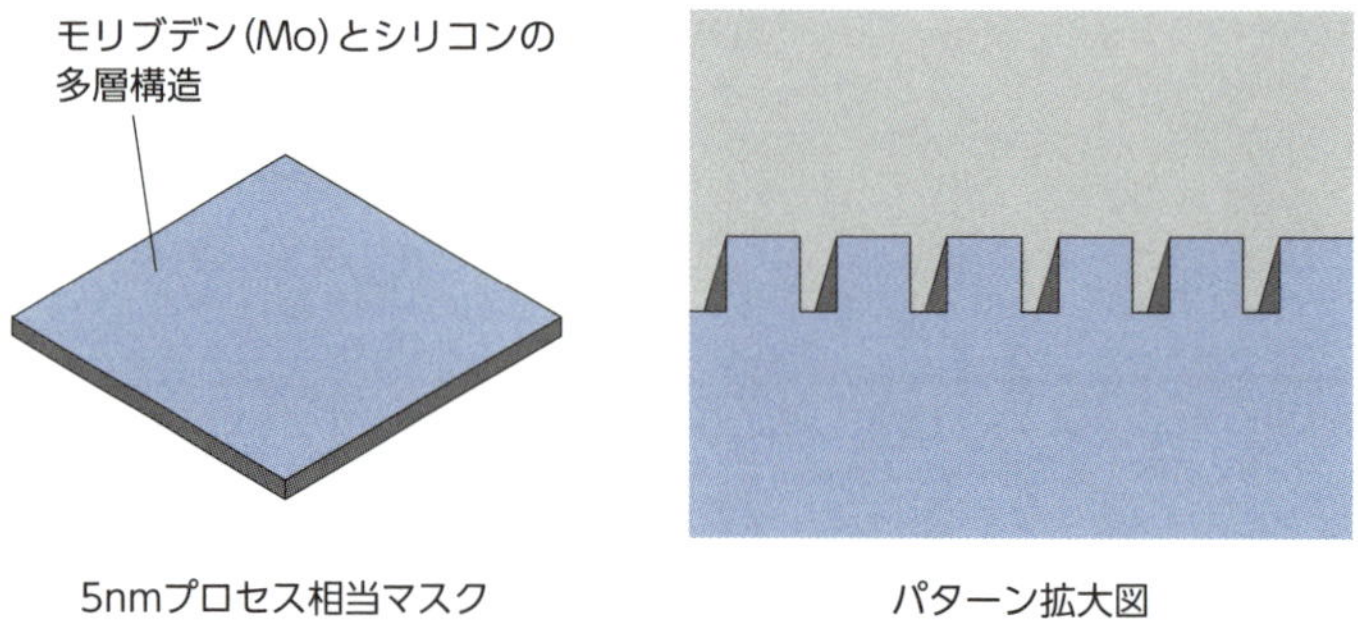

EUVリソグラフィのマスクは透過型が使えないので、モリブデンとシリコンの多層構造反射型で作られている

ク（旧トッパンフォトマスク）、**大日本印刷**（略称DNP：日本）、**HOYA**、**日本フイルコン**、そして**エスケーエレクトロニクス**などがあります（図3-5-2）。

▼解像度を上げたりパターン忠実度を上げたりするためのマスク（レチクル）の工夫

露光時の解像度やパターン忠実度を上げるためのさまざまな工夫が、マスクに施されていますが、その中には図3-5-3に一例を示したような、露光光（露光に使う光）の干渉を利用した位相シフト法などがあります。

図3-5-2　フォトマスク（レチクル）の代表的企業

フォトロニクス	アメリカ
テクセンドフォトマスク	日本
大日本印刷	日本
HOYA	日本
日本フイルコン	日本
エスケーエレクトロニクス	日本

図3-5-3　パターン解像度を上げる位相シフト法

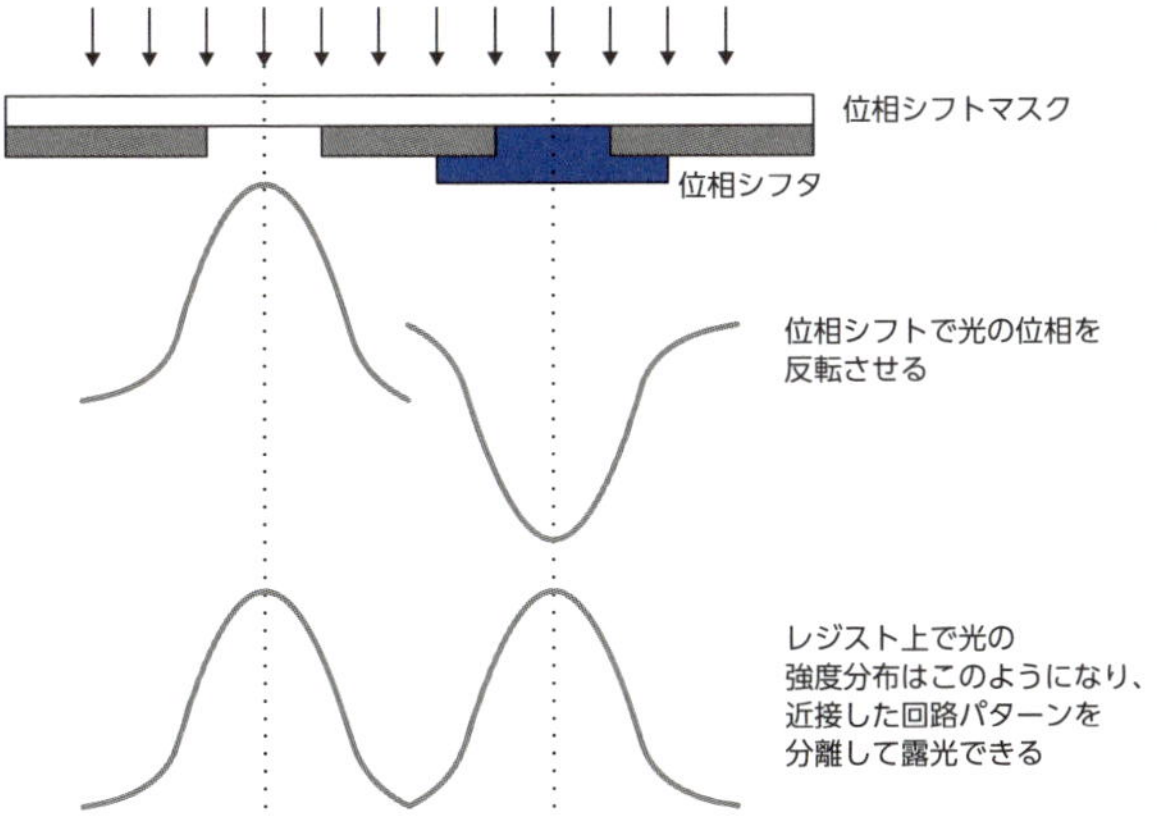
位相シフトマスク
位相シフタ
位相シフトで光の位相を
反転させる
レジスト上で光の
強度分布はこのようになり、
近接した回路パターンを
分離して露光できる

▼シリコンウエハーの代表的企業は信越化学工業

単結晶シリコン円板のシリコンウエハーには、さまざまなサイズ（口径）や特性のものがあり、大口径になるほど先端ラインで使われています。現状のメインは8インチ（200㎜）や12インチ（300㎜）です。

18インチ（450㎜）のウエハー開発は進んでいますが、まだ量産には使われていません。

大口径ウエハーが用いられる理

図3-5-4　ウエハー上の有効チップ数

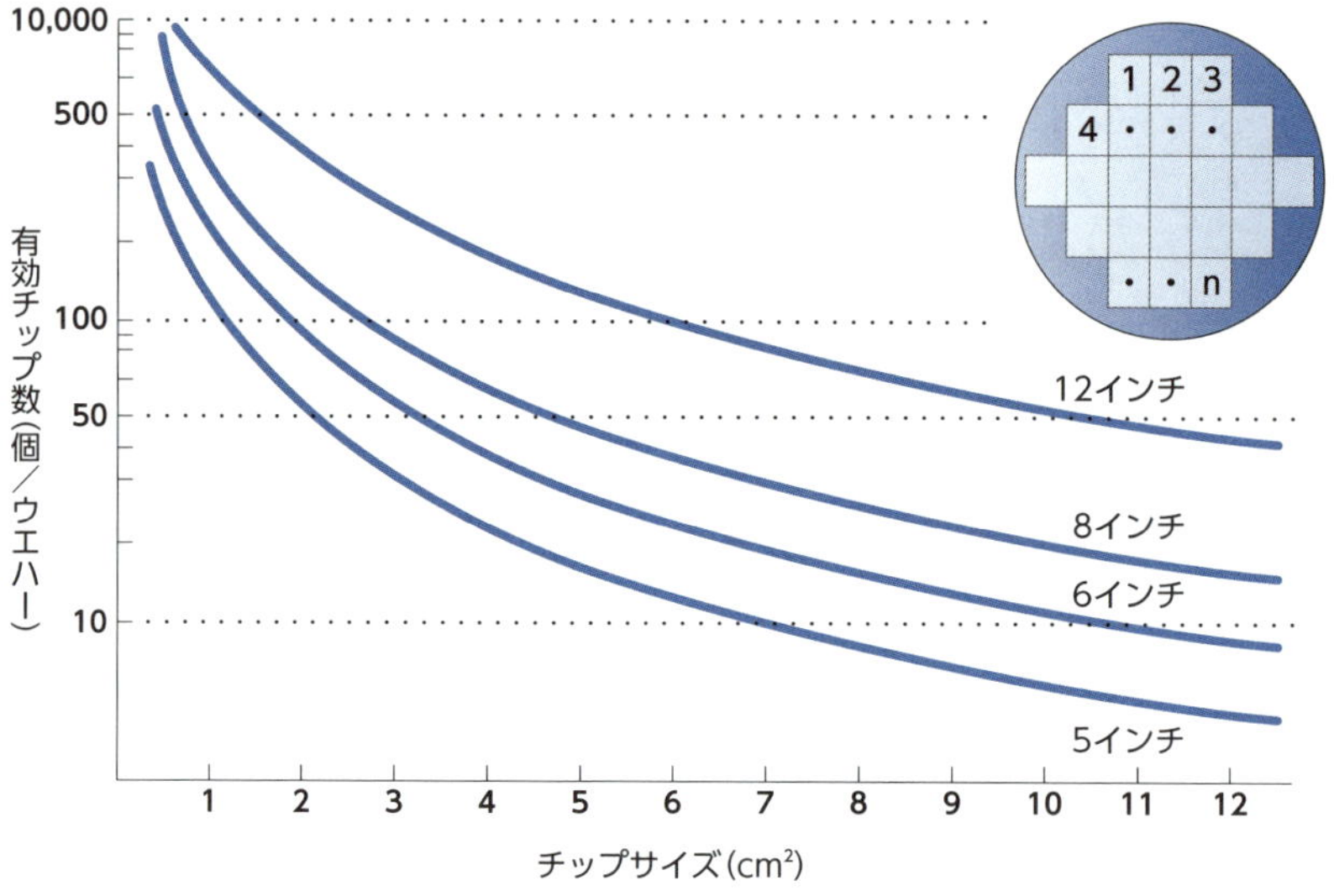

由は、1枚のウエハー上に作られる半導体（IC）の数が増えることです。これによって、1チップ当たりのコストが20～30％低減できます（図3-5-4）。

シリコンウエハーを作っている主な企業を図3-5-5に示しました。ウエハーの代表的なメーカーとしては、**信越化学工業**、台湾の**グローバルウェーハズ**（環球晶円）、**SUMCO**（日本）、韓国の**SKシルトロン**（SK Siltron）などがあります。

図3-5-5　シリコンウエハーの代表的なメーカー

信越化学工業	日本
グローバルウェーハズ	台湾
SUMCO	日本
SKシルトロン	韓国

Section 06

熱酸化から銅メッキまで

▼熱酸化装置の代表的企業は東京エレクトロン

熱酸化とは、ウエハーの表面に「酸化物の薄い層」を生成する工程です。これは900～1100℃に加熱した石英管の炉（**熱酸化炉**）の中にシリコンウエハーを入れ、酸化性ガス（ドライO_2、ウエットO_2、スチームなど）を導入し、シリコン（Si）と酸素（O_2）を化学反応させて二酸化シリコン膜（SiO_2）を成長させます（↓66ページ図2-4-3参照）。

二酸化シリコン膜は非常に良質な絶縁膜です。それと同時に、シリコンとの界面（Si-SiO_2）が安定した電気的特性を持っています。なお、熱酸化炉には石英管を水平にした横型炉と垂直にした縦型炉があります。

熱酸化炉は後で述べる「熱拡散炉」や「熱処理炉」と基本的に同じと言えます。熱拡散炉の代表的メーカーには、**東京エレクトロン**、**KOKUSAI ELECTRIC**、**ASMインターナショナル**（ASM International オランダ）、**大倉電気**、

図3-6-1　熱酸化炉の企業

東京エレクトロン	日本
KOKUSAI ELECTRIC	日本
ASMインターナショナル	オランダ
大倉電気	日本
テンプレス	オランダ
ジェイテクトサーモシステム	日本

テンプレス（Tempress Systems オランダ）、ジェイテクトサーモシステム（旧光洋サーモシステム）などがあります（図3-6-1）。

▼CVD（化学気相成長）の代表的企業は米AMAT、米ラムリサーチ

シリコンウエハーを入れた反応室（チャンバー）内に、成長すべき薄膜の種類に応じた原料ガスを含む複数のガスを流し、熱やプラズマあるいは光でガスを活性化し反応させ、薄膜を堆積させます（↓67ページ図2-4-4参照）。

成長させる薄膜には、絶縁膜（SiO_2、SiNx、SiONなど）、金属膜（Wなど）、半導体膜（Poly-Si）、その他があります。また常圧成長と減圧成長の別もあります。

CVD装置の代表的なメーカーとして、米国の**アプライドマテリアルズ**（AMAT）、**ラムリサーチ**（Lam research Co., Ltd.）、オランダの**ASMインターナショナル**（ASM International N.V.）、そして日本の**東京エレクトロン**、**日立国際電気**、**日本エー・エス・エム**、韓国の**ジュソン・エンジニアリング**（Jusung Engineering CO., Ltd.）などがあります（図3-6-2）。

図3-6-2　主なCVD装置メーカー

AMAT	アメリカ
ラムリサーチ	アメリカ
東京エレクトロン	日本
ASMインターナショナル	オランダ
日立国際電気	日本
ジュソン・エンジニアリング	韓国
日本エー・エス・エム	日本

図3-6-3　主なスパッタリング装置企業

AMAT	アメリカ
アルバック	日本
キヤノンアネルバ	日本
ナウラ・テクノロジー	中国
芝浦メカトロニクス	日本
東横化学	日本
日本エー・エス・エム	日本

▼PVD（物理気相成長）の代表的企業は米AMAT、日本のアルバック

PVDの代表的な方法に**スパッタリング**があります。スパッタリングでは、スパッタリング装置内で成膜すべき薄膜材料を円盤状に加工したスパッタリングターゲットにアルゴン分子を高速で衝突させ、反跳で飛び出してくる材料分子をシリコンウエハー上に成長させます（↓67ページ図2-4-5参照）。

PVDには、スパッタリング装置企業と、スパッタリングターゲット企業とがあります。

代表的なスパッタリング装置メーカーとしては、米国の**AMAT**、日本の**アルバック**（ULVAC）、**キヤノンアネルバ**、**芝浦メカトロニクス**、**東横化学**、そして中国の**ナウラ・テクノロジー**などがあります（図3-6-3）。

それに対し、スパッタリングターゲット企業としては、日本の**JX金属**、**高純度化学研究所**、**アルバック**、**三井金属鉱業**、**東芝マテリアル**、**フルウチ化学**、**大同特殊鋼**など、日本メーカーが目白押しです（図3-6-4）。

CVD（化学気相成長）とPVD（物理気相成長）の違いを、CVDとスパッタリングで示しましたので、次ページの図3-6-5を参照してください。

図 3-6-4　主なスパッタリングターゲット企業

JX金属	日本
高純度化学研究所	日本
アルバック	日本
三井金属鉱業	日本
東芝マテリアル	日本
フルウチ化学	日本
大同特殊鋼	日本

図 3-6-5　CVD（左）と PVD（右）の違い

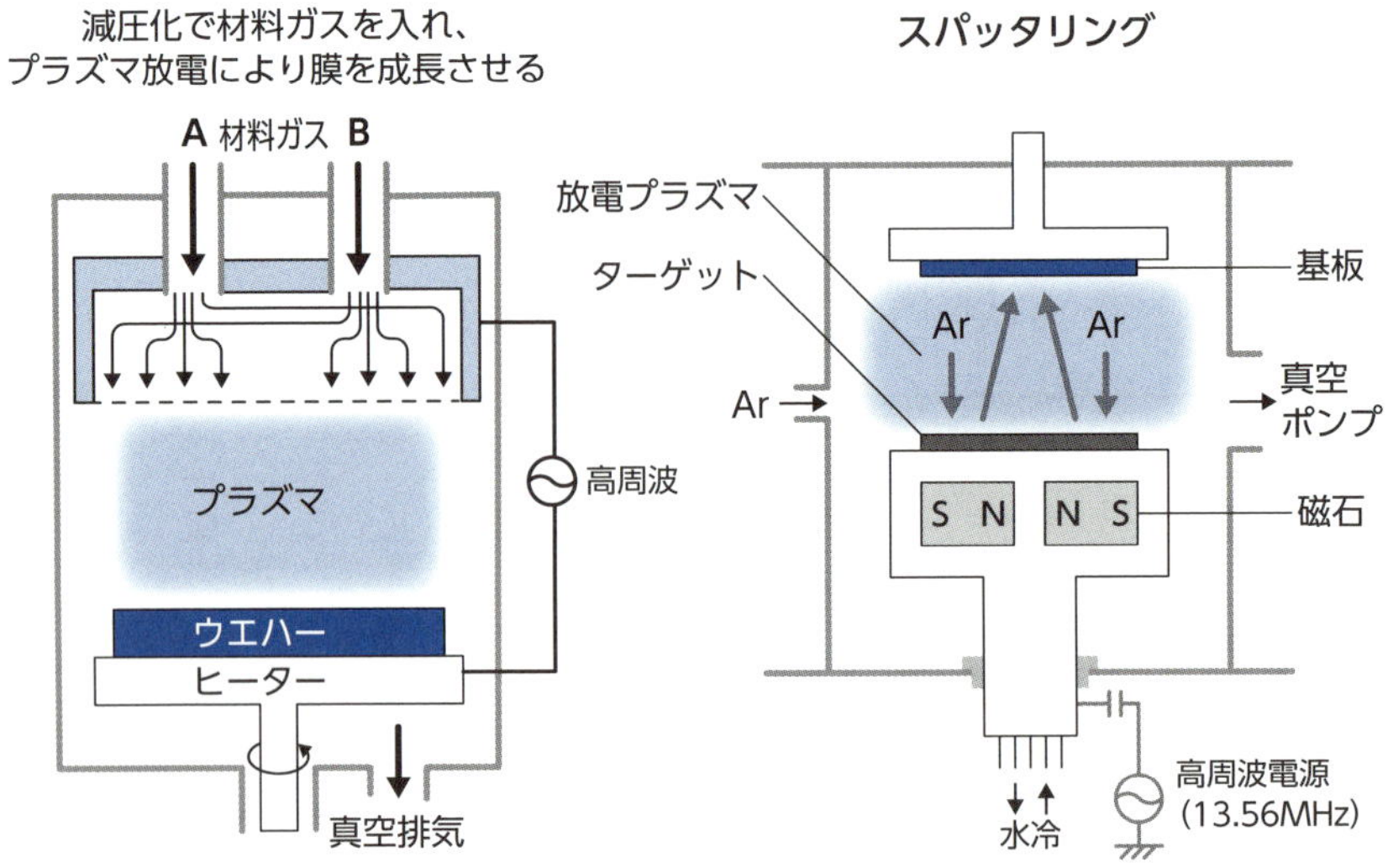

図3-6-6　主なALD企業

AMAT	アメリカ
ラムリサーチ	アメリカ
インテグリス	アメリカ
ビーコ	アメリカ
東京エレクトロン	日本
ベネック（Beneq oy）	フィンランド
ASMインターナショナル	オランダ
ピコサン	フィンランド

▼ALD（原子層堆積）の代表的企業は米AMAT

　ALD（Atomic Layer Deposition）は、シリコンウエハーを入れたチャンバー内で、成長させたい薄膜に応じた複数種類の材料ガスの供給と排気を多数回繰り返すことで、1原子層ずつ堆積することで必要な組成を持った薄膜を形成させます（↓68ページ図2-4-6参照）。

　代表的なALD装置メーカーには、米国のAMAT、ラムリサーチ、インテグリス、ビーコ、そして日本の東京エレクトロン、フィンランドのベネック（Beneq oy）、ピコサン（Picosun oy）、オランダのASMインターナショナルなどがあります（図3-6-6）。

▼メッキ（銅メッキ）の代表的企業は荏原製作所、東設、東京エレクトロン

　先端的な半導体（VLSI）では、配線抵抗を減らし、流せる電流密度とマイグレーション耐性（電流を流すことで材料に欠損が生じる現象への耐性）を上げるため、銅配線が利用されています。ただし銅はドライエッチングによる微細加工が難しいこともあり、ダマシンプロセスと組み合わせて用いられます。

　ダマシンプロセスとは、いわば象嵌《ぞうがん》細工を模したもので、下地の絶縁膜に配線パターンを溝状に形成しておき、その

上から比較的厚い銅膜をメッキ法で成長させ、その後、CMP法で上から研磨して溝部だけに銅を残すことで銅配線を形成します。これはシングルダマシンと呼ばれます。

配線だけでなく、多層配線の上下をつなぐヴィアホール（Via）も同時に形成するダマシン法はデュアルダマシンと呼ばれます。さらに**シリコン貫通電極**（Through Silicon Via 略称**TSV**）の埋め込みにも銅メッキが使われます。銅メッキ装置は、銅メッキ液にシリコンウエハーを浸し、電解メッキします（↓69ページ図2-4-7参照）。

TSVは高密度の3D実装技術を可能にしました。これによって、従来のワイヤーボンディングに代わり、ICチップのTSVを形成し、上下のチップを接続することで配線長を短くでき、ICの動作速度や消費電力を大幅に改善できるようになります。たとえば、サムスン電子はTSVを用いたDRAMモジュールをスマホなどに適用し、DRAMの高速化とCPUとの接続を改良して低電力化を図っています。また、シリコンTSV技術は複数のICチップと基板を接続するためのインターポーザー（表裏の回路を接続するためのシリコン基板）としても利用されています。

代表的な銅メッキメーカーとしては、日本の**荏原製作所**、**東設**、**東京エレクトロン**、**EEJA（旧日本エレクトロプレイティング・エンジニヤース）**、**日立パワーソリューションズ**、米国の**AMAT**、**ノベラス・システムズ**などがあります（図3-6-7）。

図3-6-7　主な銅メッキメーカー

荏原製作所	日本
東設	日本
東京エレクトロン	日本
AMAT	アメリカ
ノベラス・システムズ	アメリカ
EEJA	日本
日立パワーソリューションズ	日本

Section 07

フォトレジスト塗布からウエットエッチングまで

▼フォトレジストの代表的企業は日本のＪＳＲ、住友化学

回路パターンを形成するために、フォトリソグラフィーという工程があります。フォトリソグラフィーでは、シリコンウエハー上の薄膜表面に感光性樹脂（フォトレジスト）を塗布し、マスクを通して光を当てることでマスクパターンをフォトレジストに転写（縮小転写）します（↓69ページ図2-4-8から71ページ図2-4-10までの3つの図を参照）。

フォトレジストには、ポジ型／ネガ型の区別や、露光に用いる光源の波長によってさまざまな種類のものが存在します。

フォトレジストの代表的なメーカーには、日本の**ＪＳＲ**、**住友化学**、**東京応化工業**、**富士フイルム**、**信越化学工業**、**レゾナック（旧昭和電工マテリアルズ）**などがあります（図3-7-1）。

さらに、代表的なフォトレジスト塗布機（コーター）メ

図 3-7-1　主なフォトレジストメーカー

JSR	日本
東京応化工業	日本
信越化学工業	日本
住友化学	日本
富士フイルム	日本
レゾナック	日本

図 3-7-2　代表的なフォトレジスト塗布機メーカー

東京エレクトロン	日本
SCREEN	日本
セメス	韓国

ーカーには、日本の**東京エレクトロン**、**SCREEN**、韓国の**セメス**（SEMES）などがあります（図3-7-2）。

▼露光の代表的企業はオランダのASML、日本のニコン

シリコンウエハーをステップ・アンド・リピート（step & repeat）動作で移動させながら、マスク（レチクル）パターンを¼～⅕に縮小して光をフォトレジストに投影し、焼き付ける装置をステッパー（Stepper）と呼んでいます（→70ページ図2-4-9参照）。

ウエハー上に、より微細パターンを焼き付けるには、より波長の短い光源を用いる必要があります。このため、波長が436ナノメートル（$nm=10^{-9}m$）のg線、さらにi線（365nm）、KrFエキシマレーザー（248nm）、ArFエキシマレーザー（193nm）などの短波長光源の他に、対物レンズとフォトレジストの間に屈折率1・44の水を挟むことで解像度を1・44倍上げるArF液浸、さらに微細パターン形成のため多重露光も使用されます（図3-7-3）。

ステッパーではウエハーステージのみ動かしますが、スキャナー（scanner）ではウエハーステージとレチクルの両方を動かします（図3-7-4）。

スキャナーはレンズ収差の少ない部分を利用できるので、

図3-7-3　ダブルパターニングの例

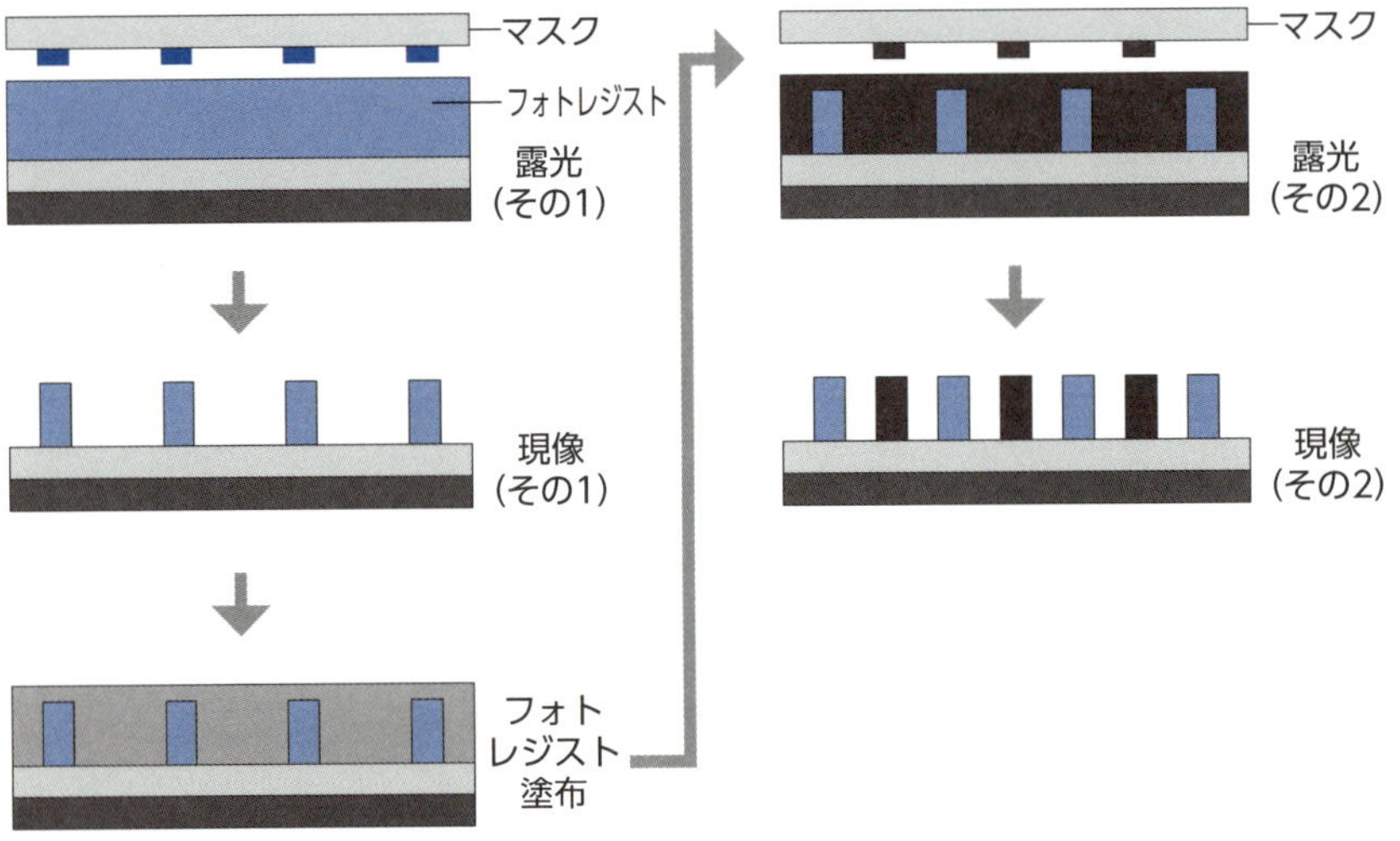

図3-7-4　スキャナーとステッパーの比較

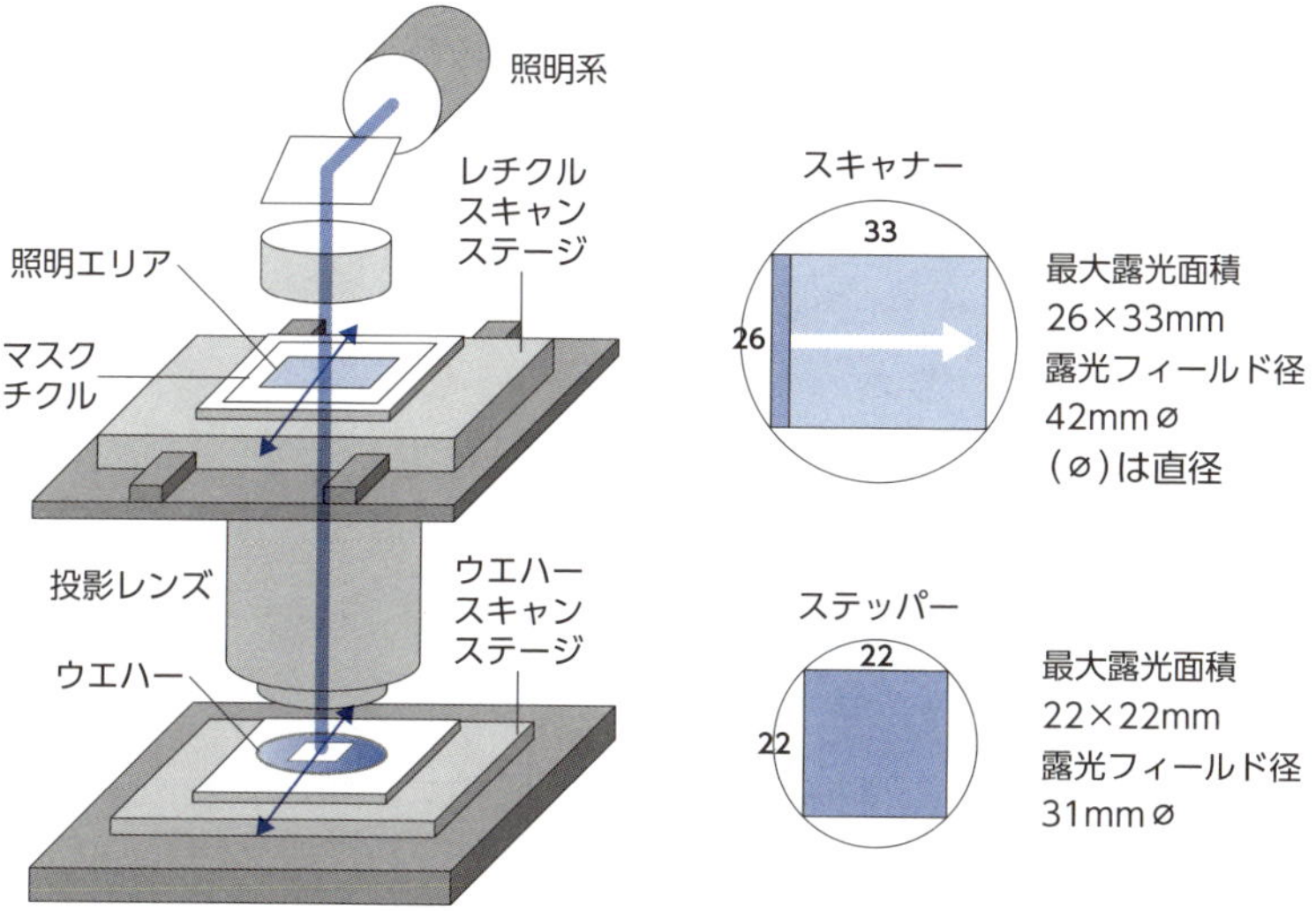

より広い露光フィールドが得られる利点があります。前述のKrFエキシマレーザー以降（一部i線）はスキャナーがメインになっています。

さらに最近は、7nm以下の微細パターン形成には、波長13・5nmのEUV（Extreme Ultra Violet：極端紫外）を用いたEUV露光も利用されています（図3-7-5）。EUVでは、複雑な構造を有する反射鏡とマスクが用いられます。

露光機メーカーとしては、オランダの**ASML**、日本の**ニコン**、**キヤノン**が世界の3強と呼ばれて独占状態ですが、残念ながら、EUV露光機メーカーとしてはASML一社のみです（図3-7-6）。

▼現像の代表的企業はフォトレジスト企業とかぶる

露光されたシリコンウエハーは、**現像機（デベロッパー）**を用い、現像液で現像されます。ポジ型フォトレジストの場合は露光された領域が現像液に溶解するのに対して、ネガ型フォトレジストの場合は逆で、露光されていない領域が現像液に溶解し、フォトレジストにパターン形成されます（→56ページ図2-3-3参照）。

現像機は塗布機と一体化されていることが多く、ここでは塗布と現像を一体化して扱い、したがって現像機メーカ

図 3-7-5　EUV 露光機のしくみ

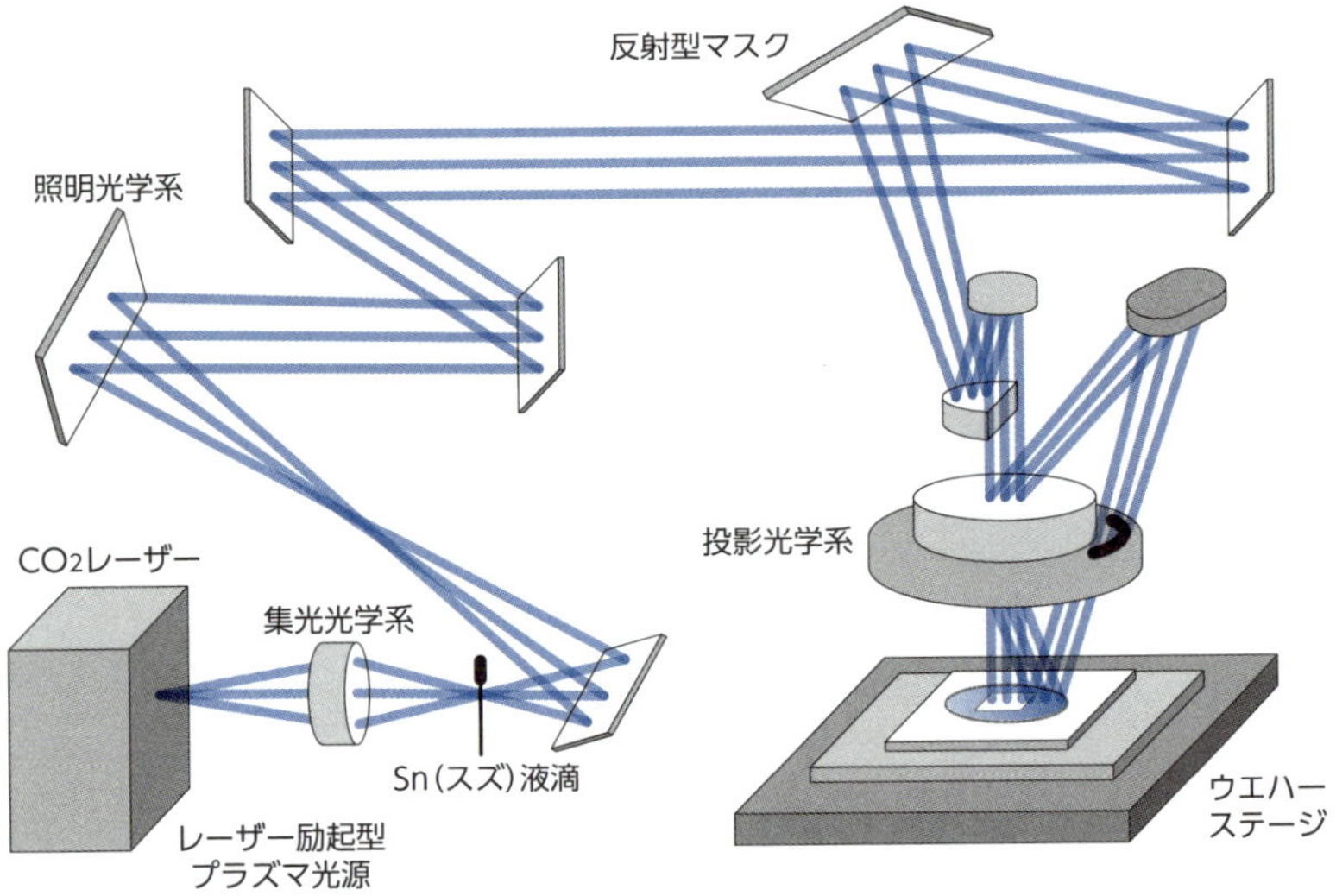

ーは先に述べたフォトレジストの塗布機メーカーと基本的に同じです。

▼ドライエッチングの代表的企業は米ラムリサーチ、東京エレクトロン

エッチングとは「食刻」とも呼ばれ、シリコン半導体表面、あるいはその上に形成された各種の薄膜の一部を削ることで、半導体表面やその上の薄膜にパターンを形成する工程のことです。エッチングにはドライ方式（乾式）とウエット方式（湿式）の2つがあります。

ドライエッチングですが、これは反応性ガス、イオン、ラジカルなどによってフォトレジストに覆われていない部分を選択的に除去することで薄膜にパターンを形成します（→57ページ図2-3-4参照）。

ドライエッチング装置（ドライエッチャー）の代表的メーカーには、日本の**東京エレクトロン**、**日立ハイテク**、そして米国の**ラムリサーチ**、**AMAT**があり、この4社が4強です（図3-7-7）。

▼ウエットエッチングの代表的企業は日本のSCREEN、米ラムリサーチ

ドライエッチングに対し、ウエットエッチングがありま

図 3-7-6　代表的な露光機メーカー

ASML	オランダ
ニコン	日本
キヤノン	日本

図 3-7-7　ドライエッチング装置の代表的企業

ラムリサーチ	アメリカ
東京エレクトロン	日本
AMAT	アメリカ
日立ハイテク	日本
サムコ	日本
芝浦メカトロニクス	日本

＊サムコと図3-5-5のSUMCOは異なる

図 3-7-8　ウエットエッチングの代表的企業

SCREEN	日本
東京エレクトロン	日本
ラムリサーチ	アメリカ
セメス	韓国
ジャパンクリエイト	日本
ミカサ	日本

す。これは薬液を用いて薄膜材料の一部または全部を除去する方法です。ウエットエッチングの装置メーカーとしては、日本の**SCREEN**、東京エレクトロン、**ジャパンクリエイト**、ミカサ、そして米国のラムリサーチ、韓国のセメスなどがあります（図3-7-8）。

▼ドライエッチングあれこれ

これまでの説明からもわかるように、半導体製造装置には実にさまざまな働きをするモノが含まれています。その中でも近年、最大の市場を形成しているのが**ドライエッチング装置**（ドライエッチャー）です。

ドライエッチングの大きな特徴の一つに、**異方性エッチング**と呼ばれるものがあります。これはエッチングが横方向には進行せず、縦方向のみに進むというエッチングのことで、これによりエッチング形状の断面を垂直に加工でき、設計パターンに忠実な加工ができるので、微細なパターン形成が可能になっています。図3-7-9には、異方性エッチングを、エッチングが等方的に進行する（ウエットエッチングやドライエッチングの一部）等方性エッチングと対比させて示してあります。

異方性ドライエッチングは、一般的にRIE（反応性イオンエッチング）と呼ばれています。

図 3-7-9　異方性ドライエッチング

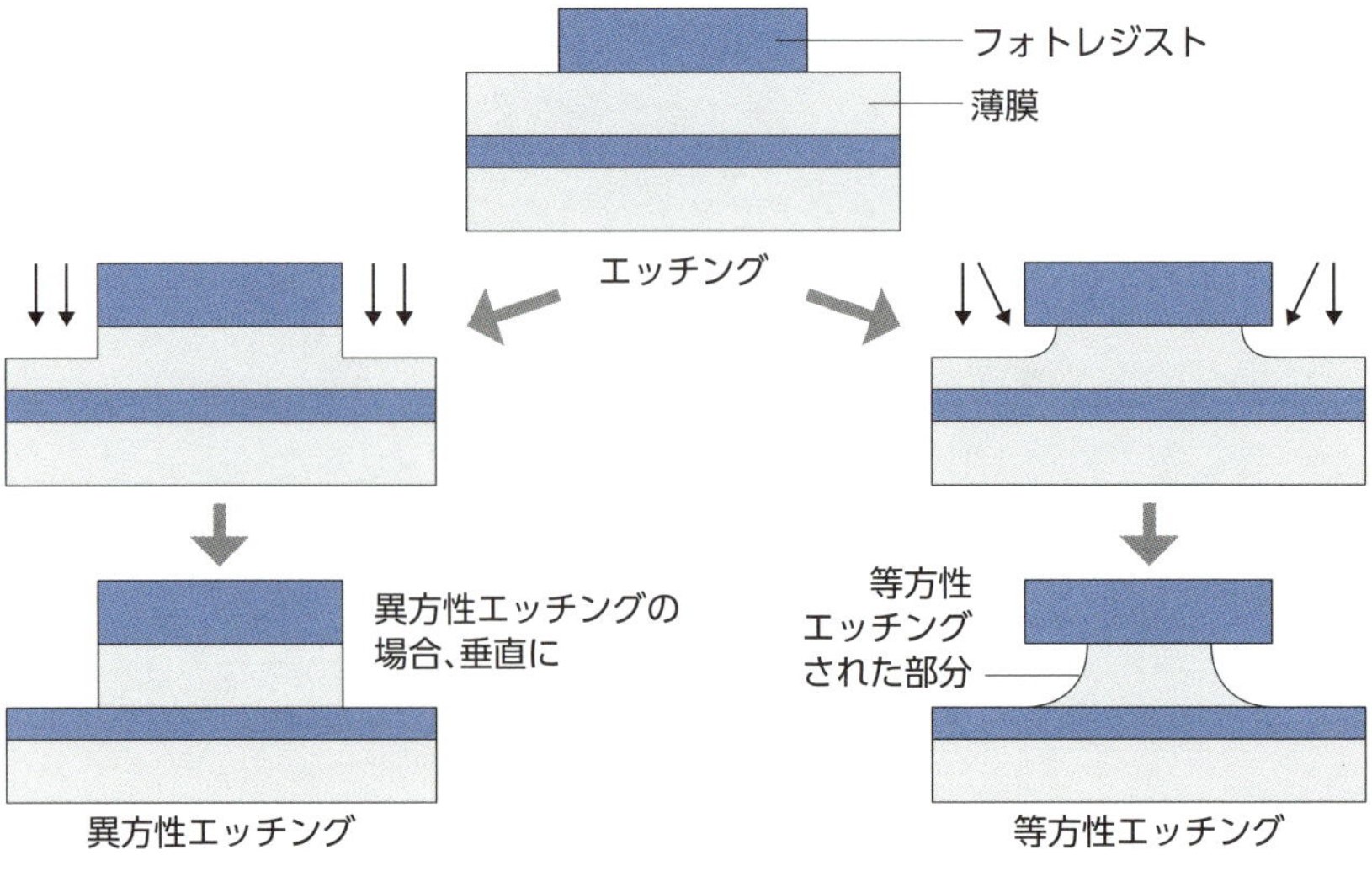

Section 08

導電型不純物拡散からRTAまで

ここで説明する工程としては最初に「拡散」があります。しかし、拡散炉は先に述べた熱処理炉に導電型不純物を含むガス供給装置が付加されるだけで、基本的には変わりありませんので、ここでは説明を省略します。

▼イオン注入の代表的企業は台湾AIBT

フォトレジストや材料薄膜をマスクにして、電界で加速した導電型不純物をシリコンウエハーの表面から打ち込むことで、表面近傍に導電型不純物を添加したP型やN型の領域を形成します（↓73ページ図2-4-13参照）。

イオン注入機メーカーとしては、台湾のAIBT（Advanced Ion Beam Technology）、アムテック・システムズ（Amtech Systems）、AMAT、アクセリス・テクノロジーズ（Axcelis Technologies）、そして日本の日新電機、住友重機械イオンテクノロジー、アルバックなどがあります（次ページ図3-8-1）。

▼CMPの代表的企業は米AMAT、日本の荏原製作所

CMPは研磨材微粒子を含むコロイダル溶液（スラリー）を流しながら、回転する研磨パッドにシリコンウエハーを押し付け、化学的反応と機械的反応によって表面を研磨、平坦化する工程です（↓73ページ図2-4-14参照）。

CMPを使うことで非常に平坦な表面が得られるので、鏡面研磨（ミラーポリッシュ）とも呼ばれています。

CMPにはメタル系と絶縁膜系があります。

CMPメーカーには、米国のAMAT、スピードファム、**ラムリサーチ**、**ストラスボー**、そして日本の**荏原製作所**、東京精密などがあります（図3-8-2）。

またスラリーメーカーとしては、日本の**富士フイルム**、**フジミインコーポレーテッド**、**レゾナック**、**ニッタ・デュポン**、**JSR**、**トッパンインフォメディア**、米国のインテグリス、**エアープロダクツ・アンド・ケミカルズ**などがあります（図3-8-3）。

図3-8-1　イオン注入機の代表的企業

AIBT	台湾
アムテック・システムズ	アメリカ
AMAT	アメリカ
アクセリス・テクノロジーズ	アメリカ
日新電機	日本
住友重機械イオンテクノロジー	日本
アルバック	日本

次の「熱処理炉」は先に述べた熱酸化炉と流すガスの種類が異なるだけなので省略します。

▼RTA（急速熱処理）の代表的企業は日本のアドバンス理工、ウシオ電機

赤外線ランプに電流を瞬時に流すことで、シリコンウエハーの急速な昇温と降温を行ないます（↓75ページ図2-4-17参照）。ランプアニールとも呼ばれます。

RTA装置（ランプアニーラー）のメーカーとしては、日本の**アドバンス理工**、**ウシオ電機**、**ジェイテクトサーモシステム（旧光洋サーモシステム）**、アメリカの**マトソンテクノロジー**などがあります（図3-8-4）。

▼RTA、RTOなど高速な昇温・降温処理

ここでは急速熱処理としてのRTAについて説明しましたが、この処理により、半導体製造プロセスで熱処理温度と処理時間で決まるサーマルバジェットを減少させることができるようになり、導電型不純物の拡散を抑えつつ活性化することなどに利用されています。またランプアニーラーに酸化性ガスを流すことで、急速酸化法としてのRTO（Rapid Thermal Oxidation 急速熱酸化）が可能になり、極薄の二酸化ケイ素の膜の形成などに使われています。

図 3-8-2　CMP の代表的企業

AMAT	アメリカ
荏原製作所	日本
東京精密	日本
スピードファム	アメリカ
ラムリサーチ	アメリカ
ストラスボー（Strasbaugh）	アメリカ

図 3-8-3　代表的なスラリーメーカー

インテグリス	アメリカ
富士フイルム	日本
レゾナック（旧昭和電工マテリアルズ）	日本
フジミインコーポレーテッド	日本
ニッタ・デュポン	日本
JSR	日本
トッパンインフォメディア	日本
エアープロダクツ・アンド・ケミカルズ	アメリカ

図 3-8-4　代表的なランプアニールメーカー

アドバンス理工	日本
ウシオ電機	日本
ジェイテクトサーモシステム（旧光洋サーモシステム）	日本
マトソンテクノロジー	アメリカ

Section 09

超純水からCIMまで

▼超純水の代表的企業は日本の栗田工業、オルガノ

ふつうの水はきれいに見えますが、パーティクル（小片、微粒子）、有機物など、不純物が多数入っています。その水でナノレベルの半導体を洗浄すると、ゴミだらけになるため、超純水と呼ばれる水が利用されています。

超純水とは「極度に高純度化した水」のことで、パーティクル（小片、微粒子）、有機物、不純物などを取り除き、半導体製造工程の各所で、洗浄、リンスなどの目的で多用されています。

超純水の日本の供給メーカーとしては、**栗田工業**、**オルガノ**、**野村マイクロ・サイエンス**などがあります（図3-9-1）。

▼プローブ検査は日本の東京エレクトロン、テスター検査はアドバンテスト

前工程が終了したシリコンウエハーは、その上に作り込まれた1個1個のICチップの電気特性が測定されることで、「良品／不良品」が判定されます。その検査に使われるのが「プローバ」です。シリコンウエハーをプローバにセットし、ICチップ上の引き出し電極にプローブ（探針）を当て、ICチップから出てくる出力信号をテスターで読み、正しい信号か否かを判定します。

プローバのステージをステップ&リピートすることで、シリコンウエハー上の1個1個のICチップの特性が測られ、「良品／不良品」が判定されることになります（↓50ページ図2-2-5参照）。

プローバの主な日本のメーカーとしては、**東京エレクトロン**、**東京精密**、**日本マイクロニクス**、**ティアテック**、**オプト・システム**、韓国の**セメス**などがあります（図3-9-2）。

また、テスターメーカーとしては、日本の**アドバンテスト**、**テセック**、**スパンドニクス**、**シバソク**、米国の**テラダ**

図 3-9-1　超純水の日本の代表的企業

栗田工業	日本
オルガノ	日本
野村マイクロ・サイエンス	日本

図 3-9-2　プローバの日本の代表的企業

東京エレクトロン	日本
東京精密	日本
セメス	韓国
日本マイクロニクス	日本
ティアテック	日本
オプト・システム	日本

図 3-9-3　テスターの代表的企業

アドバンテスト	日本
テラダイン	アメリカ
アジレント・テクノロジーズ	アメリカ
テセック	日本
スパンドニクス	日本
シバソク	日本

図 3-9-4　ウエハー搬送機の日本の代表的企業

村田機械	日本
ダイフク	日本
ローツェ	日本
シンフォニアテクノロジー	日本

図 3-9-5　代表的なウエハー検査装置メーカー

KLA	アメリカ
AMAT	アメリカ
ASML	オランダ
日立ハイテク	日本
レーザーテック	日本
ニューフレアテクノロジー	日本

イン、**アジレント・テクノロジーズ**などがあります（図3-9-3）。

▼ウエハー搬送の代表的企業は村田機械、ダイフク

前工程の仕掛りシリコンウエハーを装置間などで搬送するのが「ウエハー搬送」です。ウエハー搬送機にも床上の有軌道や無線誘導の無軌道ロボット、あるいはリニアモーター駆動の天井搬送機などがあり、AGV（Auto Guided Vehicle）、OHT（Overhead Hoist Transport）、OHS（Over Head Shuttle）などと呼ばれています（→77ページ図2-4-20参照）。

ウエハー搬送機メーカーとしては、日本の**村田機械**、**ダイフク**、**ローツェ**、**シンフォニアテクノロジー**などがあります（図3-9-4）。

▼ウエハー検査の代表的企業は米KLA

ウエハー検査では、前工程中のシリコンウエハーの、構造欠陥、異物などの各種検査を行ない、工程モニターや歩留まり向上などに繋げます。

ウエハー検査装置・システムのメーカーとしては、米国の**KLA**、**AMAT**、そしてオランダの**ASML**、日本の**日立ハイテク**、**レーザーテック**、**ニューフレアテクノロジ**

図3-9-6　CIMシステムの例

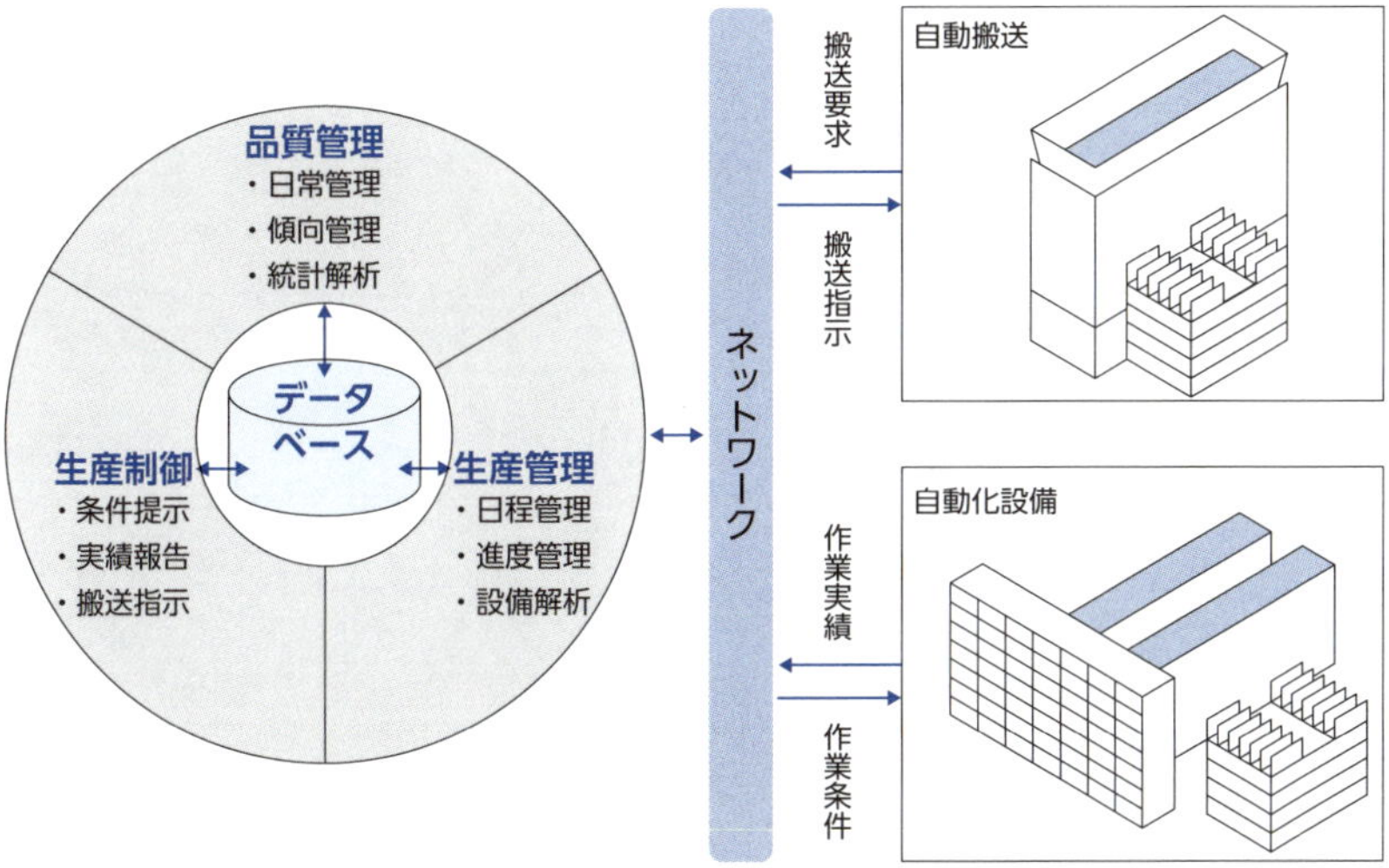

ーなどがあります（図3-9-5）。

▼CIM（コンピュータ統合生産）の日本の代表的企業はテクノシステム

CIM（Computer Integrated Manufacturing）とは、コンピュータを駆使して半導体生産の最適化を図るシステムのことです。半導体の製造工程でのデータ収集と解析、装置制御、搬送制御、工程管理など製造工程の〝見える化〟を含めて行ないます。半導体各社は自社内でFA（Factory Automation 工場自動化）部門などで独自にCIMシステムを実施することも多いのです。半導体の量産工場では、同一プロセスの処理にも、多数の号機が用いられています。それぞれの号機には癖のようなモノがあり、必ずしも同じ出来栄えで処理できるとは限りません。そのためCIMシステムを活用して主要工程での出来栄えデータや、号機解析・評価とフィードバックを通し、号機ごとのバラツキの低減なども行ないます。

日本の主なCIMメーカーとしては、テクノシステム、日立ソリューションズなどがありますが、大手の半導体メーカーは自社開発のシステムを採用することが多くあります（図3-9-6）。

ダイシングから樹脂封止まで

▼ダイシングの代表的企業は日本のディスコ、東京精密

プローブ検査が終わったシリコンウエハーは、その上のICチップの周辺に設けられた切りしろ（スクライブ線）に沿って、**ダイヤモンドカッターで1個1個のチップに切り分けられます。この操作をダイシング**、すなわちダイ（チップの別名）にすることで、ペレタイジングとも呼ばれます。ペレットもチップの別称の一つです（→51ページ図2-2-6参照）。

ダイシング装置は**ダイサー**と呼ばれますが、代表的なメーカーには、日本の**ディスコ**、**東京精密**、**アピックヤマダ**などがあります（図3-10-1）。

▼マウントの代表的企業は三井ハイテック

リードフレームのアイランドにICチップを固着する工程はマウント（ダイマウント）、またはダイボンディングと呼ばれます（→59ページ図2-3-7参照）。またマウントする装置はマウンター、またはダイボンダーと呼ばれます。

リードフレームの代表的メーカーとしては、日本の**三井ハイテック**、**新光電気工業**、シンガポールの**ASMパシフィックテクノロジー**、台湾の**チャン・ワ・テクノロジー**、**アドバンスト・アセンブリー・マテリアルズ・インターナショナル**、韓国の**ヘソンDS**などがあります（図3-10-2）。

マウンターの代表的メーカーとしては、オランダの**BEセミコンダクター（Besi）**、日本の**キヤノンマシナリー**、シンガポールの**ASMパシフィックテクノロジー**、**キューリック・アンド・ソファ**、米国の**パロマー・テクノロジー**、日本の**新川**などがあります（図3-10-3）。

▼ワイヤーボンディングの代表的企業はオランダのASM

マウントされたICチップの引き出し電極とリードフレームのリードを金（Au）などの細線で繋ぐことをワイヤ

図 3-10-1　ダイシングの代表的企業

ディスコ	日本
東京精密	日本
アピックヤマダ	日本

図 3-10-2　リードフレームの代表的企業

三井ハイテック	日本
新光電気工業	日本
ASMパシフィックテクノロジー	シンガポール
チャン・ワ・テクノロジー	台湾
アドバンスト・アセンブリー・マテリアルズ・インターナショナル	台湾
ヘソンDS（HAESUNG DS）	韓国

図 3-10-3　マウンターの代表的なメーカー

BEセミコンダクター（Besi）	オランダ
キヤノンマシナリー	日本
ASMパシフィックテクノロジー	シンガポール
キューリック・アンド・ソファ	シンガポール
パロマー・テクノロジー	アメリカ
新川	日本

図 3-10-4　ワイヤーボンディングの代表的なメーカー

ASMアッセンブリー・テクノロジー	オランダ
DIASオートメーション	香港
キューリック・アンド・ソファ	シンガポール
新川	日本
澁谷工業	日本

図 3-10-5　熱可塑性樹脂の代表的メーカー

レゾナック（旧昭和電工マテリアルズ）	日本
イビデン	日本
ナガセケムテックス	日本
住友ベークライト	日本

図 3-10-6　樹脂封止機の代表的メーカー

TOWA	日本
ASMパシフィックテクノロジー	シンガポール
アピックヤマダ	日本
I-PEX	日本
岩谷産業	日本

ーボンディングと言います（↓60ページ図2-3-8参照）。

ワイヤーボンディング用の装置はワイヤーボンダーで、代表的なメーカーとしては、オランダの**ASMアッセンブリー・テクノロジー**、香港の**DIASオートメーション**、シンガポールの**キューリック・アンド・ソファ**、日本の**新川**、**澁谷工業**などがあります（図3-10-4）。

▼樹脂封止の代表的企業はレゾナック、イビデン、TOWA

樹脂封止では、金型を用いてICチップを樹脂で封止するトランスファーモールド法が用いられます。樹脂封止はモールディングとも呼ばれます（↓61ページ図2-3-9参照）。

封止にも用いられる**熱硬化型樹脂メーカー**としては、日本の**レゾナック**、**イビデン**、**ナガセケムテックス**、**住友ベークライト**などがあります（図3-10-5）。

また、**樹脂封止機**としては、日本の**TOWA**、シンガポールの**ASMパシフィックテクノロジー**、日本の**アピックヤマダ**、**I-PEX**、**岩谷産業**などがあります（図3-10-6）。

▼ボンディングあれこれ

ICチップとパッケージ基板の接続方法として、金細線などを用いたワイヤーボンディングについて説明しましたが、これ以外にもワイヤーの代わりに金属のバンプ（コブ状の突起）を用いたTABやFCBなどのワイヤレスボンディング法もあります（図3-10-7）。

図3-10-7　ワイヤーボンディングとワイヤレスボンディング

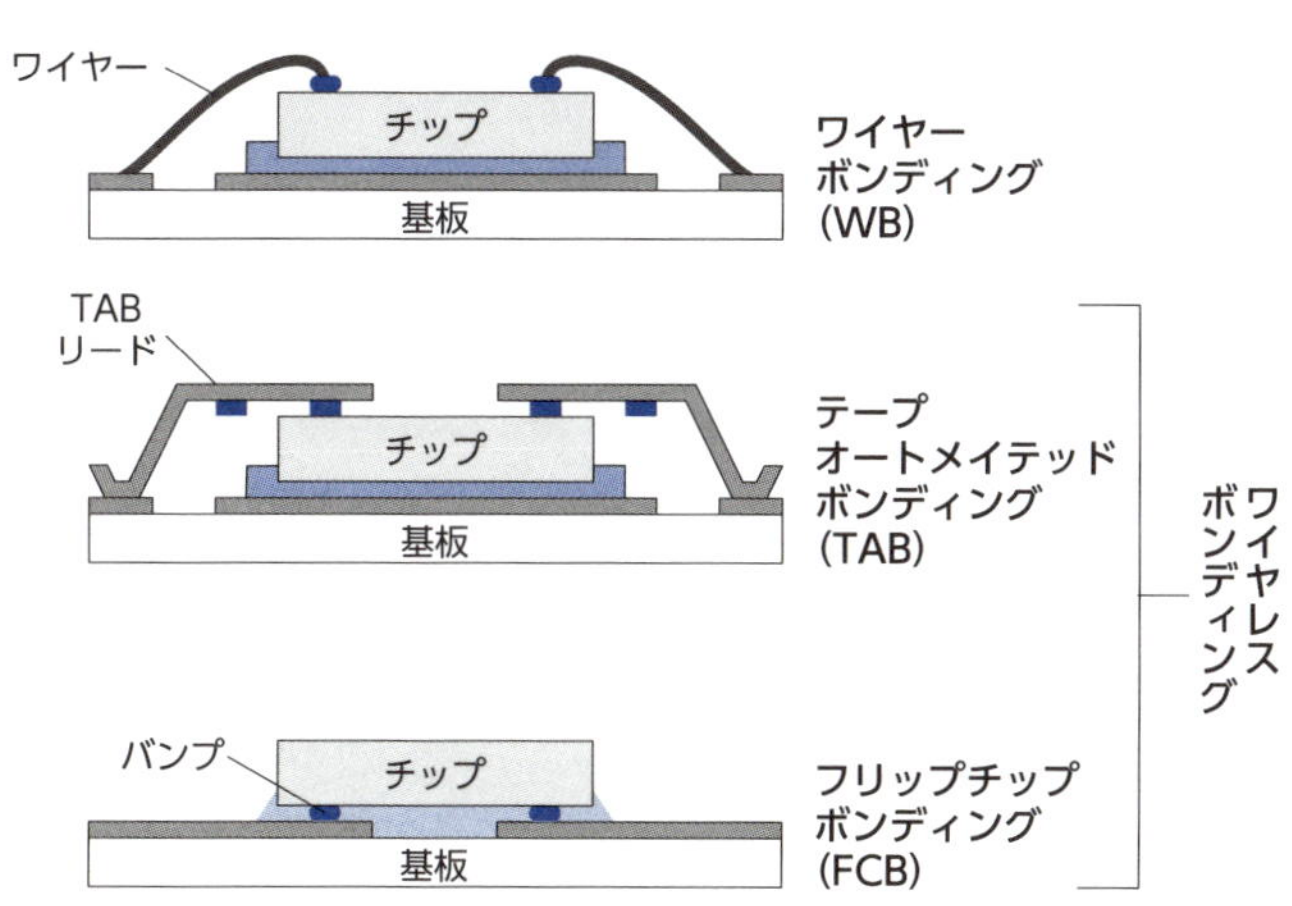

高純度ガス、高純度薬液から最終検査まで

▼高純度材料ガスの代表的企業は大陽日酸、三井化学

これまでの説明からもわかるように、半導体の製造工程（前工程）においてはさまざまな高純度ガスや薬液が使用されます。ここでは、**使用目的に沿って、代表的な材料ガス**を図3-11-1に示します。あまり細部に入らずに、代表的なガスメーカーと薬液メーカーを挙げていますが、個々の材料ガスや薬液についての具体的メーカー名についてては触れていません。

図3-11-1に示したように、代表的なガスとして、各種薄膜の**成膜用**、薄膜の**エッチング用**、導電型（P型、N型）**不純物ソース用**、**その他用**に分類されます。その他には、熱処理用（不活性ガス）、キャリアガス用、パージガス用、フォーミングガス用、エピタキシャル成長のキャリア用、シリコンのダングリングボンドの終端用、パイロジェニック酸化用、スパッタリングのノックオン用、純水のバブリング用、チャンバーのクリーニング用など各種の用途があります。

これら高純度ガスの代表的なメーカーとしては、日本の大陽日酸、三井化学、セントラル硝子、関東電化工業、レゾナック（旧昭和電工）、住友精化、ADEKA、エア・ウォーター、日本ゼオン、ダイキン工業などがあります。海外では、米国のエアー・プロダクツ・アンド・ケミカルズ、フランスのエア・リキード、韓国のSKマテリアルズ、フォーサングなどがあります（図3-11-2）。

▼高純度薬液の代表的企業は独BASF、三菱ガス化学

129ページの図3-11-3に示したように、代表的な薬液は大きく**無機薬液**と**有機薬液**に分類されます。さらに無機薬液は、金属、有機物、パーティクル、薄い酸化膜などを除去するための**洗浄用**、**各種材料のエッチング用**、容器などの**クリーニング用**に分けられます。

また有機薬液には、リソグラフィー工程で使用される感

図 3-11-1　半導体製造に使用される代表的なガス

成膜用	**亜酸化窒素**	N_2O	SiO_2の減圧／常圧CVD、SIPOSのCVD
	アンモニア	NH_3	Siの熱窒化、SiNxのCVD
	オゾン	O_3	SiO_2の常圧TEOS-CVD
	酸素	O_2	Siの熱酸化、SiO_2のCVD
	モノシラン	SiH_4	熱分解によるSi、poly-Siの成長、SiO_2、SiNx、SiONなどのCVD
	ジクロロシラン	SiH_2Cl_2	SiNx、WSixのCVD
	ジシラザン	Si_2H_4	Si-GeのCVD
	六フッ化タングステン	WF_6	W、WSixのCVD
	四塩化チタン	$TiCl_4$	H_2、N_2、NH_3などと一緒にTiNのCVD
エッチング用	**一酸化炭素**	CO	SiO_2エッチング
	塩素	Cl_2	Si、Poly-Si、Alエッチング
	三塩化ホウ素	BCl_3	Alエッチング
	臭化水素	HBr	Si、poly-Siのエッチング
	四塩化炭素	CCl_4	Si、poly-Si、Alのエッチング
	四フッ化炭素	CF_4	SiO_2、SiNxのエッチング
	六フッ化硫黄	SF_6	Si系のエッチング、チャンバークリーニング
	三フッ化窒素	NF_3	Si系のエッチング
不純物ソース用	**アルシン**	AsH_2	N型不純物ヒ素のソース
	三酸化ヒ素	As_2O_3	N型不純物ヒ素のソース（常温で液体）
	オキシ塩化リン	$POCl_3$	N型不純物リンのソース（常温で液体）
	三塩化リン	PCl_3	N型不純物リンのソース
	三塩化ホウ素	BCl_3	P型不純物ホウ素のソース
	ジボラン	B_2H_6	P型不純物ホウ素のソース
	ホスフィン	PH_3	N型不純物リンのソース
	トリメチルホスファイト	TMP	TEOS-CVDのリンソース（常温で液体）
	トリメチルボレート	TMB	TEOS-CVDのボロンソース（常温で液体）
その他用	**窒素**	N_2	熱処理、キャリア、パージ、フォーミング
	水素	H_2	エピキャリア、水素終端、パイロジェニック
	アルゴン	Ar_2	熱処理、スパッタリングのノックオン
	炭酸ガス	CO_2	純水バブリング
	オゾン	O_3	純水バブリング
	三フッ化窒素	NF_3	チャンバークリーニング

図3-11-2　高純度ガスの代表的メーカー

大陽日酸	日本
三井化学	日本
セントラル硝子	日本
関東電化工業	日本
レゾナック（旧昭和電工）	日本
住友精化	日本
エアー・プロダクツ・アンド・ケミカルズ	アメリカ
エア・リキード	フランス
エア・ウォーター	日本
SKマテリアルズ	韓国
ADEKA	日本
日本ゼオン	日本
フォーサング	韓国
ダイキン工業	日本

光性樹脂の**フォトレジスト**、露光後の**現像液**、使用済みフォトレジスト除去のための**剥離液**のほか、シリコンウエハーエッジの**リンス溶剤**、純水リンス後の**乾燥液**、フォトレジストの**密着性向上薬液**、エッチング液の浸透性を向上させる**界面活性剤**などが含まれます。

半導体の製造では、半導体の表面から不要なもの（パーティクル、有機物、油脂など）を取り除き、きれいに洗浄するために高純度の薬液が使用され、清浄に保ちます。それはエッチング、乾燥、剥離などの前工程では何度も繰り返されることで、ここでさまざまな薬剤が使用されます。

高純度薬液の代表的なメーカーとしては、日本の**三菱ガス化学**、**三菱ケミカル**、**関東化学**、**ステラケミファ**、**ダイキン工業**、**森田化学工業**、**トクヤマ**、**住友化学**、**日本化薬**、**東京応化工業**、**富士フイルム和光純薬**、ドイツの**BASF**（BASF SE）、韓国の**LGケミカル**（LG Chem Ltd.）などがあります（図3-11-4）。

▼ハンダメッキからリード加工、捺印、信頼性試験、最終検査まで

一般的には、スズと鉛の共晶ハンダなどでリードフレームをコーティングするために、ハンダメッキが用いられます。リードフレームを陰極につなぎ、メッキ液中でスズと

図 3-11-3　半導体製造に使用される代表的な薬液

無機薬液	洗浄用	エスピーエム	SPM	H_2SO_4/H_2O_2組成、金属や有機物の除去
		エッチピーエム	HPM	$HCl/H_2O_2/H_2O$組成、金属の除去
		エーピーエム	APM	$NH_4OH/H_2O_2/H_2O$組成、パーティクル、金属の除去
		エフピーエム	FPM	$HF/H_2O_2/H_2O$組成、金属や酸化膜の除去
		希フッ酸	DHF	HF/H_2O、金属や酸化膜の除去
		硝酸	H_2NO_3	Siウエハー洗浄
		バッファードフッ酸	BHF	$HF/NH_4F/H_2O$組成、酸化膜除去
	エッチング用	希フッ酸	DHF	SiO_2、Ti、Coのエッチング
		バッファードフッ酸	BHF	SiO_2エッチング
		フッ酸	HF	SiO_2、Ti、Coのエッチング
		ヨウ素入り氷酢酸	CH_3COOH（I_2）	Si、Poly-Siのエッチング
		リン酸	H_3PO_4	熱リン酸としてSiNxのエッチング
	クリーニング用	硝酸	H_2NO_3	Si系の容器クリーニング
有機薬液	リソグラフィー用	フォトレジスト		露光パターン転写用の感光性樹脂
		現像液		露光後フォトレジストのパターン現像
		剥離液		フォトレジストの除去
	その他用	メチルエチルケトン	MEK	エッジリンスのための溶剤
		イソプロピルアルコール	IPA	純水リンス後の乾燥
		エッチエムディーエス	HMDS	フォトレジストの密着性向上
	界面活性剤用			エッチング液の浸透性向上

図3-11-4　高純度薬液の代表的メーカー

BASF	ドイツ
三菱ガス化学	日本
三菱ケミカル	日本
関東化学	日本
ステラケミファ	日本
ダイキン工業	日本
森田化学工業	日本
トクヤマ	日本
LGケミカル	韓国
日本化薬	日本
住友化学	日本
東京応化工業	日本
富士フイルム和光純薬	日本

鉛の陽極との間に通電し、外部リード線の表面にメッキ処理を行ないます（↓61ページ図2-3-10参照）。

リード加工では、リード加工機を用い、リードを必要な形状に曲げ加工します（↓62ページ図2-3-11参照）。

捺印では、**レーザー捺印機**でモールドパッケージ表面に、品名、会社名、ロット番号などを刻印します。これらは製品のアイデンティティ（ID）であると同時に、市場に出荷されてからのトレーサビリティ（遡及性）としても役立ちます（↓62ページ図2-3-12参照）。

信頼性試験では、全数BT（バーンイン・テスト）、すなわち電圧（バイアス）と温度をかけて動作試験を行ない、信頼性の保証試験を行ない、合格した製品のみ出荷されます。

最終検査では製品規格に照らして電気特性の検査が行なわれますが、このときに使用されるテスターは基本的にウエハー・プローブ検査で用いられるのと同じです。これらについては、代表的なメーカー名などは図3-9-5を参照してください。

Section 12

半導体関連業界の立ち位置と事業規模

本章ではここまで、半導体の製造、および半導体に関連する業界の主な業務内容や代表的なメーカーについて述べてきました。

ここではそのまとめとして、半導体関連業界の相関関係（次ページ図3-12-1）を述べてみたいと思います。そのために、半導体の製造工程に沿った装置と主要な装置メーカー（133ページ図3-12-2）を示してみました。ここで装置メーカーとしては、基本的にトップ3を念頭に置いて挙げてあります。

半導体産業を主要関連業界別シェアで見てみましょう。2023年の統計によれば、半導体産業全体の市場規模は7892億ドル（106兆5420億円）で、そのうち半導体業界は6114億ドル（82兆5330億円）の77・5%、装置業界は1109億ドル（14兆9730億円）で14%、材料業界は669億ドル（9兆356億円）で8・5%となっています。（134ページ図3-12-3）。

ちなみに半導体製造工程は、シリコンウエハー上に多数のICチップを作り込む前工程と、シリコンウエハーから切り出した1個1個のICチップをパッケージに収納する以降の後工程に分けられますが、その投資レベルの比率では前工程が85%と圧倒的に多くを占めています。

前工程は工程数が多く、より複雑なことに加え、使用する装置に高額なものが多いことに起因しています（図3-12-4）。

この30年間、我が国の半導体メーカー（NECや富士通、日立などIDM企業）が凋落の一途を辿ったにもかかわらず、その周辺産業としての装置メーカー、材料メーカーは世界市場の中で健闘していることは、すでに述べたとおりです。

ここで我が国の半導体の製造装置と材料のトップ10メーカーの2023年における売上高を135ページ図3-12-5および図3-12-6に示してみました。

図 3-12-1　半導体関連業界の相関関係

関連業界	半導体メーカー（IDM）	分業化	業務内容
	市場・需要調査	ファブレス	「何を作るか　what to make」 （電子機器システムからの切り出し）
	↓ 製品企画	ファブレス	・持たせる機能 （ハードとソフトの協調設計）
EDA ベンダー	↓ 設　計 （論理・回路・レイアウト）	ファブレス	・EDA ツールを用いた階層設計
マスクメーカー	↓ マスク作製	ファブレス	・露光機を用いたパターン転写の原版
	前工程	ファウンドリー（前工程受託）	・ウエハー上に多数のチップを作る 「これ以降はどう作るか　how to make」
装置メーカー／材料メーカー	（シリコンウエハー）	ファウンドリー（前工程受託）	・シリコン単結晶の薄い円板
装置メーカー／材料メーカー	↓ 成　膜 ←	ファウンドリー（前工程受託）	・シリコンウエハー上に薄膜を形成
装置メーカー／材料メーカー	↓ リソグラフィ	ファウンドリー（前工程受託）	・露光機で薄膜上のフォトレジストに マスクパターンを転写する
装置メーカー／材料メーカー	↓ エッチング　（繰り返し）	ファウンドリー（前工程受託）	・フォトレジストパターンをマスクに 下の薄膜を選択除去する
装置メーカー／材料メーカー	↓ 不純物添加	ファウンドリー（前工程受託）	・導電型不純物を添加する
装置メーカー／材料メーカー	↓ 平坦化	ファウンドリー（前工程受託）	・CMP により下地を完全平坦化する
装置メーカー／材料メーカー	↓ 洗　浄 →（成膜へ繰り返し）	ファウンドリー（前工程受託）	・超純水などでウエハーを洗う
装置メーカー／材料メーカー	↓ ウエハー・プローブ検査	ファウンドリー（前工程受託）	・完成したウエハー上のチップ 1 個 1 個 をプローバにより検査する*
装置メーカー／材料メーカー	後工程	OSAT（後工程受託）	・分離された 1 個 1 個のチップに対する 工程処理
装置メーカー／材料メーカー	ダイシング	OSAT（後工程受託）	・ウエハーをチップに切り分ける
装置メーカー／材料メーカー	↓ （チップ）	OSAT（後工程受託）	
装置メーカー／材料メーカー	↓ 組　立	OSAT（後工程受託）	・チップをパッケージに収納する
装置メーカー／材料メーカー	↓ バーンインテスト	OSAT（後工程受託）	・温度と電圧を掛けチップの信頼性を 測定する
装置メーカー／材料メーカー	↓ 最終検査	OSAT（後工程受託）	・IC の特性を検査する

＊プローブ検査をする装置をプローバという

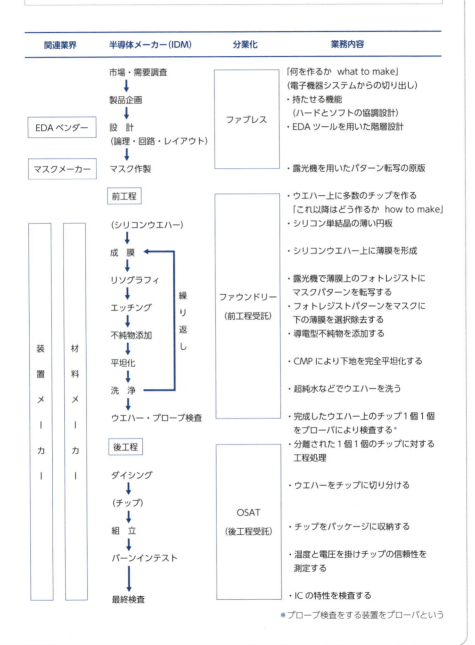

図 3-12-2 半導体製造工程に沿った装置と主要メーカー

製造工程	個別工程	装置名	主要メーカー
回路パターン設計			
全製造工程	マスク(レチクル)		フォトロニクス（米)、大日本印刷（日)、HOYA（日)、エスケーエレクトロニクス（日)
	シリコンウエハー		信越化学工業（日)、グローバルウェーハズ（台)、SUMCO（日)、SKシルトロン（韓)
	薄膜形成	熱酸化装置	東京エレクトロン（日)、KOKUSAI ELECTRIC（日)、ASM（オランダ)
		CVD装置	AMAT（米)、ラムリサーチ（米)、ASM（オランダ)、東京エレクトロン（日)
		ALD装置	AMAT（米)、ASMインターナショナル（オランダ)、ピコサン（フィンランド)、東京エレクトロン（日)
		スパッタ装置	AMAT（米)、アルバック（日)、キヤノンアネルバ（日)
		メッキ装置	ノベラス（米)、AMAT（米)、荏原（日)、サイエンスアイ（日)
	リソグラフィ	コータ・デベロッパー	東京エレクトロン（日)、セメス（韓)、SCREEN（日)
		露光機	ASML（オランダ)、ニコン（日)、キヤノン（日)
	エッチング	ドライエッチャー	ラムリサーチ（米)、東京エレクトロン（日)、AMAT（米)、日立ハイテク（日)
	不純物添加	イオン注入装置	AIBT（台)、アムテック（米)、AMAT（米)、アクセリス（米)、日新電機（日)、住友重機械イオンテクノロジー（日)、アルバック（日)
		拡散炉	東京エレクトロン（日)、ASM（米)、KOKUSAI ELECTRIC（日)
	平坦化	CMP装置	AMAT（米)、荏原（日)、東京精密（日本)
	ウエハー・プローブ検査	プローバ	日本マイクロニクス（日)、東京精密（日)、東京エレクトロン（日)
		テスター	アドバンテスト（日)、テラダイン（米)
	ダイシング	ダイサー	ディスコ（日)、東京精密（日)
	ワイヤーボンディング	ワイヤーボンダー	キューリック・アンド・ソファ（シンガポール)、ASM（オランダ)
	樹脂封止	モールド封止装置	TOWA（日)、ASMパシフィックテクノロジー（シンガポール)、アピックヤマダ（日)、I-PEX（日)、岩谷産業（日)
	バーンインテスト	バーンイン装置	STKテクノロジー（日)、エスペック（日)
	最終検査	テスター	テラダイン（米)、アドバンテスト（日)

図 3-12-3　半導体産業の業界別シェア

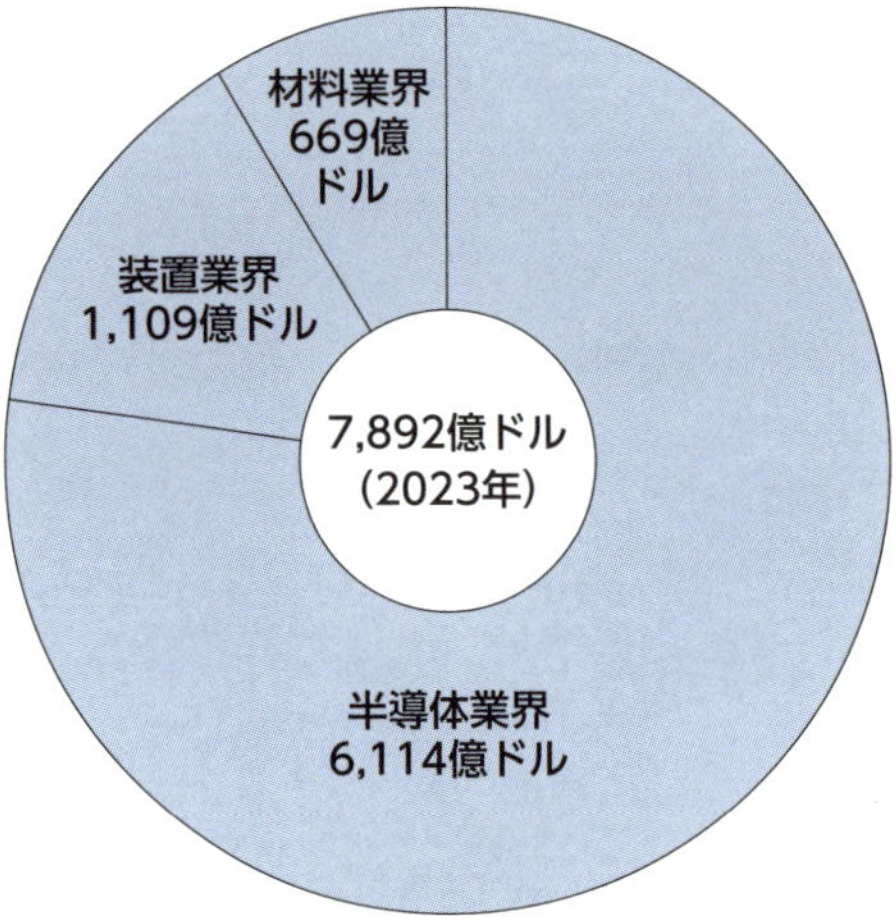

図 3-12-4　投資レベルで見た製造工程（前工程／後工程）の比率

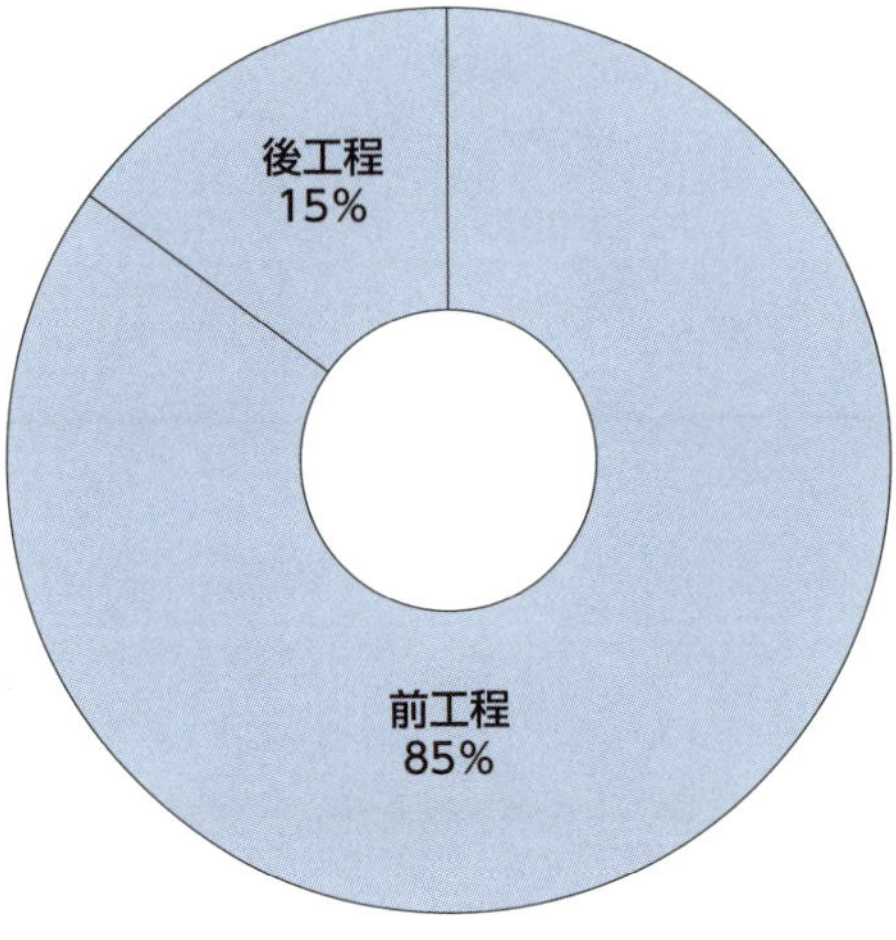

図 3-12-5　我が国の半導体「製造装置メーカー」の売上高ランキング TOP10　2023 年

順位	メーカー名	主要製造装置
1	東京エレクトロン	コータデベロッパー、CVD 装置 ドライエッチャー、酸化・拡散炉
2	アドバンテスト	テスター
3	SCREEN	ウエット洗浄装置
4	キヤノン	ステッパー、スキャナー
5	ディスコ	ダイサー、研削機
6	KOKUSAI ELECTRIC	酸化・拡散炉
7	ニコン	ステッパー、スキャナー
8	レーザーテック	マスク検査装置
9	東京精密	CMP 装置、プローバー、ダイサー
10	TOWA	モールド封止装置

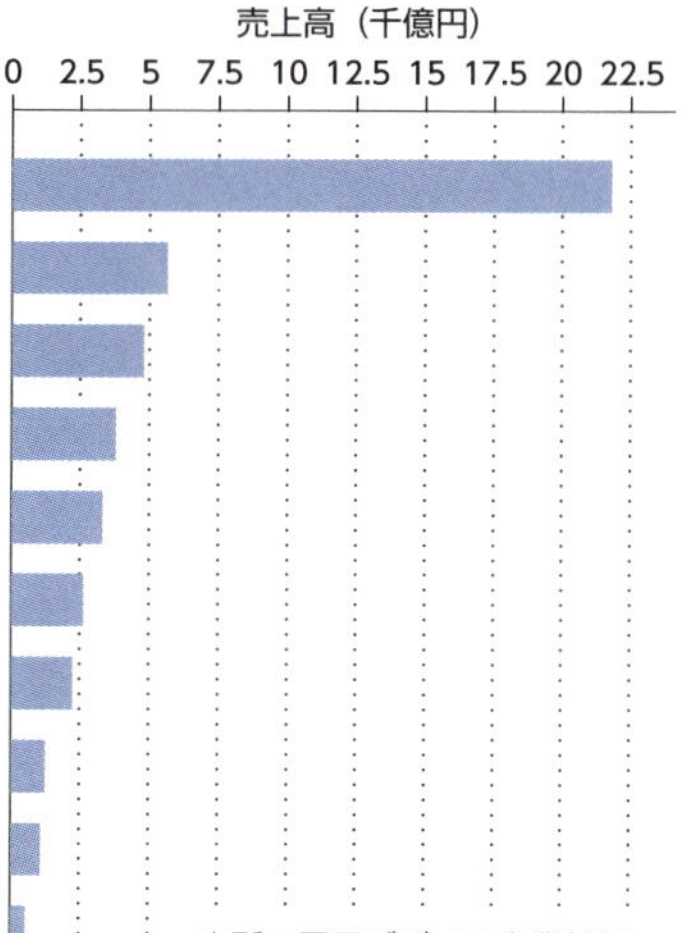

出所：電子デバイス産業新聞

図 3-12-6　我が国の半導体「材料メーカー」の売上高ランキング TOP10　2023 年

順位	メーカー名	主要材料
1	信越化学	シリコンウエハー、封止樹脂
2	SUMCO	シリコンウエハー
3	住友化学	フォトレジスト、高純度薬液
4	三菱ガス化学	高純度薬液、パッケージ材料
5	三菱ケミカル	洗浄薬液、感光性ポリマー
6	レゾナック	CPM スラリー、高純度ガス、封止材
7	TOPPAN	フォトマスク、反射防止フィルム、 パッケージ基板
8	大日本印刷	フォトマスク、リードフレーム
9	HOYA	マスクブランクス、フォトマスク
10	富士フイルム	フォトレジスト、CMP スラリー

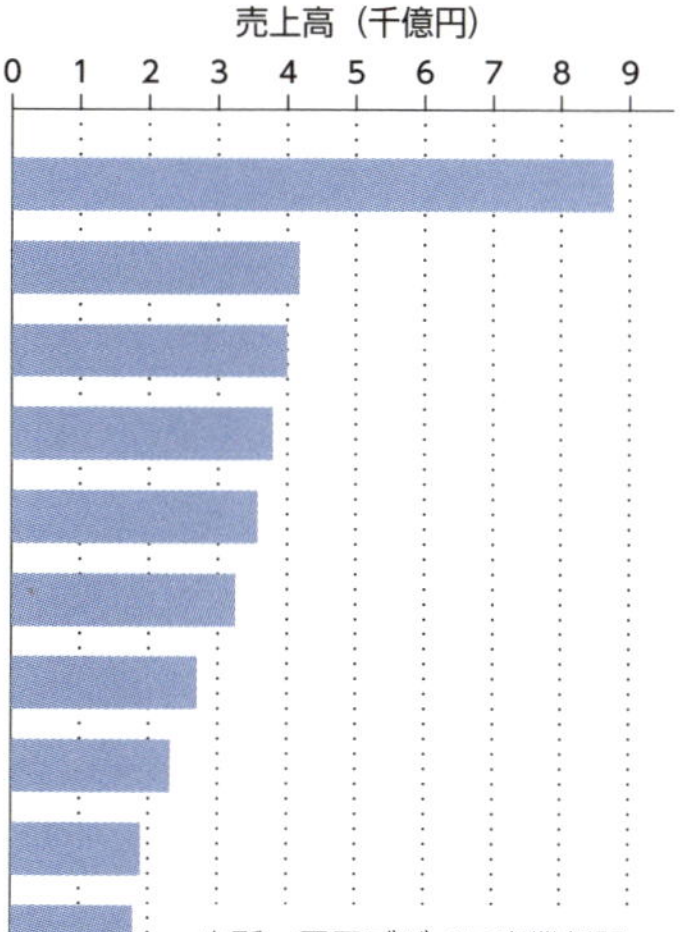

出所：電子デバイス産業新聞

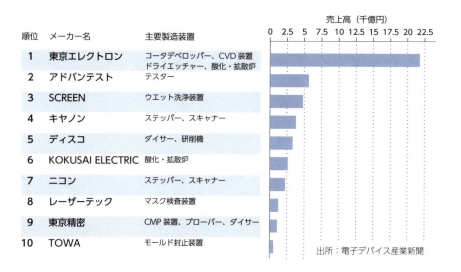

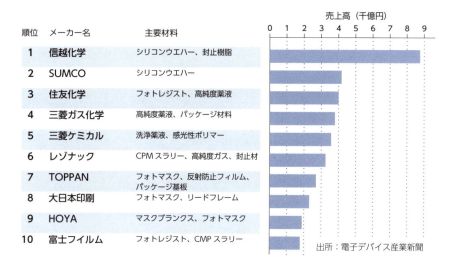

装置メーカーに関しては、東京エレクトロンが扱っている製造装置が多種であり、売上高も圧倒的に大きいことがわかります。

いっぽう材料メーカーに関しては、ここで示した売上高は半導体関連材料だけではありませんので、その点はご了解ください。

世界の半導体製造装置業界の中でも健闘している日本の装置メーカーですが、そのポジションの推移を2011年から2023年まで見たのが図3-12-7で、売上高と世界シェアで示しています。

この図からわかるように、売上高は最低だった2013年の100億ドルに比べ、2021年には3倍に増加している一方、世界シェアは最高だった2012年の35%から2023年には21%にまで14ポイントも低下しています。2023年の半導体不況を考慮しても停滞感はぬぐえません。

これはとりもなおさず、日本の半導体製造装置業界が絶対値としては伸びているものの、世界全体での伸びに比べれば劣っていることを示しています。このデータからも、日本の半導体製造装置業界は将来に向けて決して万全ではない状況と考えられます。現状に甘んじることなく、今後の事業発展のためには、戦略に基づいた新たな技術開発を推進しなければならないでしょう。

図 3-12-7　日本の半導体装置メーカーの売上高と世界シェアの推移

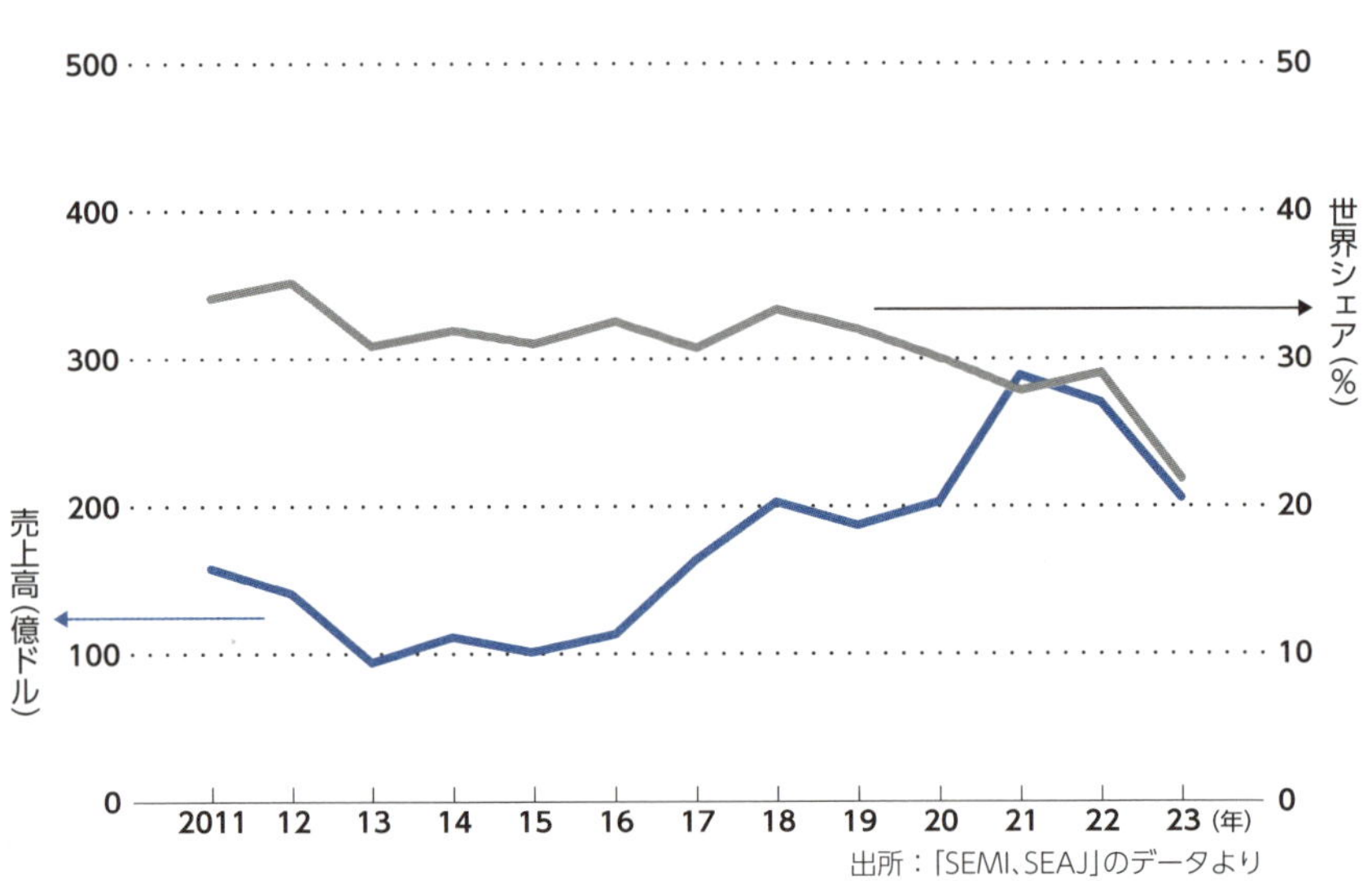

出所：「SEMI、SEAJ」のデータより

コラム

「AI半導体」とは?

AI半導体（AIチップとも呼ばれる）とは、AI（Artificial Intelligence）すなわち人工知能を実現するため、高速で効率的なAI演算処理に特化した半導体の総称で、AIの頭脳としての役割を果たしています。

最近のAIでは、機械学習と深層学習（ディープラーニング）が主なタスクですが、特に深層学習は多量のデータから一定のパターンを自主的に学ぶ「**学習**」と、学習したデータから別のデータを予測する「**推論**」のモデル処理から構成されています。このため、学習処理のためのGPUと推論処理のためのASICやFPGAがあわせて「**AI半導体**」と呼ばれていますが、それらの処理の全体を制御するCPUも含まれています。GPUは大量のデータ処理、ASICやFPGAはアプリケーションの最適化などの役割を担っています。

AI半導体には、さまざまな名称で呼ばれるデバイスが存在しています。いくつか例を挙げると、上に述べた以外にも、CPUとGPUが一緒になったAPU（Accelerated Processing Unit）や、特定のAI関連タスクを高速処理するためのNPU（Neural Processing Unit）、AIの学習・推論処理の高速化をサポートするハードウエアとしてのAIアクセラレータ（AI Accelerator）などがあります。

近年、生成AIの登場によって、処理にかかる計算量が爆発的に増大し、超並列かつ高効率で処理できる半導体が必要になっています。これに伴い、先に述べた各種AI半導体（プロセッサ）を1個のチップ上に搭載したSOC（System On a Chip）が開発されています。

AI半導体の開発にしのぎを削っている大手企業としては、アメリカのエヌビディア、インテル、AMD、グーグル、アマゾン、メタ、マイクロソフト、テスラ、IBM、クアルコム、イギリスのアーム、中国のファーウエイ、バイドゥ、アリババ、日本のルネサス、NEC、富士通、イスラエルのハイロなどがあります。

最近、日本の国策ファウンドリー企業のRapidus（ラピダス／北海道）は、アメリカのAI半導体のファブレス新興企業のTenstorrent（テンストレント）やEsperanto（エスペラント）との提携を発表しています。

第４章

半導体とはそもそも何？

Section 01

半導体とは特異な性質を持った物質・材料のこと

▼半導体とは「導体と絶縁体の中間物」のこと

第1章でも述べましたが、最近「ハンドウタイ」という言葉を耳にする機会が多いのですが、その割には「ハンドウタイ（半導体）とは、そもそも何？」と聞かれて正確に答えられる人は少ないのではないでしょうか？

半導体そのものの実体が理解されないまま、名前だけが独り歩きしている感も無きにしもあらず、というところでしょう。

半導体とは特異な性質を持った物質、あるいは材料に対する名称です。では、「特異な性質とは何か？」と言えば、電気をよく通す**導体**（伝導体、良導体などとも呼ばれる）と、電気をほとんど通さない**絶縁体**との中間的な性質、すなわち「半分だけ電気を通す」ことです。

半導体という名前そのものが、semi（セミ＝半の意味）とconductor（コンダクタ＝導体の意味）を合成した英語名から来ています。金、銀、アルミなどの金属は電気をよく通すので導体です。天然ゴム、ガラス、雲母（うんも）、セラミックスなどは電気をほとんど通さないので絶縁体です。そして、半導体はその中間に位置する物質だ、というわけです（図4-1-1）。

ただし、単に中間的性質というだけでは、半導体に対して中途半端な印象を与えるだけで不十分でしょう。半導体の面白いところは、圧力、加速度、温度、光などの外部から加えられる刺激（作用）、あるいは微量な不純物の添加など、**条件によって絶縁体に近づいたり、導体に近づいたりと、性質が大きく変化する**ことです。

これらについては徐々に説明するとして、ここではまず、物質（材料）としての半導体について見てみましょう（図4-1-2）。

▼半導体に使われている材料は？

半導体の代表的な材料は無機材料です（一部、有機材料

図 4-1-1　導体、半導体、絶縁体の違い

← 電気をよく通す　　　　電気をほとんど通さない →

	導体	半導体	絶縁体
抵抗率（Ωm）	～ 10^{-6}	10^{-6} ～ 10^{7}	10^{7} ～
物質（材料）	金（Au） 銀（Ag） 銅（Cu） アルミニウム（Al） ⋮		天然ゴム ガラス 雲母（うんも） セラミックス ⋮

図 4-1-2　半導体材料の種類

半導体材料
- 元素半導体　：単独の元素からなる半導体
  シリコン（Si）、ゲルマニウム（Ge）、セレン（Se）……
- 化合物半導体：２種以上の元素の化合物からなる半導体
  GaAs、GaN、InP、AlGaP……
- 酸化物半導体：金属の酸化化合物からなる半導体
  ZnO、SnO_2、ITO、IGZO……

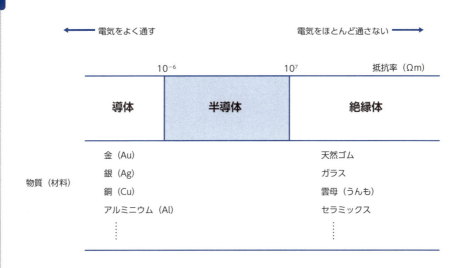

もある）。その無機半導体に限れば、①元素半導体、②化合物半導体、③酸化物半導体の3つがあります。

元素半導体とは、「単一の元素からなる半導体」のことです。シリコン（ケイ素：Si）、ゲルマニウム（Ge）、セレン（Se）などがあります。一般に「半導体＝シリコン」と考えられがちですが、さまざまな材料があります。

化合物半導体とは、「2種類以上の元素の化合物からなる半導体」のことで、ガリウム砒素（GaAs）、窒化ガリウム（GaN）、インジウムリン（InP）、アルミニウムガリウムリン（AlGaP、これは3種類）などがあります。

最後の酸化物半導体とは、「半導体としての性質をもつ酸化物（化合物）」のことです。酸化亜鉛（ZnO）、酸化スズ（SnO_2）、ITO（インジウムスズ酸化物）、IGZO（インジウムガリウム亜鉛酸化物）などがあります。

先に、半導体という名称は、もともとある性質（特異な性質）を持った物質（材料）を意味すると説明しましたが、一般には、このように厳密に区別されて使われているわけではありません。

もっと広い意味、すなわち物質（材料）としてはもちろん、その材料を用いて作られたデバイス・装置、あるいは後で説明する集積回路なども含めて**半導体**と呼ばれています。このように、普通に広く使われ人口に膾炙《かいしゃ》している呼び名ですので、本書でも場合によっては特に区別せずに使っています。

ここで名前をあげた各種半導体の主な用途（用途別棲み分け）を図4-1-3にザックリと示しておきます。最もポピュラーな元素半導体であるシリコンについては第4章、第5章で詳しく説明します。

図 4-1-3　各種半導体の主な用途

半導体の種類		主な用途
無機半導体	元素半導体（シリコン）	メモリ、ロジック、MPU、MCU、GPU、DSP、イメージセンサー、AD／DA変換器、FPGAなど
	化合物半導体	高速デバイス、大信号デバイス、パワーデバイス、発光素子、レーザーなど
	酸化物半導体	透明電極、センサー、ディスプレイのバックプレーンなど
有機半導体		有機EL、太陽電池など

Section 02

シリコンは半導体のチャンピオン

▼いちばん多く使われるのが「シリコン」

前記「4-1」で半導体材料にもさまざまな物があると述べましたが、そのチャンピオンとも言える材料が**シリコン**（Si）です。シリコンが、半導体材料の中でも特にいろいろな用途に広く深く用いられています。本書では半導体材料として、もっぱらシリコンを取り上げ、説明していきます。

シリコンは珪素《けいそ》（ケイ素）とも呼ばれ、地球上では酸素（O）の50％に次いで26％と2番目に多い元素です。シリコンは周期表で14番目にくるⅣ族の元素で、原子番号は14です。したがって原子核の周りに14個の電子があり、元素の化学的性質を決める最外殻（M殻）には4個の電子があります。

シリコンが他の元素（自分自身を含め）と化学的に結合する場合、この4個の電子が関与するため、「4本の結合手を持つ」と表現することもあります。そんなシリコンの主な性質としては、原子量28・1、密度2・33g／㎤、融点1414℃などがあります（次ページ図4-2-1）。

▼電気代の高い日本ではコスト的に合わない

シリコンは地球上に豊富に存在していますので、その辺の石ころを拾ってみれば、かなりの量のシリコンが含まれていると思って間違いありません。ただし、シリコンは単独元素としてではなく、酸素と結びついて酸化物（珪石《けいせき》）として存在しています。したがって、掘り出した珪石からまず酸素を取り除いて、シリコン元素だけを取り出さなければなりません。

珪石から酸素を除去する（還元する）には、電気炉で融解し、木炭などの炭材により還元します。するとシリコンが金属状に遊離して、純度98％程度の金属シリコンができます（図4-2-2）。

このとき、電気を大量に消費するのでシリコンは「電気

図 4-2-1　シリコン（ケイ素）のさまざまな性質

シリコン（Si）

別名：珪素（ケイ素）

原子番号：14　Ⅳ族

原子量：28.1

密度：2.33g/cm^3

融点：1414℃

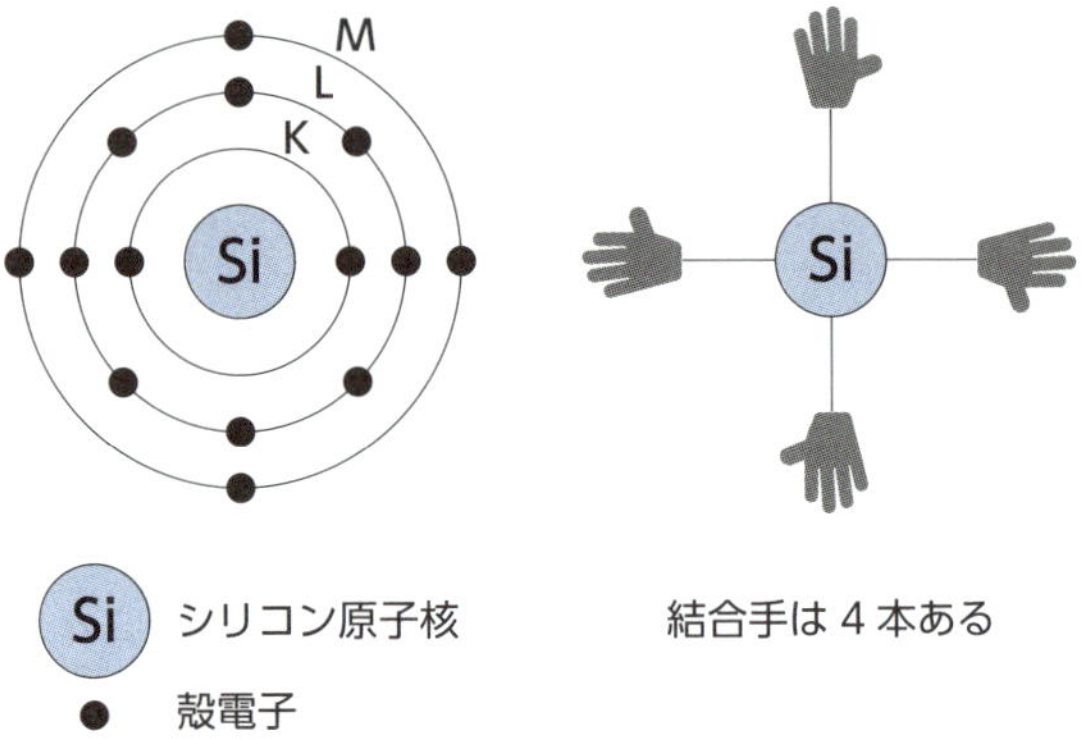

図 4-2-2　珪石の還元により金属シリコンを作製

$$SiO_2 + C \rightarrow Si + CO_2$$

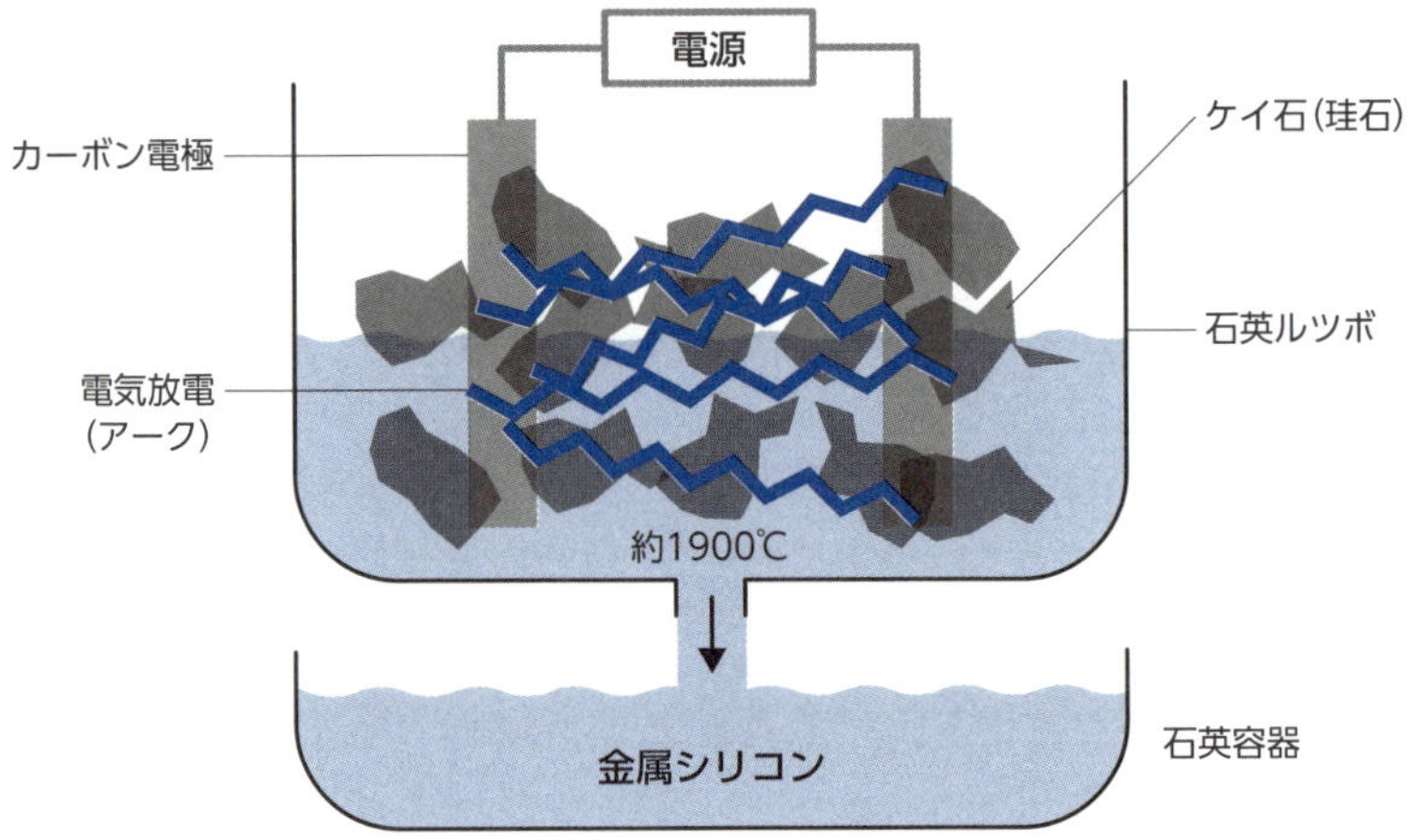

の缶詰」とも呼ばれ、電気料金が比較的安い中国、ロシア、米国、ブラジル、フランスなどで生産されています。日本でも原料の石ころ（シリコン）はいくらでも転がっていますが、電気代の高い日本ではコスト競争で負けてしまい、輸入となっているわけです。

▼99・999999999％の超純度

次に、脆い塊状の金属シリコンを細かく砕き、塩酸に溶かしてトリクロロシランの透明液体を作り、これを蒸留・精製して可能な限り純度化します。

このトリクロロシランから、熱分解法と呼ばれる代表的な方法によって**多結晶シリコン**を作ります。この方法では、高純度に精製されたトリクロロシランと超高純度の水素ガス（H_2）を反応器に導入し、通電加熱したシリコン線芯の表面に棒状の多結晶シリコンを析出・成長させます（図4-2-3）。

多結晶シリコンは、細かい単結晶シリコンの粒が集まったもので、この段階で純度は11N（イレブンナイン：99・999999999％）といって、9が11個も並ぶほど、高純度化されています。多結晶シリコンメーカーの世界トップ3は、トンウエイ（中国）、ゴールデン・コンコルド（中国）、ワッカーケミー（ドイツ）の3社で、日本メーカ

図 4-2-3　多結晶シリコンの熱分解法による成長

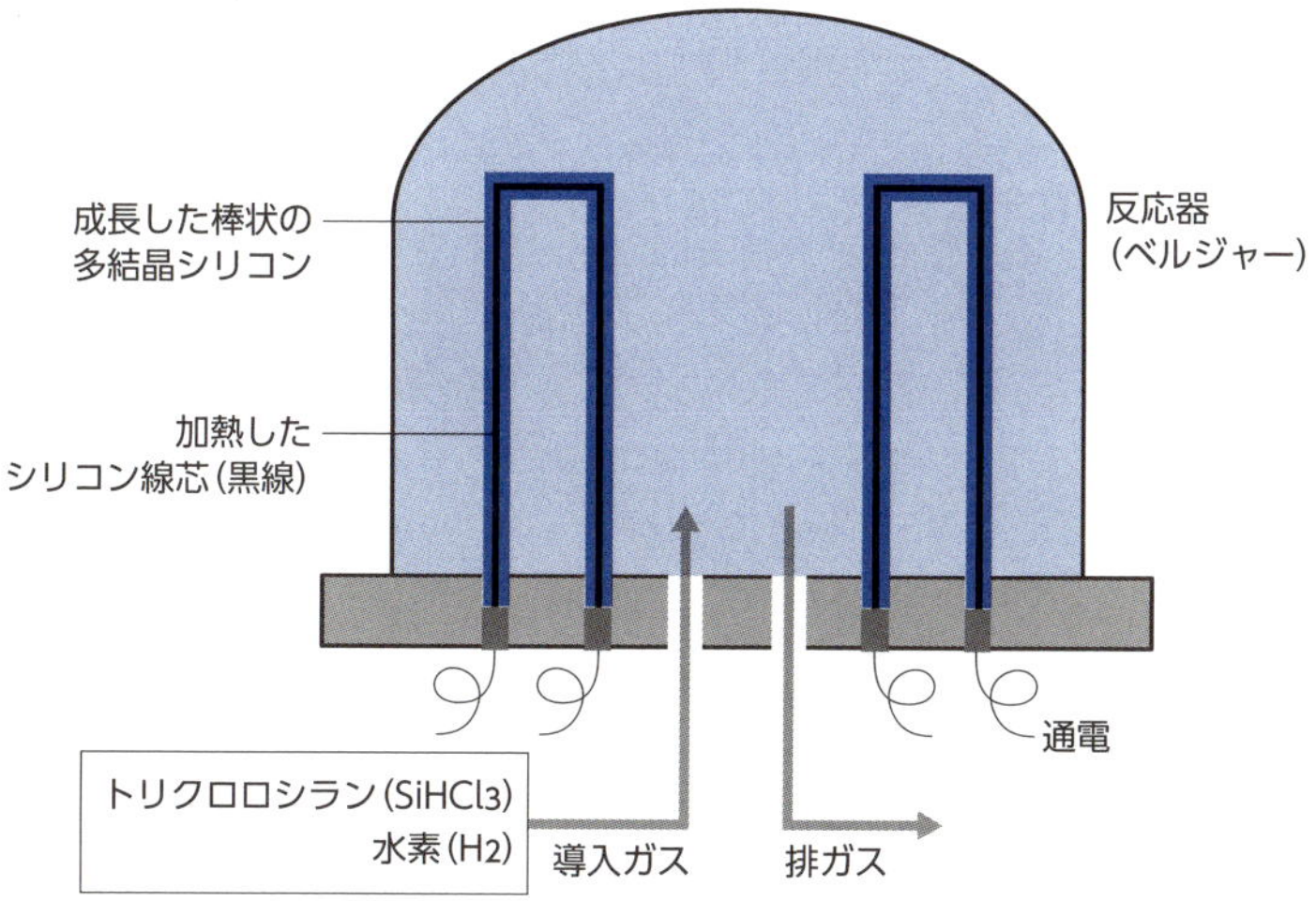

図 4-2-4　CZ 法による単結晶シリコンの引き上げ

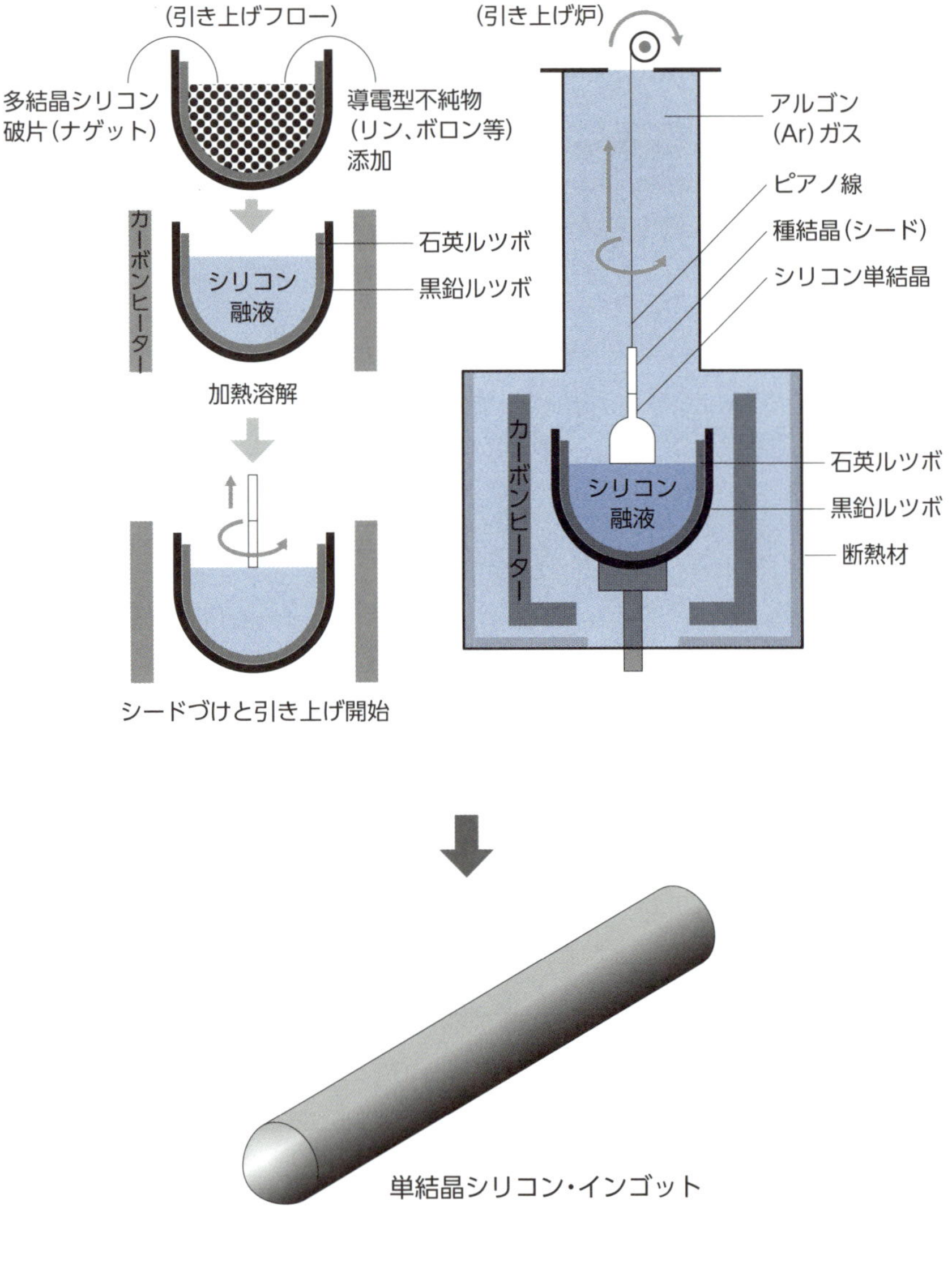

ーではトクヤマが健闘しています。

超高純度の多結晶シリコンをナゲット状に粗く砕き、それを洗浄し、石英製のルツボに入れて加熱炉で溶かします。このとき、微量の導電型不純物を必要量だけ、ルツボ内に添加します。このシリコン融液にピアノ線で吊るした種《たね》結晶（シード＝小さな単結晶）を接触させ、回転させながら徐々に引き上げていくと、棒状のシリコン単結晶（インゴット）が成長します（図4-2-4）。

このような単結晶成長法は**CZ法**（Czochralski法＝チョクラルスキー法、引き上げ法）と呼んでいます。また引き上げた単結晶シリコン中の微量な酸素濃度のコントロールなどを目的に、引き上げ時のシリコン融液に超電導マグネットにより磁場をかける**MCZ法**（Magnetic CZ法）も広く使われています。

▼N型の半導体とは？

シリコン単結晶は、シリコン原子が4本の結合手によって周りの4個のシリコン原子と結合し、3次元の規則的構造を持っています。すなわち、シリコン原子は隣のシリコン原子と電子を1個ずつ出し合い、双方で共有し合うことで結合しているのです（共有結合）。これを2次元模型で図4-2-5に示してあります。

図4-2-5　シリコン（ケイ素Si）単結晶の二次元模式図

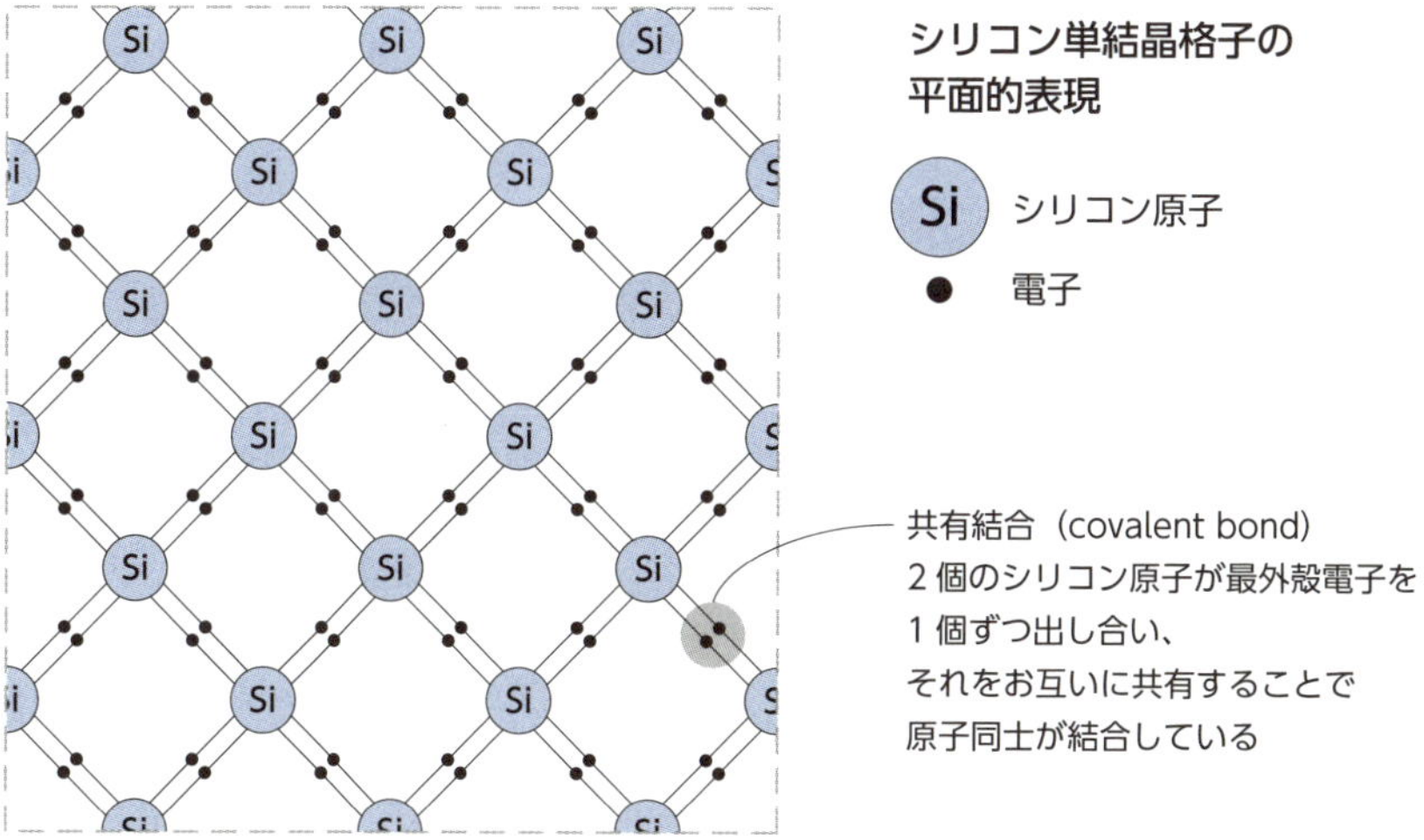
Si
シリコン単結晶格子の
平面的表現
シリコン原子
電子
共有結合（covalent bond）
2個のシリコン原子が最外殻電子を
1個ずつ出し合い、
それをお互いに共有することで
原子同士が結合している

単結晶シリコンでは、結晶を構成している各々のシリコン原子の最外殻電子は、すべて結合に使われています（束縛されている）。このため、自由に動ける電子がなく、したがって電圧をかけても電流は流れず、絶縁体に近い性質を示します。シリコン原子が規則的に並んでいる全体構造は結晶格子、シリコン原子が存在する点（場所）は格子点と呼ばれます。

この単結晶シリコンに微量の導電型不純物と呼ばれるリン（P）、ヒ素（As）、ボロン（B：ホウ素）などを添加すると、性質が大きく変化します。たとえば、第V族の元素であるリン（P）を微量添加すると、規則的に並んだ格子点にあるシリコン原子のいくつかはリン原子に置き換わられます。

ところが、V族の原子であるリンは、最外殻軌道に5個の電子を持っているため、周りの4個のシリコン原子と共有結合で結び付きますが、結合にあずからない電子が1個余り、この電子が「**自由電子**」となって単結晶中を動き回れるようになります。そこで、この単結晶に電圧をかけると電流が流れ、導電体のような振る舞いをします。添加するリンが多いほど、一般的には自由電子が増え、電流はより流れやすくなります。

このリンを添加した場合には、負電荷（Negative

図4-2-6　リン（P）を添加したN型シリコン半導体

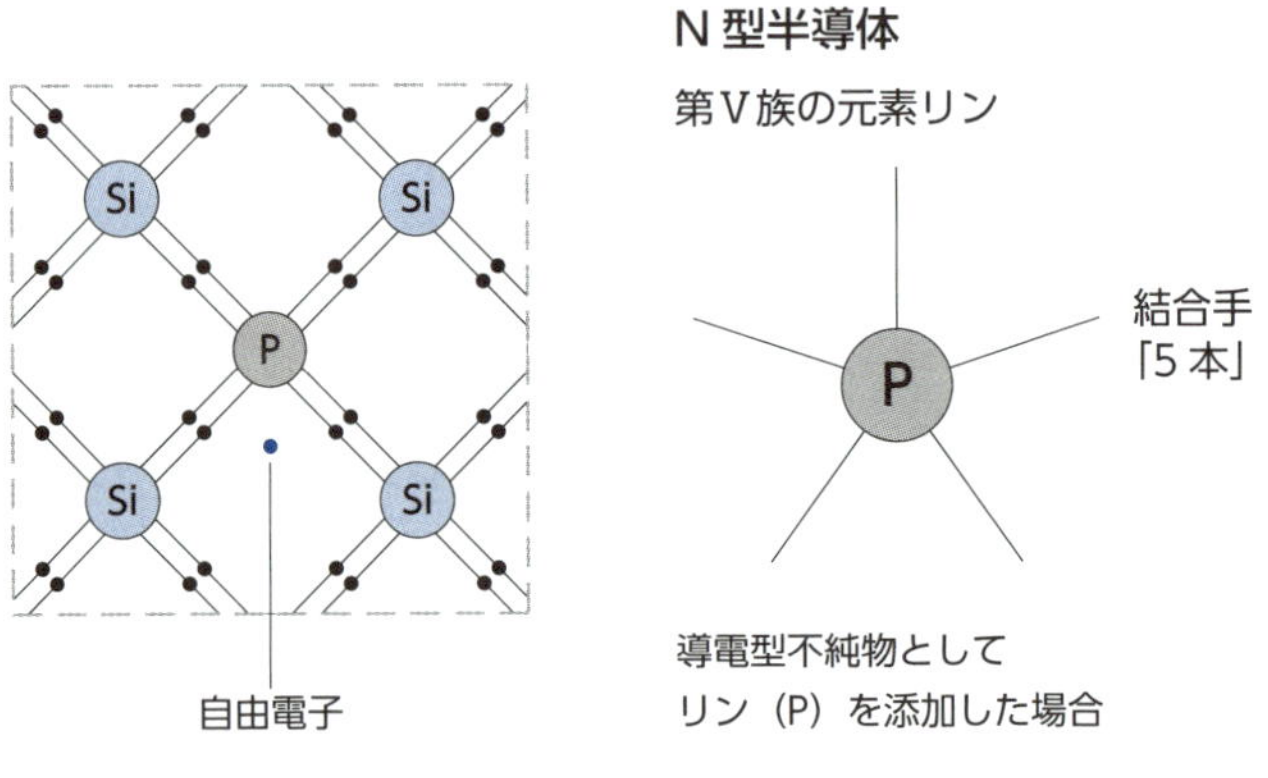

charge：ネガティブ・チャージ）を持った自由電子が伝導にあずかるため、N型（エヌガタ）シリコン半導体と呼ばれます（図4-2-6）。

このようにリンは自由電子を生じさせる（与える）ので、ドナー型不純物（あるいは単にドナー）とも言われます。ヒ素もドナー型元素です。

▼P型の半導体とは？

いっぽう、第Ⅲ族の元素であるボロン（B）を添加すると、周りの4個のシリコン原子と共有結合で結び付きますが、ボロンは最外殻電子が3個のため、電子が1個だけ不足した状態になります。

この電子が足りない（不足している）所には、近くにある束縛電子が飛び込んできて、新たな不足箇所を作り、そこに別の電子が飛び込んできて……という現象が生じます。この状態を外から見ると、本来は動けないはずの束縛電子が玉突きのように順繰りに動くので、電圧をかけると電流が流れます。

この現象は「電子の抜け穴が動いている」と見なした方が定式化などにも便利になります。そこで、この抜け穴を実在の粒子のように見なしたものが、「**正孔**」（hole ホール）と呼ばれ、**正の電荷**（Positive charge：ポジティブ・チ

図4-2-7　ボロン（ホウ素B）を添加したP型シリコン半導体

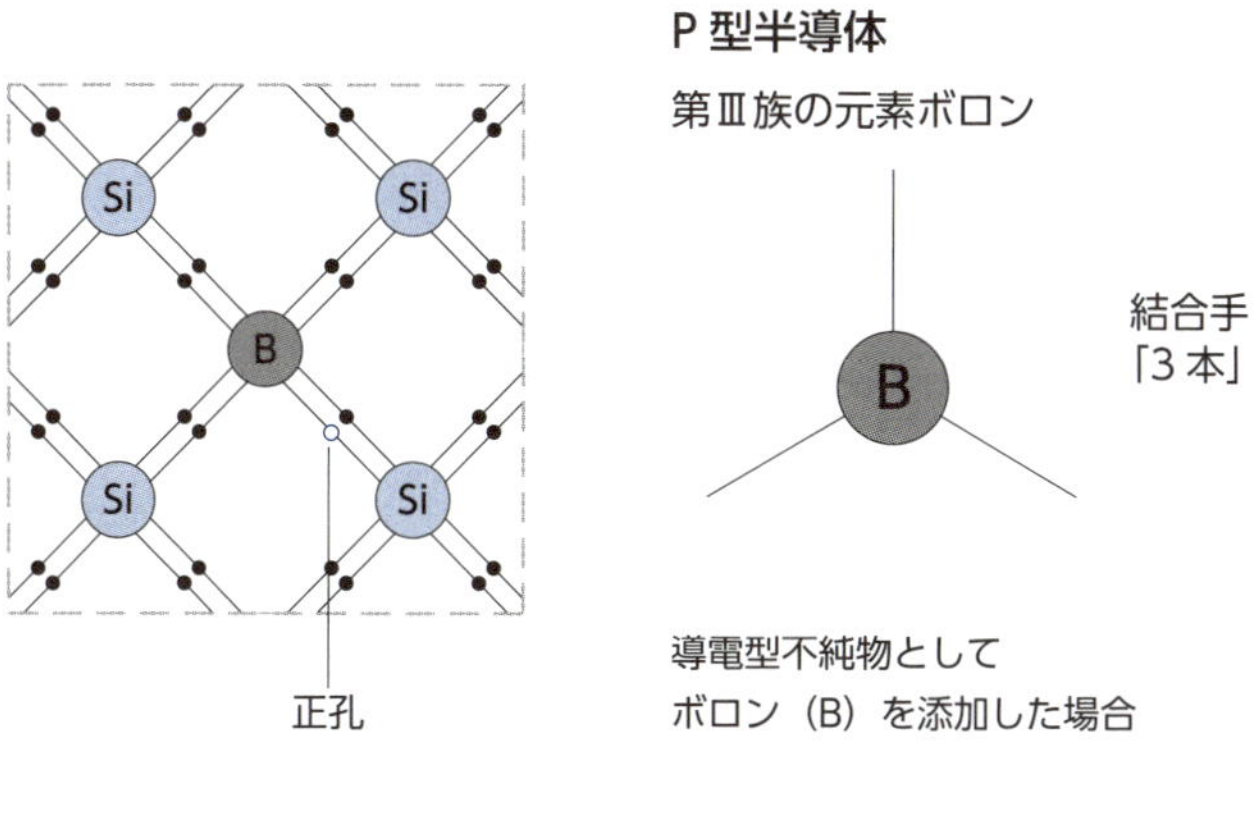

図4-2-8　シリコンインゴットの外周除去（外周研削）とワイヤーソーによるスライス

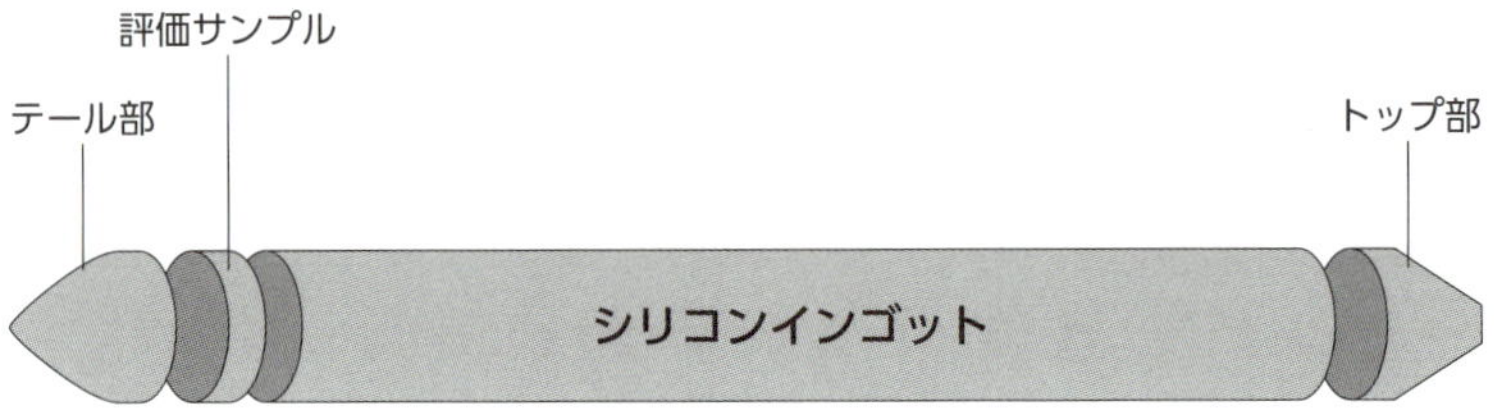

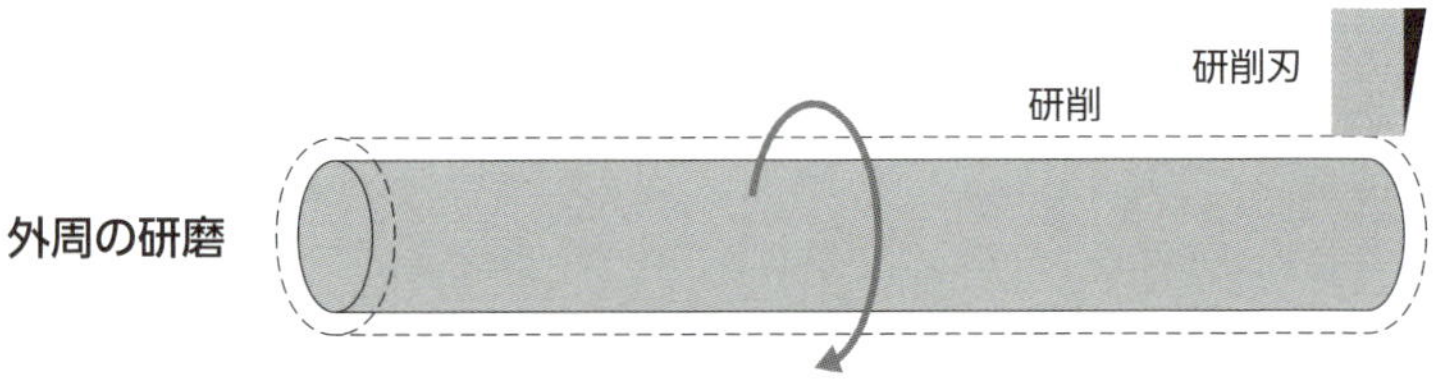

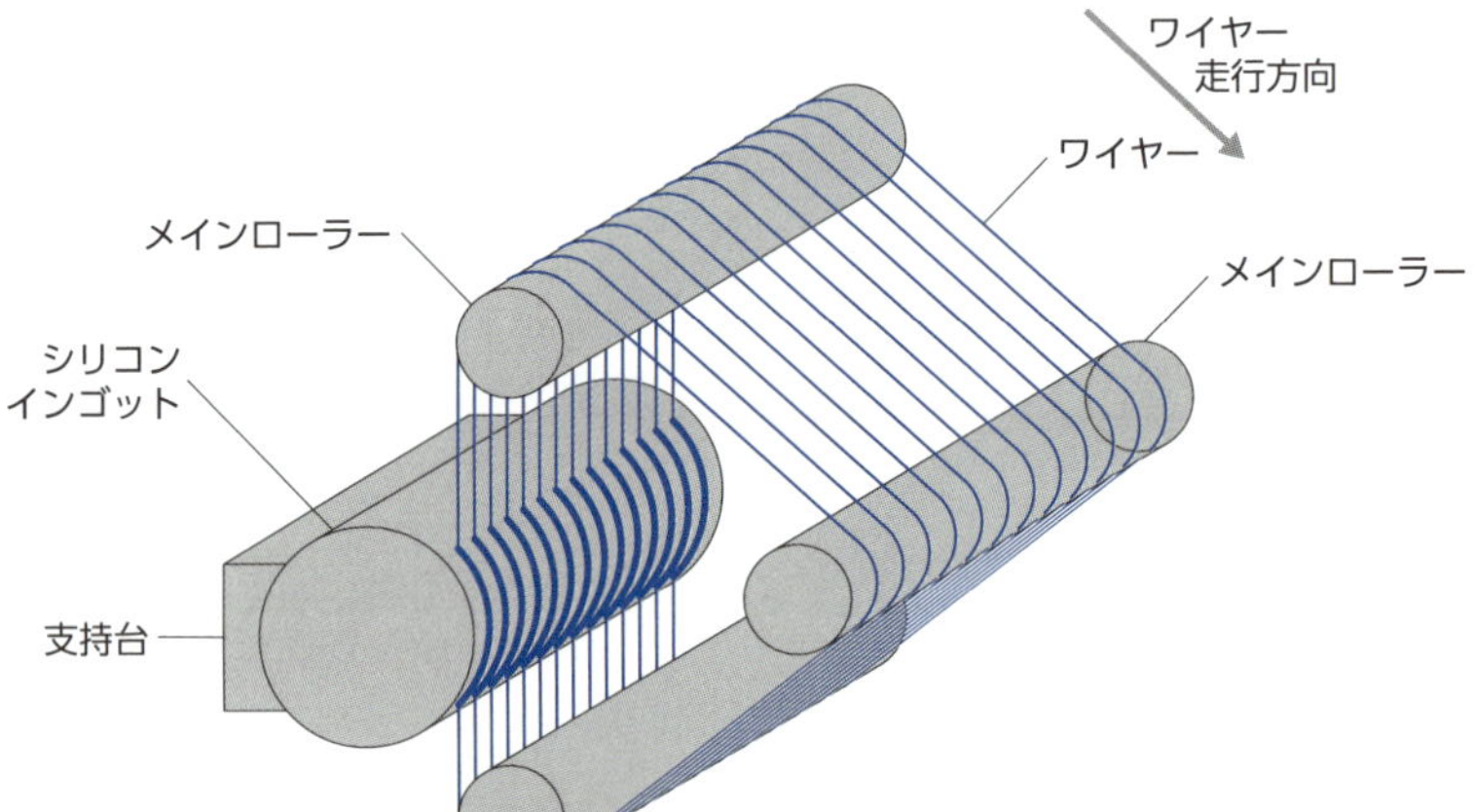

図 4-2-9　ウエハー表面の凹凸をなくし、鏡面処理をする

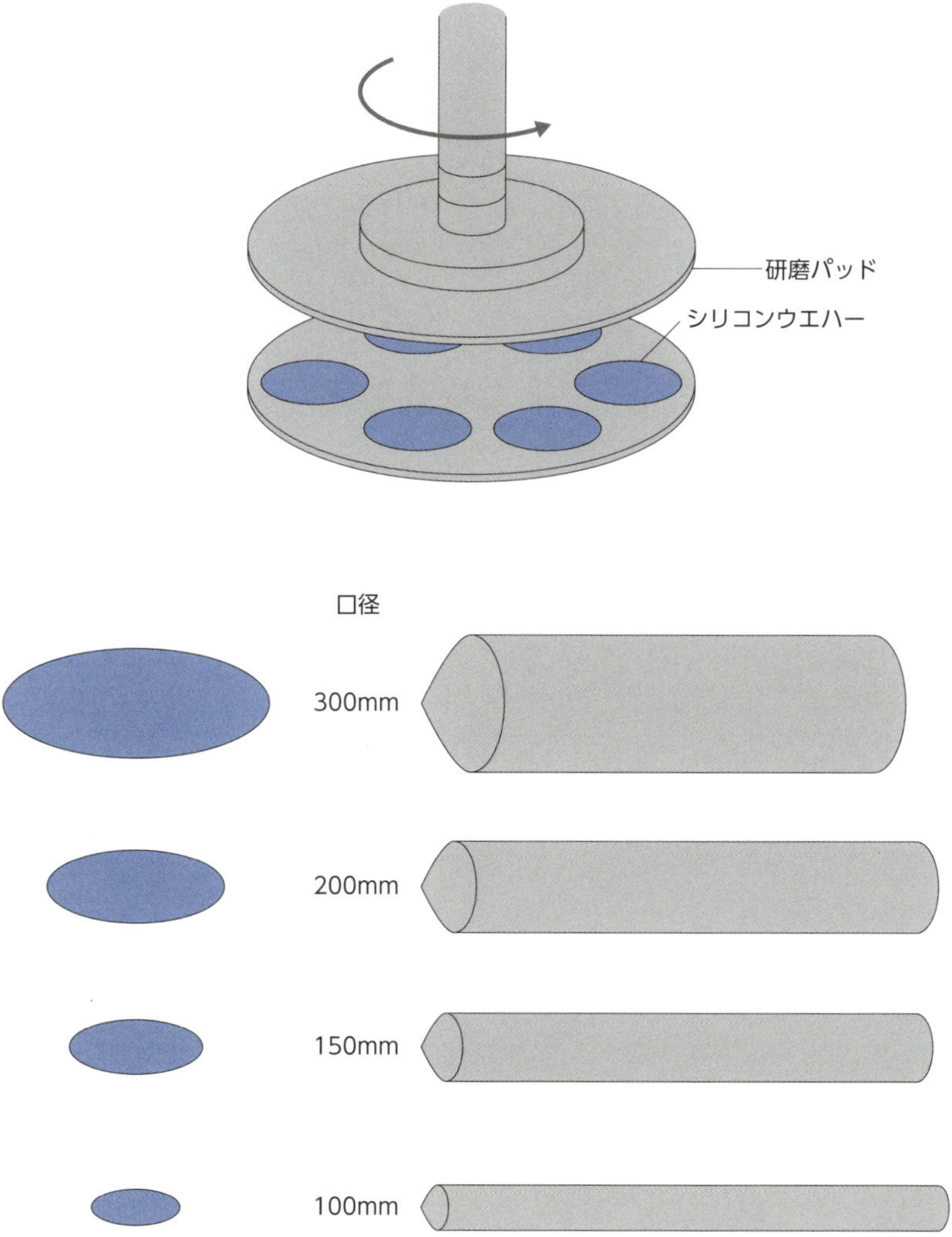

ャージ）を持つ粒子と見なします。

この正電荷を持つ正孔が伝導にあずかると見なしたシリコンは**P型シリコン半導体**と呼ばれます（149ページ図4-2-7）。導電型不純物を添加したN型やP型の半導体は不純物半導体とも呼ばれます。

実際の半導体デバイスを作るには、引き上げたシリコン単結晶の棒状の塊（インゴット）から、薄い円板状のシリコンウエハーに加工しなければなりません。このためまず、インゴットのトップ部とテール部を取り除く切断を行ない、残りの利用部分を所望のウエハー口径にするための外周研削を行ない、その後、ワイヤーソーで所定の厚さに輪切りにして円板状に加工します（150ページ図4-2-8）。

次に粗《あら》研磨（ラッピング）によりウエハー上下面の並行度を整え、ウエハー表面の機械的ダメージを化学的なエッチングで取り除いた後、ウエハー表面の凹凸をなくし、高い平坦性を確保するための研磨（ポリシング）を行ないます。この時点でウエハー表面は（あるいは裏面も）ピカピカの鏡面状態になります（前ページ図4-2-9）。

このようにして完成したシリコンウエハーは、13N（9が13個並ぶ）の純度実力と、口径を東京ドームの大きさに拡大したときの面内高低差が20μm以下の平坦度という、まさに驚異的な性質を持っています。

図4-2-10にシリコンウエハー大口径化の推移を示しました。世代ごとに1・5倍のペースで大口径化が図られています。18インチウエハーが量産導入されるか否かは未定です。

図 4-2-10　シリコンウエハーの大口径化の推移

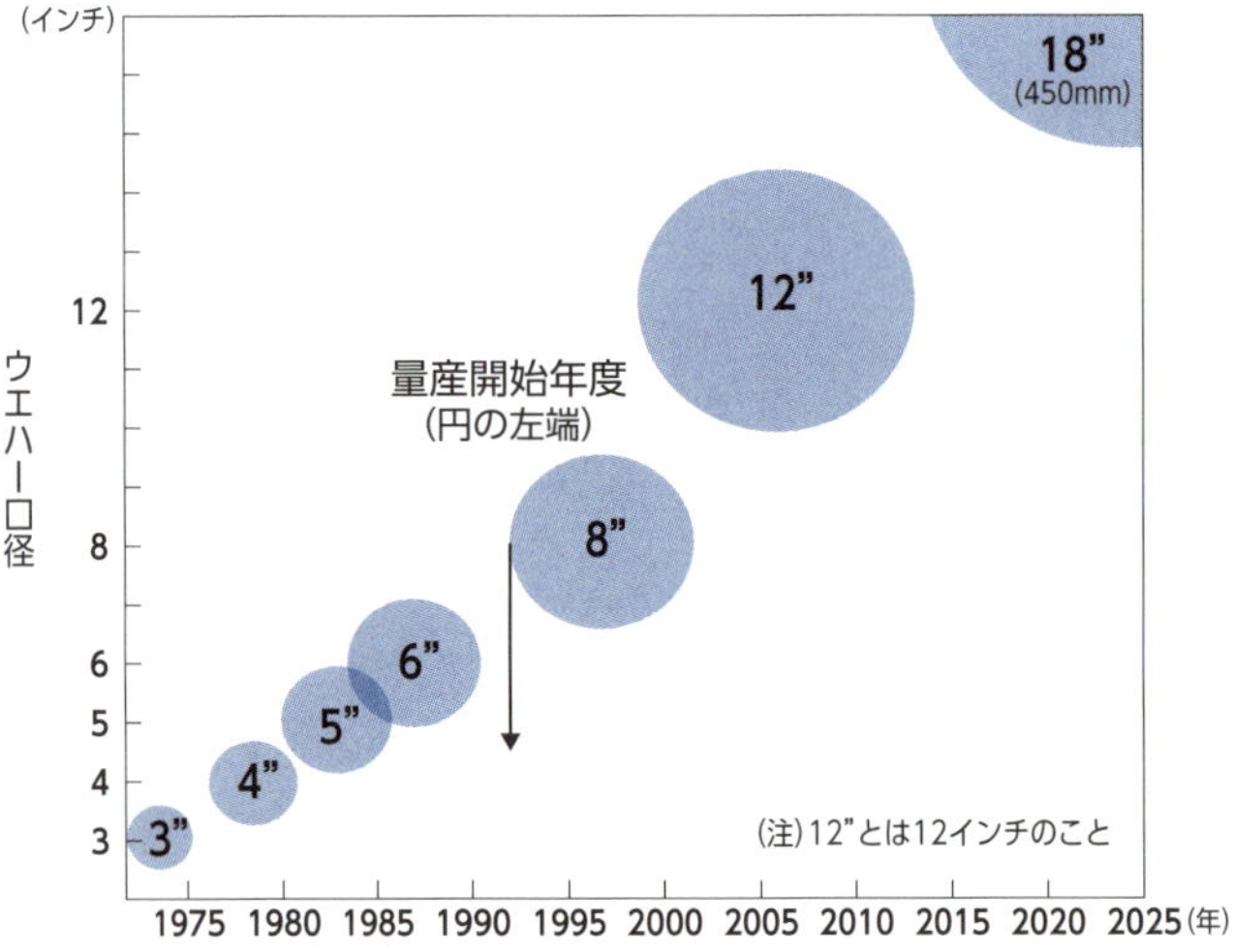

Section 03

まずトランジスタありき

集積回路（ＩＣ）の説明に入る前に、ここでは基本となるダイオード（diode）とトランジスタ（transistor）について簡単に紹介しておきます。

ダイオードはダイ（di 2つの）とオード（ode 道、極）の合成語で、二極（二端子）素子、**トランジスタ**はトランスミット（transmit 伝える）とレジスタ（resister 抵抗）の合成略語で、信号を伝える抵抗という意味です。

ダイオードやトランジスタにもさまざまな種類のものがありますが、ここではシリコンを用いた最も基本的なタイプのものを取り上げ説明します。

▼ダイオードのはたらきと種類

4-2で説明した、N型導電型不純物のリンを微量添加したN型シリコンウエハー表面近傍の一部に、リンより濃い濃度のボロンを添加したP型領域を形成し、シリコン基板とP型領域から2つの電極を引き出したのが、ＰＮ接合

図 4-3-1　シリコン PN 接合ダイオード

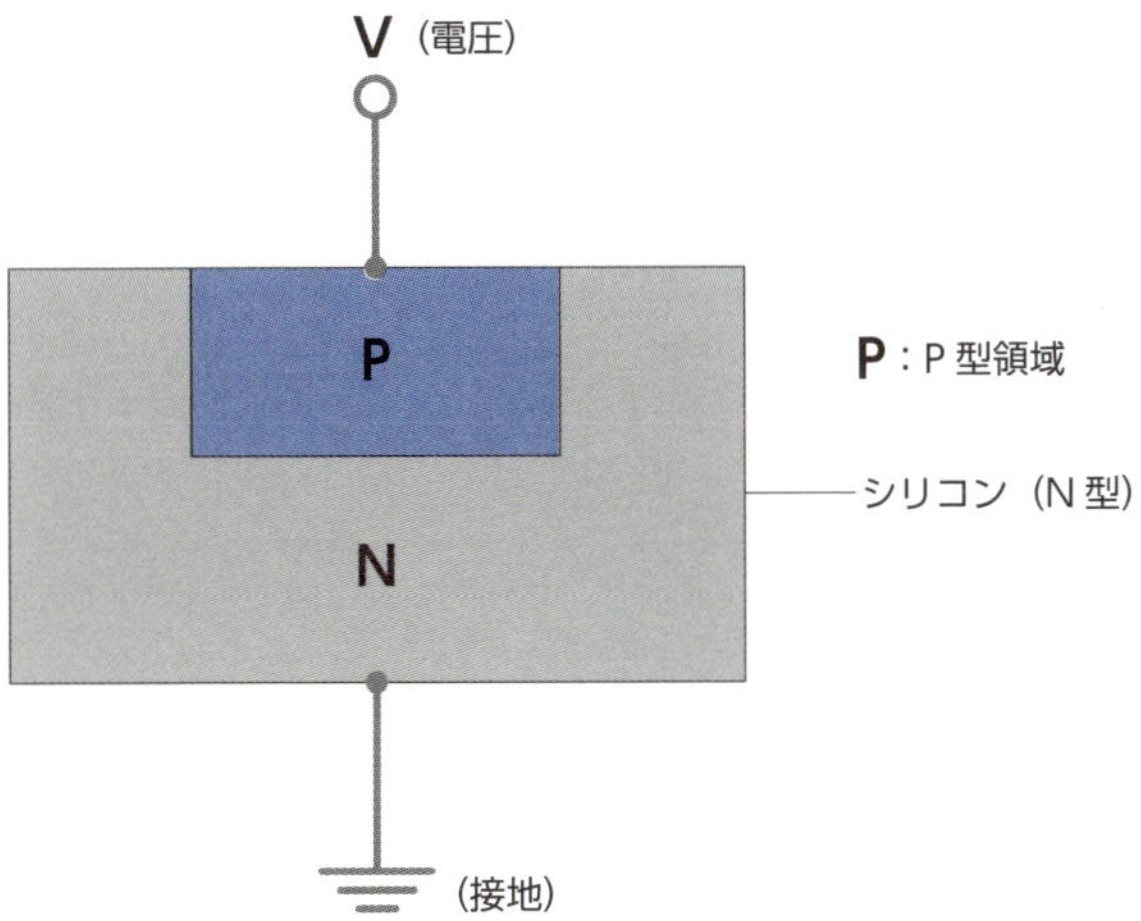

ダイオードです（図4-3-1）。

このダイオードのシリコン基板を接地（グラウンドに）して、P型領域にマイナス側からプラス側へ電圧をかけていきます。マイナス電圧の場合には、両極間に電流がほとんど流れませんが、プラス電圧をかけていくと0・4ボルト（V：Volt）を超えるあたりから電流が急激に流れはじめ、電圧の大きさとともに電流が増加します。この電流は順方向電流と呼ばれ、P型領域にかける電圧がプラスの場合で順方向電圧と呼ばれます。

いっぽうP型領域にマイナスの電圧（逆方向電圧）を加えたときは電流はほとんど流れず、P型領域はN型シリコンから電気的に分離された状態になります。ただし逆方向電圧を大きくしていくとある電圧で大電流が急激に流れはじめますが、このときの電圧はブレークダウン（降伏）電圧、電流はブレークダウン電流と呼ばれます（図4-3-2）。

ダイオードは、2つの電極にかける電圧の極性（どちらがプラスか）によって電流が流れたり流れなかったりする、すなわち能動素子として整流作用を持っています。また大きな逆方向電圧を掛けたときに起きるブレークダウン現象では、一気に大電流が流れるため、この現象を定電圧の生成に利用することもあります。また逆方向電圧がかけられた導電型領域は他の部分から電気的に分離される特性（分

図 4-3-2　PN 接合ダイオードの整流作用

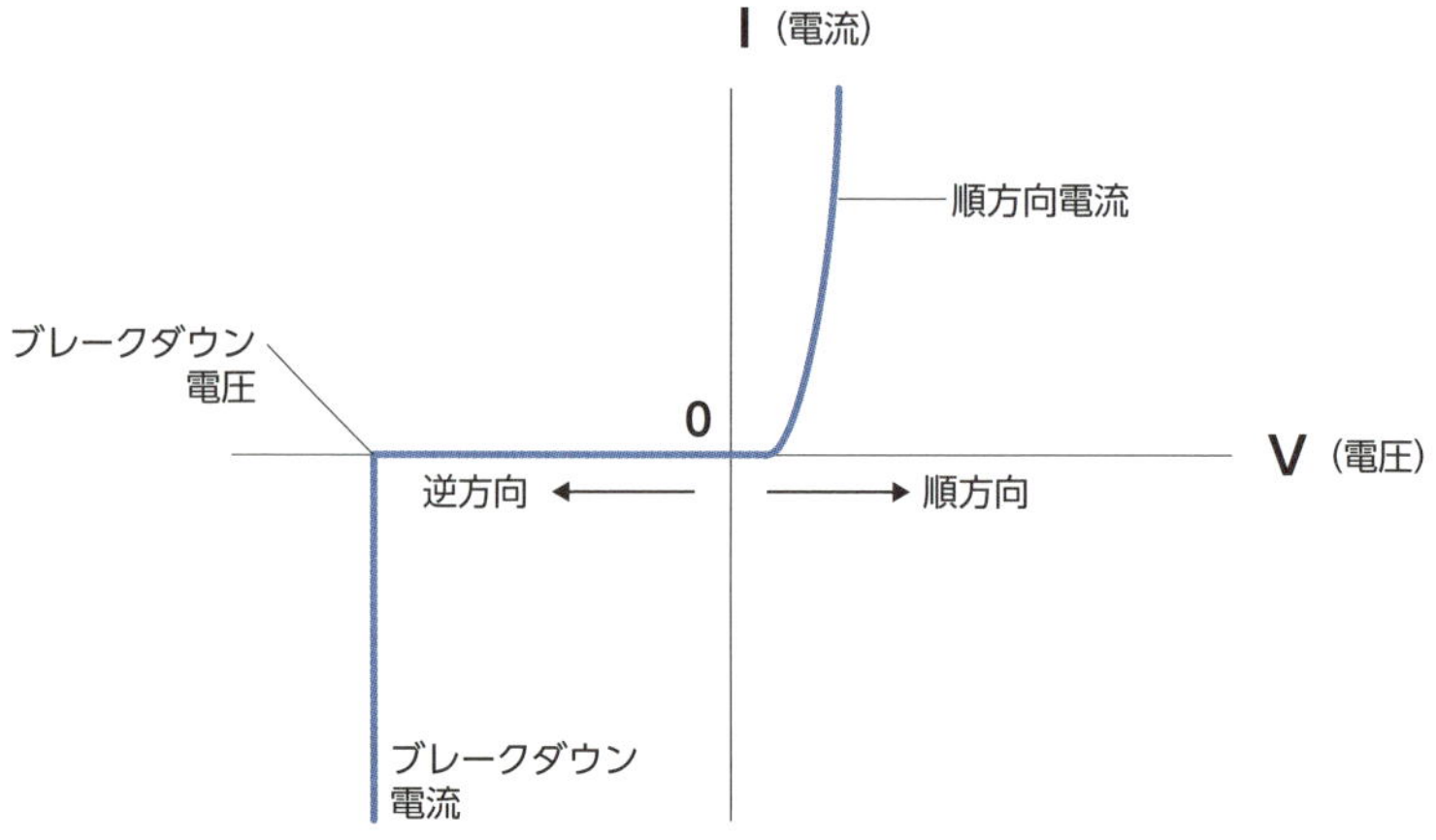

離特性）は非常に重要な特性と言えます。

▼2つのMOSトランジスタ

トランジスタにもさまざまなタイプのものがありますが、ここでは最も使われている代表的な「**MOSトランジスタ**」について説明します。MOSトランジスタにも大きく分けて2種類があり、一つは自由電子を使う**Nチャンネル型MOS**（図4-3-3）で、もう一つは正孔を使う**Pチャンネル型MOS**（次ページ図4-3-4）と呼ばれるものです。

これらの図には4端子素子としての回路記号も示してありますが、Nチャンネル型MOSとPチャンネル型MOSの違いは、シリコン基板端子に付された矢印の向きで表わされています。

▼なぜ「MOS」と呼ばれるのか？

Nチャンネル型MOSトランジスタ（省略してNMOS）を例に取って説明を加えます。NMOSでは、P型シリコン基板の表面近傍に、互いに近接して設けられた2つのN型領域（ソース領域とドレイン領域）があります。ソース領域とドレイン領域の間のシリコン基板表面上には二酸化シリコン（SiO_2）などのゲート絶縁膜、その上に金属や多結晶シリコン（poly-Si）などのゲート電極が

図 4-3-3　N チャンネル型 MOS トランジスタ断面模型

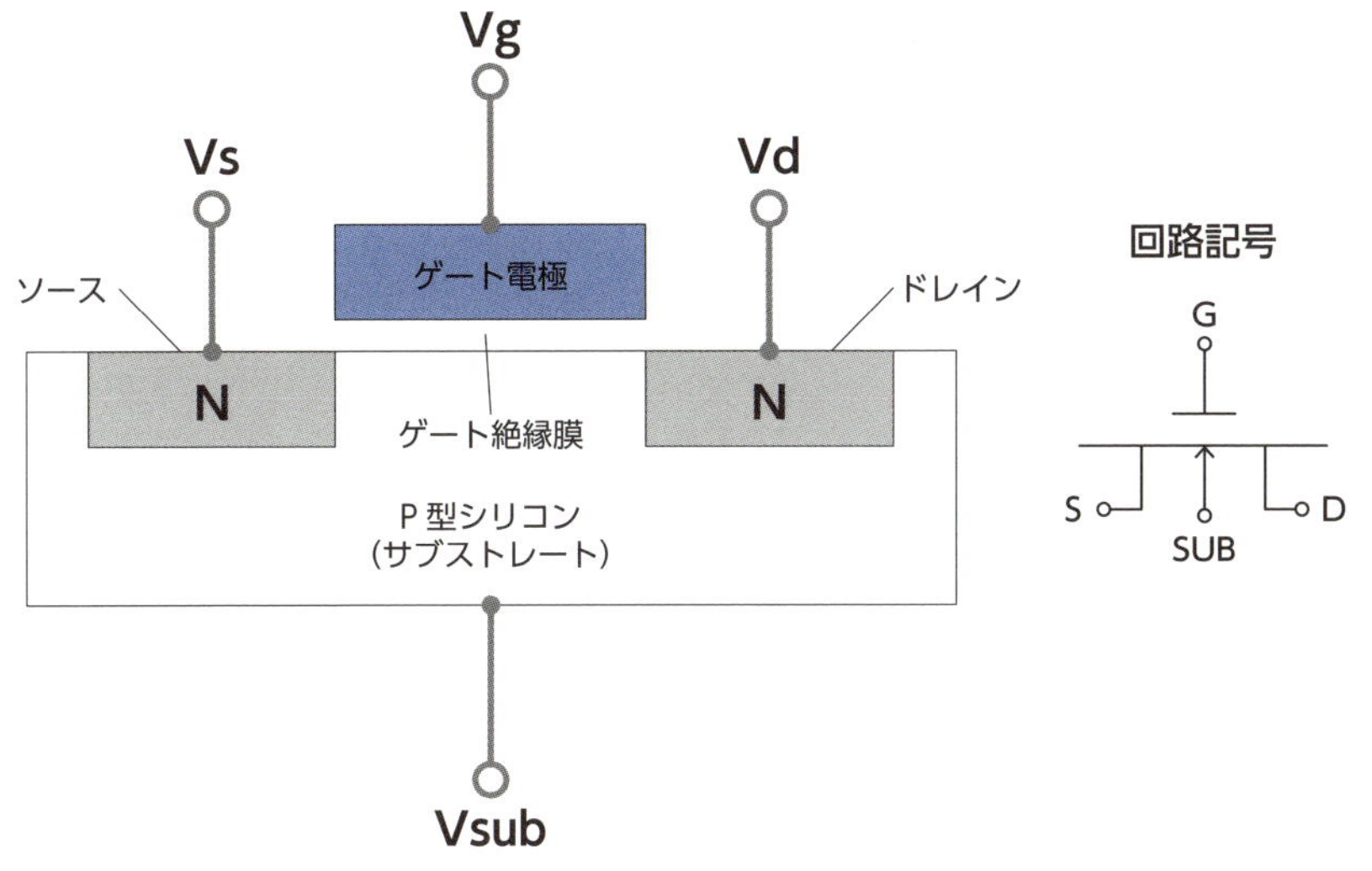

図4-3-4　Pチャンネル型MOSトランジスタ断面模型

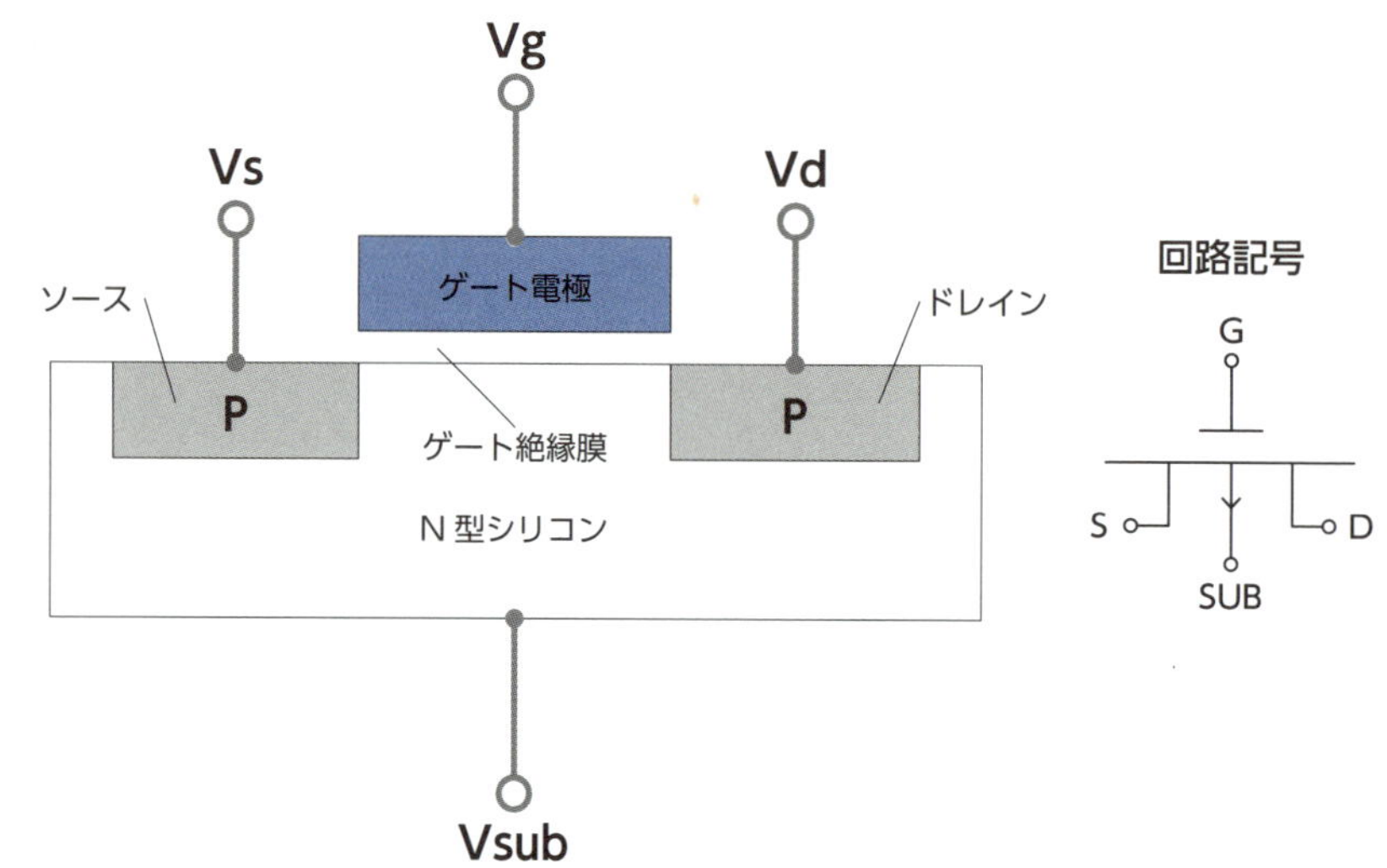

設けられています。

このNMOSトランジスタは、シリコン基板電極(Vsub)、ソース電極(Vs)、ドレイン電極(Vd)、ゲート電極(Vg)を持つ4端子素子です。

いっぽう、Pチャンネル型MOSトランジスタ(PMOS)は、シリコン基板とソース領域およびドレイン領域の導電型がNMOSとすべて反対の導電型になっています。

MOSトランジスタのゲート部分は、半導体(S: Semiconductor)としてのシリコン基板上に、絶縁膜(O: Oxide 酸化膜)とその上の金属(M:Metal)が積層された形になっているので、**MOS**(Metal-Oxide-Semiconductor:モス)と呼ばれます。ゲート絶縁膜やゲート電極の材料にはいろいろな変遷がありますが、MOSというもともとの名称が今でも便宜的に使用されています。

NMOSトランジスタのシリコン基板とソース電極を接地し(Vsub, Vs=0V)、ゲート電極にかける電圧をパラメータとして変化させ(Vgをいくつかの値に固定し)、ドレイン電極にかけるプラスの電圧を上げていく(Vdを高くしていく)と、図4-3-5のような特性が得られます。

縦軸をドレイン電流(ドレインとソース間に流れる電流Id)、横軸をドレイン電圧(Vd)、ゲート電圧をパラメー

図 4-3-5　N チャンネル型 MOS トランジスタの I-V 特性

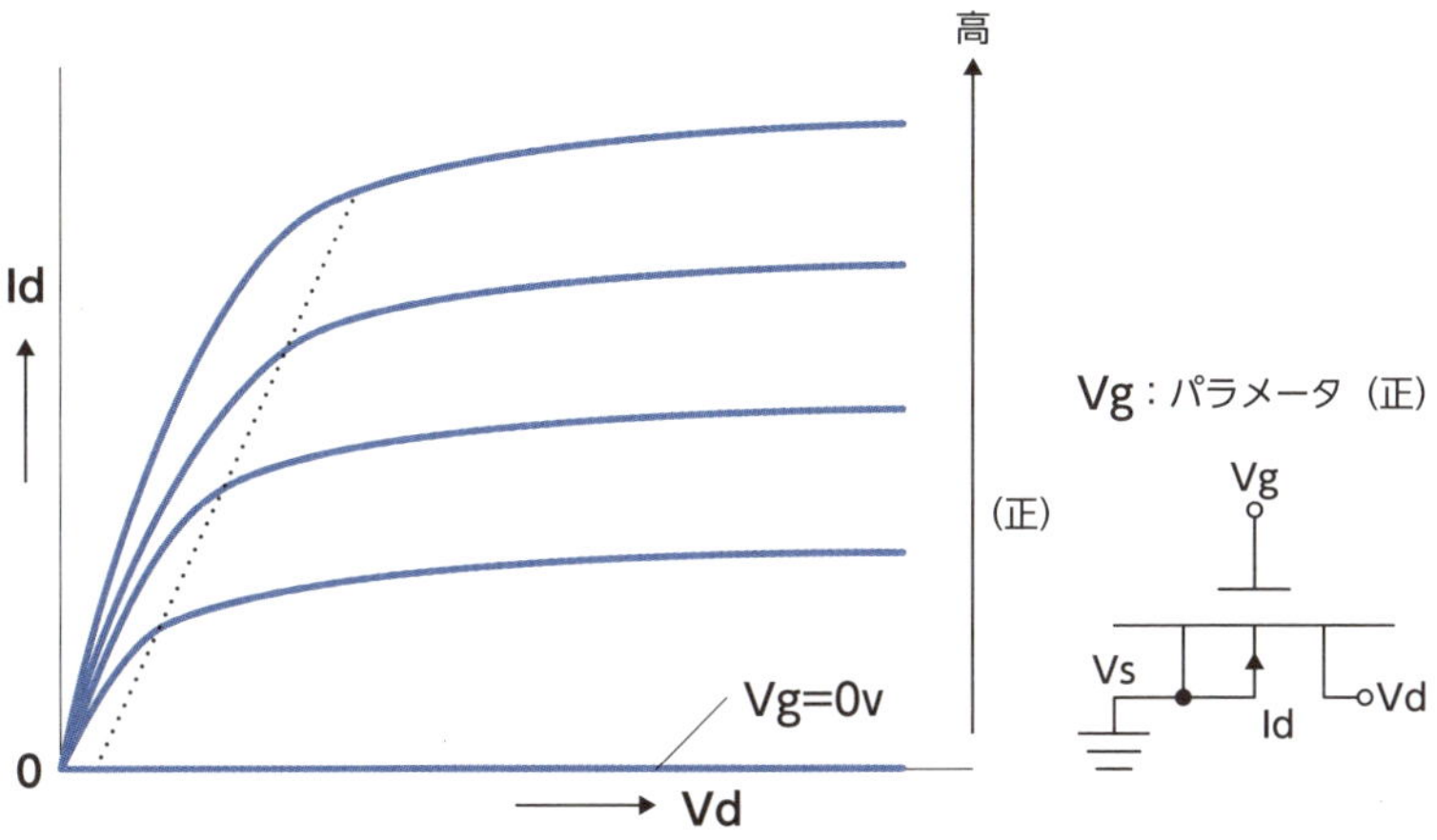

図 4-3-6　P チャンネル型 MOS トランジスタの I-V 特性

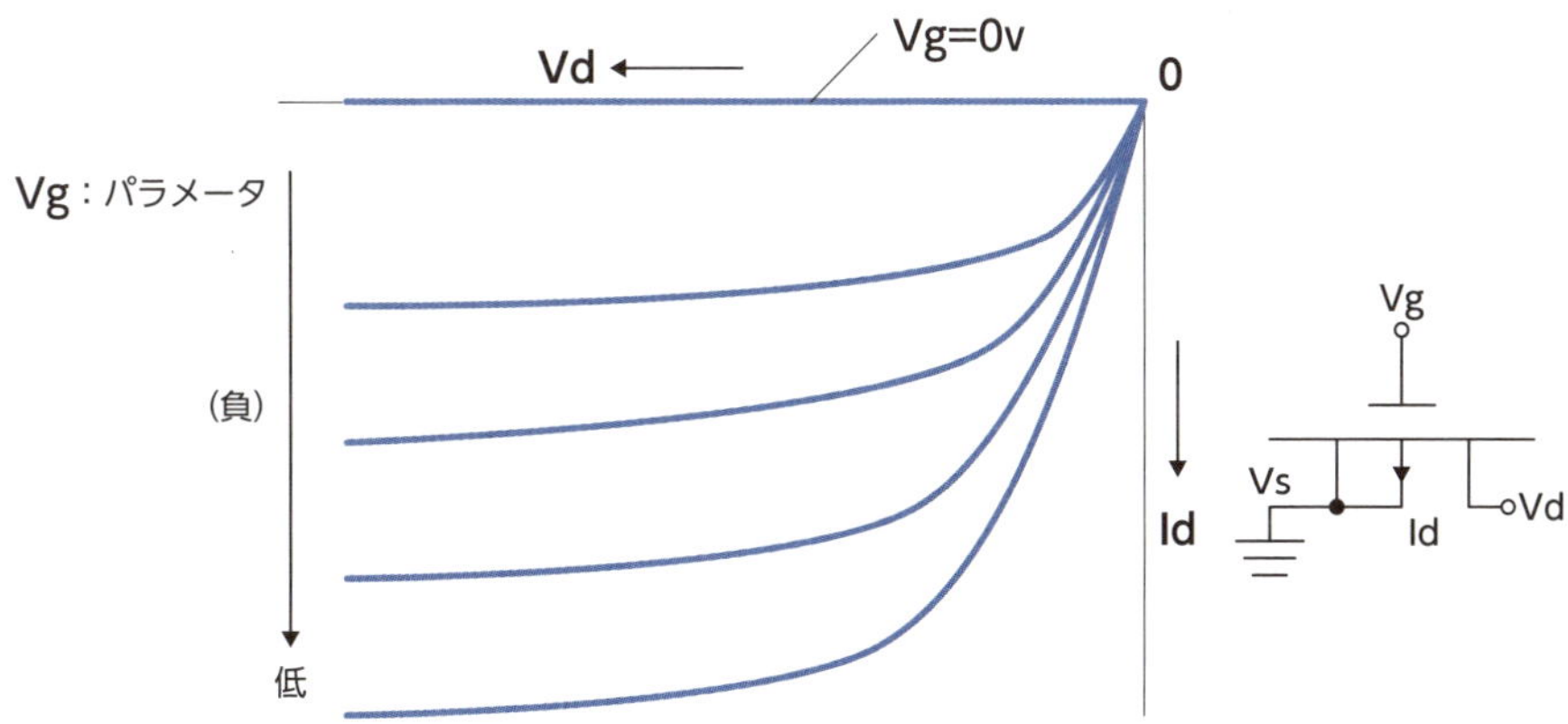

タ（Vgをいくつかの値に固定）とするこの特性は一般的にI-V特性（電流-電圧特性）と呼ばれ、トランジスタの最も基本的な特性になります。

PMOSトランジスタの場合には、ゲート電極とドレイン電極に掛ける電圧をマイナスにすると、図4-3-6のようなI-V特性が得られます。

このように、MOSトランジスタでは、ゲート電極にかける電圧によってドレイン電極とソース電極の間に流れる電流がオン-オフ（on-off）し、オン状態での電流値も変化するので、スイッチング作用や増幅作用を持っています。

これまで説明したMOSトランジスタの動作を直感的に理解してもらうためのアナロジーを図4-3-7に示してあります。図から容易に類推できるように、MOSトランジスタで電子を供給するソースは「水源」、電子を引き出すドレインは「排水口」、チャンネルに流れる電子（電流）を増減するゲートは「水門」に相当します。すなわち、MOSトランジスタでドレインに電圧を加えることは、排水口のポンプを回すこと、ゲートに電圧をかけることは水門を開くことに相当しています。

図 4-3-7　MOS トランジスタのアナロジー

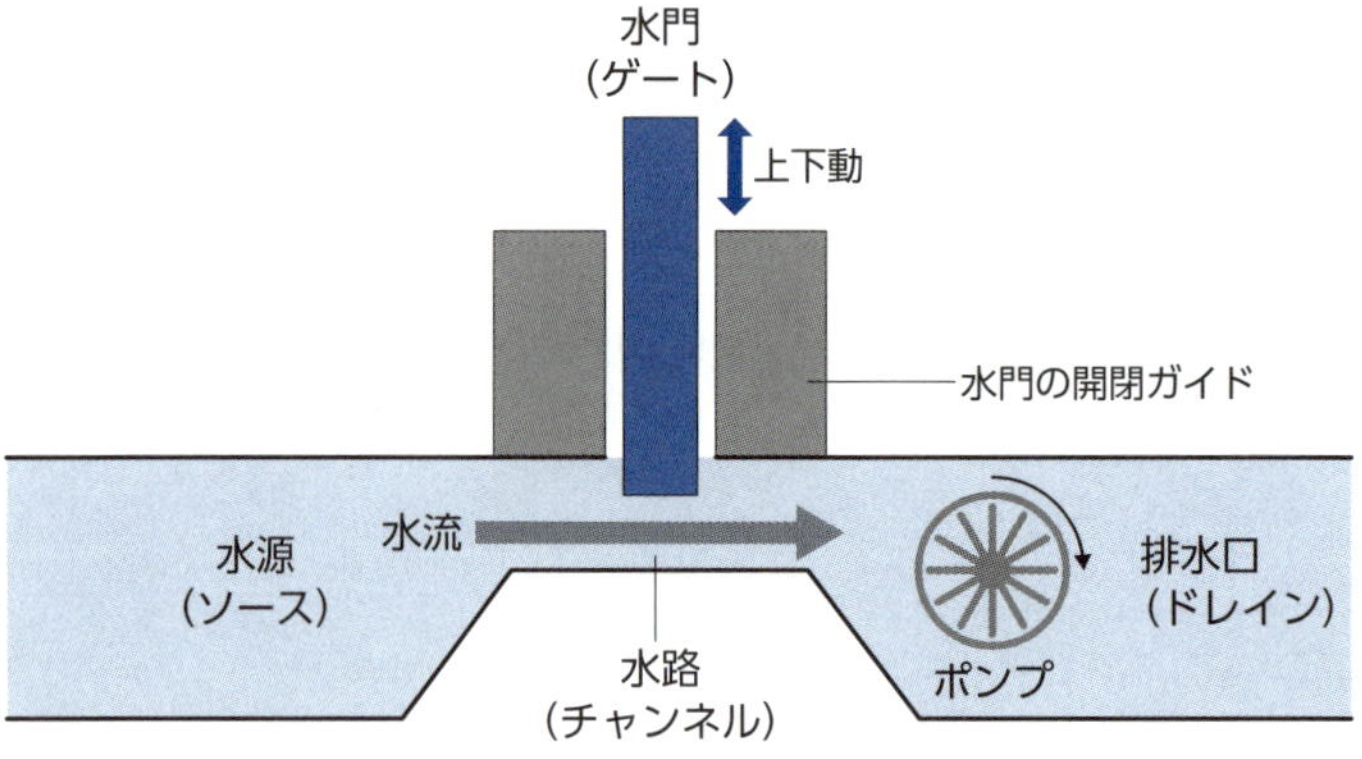

Section 04

集積回路と集積度

▼集積回路、ICとLSI

複数の能動素子や受動素子を、1個のシリコンチップの上に集め、それらを内部配線で相互に接続し、一定の機能を持たせた回路のことを「**集積回路**」とか「**IC**」(アイシー:Integrated Circuits)といいます。

集積回路が作り込まれたシリコンの小片はICチップ、または単にチップと呼ばれます。一個のチップの上に集積されている素子数は**集積度**と呼んでいますが、集積度は半導体技術の進展に伴い、1年半~2年で2倍になるという経験則に従って推移してきています。この経験則は「**ムーアの法則**」と呼ばれ、1965年に、インテル社の創業者の一人であったゴードン・ムーア(Gordon Moore)によって提唱された有名な法則です。

集積度によって、集積回路にはさまざまな呼び名が与えられています(次ページ図4-4-1)。

図からわかるように、目安としての集積度(素子数/チップ)により、100個未満のSSI、100~1000個のMSI、1000~10万個のLSI、10万~1000万個のVLSI、1000万個以上のULSIまでありますが、VLSIやULSIは通称で**超LSI**(エルエスアイ)と呼ぶこともあります。ちなみに、最近のICチップでは実に数十億個~百億個もの素子が集積されています。

ここで付け加えますと、集積回路の名称に関してときどき誤解や曖昧な使い方が散見されます。それは、集積回路(IC)は小規模集積回路で、それより集積度の高いモノはLSI(エルエスアイ)としていることです。実際は、集積回路は一般的な名称であり、集積度の規模によって区別するなら先に説明したようになります。

ただし最近では、集積回路の規模によって異なる名称を使い分けることはあまりなくなり、一般的にIC(集積回路)またはLSI(エルエスアイ)と総称されることが多いようです。

▼集積度を大きくするメリットとは？

ところで集積度を上げることで、その結果として何がもたらされるのでしょうか。

集積度の向上は、チップ上の素子寸法や配線寸法の縮小（微細化）による高集積密度化と、1個のＩＣチップそのものをより大きくするという大チップ化の2つの要因によってもたらされます。

微細化については3年でほぼ0・7倍に縮小され、大チップ化も最近の先端ＩＣでは数センチ角以上の大きなものが作られてきています。これは取りも直さず、1個のチップ上により多機能・高機能・高性能を実現でき、同時に同一機能を実現するためのコストをより低減できることを意味します。

高集積化により1個のＩＣの多機能化、高機能化が図られると述べましたが、これは取りも直さず素子の微細化やチップの大面積化により、より多くの素子がチップ上に搭載できるからです。また高性能化や高信頼性化が図られるのは、素子の微細化による動作速度の向上に加え、デバイスのプリント基板上での相互接続（外部配線）と比較してチップ内での素子相互配線のほうが配線長も短くなり、信号伝達の遅延を抑えられると同時に、配線に起因する信頼性を上げることもできるからです。

図4-4-1　ICの集積度による名称の違い

IC	フルスペル	日本名	集積度
SSI	Small Scale Integration	小規模集積回路	100個未満
MSI	Medium Scale Integration	中規模集積回路	100〜1000個
LSI	Large Scale Integration	大規模集積回路	1000〜10万個
VLSI	Very Large Scale Integration	超大規模集積回路	10万〜1000万個
ULSI	Ultra Large Scale Integration	超々大規模集積回路	1000万個以上

注：VLSIとULSIはまとめて超LSIと呼ばれることもあります。

集積回路の機能分類と代表的メーカー

集積回路（IC）を機能別に分類した例を次ページ図4-5-1に示します。ただしここでは、集積回路の内でもMOSトランジスタを用いて主にデジタル信号を扱う集積回路について示しています。

▼記憶する「メモリ」

情報を記憶し、必要に応じてそれから情報を取り出して利用するためのICは「**メモリ**」と呼ばれます。メモリも、電源を切ると情報が消えてしまう「揮発性メモリ」と、電源を切っても記憶し続ける「不揮発性メモリ」に分けられます。代表的な揮発性メモリとしてはDRAM（ディーラム：記憶保持動作が必要な随時書き込み読み出しメモリ）とSRAM（エスラム：記憶保持動作が不要な随時書き込み読み出しメモリ）があります。

またMRAM（エムラム：磁気抵抗RAM）、PCRAM（ピーシーラム：相変化RAM）、RRAM（アールラム：抵抗変化RAM）などの新たな材料を用いた新規メモリがあり、一部は製品化されています。

これらメモリの中で特によく知られているのが**DRAM**です。これは1個のMOSトランジスタと1個のキャパシタ（容量）でメモリセル（記憶単位回路）が構成されます。比較的簡単な構造を持っていて、高集積化と大記憶容量化が容易なため、ビット当たりコストを比較的低く抑えられます。書き込み速度と読み出し速度が速い一方で、徐々に記憶情報が失われることと破壊読み出しのため、再書き込み動作が必要です（リフレッシュ動作）。このような特性に基づいて、コンピュータのメインメモリなどに広く大量に用いられています。

DRAMの代表的なメーカーとしては、サムスン電子（韓）、SKハイニックス（韓）、マイクロン（米）、南亜科技（台）などがあります。

SRAMは通常6個のMOSトランジスタでメモリセル

図 4-5-1　集積回路（IC）の機能別分類――MOS 型トランジスタを用いたデジタル IC

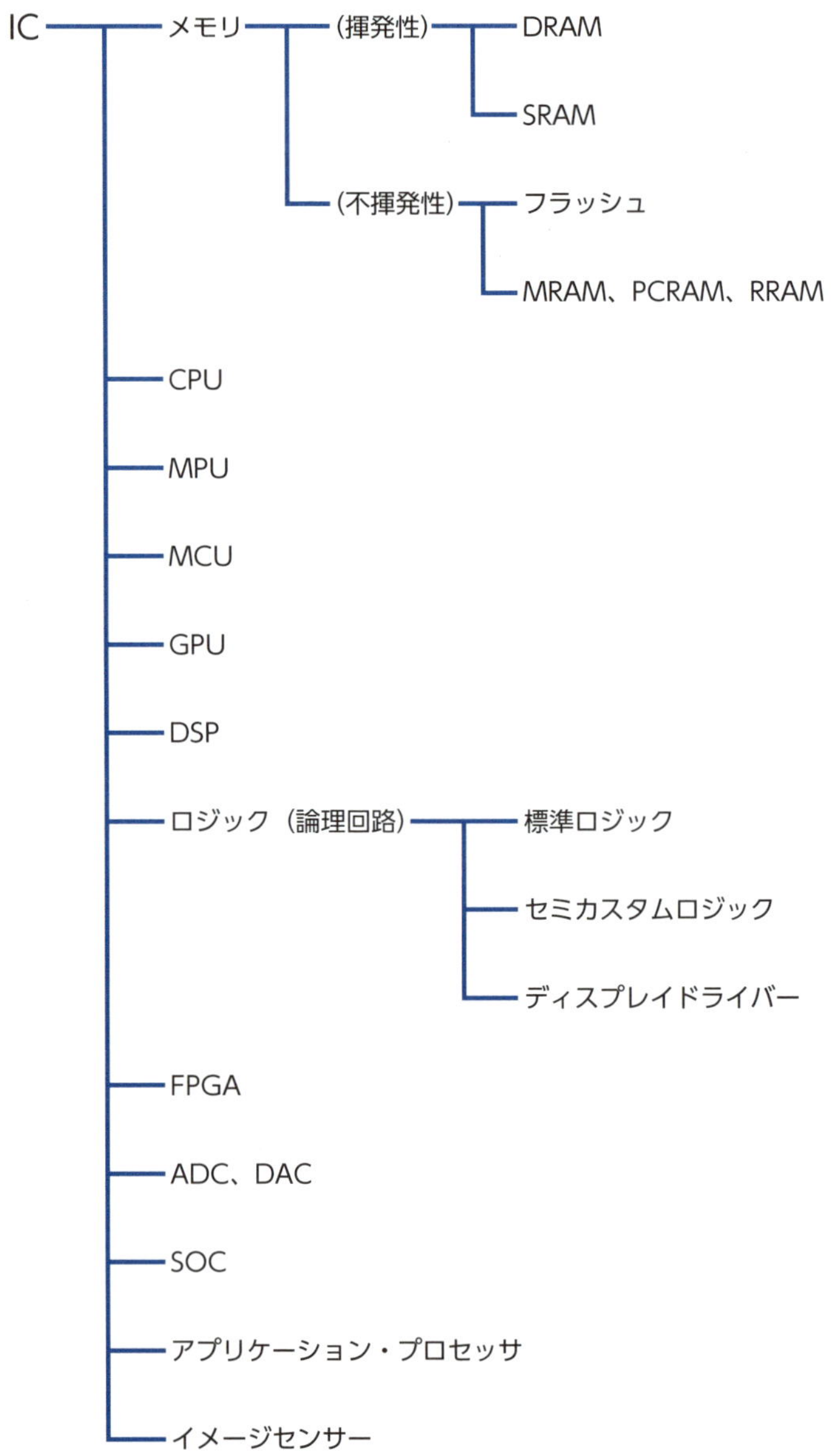

が構成され、高集積化と大記憶容量化に難があり、ビット当たりコストもなかなか下がりません。リフレッシュ動作は不要なことと、書き込みと読み出し速度が非常に速いため、キャッシュメモリなどに利用されています。

SRAMの対象となるメーカーは多いため、ここでは特定していません。

フラッシュメモリ（Flash）は代表的な不揮発性メモリで、電源を切っても情報を記憶し続けます。1個のメモリトランジスタでメモリセルが構成されるため、高集積化、大記憶容量化、ビット当たりの低コスト化などが可能です。特にNANDフラッシュ（NAND論理を利用したフラッシュ）は高密度化ができ、ストレージ用途としてスマホなどのモバイル端末の内部ストレージやメモリカード、あるいはSSDなど広く大量に使われています。

フラッシュメモリのメーカーとしては、サムスン電子（韓）、キオクシア（日）、ウエスタンデジタル（米）、SKハイニックス（韓）、マイクロン（米）などがあります。

▼頭脳に当たる「CPU」

CPU（中央演算処理装置）はコンピュータの心臓部のICで、各種の演算処理や制御などを行ないます。

そのCPUのなかで、**MPU**（超小型演算処理装置）とは、演算や制御などの機能を持った回路部分を「1個のシリコンチップに集積したIC」のことで、CISC（シスク）系とRISC（リスク）系と呼ばれる2系統があります。CISCはハードウエアが複雑ですがソフトウエアが軽く、RISCは反対にソフトウエアが複雑な分、ハードウエアが容易化されています。全体的傾向として、近年はRISC系に勢いがあるようです。

MPUのメーカーとしては、インテル、クアルコム（米）、AMD（米）、TI（米）、NXPセミコンダクターズ（オランダ）などがあります。

MCU（超小型制御装置）はマイクロプロセッサをベースにした制御装置で、MPUより機能や性能が小規模でコンパクトに絞り込まれたマイクロコントローラ（マイコンとも呼ばれる）のことです。

MCUのメーカーとしては、ルネサス（日）、NXPセミコンダクターズ（オランダ）、TI（米）、STマイクロエレクトロニクス（スイス）などがあります。

▼特化した専用機能をもつチップ

GPU（グラフィック処理装置）とは、3D画像をリアルタイムに描画する際に必要となる、高速計算処理に特化した処理装置（シリコンチップ）のことです。パソコンや

図4-5-2　主要なIC製品とその代表的なメーカー

IC製品	主な用途	代表的メーカー
DRAM	コンピュータのメインメモリ	サムスン電子、SKハイニックス、マイクロン、南亜科技
SRAM	キャッシュメモリ	多数（不特定）
フラッシュ	モバイル端末の内部ストレージ、メモリカード	サムスン電子、キオクシア、ウエスタンデジタル、SKハイニックス、マイクロン
MPU	コンピュータの心臓部（CPU）	インテル、クアルコム、AMD、NXPセミコンダクターズ、TI
MCU	電子機器制御、IoT	ルネサス、NXPセミコンダクターズ、TI、STマイクロエレクトロニクス
GPU	ディープラーニング、ゲーム、マイニング	エヌビディア、インテル、AMD
DSP	デジタル信号の解析や演算	NXPセミコンダクターズ、TI、ピクセルワークス
ロジック	論理演算機能	多数（不特定）
FPGA	高精細TV、DVDプロジェクタ、モバイル端末	ザイリンクス（現AMD）、インテル、マイクロチップ、ラティスセミコンダクタ、クイックロジック
ADC、DAC	デジカメ、ビデオ、医療機器、画像処理・伝送	TI、ルネサス、アナログ・デバイセズ
アプリケーション・プロセッサ（SOCの一種）	ディープラーニング、ネットワーク、ベースバンド	グーグル、アップル、アマゾン、メタ、シスコ、ノキア、ブロードコム、ファーウェイ、メディアテック、マーベル
イメージセンサー	スマホ、デジカメ、ビデオ、PC、ゲーム機、車、ドローン、産業機器、インターネット機器	ソニー、サムスン電子、オムニビジョン、STマイクロエレクトロニクス

サーバーの頭脳がCPUであるのに対し、「画像処理専門の頭脳」としての役割を持ったICのことです。ゲームやビットコイン（仮想通貨）のマイニングなどで使われています。

GPUメーカーとしては、米国のエヌビディア、インテル、AMDなどがあります。

DSP（デジタル信号処理装置）とは、デジタル化された各種信号の処理に特化した装置としてのシリコンチップです。データ量が多いオーディオや画像のデジタル信号処理を高スピードで実行するICのことで、細分化された命令を並列に処理するのを得意としています。DSPメーカーとしては、NXPセミコンダクターズ（オランダ）、TI（米）、ピクセルワークス（米）などがあります。

ロジック（論理回路）には標準ロジ

ック、セミカスタムロジック、ディスプレイドライバーなどがあります。セミカスタムロジックはユーザーや用途が半分特定されたロジックのことで、ディスプレイドライバーとは液晶や有機ELディスプレイで画素を駆動するためのICです。

FPGA（使用者がプログラムできる論理回路の配列）と呼ばれるものもあります。FPGAはPLD（プログラム可能なロジックデバイス）の一種で、デバイスが完成した後でユーザーの目的に応じて機能をプログラムで変えられるため、新製品の開発やプロトタイピングの迅速な実行、あるいはAI技術の進歩に役立つなどの理由から、最近、その存在感を高めています。

FPGAのメーカーとしては、ザイリンクス（2022年にAMDが買収）、インテル（アルテラを買収）、マイクロチップ（英）、ラティスセミコンダクタ（米）、クイックロジック（米）などがあります。

ADC（アナログ・デジタルコンバータ）、**DAC**（デジタル・アナログコンバータ）はそれぞれアナログ信号をデジタル信号へ、デジタル信号をアナログ信号へ変換する回路です。デジタルに変換したほうが複雑な処理をより速く正確に実行できるために変換器を使います。

ADC、DACメーカーとしては、TI（米）、ルネサス（日）、アナログ・デバイセズ（米）などがあります。

SOC（システム・オン・チップ）はその名の通り、1個のシリコンチップの上にシステム機能を搭載したICのことで、先に述べたようなさまざまな機能回路が集積されています。大手ITメーカーなどが、ディープラーニング（人工知能）用のプロセッサなど、自社製品のための独自のプロセッサを開発していますが、これらのアプリケーション・プロセッサもSOCの一種です。

アプリケーション・プロセッサはこのSOC技術を利用し、特定の目的（機能・動作）に合わせて作られた処理装置です。アプリケーション・プロセッサのメーカーとしては、米国のグーグル、アップル、アマゾン、メタ（旧フェイスブック）、さらにシスコシステムズ、ブロードコム、マーベル・セミコンダクターがあり、米国以外ではノキア（フィンランド）、ファーウェイ（中）、メディアテック（台）などがあります。

イメージセンサー（撮像素子）は、レンズから入射された光信号を電気信号に変換するICのことで、「電子の目」と呼ばれることもあります。PD（フォトダイオード）によって入射した光信号を電気信号に変換し、その信号にさまざまな処理を施すことで撮像したり、センシングしたりします。イメージセンサーのメーカーとしてはソニー（日）、サムスン電子（韓）、オムニビジョン（米）、STマイクロエレクトロニクス（スイス）などがあります。

以上述べたさまざまな機能を持った集積回路のほかに、アナログ信号の処理や電源・動力制御などを行なうアナログIC、化合物半導体基板を用いた半導体レーザー、可視光を発するLED（発光ダイオード）、信号ではなく電力制御や変換を行なうパワー半導体、微小な機械要素部品のセンサー、アクチュエータ、電子回路などをひとまとめにしたミクロンレベルの超小型構造を持つデバイスのMEMS（メムス）などがあります。

たとえばIoTなどで、半導体センサーにより収集したデータを、可能な限り端末部で処理し、処理しきれない分だけインターネットに上げる、いわゆる**エッジ・コンピューティング**が有効です。このため各種機能素子を1個のIC上に集積したチップもあります（図4-5-3）。

図 4-5-3　IoT でのエッジ処理 IC の例

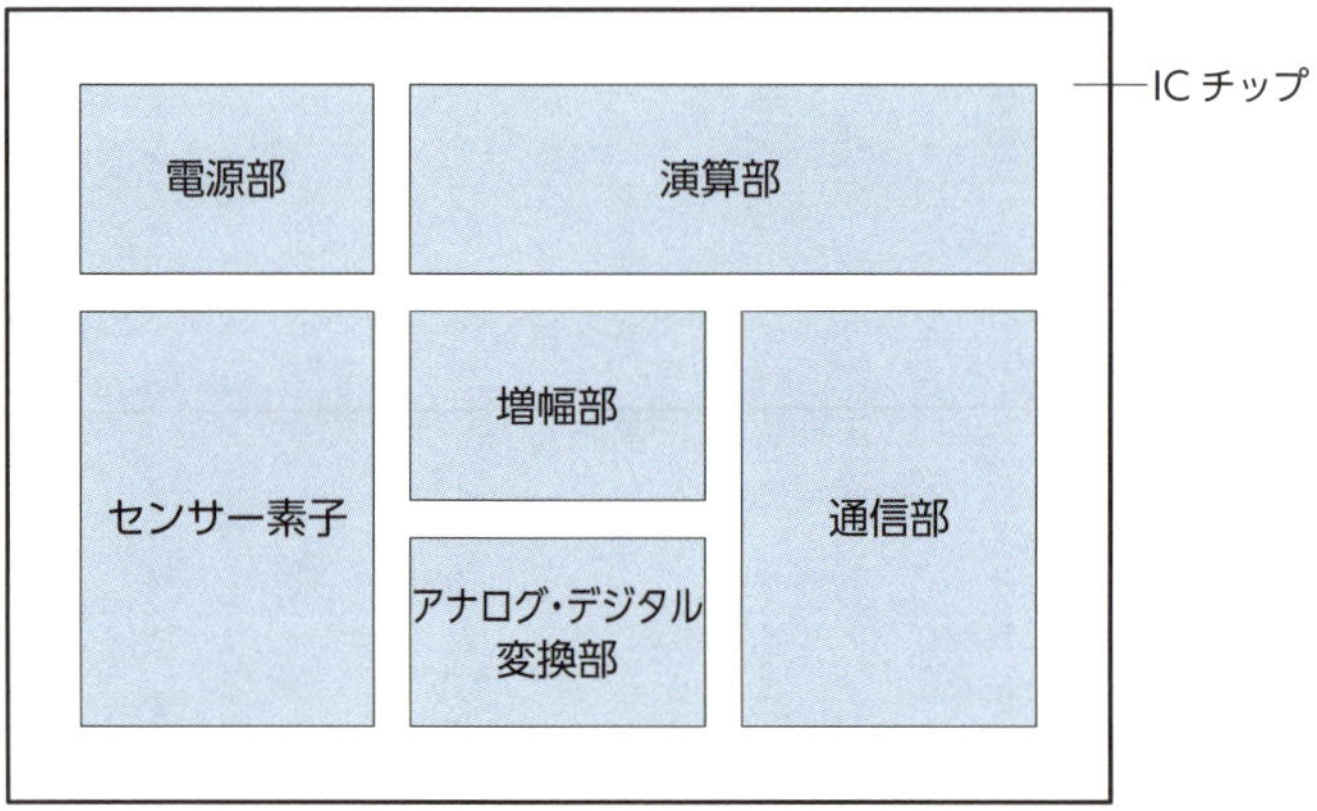

IoT：モノのインターネット

コラム

デナード則（スケーリング則）

半導体（MOS LSI）の微細化、高集積化に関する経験則としての「ムーアの法則」については本文中で述べましたが、MOSトランジスタの微細化（スケーリング）に関するムーアの法則よりもっと物理的な法則として**デナード則**と呼ばれるものがあります。

これは1974年にIBMのロバート・デナードらが発表した、MOSトランジスタの微細化を進めるに当たり指導原理として有効な法則です。この法則（規則）は、**スケーリング則**、比例縮小則などとも呼ばれます。

内容は、スケーリング係数をk（＜1.0）として、MOSトランジスタの寸法（チャンネル長Lとチャンネル幅W、ゲート絶縁膜厚Toxなど）をk倍すると、信号伝達の遅延時間はk倍に、消費電力はk^2倍になるというものです。実際、半導体（MOS LSI）で使用されるMOSトランジスタは、約3年でk＝0.7倍のスケーリング係数に基づいて微細化されています。

MOS FETのスケーリング則

	パラメータ	スケーリング
素子構造	チャンネル長　L	k
	チャンネル幅　W	k
	ゲート酸化膜圧　xi	k
	接合深さ　xi	k
	素子占有面積　S	k^2
	基板不純物密度　Nsub	1/k
回路パラメータ	電界　E	1
	電圧　V	k
	電流　I	k
	容量　C	k
	遅延時間　τ=VC/I	k
	消費電力　P=IV	k^2
	消費電力密度　P/S	1

第５章

半導体は何に使われ、どんな働きをする？

Section 01

半導体は何に使われているのか？

――コンピュータ分野

▼産業の米「半導体」

「産業の米」という言葉があります。戦後日本の経済用語で、産業の中核を担い、幅広い分野で利用され、産業全体の基盤となり、生活に不可欠のもの――を意味します。日本の高度成長時代に「産業の米」といえば、それは「鉄鋼」を指していましたが、その後現在に至るまで「**半導体**」を指すようになりました。

では、「産業の米」といわれるようになった半導体は、どこで何に使われ、どんな働きをしているのでしょうか。答えとしては「およそ多少なりとも知的な機能を持ったモノで、半導体を使っているモノを探すより、使っていないモノを探す方がむずかしい」と答えるのが、一番ピンとくるのではないでしょうか。

すなわち、コンピュータ、スマホなどのモバイル端末、ICカードなどはもちろんのこと、クルマ、家電製品から通信、医療、産業機器などの社会インフラ、そしてAI（人工知能）、IoT（モノのインターネット）、ドローン、ロボットに至るまで、数え上げたらきりがありません。

▼半導体は「国の安全保障」を決する最重要戦略物資

われわれ一般人にはあまり見えないかもしれませんが、半導体は武器にも多数搭載されていて、その武器の高機能化や高性能化に寄与しています。

このため半導体は、情報化の進んだ現代社会を実現し、進歩させるため、根底で支えているモノですが、影響は経済にとどまらず、政治的・軍事的にもその重要性が広く認知されつつあります。

一口に半導体といっても、用途によってさまざまな種類があり、その機能や性能や複雑さもさまざまです。この章では、先に述べたような、半導体が使われている分野と機器の例をいくつか取り上げ説明します。

図5-1-1 「富岳」に使われている特製CPU（A64FX）

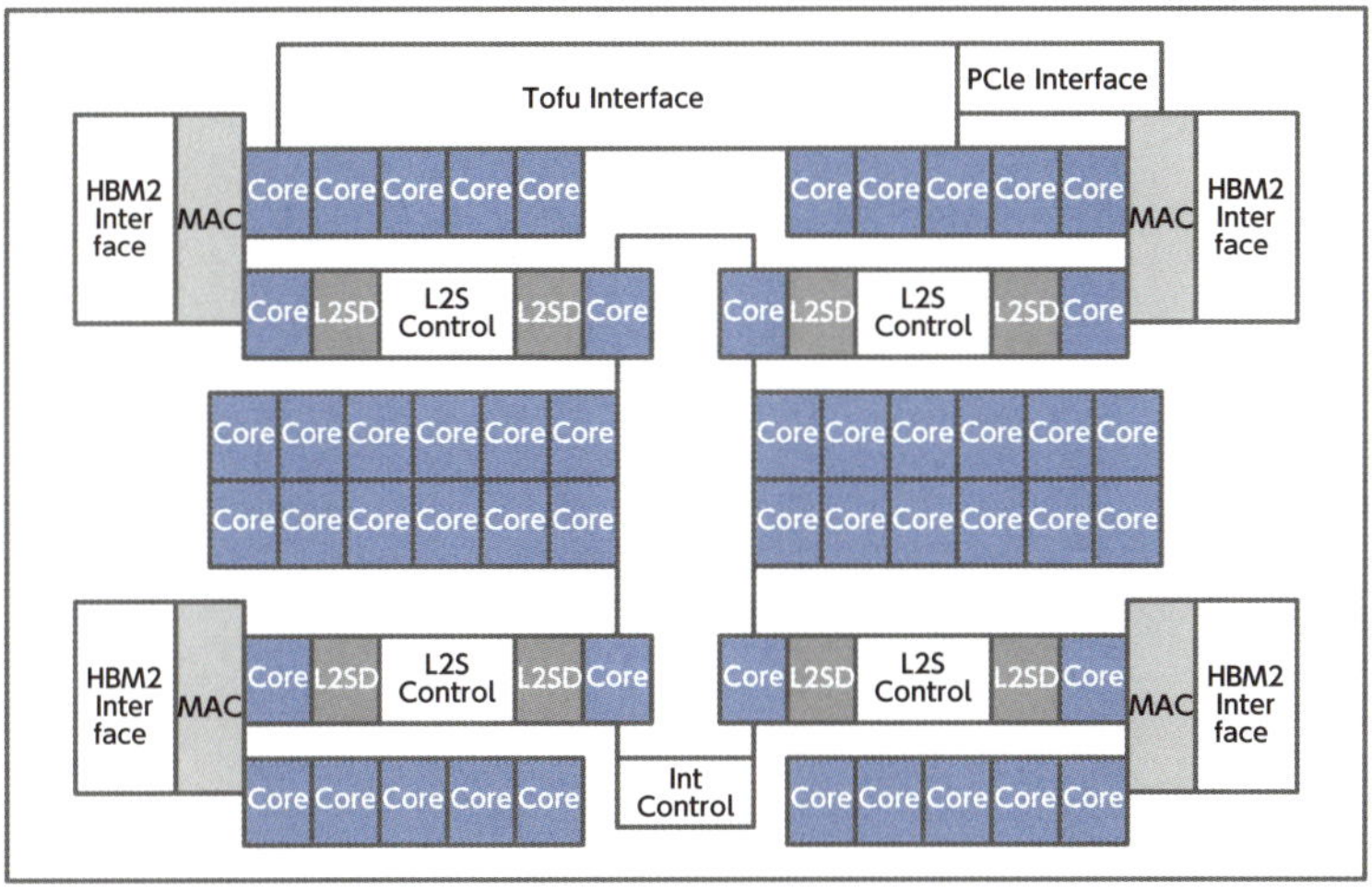

▼スパコンから身近なパソコンのCPUまで

「知的な働きをするモノ」と言えば、まず最初に、コンピュータを思い浮かべる人が多いでしょう。コンピュータにも、最上位のスーパーコンピュータからサーバー、ワークステーション、パーソナルコンピュータに至るまで、さまざまな階層のコンピュータがあります。そのいずれにも心臓部としてのCPUがあり、他にもGPU、FPGA、メモリ（メインメモリとしてのDRAM、キャッシュメモリとしてのSRAM）、補助記憶装置のストレージとしてはNANDフラッシュなどのIC、各種制御用のIC、通信用のICなどを多数含んでいます。

たとえば、2022年当時で世界一の性能を誇った、日本のスパコン「富岳《ふがく》」は特製CPU（A64FX）を15万個以上も使用しています（図5-1-1）。

一般的に階層が上位のコンピュータになるほど、より高性能なCPUが用いられますが、たとえばインテルのCPUの場合は、データセンター、業務用サーバー、ワークステーション向け上位のMPU Xeon（ジーオン）から、パソコン向けのCore i（コア）シリーズ、下位のCeleron（セレロン）などがあります。

インテルとプロセッサで張り合っているAMDについては、上位機種としてEPYCプロセッサ、パソコン向けの

Ryzenシリーズがあります。

▼モバイル端末にも使われている？

ノートパソコン、スマホ、タブレット端末などのモバイル型端末にもCPU、GPU、メモリ、ストレージ、制御用IC、入出力用IC、通信用ICなどが利用されています。

モバイル端末向けCPUの特徴は、コンピュータ用に比べて多少性能は落ちても、低消費電力を重視した特徴あるSOC（1チップ上にCPUや応用目的の機能も積み込まれている多機能IC）が使われていることです。

モバイル端末の代表例としてスマホ（スマートフォン）を取り上げ、そこでどんな半導体が使われているのかを見てみましょう。

スマホで使われているメインボード上には、以下のような半導体が搭載されています（図5-1-2）。

アプリケーションプロセッサ（AP）はスマホの心臓部として各種の処理や制御を行なうSOC（システム・オン・シリコン）で、心臓部としての制御・演算処理を行なうCPU、画像処理や行列処理などの膨大なデータ処理を並列して高速で行なうGPU、人工知能の役割を演じ「**AIプロセッサ**」とも呼ばれる**NPU**（Neural Processing Unit）、デジタル信号処理に特化したDSP、機能をカスタマイズするためのASICやFPGAなどから構成されています（図5-1-3）。

アプリケーションプロセッサの代表的なメーカーおよび製品としては、アップル（米）のAシリーズ、クアルコム（米）のSnapdragon（スナップドラゴン）、サムスン電子（韓）のExynos（エクシノス）、メディアテック（台）のHelio（ヘリオ）やDimensity（ディメンシティ）、ファーウエイ（中）のKirin（キリン）、グーグル（米）のTensor（テンソル）、AMD（米）のAthron（アスロン）、インテル（米）のAtom（アトム）、UNISOC（米）のT618などがあります。

ベースバンドプロセッサ（BBP）は、信号の生成、変調、符号化、周波数シフト、送信などの無線制御を管理します。ベースバンドプロセッサの代表的なメーカーには、クアルコム（米）、ブロードコム（米）、メディアテック（台）などがあります。

メインメモリとしてスマホ用に省電力化したDRAM（LPDDR）のメーカーとして、サムスン電子（韓）、SKハイニックス（韓）、マイクロン（米）などが、また**ストレージ**（NANDフラッシュ）としては、同じくサムスン、SKハイニックス、マイクロンに加え、キオクシア

図 5-1-2　スマホの内部構成

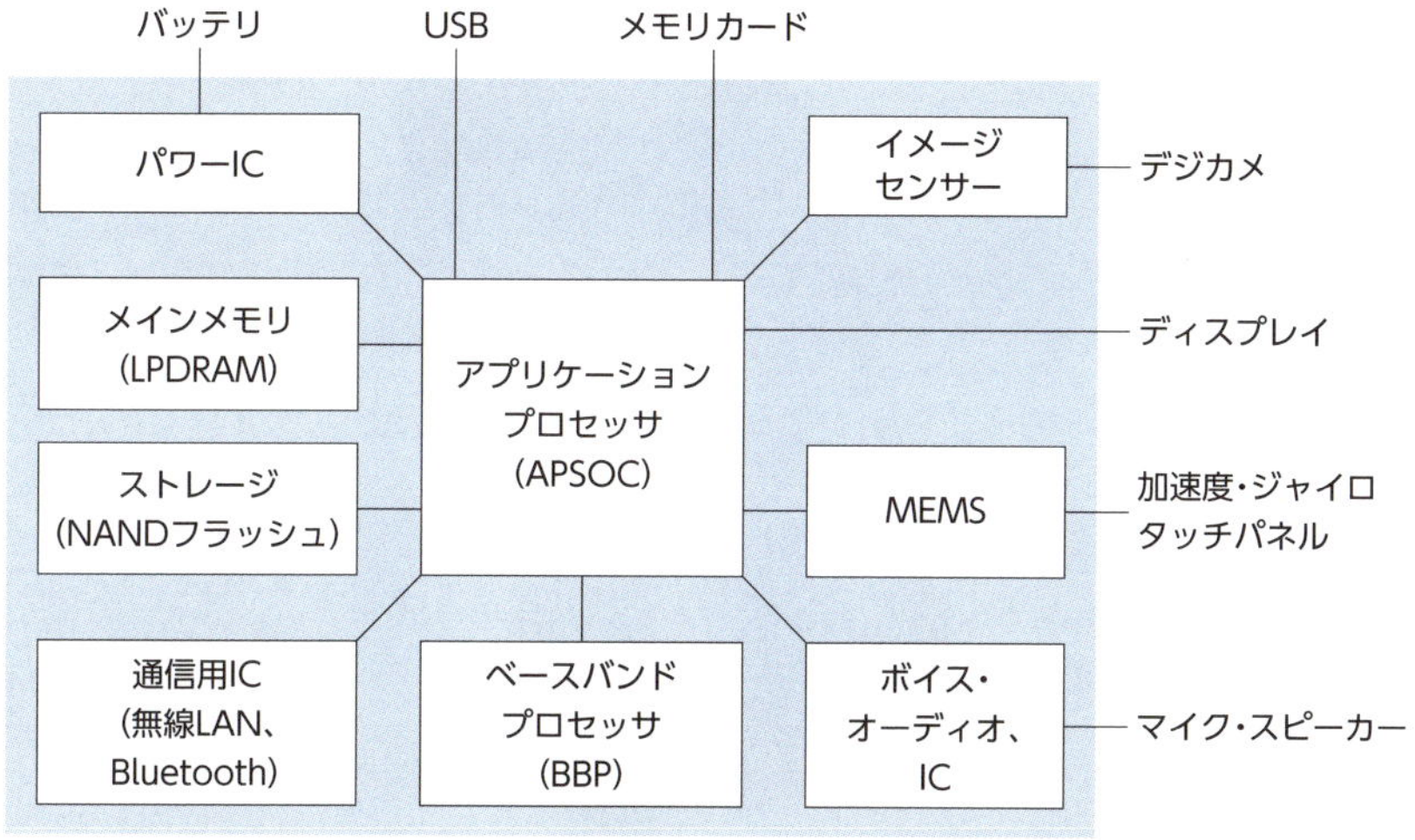

図 5-1-3　アプリケーションプロセッサ（SOC）の内部構成例

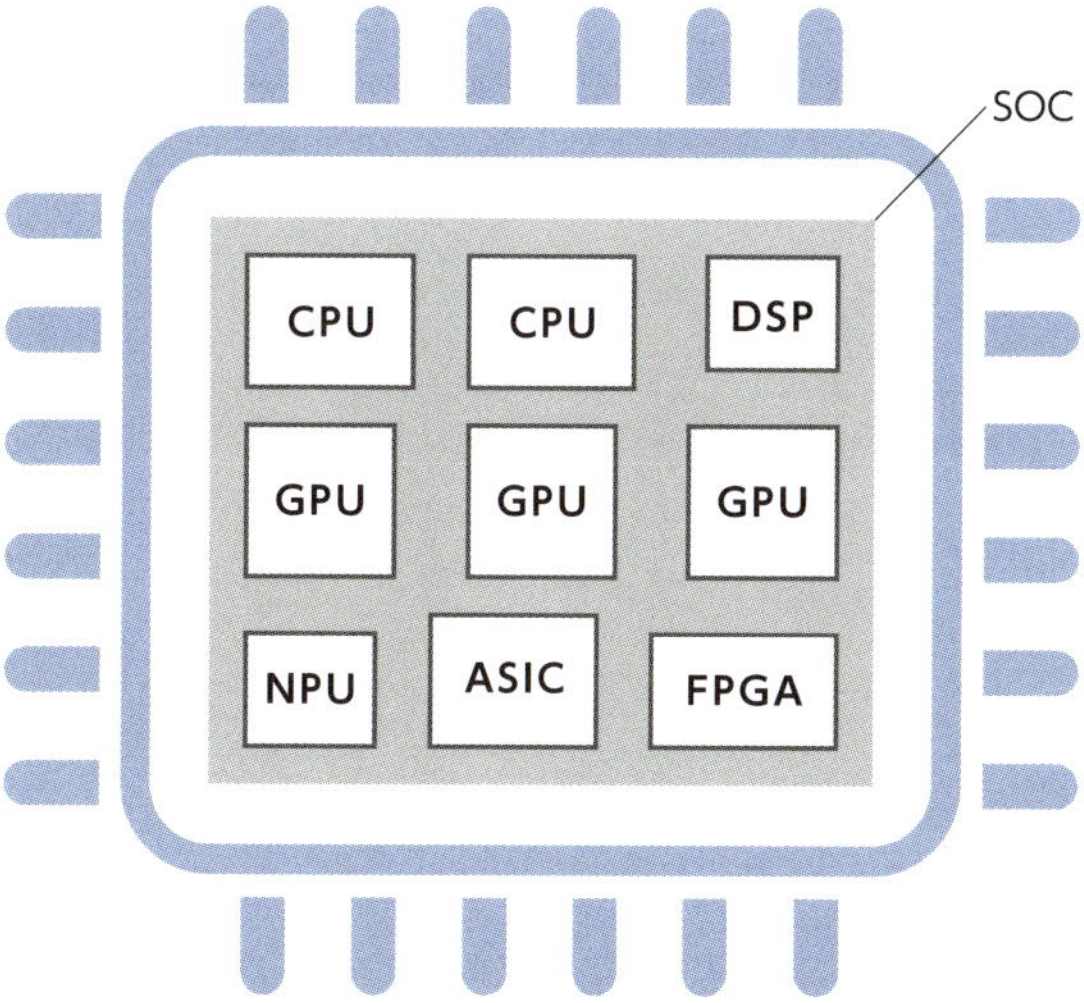

図 5-1-4　スマホに搭載されている各種 IC 例

（日）、ウエスタンデジタル（米：WD）などがあります。

　その他にも、GPSや加速度などの**センサー**、**ボイス・オーディオIC**、無線LANやBluetoothなどの**通信用IC**、スマホでは4・1Vのリチウムイオン電池からさまざまな電圧をつくる必要があり、このためのDC／DCコンバータなどのSOCに電源を供給する**電源IC**（PMIC）などがあります。またメインボード外の周辺デバイスとしては、メモリカード、USB、デジカメ、ディスプレイ（LCDや有機EL）、タッチパネル、バッテリー、マイクやスピーカー、アンテナなどもあり、これらにも半導体が使われています（図5-1-4）。

　これらメインボードの内外で使われている各種半導体デバイスは前述したアプリケーションプロセッサによって制御されています。

Section 02

半導体は何に使われているのか？
——身近な製品では？

▼家電にはどのようなICが使われている？

テレビ、炊飯器、冷蔵庫、洗濯機、デジカメ、エアコン、体温計、万歩計などの家電製品にも、MCUや各種センサIC、電源用ICなどが多数使われています。炊飯器を例にあげると、MCU、IGBTドライバー（絶縁ゲート型バイポーラトランジスタ）、センサー（温度、タッチ）、音声合成IC、オーディオアンプ、LCDドライバー、EEPROM、電源ICなどが搭載されています。

▼クルマ用の車載半導体とは？

現在のクルマは、さまざまな半導体を多数搭載しているため「**走る半導体**」と呼ばれることもあります。さらに今後電気自動車（EV）、自動運転車、さらには空飛ぶクルマの出現などにより、使われる半導体もますます増えるとともに、より複雑で高性能のデバイスが必要になってくるでしょう。

ここでは現状のクルマには、どんな半導体が使われ、どんな役割を果たしているのかを見てみましょう。なお、クルマに搭載されている半導体はしばしば「**車載半導体**」と呼ばれています。

車載半導体には、その働きから、エンジンやブレーキなど走行制御系、ダッシュボードや電動ミラーなどの車体制御系、カーオーディオやナビゲーションなどの情報系、圧力や加速度や回転などを検知するMEMSセンサー、電子の眼としてのイメージセンサー、電力系の制御やパワーウインドウ、ワイパー、ウインカーなどの小型モーター駆動用のパワー半導体などがあります。

これら半導体の中でも心臓部の役割を果たしているのがコントロールユニットで**ECU**（Electronic Control Unit）とも呼ばれ、数十から数百もの多数のMCU（マイクロコントローラ）が使われています。

ECUの主な働きには、基本的な走行動作のほか、車載

図 5-2-1　ECU の実用例

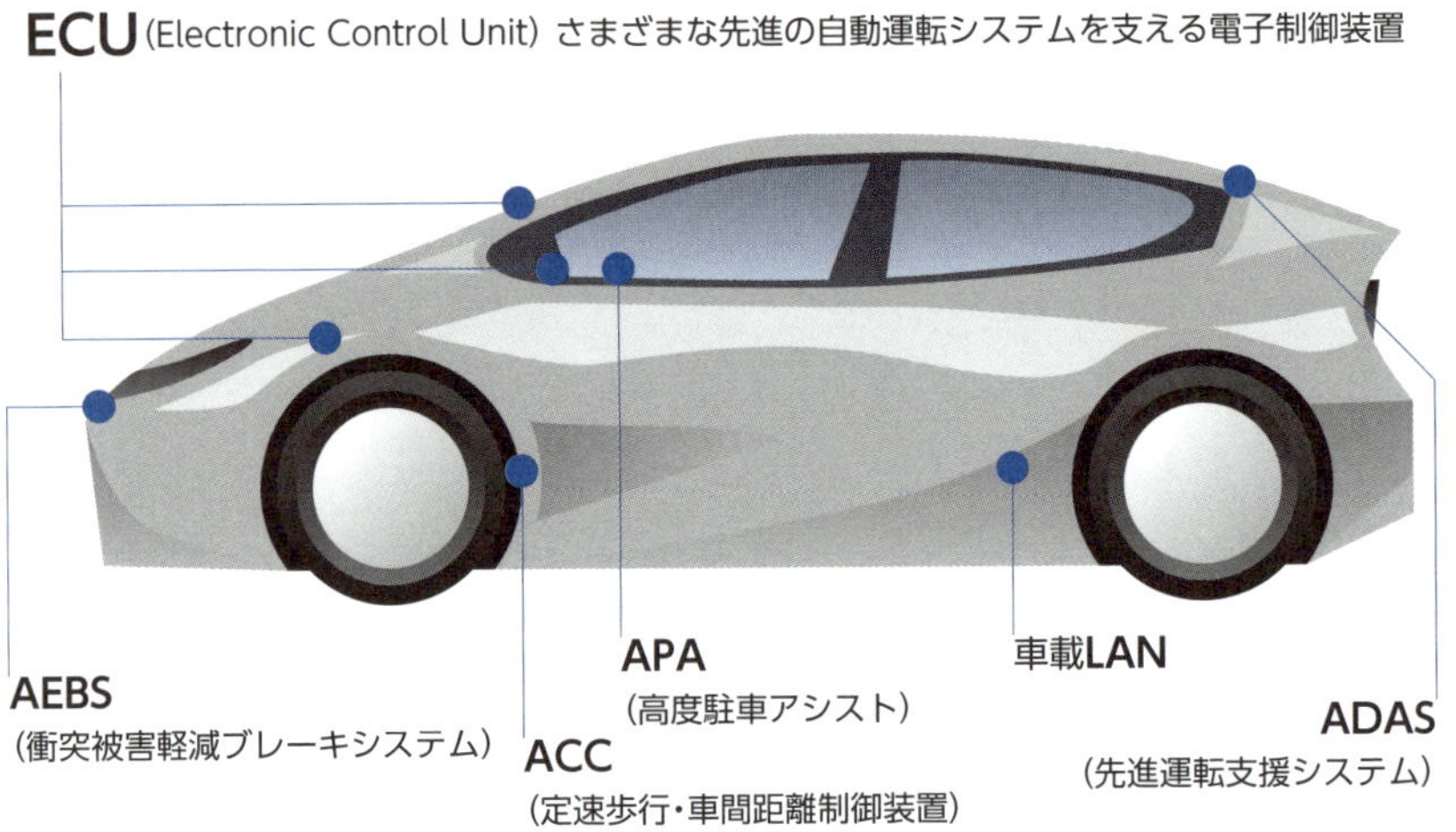

LAN、エンジン、トランスミッション、走行安全、さらに車間距離などの各種制御など、さまざまな先進運転支援システム（ADAS）などが含まれています（図5-2-1）。

車載に使われている半導体センサーとしては、ガソリン噴射・点火制御などのエンジン制御センサー、光センサー（LiDAR）、赤外線センサー、エアバッグ用などの圧力センサー、加速度・ジャイロセンサー、GPSセンサー、車両や人との距離やそれらの速度を検知するミリ波センサーなどの安全に関するセキュリティーセンサーなどがあります。

パワー半導体は、クルマへの電力供給や電力制御を行ないます。パワーデバイスとしては、DC／DCコンバータ、エンジン出力の電気への変換、バッテリー電力のモーターへの供給をしたりするIGBT（絶縁ゲートバイポーラトランジスタ）、IGBTより高速動作可能なSiCパワーデバイス、高電圧耐性に優れたGaNデバイスなどもあります。

これまでのクルマのECUには100個ものMPUが使われていましたが、最近はこれらをまとめた「**統合ECU**」の開発・実用化が進められています。これらは、複雑な機能を実現するとともに、部品点数や重量の削減、さらにはさまざまな先進運転を支援するために必須の技術となっています。

この統合ECUチップは、スマホにおけるアプリケーションプロセッサの「車版SOC」とも呼べるモノです。たとえばテスラのFSD（完全自動運転化ソフトウエア）、ルネサスのR-Car（自立走行用SOC）、エヌビディアのOrin、テキサス・インスツルメンツのレーダーセンサーSOC、サムスンのExynos Autoなど、各社ごとに特徴のある統合ECUチップが開発されています。

また電気自動車（EV）では、パワー半導体によるモーター制御や回生ブレーキ充電なども行なわれています。クルマに使われる部品のうち、半導体が占める割合は現状の数%から、高級車では今後20%にまで膨らむという予測もあります。特に自動運転が普及すれば、危険察知などからも半導体の重要性はますます高まるでしょう。

▼ICカードには？

ICカードと磁気カードは見た目が似ていますが、中身は大きく異なります。ICカードとは「ICチップを搭載したカード」のことをいい、「接触型」と「非接触型」の2つに分けられます。接触型はカード端末機のリーダー／ライターと直接接触する内蔵端子を持つタイプです。一方の非接触型はカードにアンテナが内蔵され、端末のリーダー／ライターから発生する磁界にかざすことで、無線通信でのデータのやり取りをするタイプです（図5-2-2）。

ICカードには、金融系のキャッシュカード、クレジットカード、交通系のスイカなどのカード、あるいは住基カード、運転免許証など、さまざまな種類のカードが流通しています。搭載されているICとして、CPU、コプロセッサ（CPUの機能を補助するIC）、メモリ（ROM、RAM、EEPROM）などがあります。

▼電子ゲーム機にはどんなICが？

電子ゲーム機は液晶画面を見ながら操作する、ソフトウエア内蔵型の小型携帯ゲーム機のことですが、最近では「**先端半導体の宝庫**」とも呼ばれるように、最先端の各種半導体が搭載されています。

たとえば、CPUとGPUとが1チップに搭載されたSOCや、DRAM（メモリ）とロジックとを混載したLSI（eDRAM）、あるいはMEMSモーションセンサー、タッチスクリーン制御IC、低消費電力のMCU（マイコン）、DSP（デジタル信号処理に特化）、NFC制御IC（ICタグの検出）、PMIC（電力管理用IC）、LEDドライバー（LEDを点灯させる駆動装置）など、多数のチップが搭載されています（図5-2-3）。

図 5-2-2　IC カードにも各種の IC が使われている

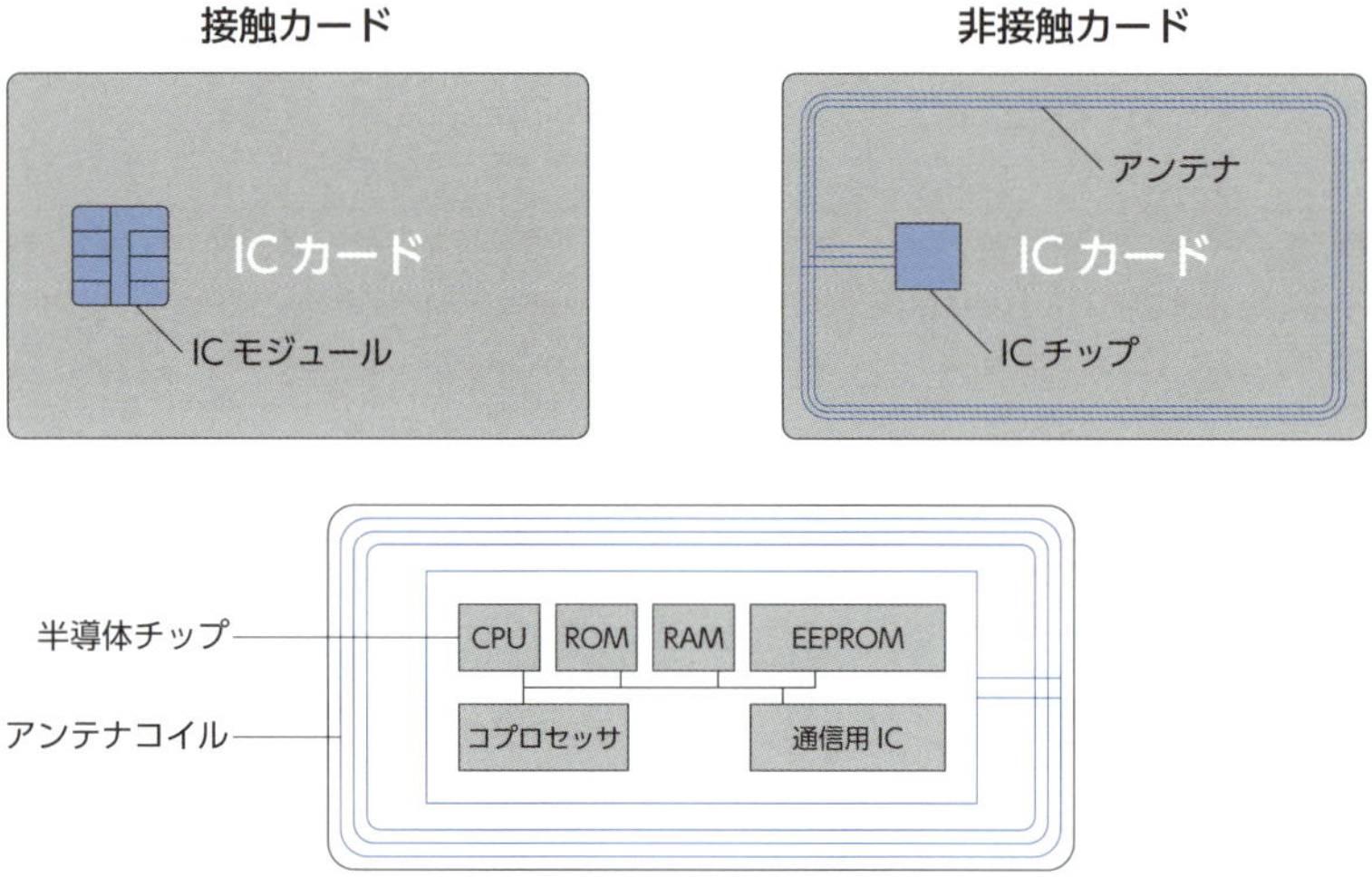

(使われている IC：CPU、コプロセッサ、ROM、RAM、通信用 IC)

図 5-2-3　電子ゲーム機の中にも IC が多数使われている

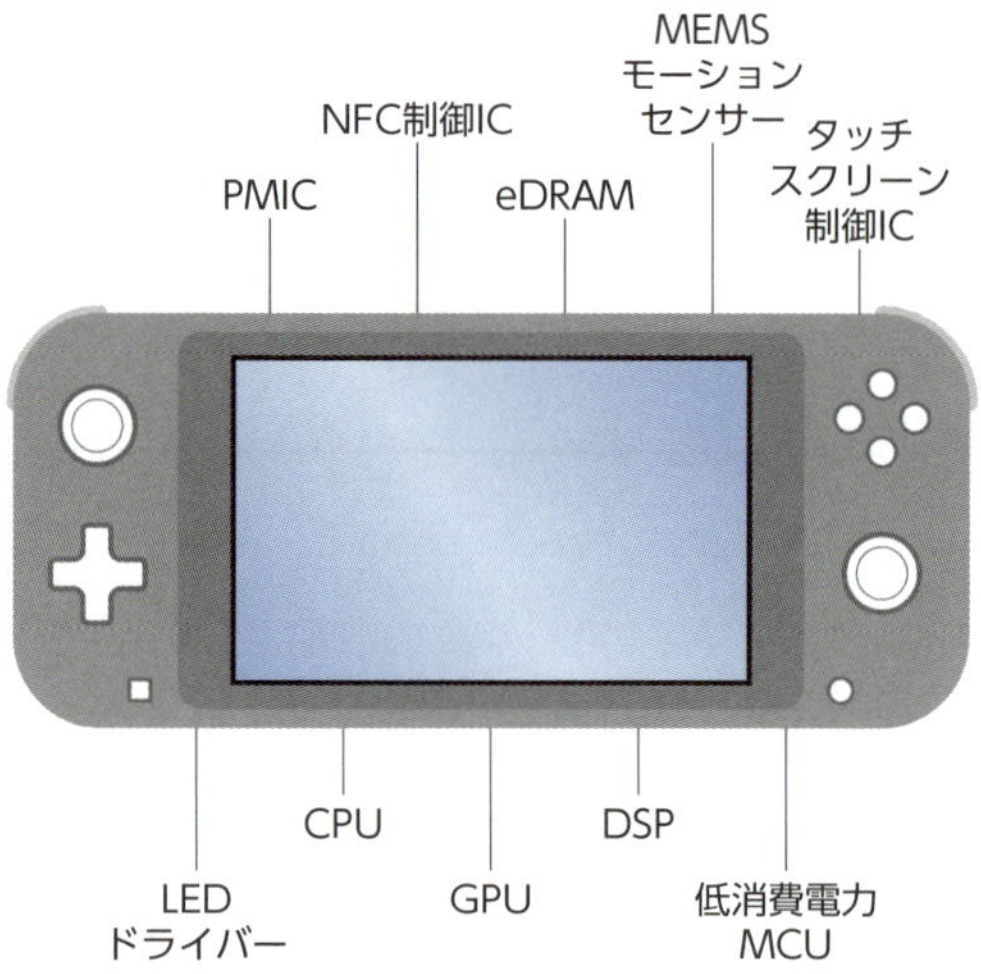

Section 03

半導体は何に使われているのか？
——インフラ、医療分野では

生活を支える公共的な基盤や仕組みとしての社会インフラである電気、ガス、水道、道路、交通、電話、さらにはインターネットなどの通信サービス、医療サービスなど、これらの整備・向上のためにＩＴ技術の活用が進んでいます。

その中核となるのが半導体で、すぐには気づかないかもしれませんが、あらゆる分野で多様な半導体が大量に用いられます。

たとえば、工作機械、産業機械、半導体製造装置、産業用ロボット等でもさまざまな種類の半導体（ＩＣ）が多数使われています。ここでは特に、周辺環境や動作状態を把握するための画像センサー、音声センサー、加速度センサー、温度センサーなどを始めとする各種ＭＥＭＳセンサー、データを解析・制御するためのＭＣＵ（マイコン）やＤＳＰ、ＤＲＡＭとフラッシュメモリ、パワー半導体、通信用ＩＣ、ＦＰＧＡなどが使われています（図5-3-1）。

図 5-3-1　工作機械などで使われる無数の IC

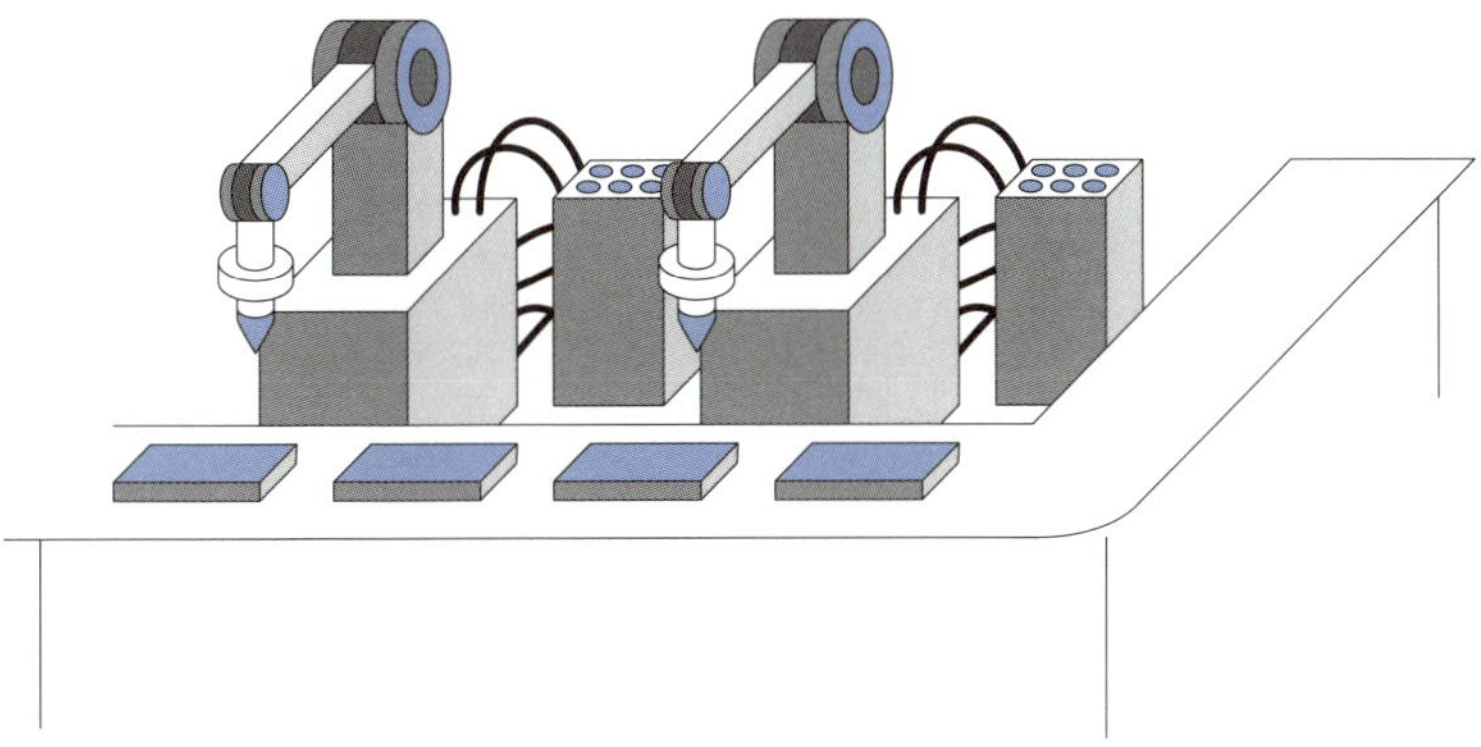

MEMSセンサー、MCU、DSP、FPGA、DRAM、Flash、通信用IC、パワー半導体…

図5-3-2　医療用カプセル型内視鏡の中にも使われているIC

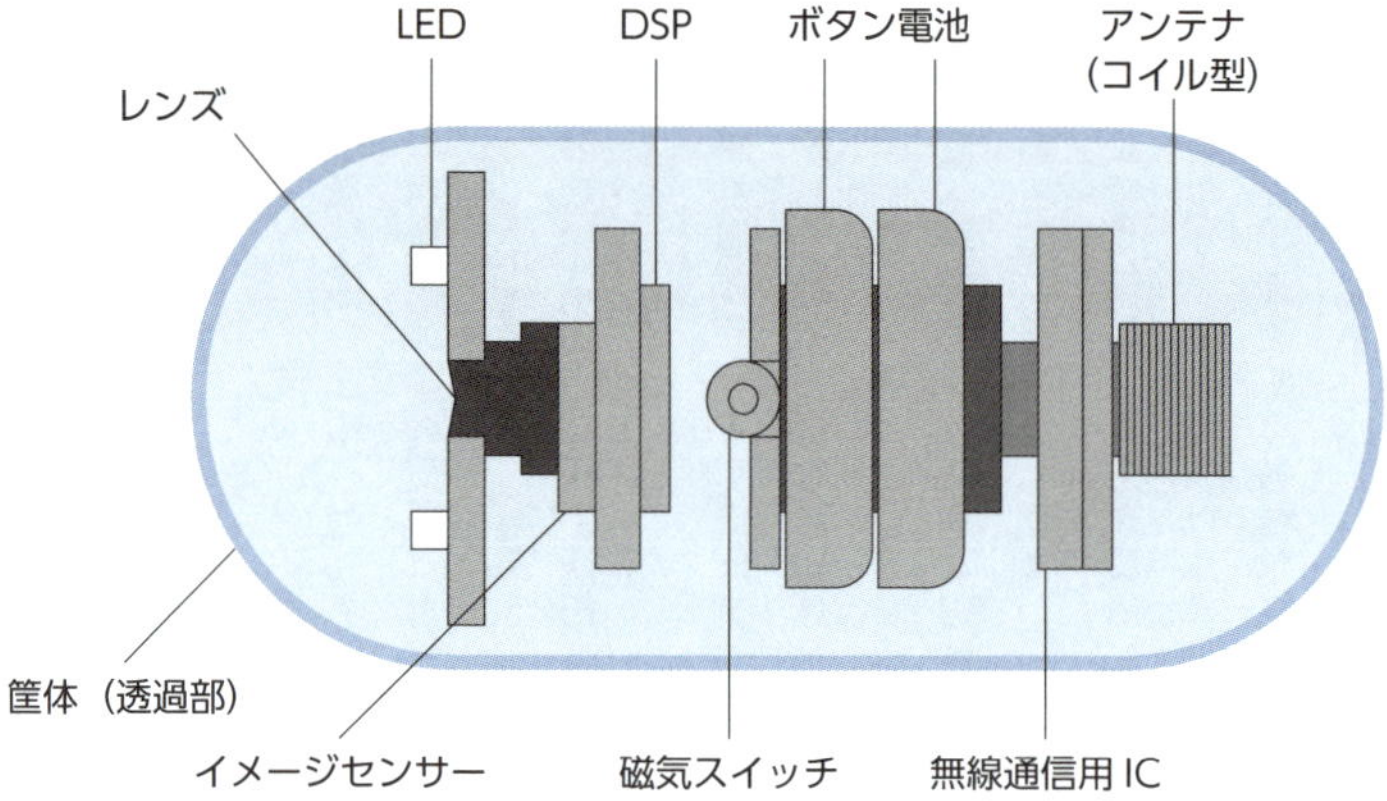

医療現場では、CT、MRI、PETなどの高度医療機器から、内視鏡、万歩計、電子体温計に至るまで、各種の半導体センサーや制御用マイコンなど多種多様な半導体が使われています。

胃カメラや大腸内視鏡などは昔から使われていますが、最近では先端的半導体技術を活用したものとして、カプセル型内視鏡も登場してきています（図5-3-2）。カプセル型内視鏡では、内部組織を照らすためのLED、撮影のためのイメージセンサー、外部とデータのやり取りをするための無線通信用IC、全体制御のためのマイコンやASIC（特定用途向けのIC）などが含まれています。

ヘルスケアを行なうには、体温、血圧、脈拍、体重などさまざまな情報を収集しなければなりません。そのためには各種のMEMS半導体センサーが必要ですし、収集したデータをサーバーへ送信し、解析しなければなりません。

このように、医療におけるDX（デジタルトランスフォーメーション）も、半導体技術の向上に伴って、今後急速に進展するものと思われます。

Section 04

半導体は産業最前線でどう使われている？

——ＡＩ、ＩｏＴ、ドローン……

▼データセンターでは？

ＩＴ化の利用・活用は拡大・進化し、ニーズも多様化しています。また自然災害等に備えた事業継続計画（ＢＣＰ）の一環としても、システムの安全な運用が求められます。データセンターは、サーバーやネットワーク機器などのＩＴ機器を収納し運転させるための施設です。

データセンターには、インテルのＸｅｏｎやＡＭＤのＥＰＹＣなど、高性能のサーバー（ＭＰＵ）、エヌビディアやＡＭＤなどのＧＰＵ、アプリケーションプロセッサ、ＦＰＧＡ、ＤＲＡＭとフラッシュメモリ、通信用ＩＣなどが大量に使われています。

大手ＩＴ企業などのハイパースケールと呼ばれる巨大データセンターでは、大量の電力と冷却用の水を必要とするため、建設地域から問題視されるケースも散見されます。

▼ＡＩ・ディープラーニングでは？

ＡＩ（人工知能）とは、元々の定義によれば、「知的な機械、特に知的なコンピュータプログラムを作る科学と技術」と定義されます。いっぽう、**ディープラーニング**（深層学習）とは、人間が自然に行なう仕事や作業をコンピュータに学習させる機械学習の一つの手法で、人間が学習によりニューラルネットワークを次第に複雑にしていく過程に似通った原理を用いていて、今日のＡＩ技術のコアになっています（次ページ図5-4-1）。

機械学習やディープラーニングの仕組みを持った**ＡＩチップ**（アクセラレータ）としては、グーグルＴＰＵ（Tensor Processing Unit）、アップルＡｘｘバイオニック、インテルＸＰＵ、IBM Telumプロセッサなどがあります。

▼生成ＡＩとエッジＡＩ

従来のＡＩが決められた行為を自動化するのに対し、コ

図 5-4-1　人工知能（AI）でも活躍する IC

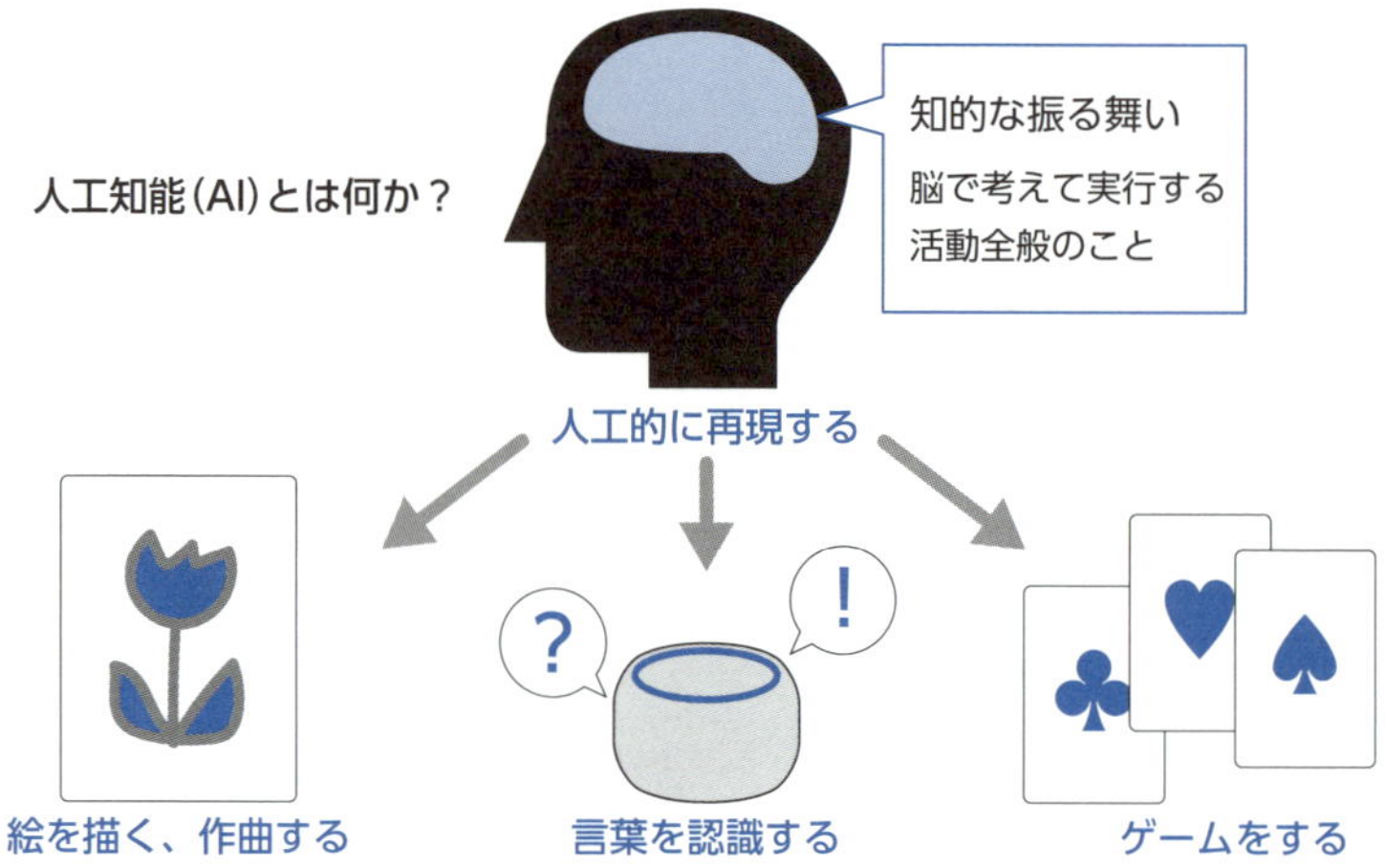

グーグル TPU、アップル Axx バイオニック、インテル XPU、IBM Telum

ンピュータが学習したデータのパターンや関係を元に、新たなコンテンツを生成するAIは「**生成AI**」（Generative AI）と呼ばれます。

アメリカの**OpenAI社**（オープンエイアイ社）が2022年11月に公開した人工知能チャットボット「**ChatGPT**」（チャットGPT）が本格的生成AI時代を拓いたといえるでしょう。

ChatGPTは、人間の対話に近い自然な文章を生成しますが、その基本は大規模言語モデル（LLM: Large Language Model）と呼ばれるモデルに基づいています（図5-4-2）。

LLMでは、ディープラーニングにより単語間の関連確率に基づいて文章を作成しますが、人間の自然言語に比べてはるかに大規模なデータ量・計算量・パラメータ数を扱う必要があり、高性能CPU、GPUやHBMによる広帯域メモリへの要求・需要が急速に増えています。特にGPUに対する需要の爆発的な増大は、市場をほぼ独占している**エヌビディア**の最近の急激な業績向上に反映しています。

これまでAI、特に生成AIは、「**クラウドAI**」とも呼ばれるようにAIの処理をデータセンター（クラウド）上の多数のCPUやGPUを用いて行なっていました。

図 5-4-2　LLM に基づく生成 AI

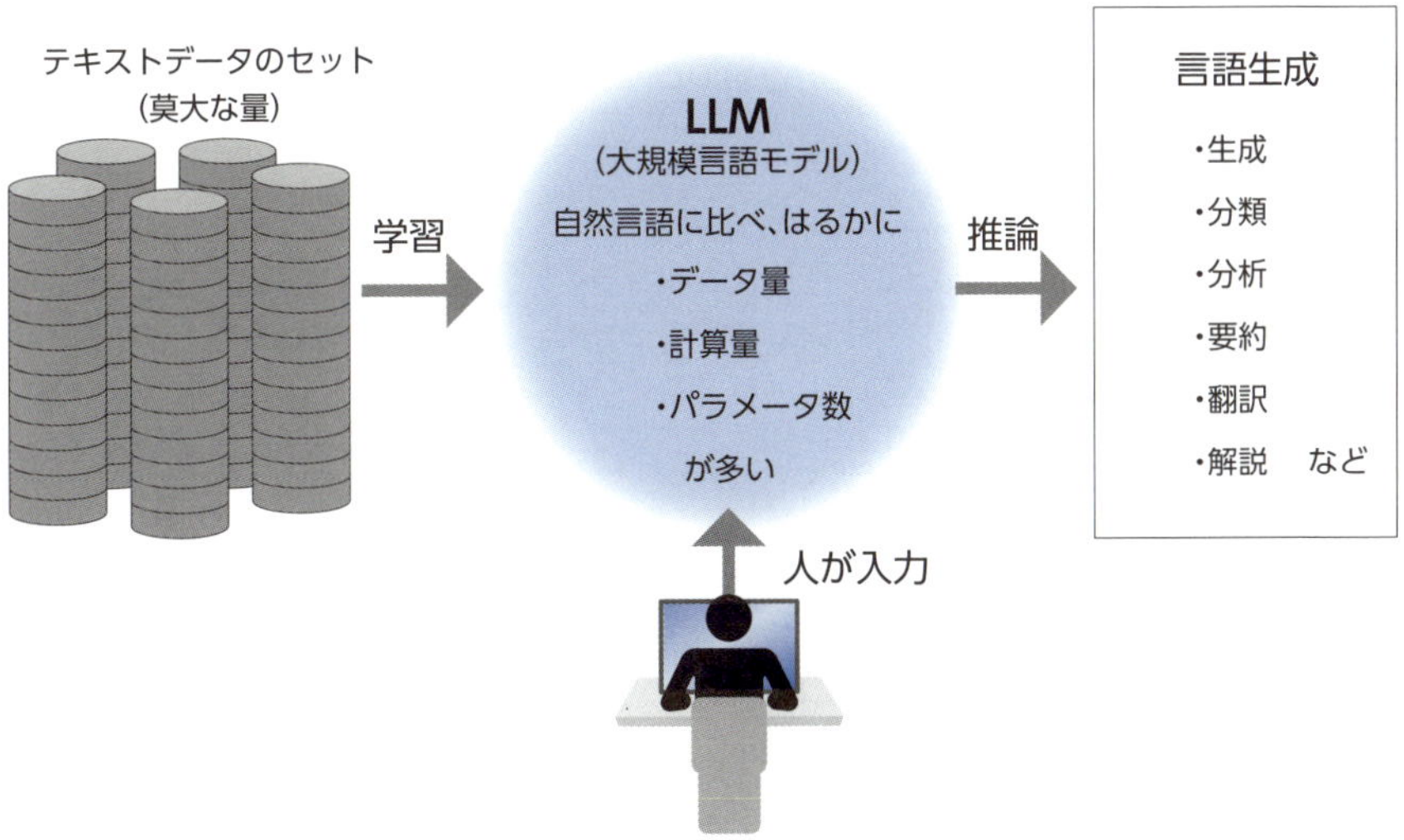

図 5-4-3　クラウド AI とエッジ AI

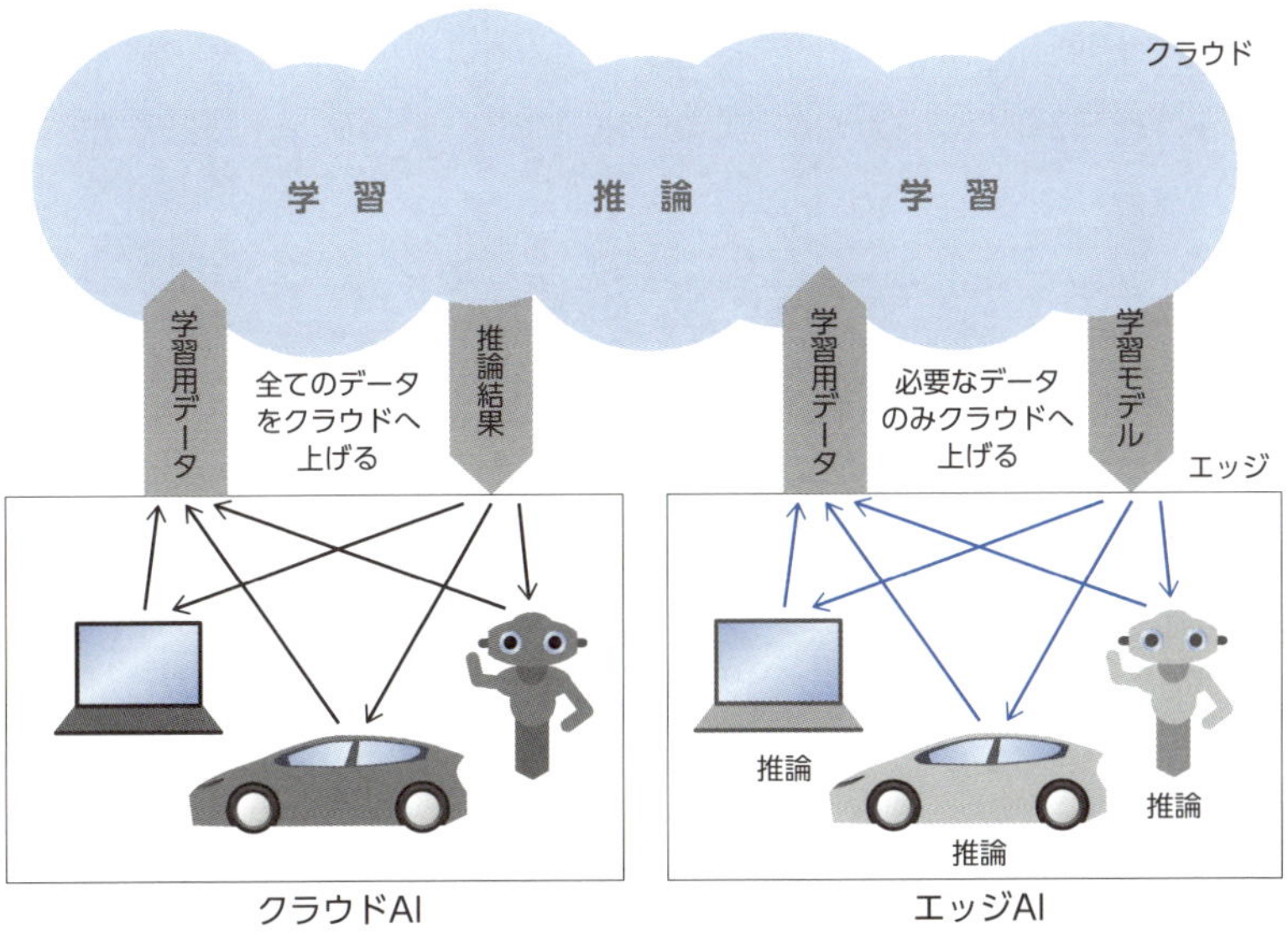

これに対し「**エッジAI**」では、クラウド端末としてのエッジデバイス内部でデータを処理し、必要に応じてクラウドにアップすることで処理能力ではクラウドAIに劣るもののリアルタイム処理、データ通信量やコストの低減を目的として使われています（図5-4-3）。

最近、エッジ処理を担う端末としてAIPC（AI用のパソコン）が開発されていますが、このパソコンに使われているプロセッサには、従来からのCPUやGPUに加え、高速で反復的なAIタスクの実行に特化した**NPU**（Neural Processing Unit）が搭載されています。たとえば、インテルのCore UltraプロセッサやAMDのRyzen AIプロセッサなどがあります。

▼IoT、DXでは？

IoTとは、さまざまなモノがインターネットに接続され、相互に情報を交換し合うことによってデジタル社会を実現する方法のことです。いっぽう、DX（デジタルトランスフォーメーション）とは、進化したデジタル技術を社会のあらゆる局面に浸透させることでより豊かでより良い生活を実現しようとするものです（図5-4-4）。

IoTやDXなどのシステムでも、さまざまなICが数多く使われています。さまざまなアナログデータを検知・収集するMEMS（微小電子機械システム）を用いた温度センサー、圧力センサー、加速度センサー、ジャイロセンサー（回転）、あるいはCMOSを用いたイメージセンサーなどのセンサー類があります。また、得られた微弱なアナログ信号を増幅するアナログIC、アナログ信号をデジタル信号に変換するADC（アナデジコンバータ）、デジタル信号を処理するMCU（マイコン）、処理した情報をアナログ信号に変換するDAC（デジアナコンバータ）なども使われています。

他にも、処理済み情報をインターネットに上げるための通信用IC、全体を動かすためのPMIC（電力管理用IC）などが不可欠です。またIoT端末が多い場合など、インターネットに上げる前にエッジ側（端末の置かれている側）で、ある程度のデータ解析や処理を行なうため、ゲートウェイのなかにSOCやCPUを搭載するケースもあります。

▼ドローンでは？

最近では、建設現場などの周辺状況を把握するためにドローンが使われることが増えています（図5-4-5）。たとえば、ドローンに搭載された各種のセンサーによって、画像、音声、力、加速度、温度などのデータを取り込みま

図 5-4-4 IoT や DX など、話題の場で活躍する IC

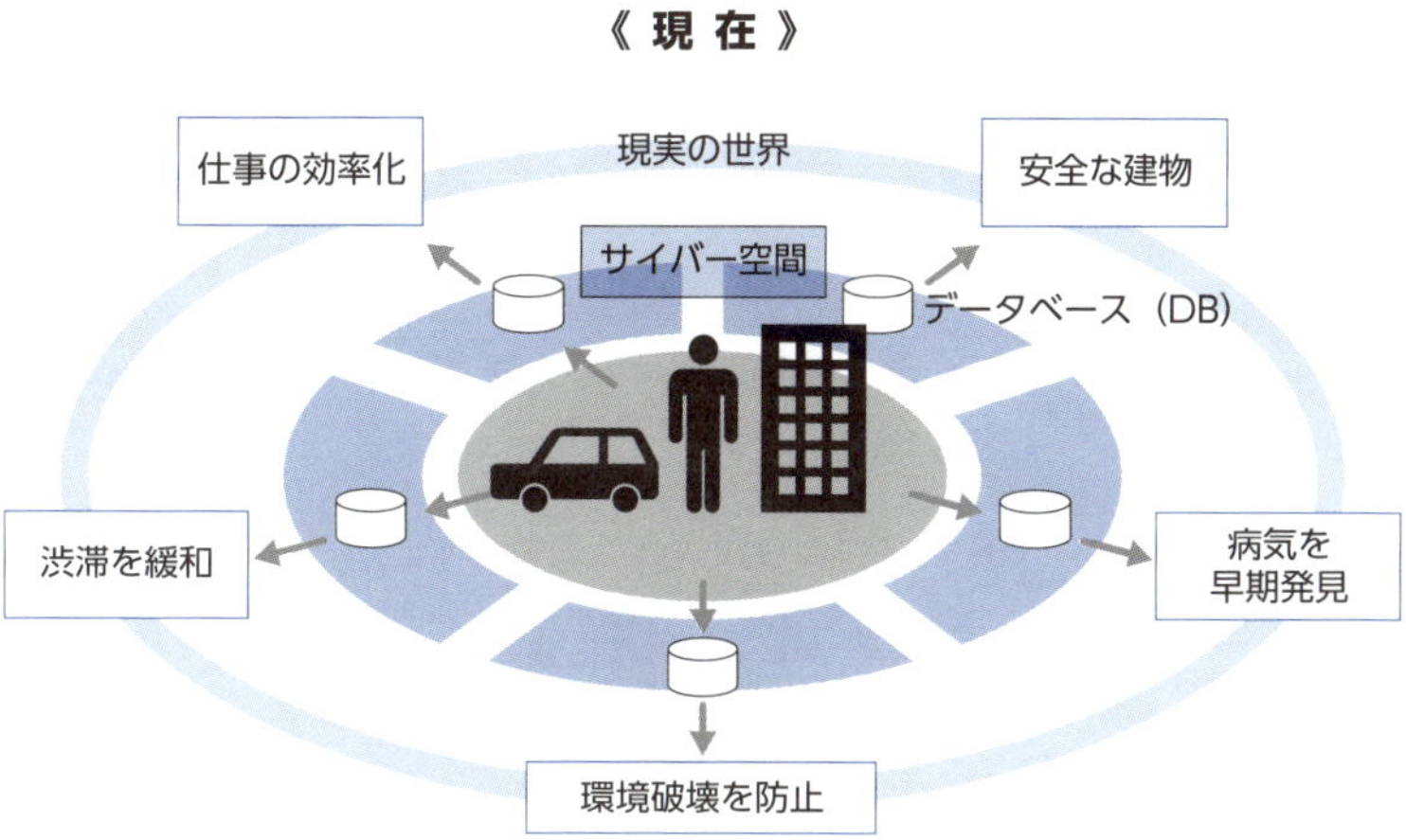

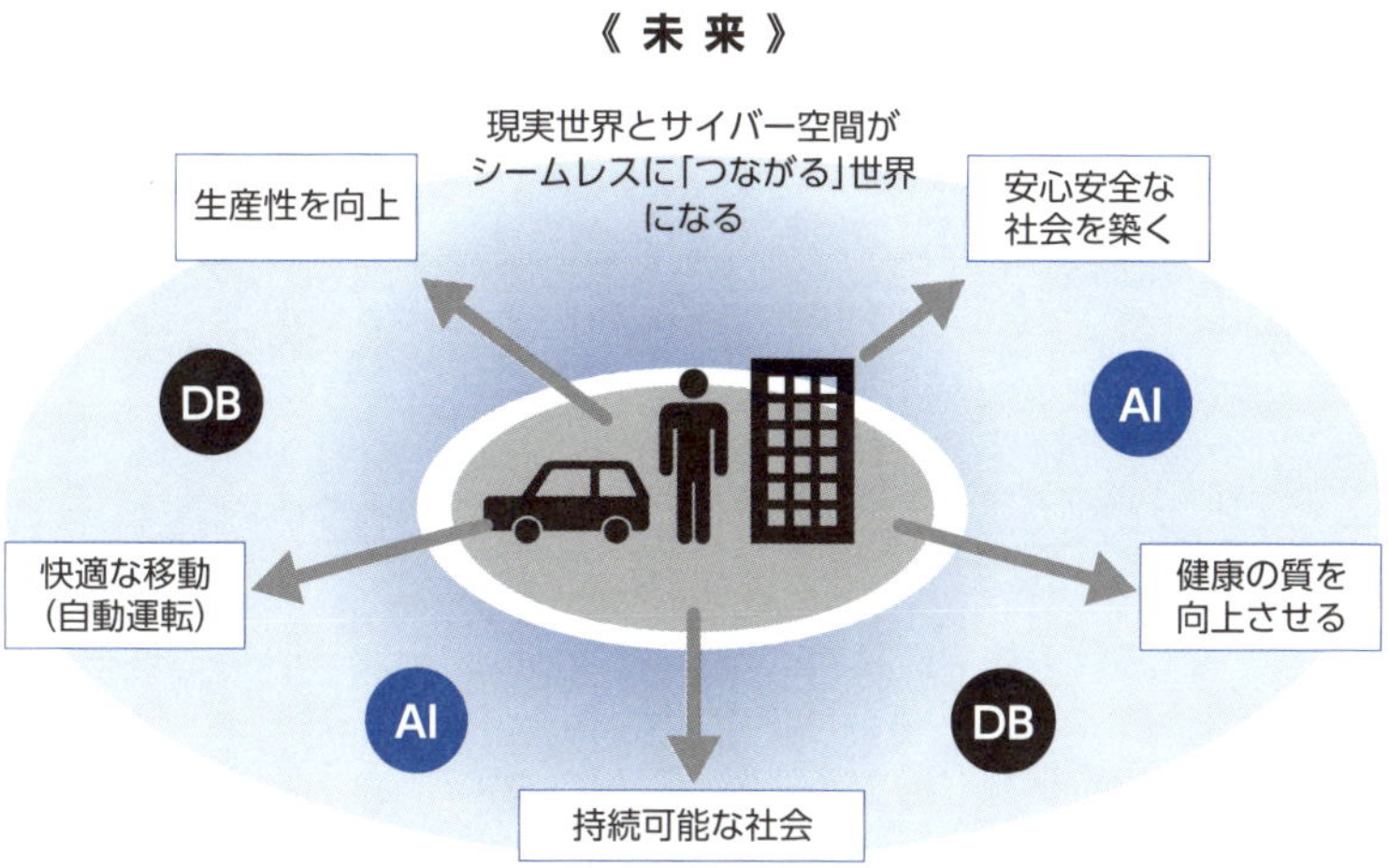

MEMS センサー、イメージセンサー、アナログ IC、ADC、MCU、DAC、
通信用 IC、PMIC、SOC、CPU…

図 5-4-5　ドローンに使われている IC

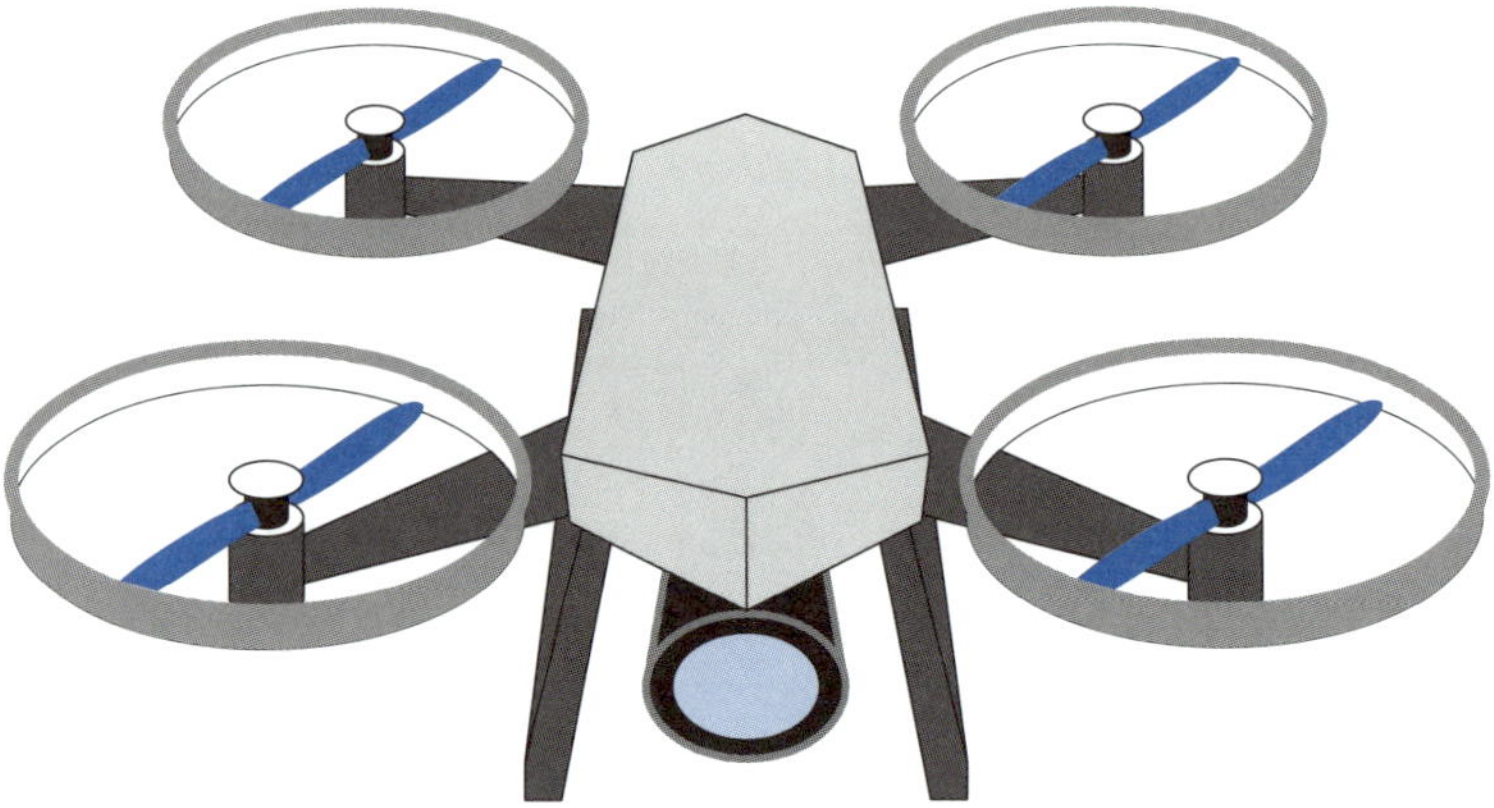

MEMS センサー、イメージセンサー、MCU、DSP、
通信用 IC、FPGA、パワー半導体…

す。また、機械の動作状態を知るため、知覚・識別・認識をするためのイメージセンサーやMEMSセンサーなども搭載されています。そして、ロボットやドローン自身の制御などを行なうため、MCU（マイコン）やDSP、ネットワークやインターネットに接続するための通信プロトコル処理用IC、動力やコントローラ制御のためのパワー半導体などが搭載されています。

以上見てきたように、半導体が利・活用される分野と機器は多岐にわたります。いずれも人々の生活の利便性、快適性、安全性の向上、地球環境への負荷低減、カーボンニュートラル化などのためのシステムの高機能化、高性能化、高効率化、機器や装置の小型・軽量化・高信頼性化・低コスト化が半導体を用いる目的ですが、それが回りまわって半導体自身さらには半導体製造装置の高機能化・高性能化にも及んでいます。

Section 05

パワー半導体は通常の半導体と何が違うか？

▼「エネルギーを扱う」パワー半導体

一般に「半導体」というと、記憶（メモリ）や各種の演算処理（CPU）など、「情報を扱う半導体」のことを指します。それに対し、**パワー半導体**と呼ばれるものがあります。それは名前の通り、電力（power）の制御や変換、すなわち「エネルギーを扱う半導体」のことを指し、メモリなどの一般にいわれる「半導体」とは異なる働きをします。

このパワー半導体と似た機能を持つデバイスとして**PMIC**（Power Management IC：ピーエムアイシー）と呼ばれる半導体デバイスもあり、このPMICも含めて「パワー半導体」（広義）と総称されることもあります。

ここでは上記のような狭義、広義（PMICも含めた）のパワー半導体について説明します。

実は、パワー半導体は「高電圧や大電流を扱うデバイス」というだけのことであり、その定義そのものは明確ではありません。ただ、一般に定格電流（その製品が安全に使える最大の電流値）が1A（アンペア）以上のものを「パワー半導体」と呼んでいます。

▼パワー半導体の機能、代表的なデバイス

パワー半導体の機能としては、

①交流電圧を直流電圧へ変換する（コンバータ）
②直流電圧を交流電圧へ変換する（インバータ）
③周波数を変換する（周波数変換器）
④直流電圧値を変換する（レギュレータ）

など、いくつかの機能があります。

パワー半導体の代表的なデバイスとして「**パワートランジスタ**」があります。これには、シリコン基板を用いたMOS型、バイポーラ型、そしてMOS型とバイポーラ型を複合した**IGBT**（Insulated Gate Bipolar Transistor）などがあります。他にもSiC（シリコンカーバイド）、

GaN（窒化ガリウム）、Ga_2O_3（酸化ガリウム）などの化合物を用いたデバイス、さらにはダイヤモンドなどを用いたデバイスもあります。

パワー半導体は、工作機械や製造装置などの産業機器、電車やクルマ（特にハイブリッド車やＥＶ車）などの交通車両、通信基地局、太陽光発電などに多く使われています。

パワー半導体の市場規模は、２０２３年時点で3兆円強、２０３５年には8兆円弱にまで成長するとの予測もあります。２０２３年時点では、シリコンパワー半導体が90％、化合物パワー半導体（SiCとGaNなど）で10％程度の比率ですが、今後は非シリコン系の半導体の比率が増えてくると思われます。

パワー半導体の主なメーカーとしては、ドイツのインフィニオン（26％）、アメリカのオン・セミコンダクタ（10％）、三菱電機（９％）、東芝、そしてスイスのＳＴマイクロエレクトロニクス、富士電機などがあります。また非シリコン系のパワー半導体メーカーとしては、上記メーカーの他にアメリカのウルフスピード、日本のロームなどもあります。

▼ＰＭＩＣは「賢いパワー半導体」

ＰＭＩＣはエレクトロニクス機器の電源供給や電源状態を最適に保つため、個々の電子部品へ供給すべき電力やスイッチング周波数を制御し、電源供給をオン・オフしたりする機能を持ったＩＣ（集積回路）のことです。すなわち、ＰＭＩＣはパワー半導体素子にさまざまな制御機能を持った回路を組み合わせて構成した、インテリジェントなパワー半導体といえるデバイスです。

ＰＭＩＣの主なメーカーとしては、アメリカのＴＩ、オン・セミコンダクタ、ドイツのインフィニオン、スイスのＳＴマイクロエレクトロニクス、オランダのＮＸＰセミコンダクタズ、日本のルネサス、東芝、ロームなどがあります。

２０２３年におけるＰＭＩＣの市場規模は4兆９０００億円弱で今後４・１％程度の成長率が見込まれています。

パワー半導体（ＰＭＩＣ含む）に関して、「日本メーカーが先行している」との記述を見掛けることがありますが、現状ではそんなことはありません。たとえば狭義のパワー半導体については、日本メーカー全部を合わせても、トップのインフィニオンに肩を並べられるかどうかという状態です。

今後日本メーカーは、特にSiCやGaN、さらにはGa_2O_3、ダイヤモンドなどの非シリコンパワー半導体で頑張らなければならないでしょう。

コラム

半導体に関するニュースの読み方

世界最大かつ最強の半導体ファウンドリーTSMC（台湾）が、ソニーやデンソー、さらに日本政府の支援のもと、熊本に22/28nm、12/16nmテクノロジー・ノードの半導体（LSI）製造工場を作り、日本のマスコミを賑わしています。

しかし、世界に目を転じると半導体産業を巡ってもっともっと大きくて激しい変革の波が押し寄せて来ています。その背景には、米中の覇権を巡るデカップリング（米中分離）があり、最重要の戦略物資と化した半導体がその波をまともに受けている状況をとらまえながら、ニュースの真相に迫る必要があります。

たとえば、2021年5月、IBMは2nmノードのナノシート技術（GAA MOSトランジスタ）を用いたテストチップの試作に成功し、2024年後半には実用化できるだろうと発表しました。IBMは現在、半導体（LSI）の量産はしていませんが、技術開発力には定評があります。

インテルはオハイオ州に2兆円以上をかけた新工場、さらに現有のアリゾナ州チャンドラーに2兆円を投じて新たに2棟を建設すると発表しています。インテルは、IDM2.0と称する新モデルに基づき、20AノードのRibbon FET（2nm相当GAA）を用いた製造ラインで先端半導体のファウンドリービジネスも展開しようとしています。台湾のTSMCはアリゾナ州フェニックスに1.3兆円を投じて5nmノードの新工場を、サムスン電子はテキサス州に2兆円を投じて3nmノードの工場を建設予定です。これらすべてが2024年／下～2025年稼働とシンクロし、アメリカ政府が出す6兆円の補助金が当てられるとのことです。

このように見てくると、アメリカは、半導体（LSI）産業のミッシングピースとしての生産工場を自国内に確保することで、米中覇権対立に備えた手を着々と打ち始めたことは明らかでしょう。中国の力がさらに増し、また台湾有事の事態にも備え、軍事にも利用され情報戦争の中核となる半導体で技術優位性、安定的サプライチェーンの確保、自国調達を推進しようとしています。

このような半導体産業をめぐる激しい変革の波の中で、我が国が何を考え、どのように振る舞い、希望の持てる未来をどう切り開いていくかが問われています。

第6章

これからの半導体と半導体産業を展望する

HBMは「高速&広帯域」を実現するメモリ

現在、コンピュータシステムにおいて、プロセッサとメモリ間の「データ転送の遅れ」が処理速度を制限する大きな要因になっています。このため、生成AIなどで必要となる膨大な計算量に対処するため、データセンター、サーバーやスーパーコンピュータなどの分野では、高速かつ広帯域なデータ転送を実現するメモリ、すなわち**HBM**(広帯域メモリ)に対する要求が高まっています。

HBMは複数のDRAMを積層したメモリモジュールとして構成され、**TSV**(Through Silicon Via:シリコン貫通電極)を用いて、3次元に積層されたDRAMチップを縦方向に接続します(HBMメモリの構成)。DRAMチップを3次元に積層化することで、配線長を短縮し、データ転送の高速化と並列化向上を実現したものです。

現在、世界の大手DRAMメーカー各社がしのぎを削ってHBMの開発を急いでいます。なかでも韓国のSKハイニックスが先行し、次いで韓国のサムスン、アメリカのマイクロンなどが続いています。

特にSKハイニックスは第1世代(2013年に出荷)から第5世代(2024年)までのHBMを開発していますが、その最先端品ではなんと12層を実現しています。

HBMの実現には先端DRAM技術に加え「**中工程**」と呼ばれる半導体製造の前・後工程の中間の、先端的微細アセンブリ技術が必要で、台湾のTSMCの**CoWoS**(Chip on Wafer on Silicon:コワース)技術が注目され、メモリ各社はTSMCとの連携を強化しています。

次ページの図6-1-1と図6-1-2からわかるように、HBMの世代が進むにつれ、データ転送レートの向上、3D積層数の増加によるチップ密度の向上、ローパワー化が進んでいます。HBMは今後さらに進化し、GPUとの組み合わせなどにより機械学習用のAIアクセラレータ、HPC(高性能コンピューティング)、5G/B5G通信などにますます利用されることでしょう。

図 6-1-1　HBM の世代進化と特徴

世代	名称	製品化	性能・特徴・コメント
第1	HBM1	2013年	データ転送レート 128GB/s、4層積層
第2	HBM2	2016年	同256GB/s、8GBメモリ、アクセス効率アップ
第3	HBM2E	2020年	HBM2の拡張版、同460GB/s、8層積層、チップ密度アップ
第4	HBM3	2021年	同0.7TB/s、12層積層、低動作電圧による低パワー化、SKハイニックスがNVIDIAのAIチップH100に最適化
第5	HBM3E	2024年	HBM3の拡張版、同1.2TB/s以上、信頼性・保守性アップ、NVIDIAのBlackwell GPUに搭載

GB/s：ギガ（10億）バイト毎秒
TB/s：テラ（1兆）バイト毎秒

図 6-1-2　HBM の主なアプリケーションと特徴

用途	特徴
グラフィックスカード	GPUで画像や動画のレンダリングを行なうには大量なデータの高速処理が必要で、HBMはGPUのボトルネックを低減できる
高性能コンピューティング（HPC）	膨大なデータを高速処理するため、CPUの性能を最大限引き出せるように、HBMはCPUとメモリ間のデータ転送を高速化できる
AIと機械学習	AIと機械学習のトレーニングで大量のデータセットを高速に処理するため、HBMでデータの読み込みと計算サイクルが短縮できる
データセンターとクラウド	大規模なデータセットを高速処理し、リアルタイムでのサービス提供が求められるが、HBMはサーバー性能の向上によりそれに答えることができる

レンダリング：データ言語やデータ構造で記述された情報から、コンピュータを用いて画像や動画や音声などを生成すること。

Section 02

2nmノード以降の微細化をめぐる攻防

ＥＵＶ露光装置で世界唯一のメーカーであるオランダのＡＳＭＬ（エーエスエムエル）は、２０２３年12月に次期高ＮＡ ＥＵＶ露光装置のプロトタイプを米国インテル社のオレゴン州ヒルズボロにあるゴードン・ムーア・パーク（半導体先端技術の試作施設）に納入しました。

露光機でどれくらい微細なパターンを解像できるかを示す解像度Ｒ（Resolution）は、用いる光源（ＥＵＶ光：極端紫外光）の波長λ（ラムダ）とレンズ系の明るさＮＡ（Numerical Aperture）、および経験係数ｋ（ケイ）により、次式で表わされます。

$$R=k\times(\lambda/NA)$$

すなわち、波長λが短いほど、あるいはＮＡが大きいほど（レンズが明るいほど）、微細なパターンを解像できます。

これまでのＥＵＶ露光機では、λ＝13・５ｎｍ、ＮＡ＝０・33でしたが、今回の露光機ではＮＡ＝０・55の高ＮＡになっています（λは同じ）。前式にあてはめると解像度が１・７倍に上がることになります。

微細化量産技術で最先端を走っている台湾のＴＳＭＣは、プロセスノードが１・６ｎｍまでは高ＮＡ ＥＵＶ露光を使わず、従来のＥＵＶ露光機でダブルパターニングなどの技術を駆使して行なう可能性がある、といっています。その大きな理由の一つは、高ＮＡ ＥＵＶ露光機の価格がこれまでのＥＵＶ露光機（２００億〜３００億円）の２〜３倍の６００億円と非常に高価なことがあります。

逆に言えば、１・６ｎｍまでは少なくとも技術的に従来方式で可能と見積もっているからなのでしょう。

これらの状況を考え合わせると筆者は個人的に、今後の２ｎｍ以降の露光装置としては２ｎｍと18Åまでは従来のＥＵＶ装置、16Åで両装置が混在、14Å以降は高ＮＡ ＥＵＶ装置に絞られる、と考えています。なお、半導体業界では、プロセスノードの慣用的表現として、Å（オングストローム）を「Ａ」として使うことが多くなっています。

Section 03

モア・ムーアとモアザン・ムーア

▼ネクスト「ムーアの法則」

1965年に、インテルの共同創立者であったゴードン・ムーア（Gordon Moore）は、18～24か月に2倍のペースで半導体（IC）の高集積化（微細化）が進むという、いわゆる「**ムーアの法則**」を提示しました。この経験則に則った高集積化のトレンドは基本的に60年を経た現在に至るまで続いています。

ムーアの法則に従って進歩してきた半導体（IC）技術は、現在最先端レベルで5～3nm（ナノメートル＝10^{-9}m　10億分の1メートル）ノードの製品が出荷され、さらに次の2nmノード技術も視野に入ってきている状況です（図6-3-1）。

「**モア・ムーア**（More Moore）」と言われているのは、今後もこのような高集積化（微細化）のトレンドが続く、あるいは指標にするという考え・見方です。そのためには、平面的な微細化は、原理的、技術的、経済的に確実に限界に近づくにせよ、素子を積層（スタック）することにより3次元化して、高集積化を図るという方向も含まれています。

いっぽう、「**モアザン・ムーア**（More than Moore）」という言葉もあります。これはムーアの法則が限界に達した後も、次に半導体（IC）として「何をすべきか、あるいは何ができるか」という見方・考え方のことです。その考えの中心となっているのは、複合化、すなわちシリコン半導体（IC）に化合物半導体やその他の異種材料をオンチップで複合化することで、新機能、高性能の新たな半導体（IC）デバイスチップを実現しようとするものです。

▼蚊に学ぶ情報処理

例として、蚊の生態一つをとっても、人の体温を感知して皮膚にとまり、針を刺して血を吸い、叩こうとすると風圧を感じて飛び去ります。このような複雑なセンシングと

図 6-3-1　ムーアの法則

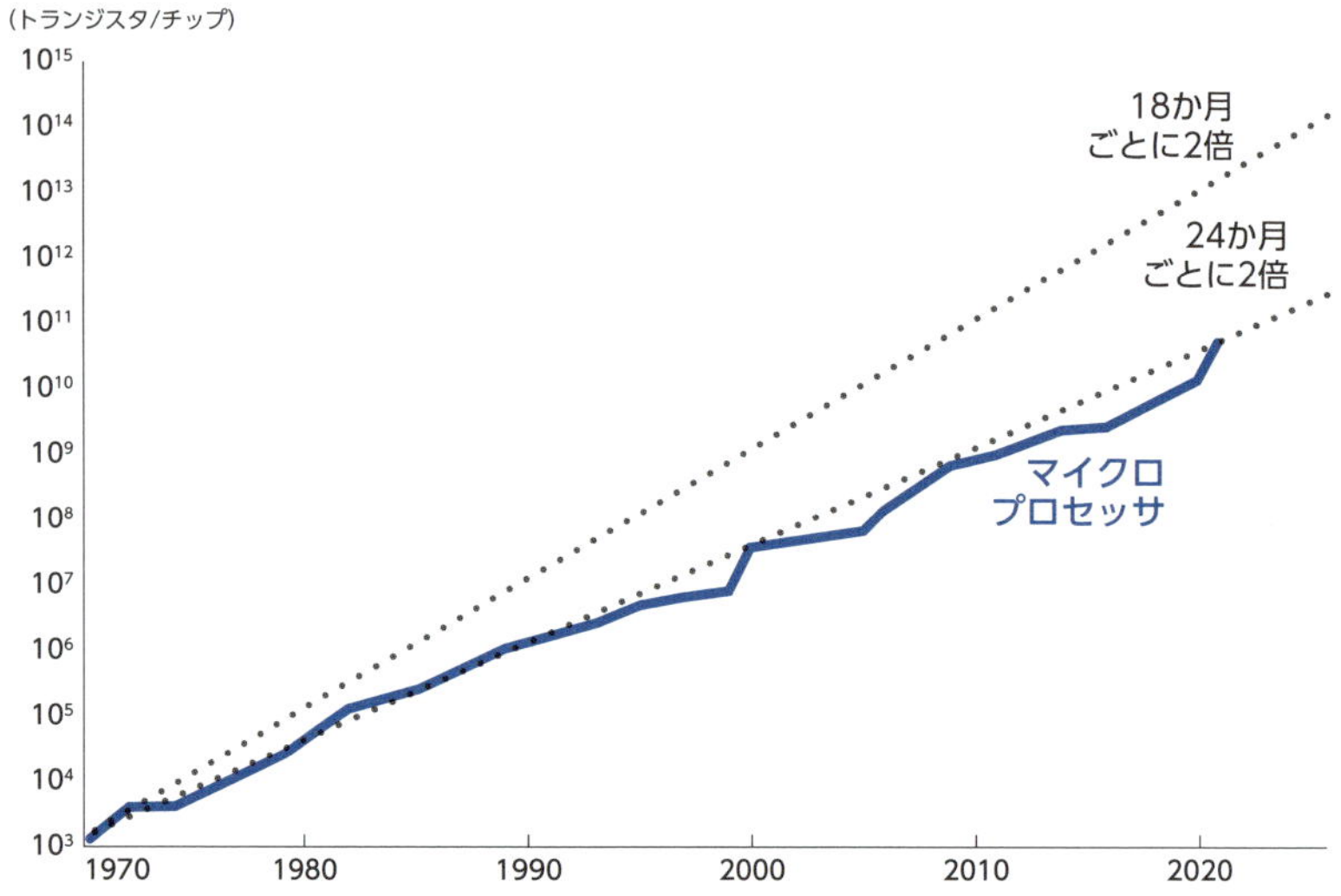

図 6-3-2　蚊がもつ複雑で迅速な行動

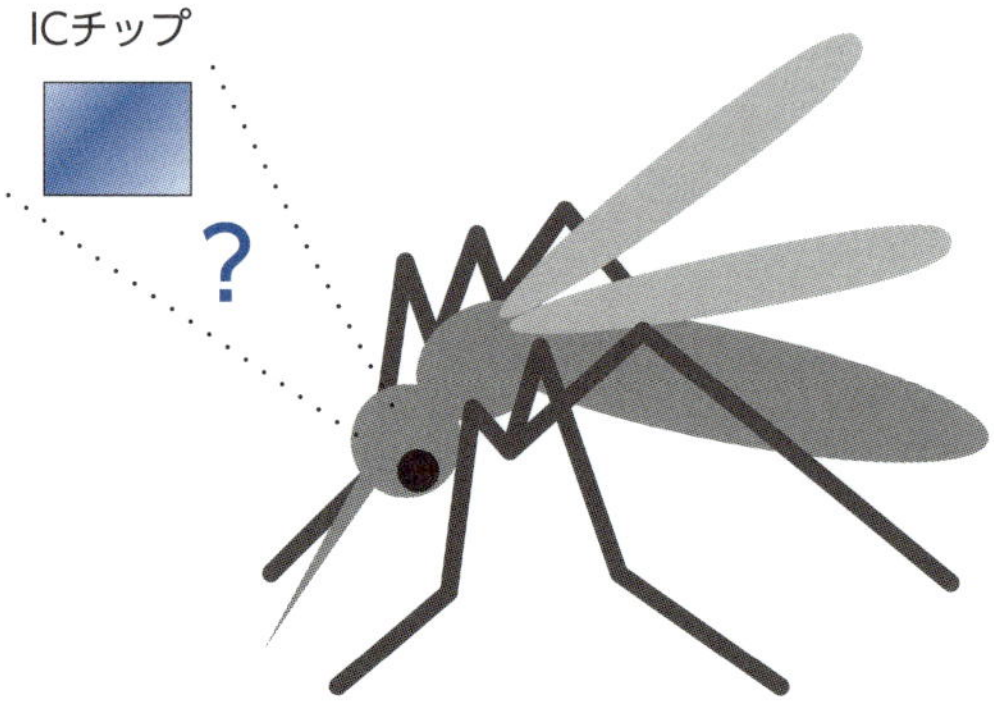

情報処理、それに基づいた迅速で滑らかな動きなど、蚊は驚くべき行動を示します。そのための複雑な情報処理をあの小さな頭の中で処理しているわけです。そう考えると、半導体（IC）の複合化にもまだまだやるべきことがあると思わざるを得ません。

ここで説明した「モア・ムーア」と「モアザン・ムーア」の概念を図6-3-3に示します。中心にあるシリコン半導体基板の上に、メモリ、ロジック、MPU、GPU、ASIC、SOC、AD／DAコンバータ等々の機能を搭載し、微細化技術を駆使してより多機能、高性能の半導体（LSI）を実現するのがモア・ムーアと呼ばれる方向性です。さらにその延長として、3次元化を含む高集積化のやり方もこの範疇に含まれます。

いっぽう、モア・ムーアのチップに、それとは異質の材料や機能、たとえばセンサー、トランスデューサー、パワーデバイス、ミックスド・シグナル、光通信、光電子デバイス、化合物半導体、酸化物半導体などを混載して新たな機能を持ったLSIを実現するのがモアザン・ムーアと呼ばれる方向性です。

図6-3-3　モア・ムーアとモアザン・ムーアの概念図

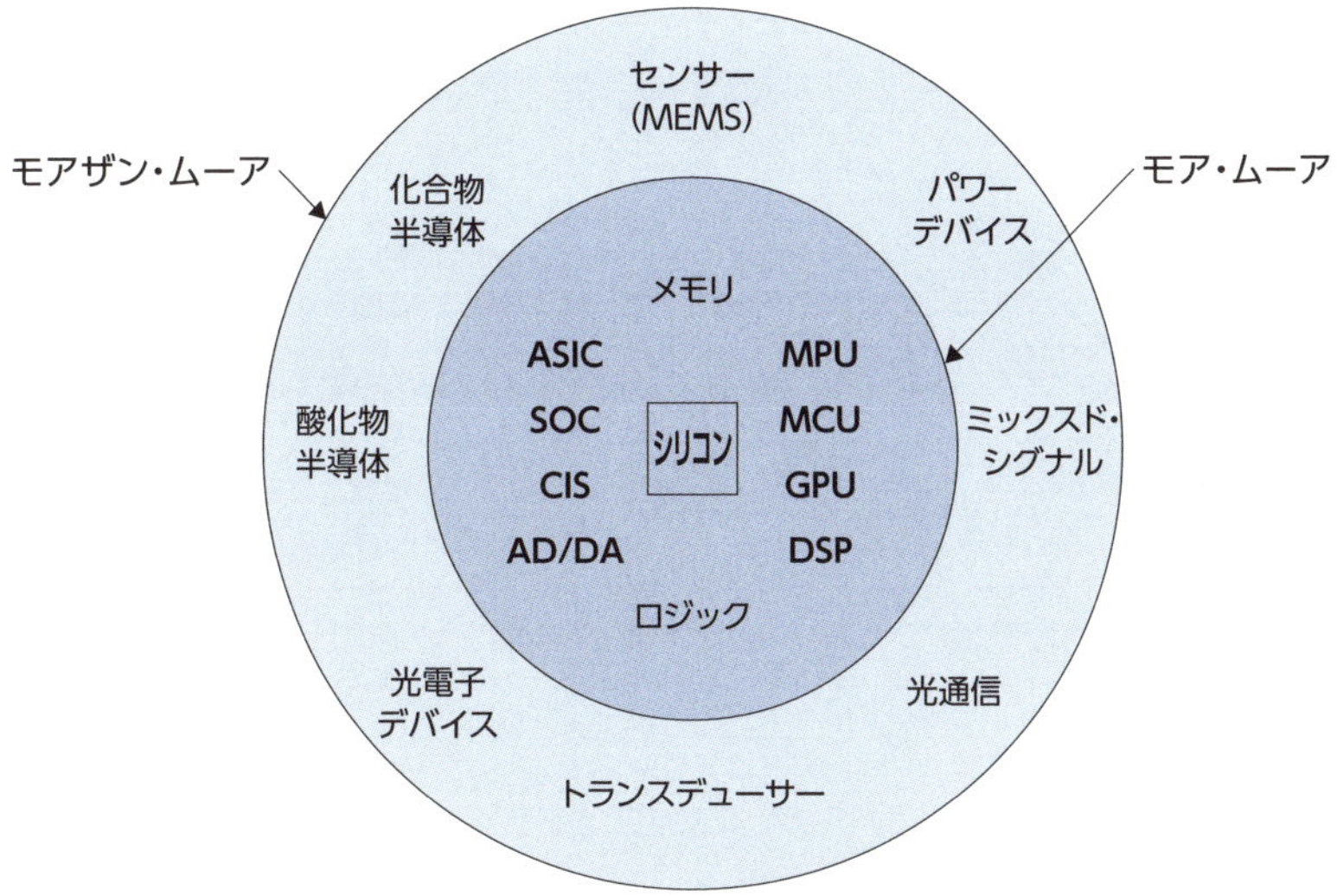

新材料、新構造トランジスタ

▼「速い、安い新材料」の開発

半導体、特に高電圧、高電流を扱う**パワー半導体**の分野では、これまで主流だったシリコン系のIGBT（Insulated Gate Bipolar Transistor 絶縁ゲート・バイポーラ・トランジスタ）に代わって、化合物半導体SiC（シリコンカーバイド）やGaN（窒化ガリウム）が製品化され、普及しつつあります。これらの半導体材料はシリコンに比べ、**ワイドバンドギャップ半導体**と呼ばれ、飽和ドリフト速度が大きい、耐熱性が高い、耐圧が高い、損失が少ない、スイッチング速度が速い、デバイスの小型化ができるなどの利点があります。

新材料の中でも最近注目を集めているのが、酸化ガリウム（Ga_2O_3）という酸化物半導体で、SiCとGaNに次ぐ次世代材料と期待されています。酸化ガリウムは、SiCやGaNよりさらにバンドギャップが大きく、性能が優れています。それに加え、単結晶基板をSiCやGaNよりもはるかに高速に成長させられるので、価格を大幅に下げられる可能性があるのです。

またMOSトランジスタに対する新材料導入検討の一環として、微細化に伴う特性低下のトレードオフを克服し、高性能化を推進する目的で、半導体の単層遷移金属ダイカルコゲナイド（化学式MX_2）を用いた、アトミックチャンネル（原子層チャンネル）の検討もされています。ここでMXのMはモリブデンやタングステンなどの遷移金属、Xは硫黄、セレン、テルルなどの第16族元素であるカルコゲンです。

さらにDRAMとフラッシュメモリの両方の性質を持つような汎用メモリ（万能メモリ）として、STT-MRAM（スピン注入磁化反転型MRAM）用の磁性体材料、PCRAM（相変化メモリ）用のカルコゲナイドガラス、RRAM（抵抗変化型メモリ）用の遷移金属酸化物、OSメモリ用のIZO、IGZO（イグゾー）や

図6-4-1　MOSトランジスタ構造の推移

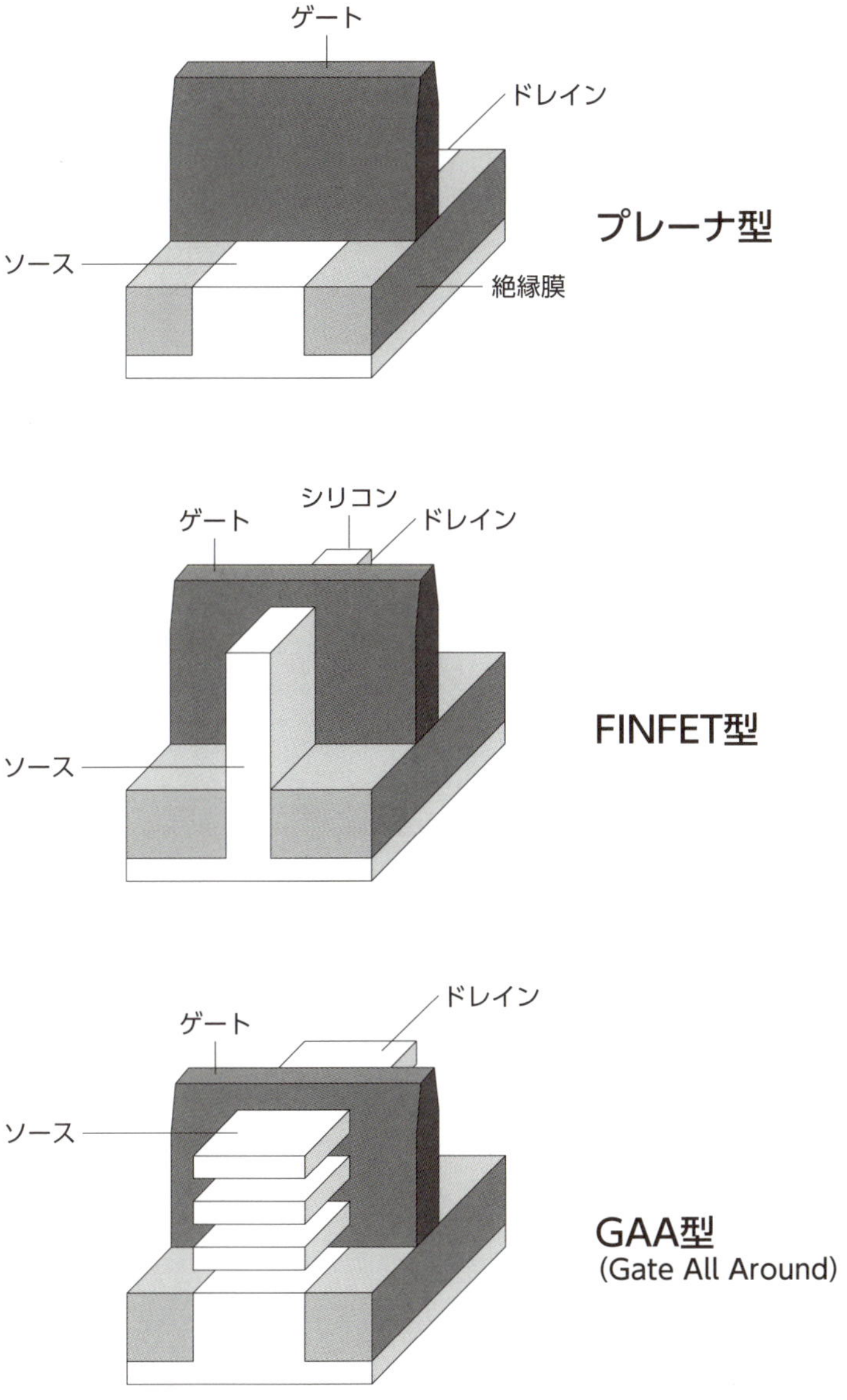

IGZTOなどの酸化物半導体なども精力的に研究開発されていて、一部は製品に適用されるまでになってきています。

▼新構造のGAA型トランジスタへ

MOSトランジスタは、その構造がプレーナ型から出発し、次々とさらなる微細化を経験し、現在はFINFETになっています。次の2nm以降のテクノロジーノードに対しては、TSMCやインテルなどの先端企業では、GAA(Gate All Around)ナノシート積層構造を採用すべく開発中で、インテルはそれをRibbonFETと呼んでいます。これに対し、サムスン電子は一足早く3nmノードから、同社がMBCFET(Multi Bridge Channel FET)と呼ぶGAA構造トランジスタを採用するとしています(図6-4-1)。

またIMEC(ベルギーにある半導体プロセス分野を中心に技術開発を行なう共同研究機関)は、フォークシート構造のMOSトランジスタペア(NチャンネルとPチャンネル)の構造を持っていて、1・4nm(「14A」と表記することもある)ノード以降の究極的ロジック用CMOSデバイスと述べています(図6-4-2)。

図6-4-2 フォークシート型CMOS構造

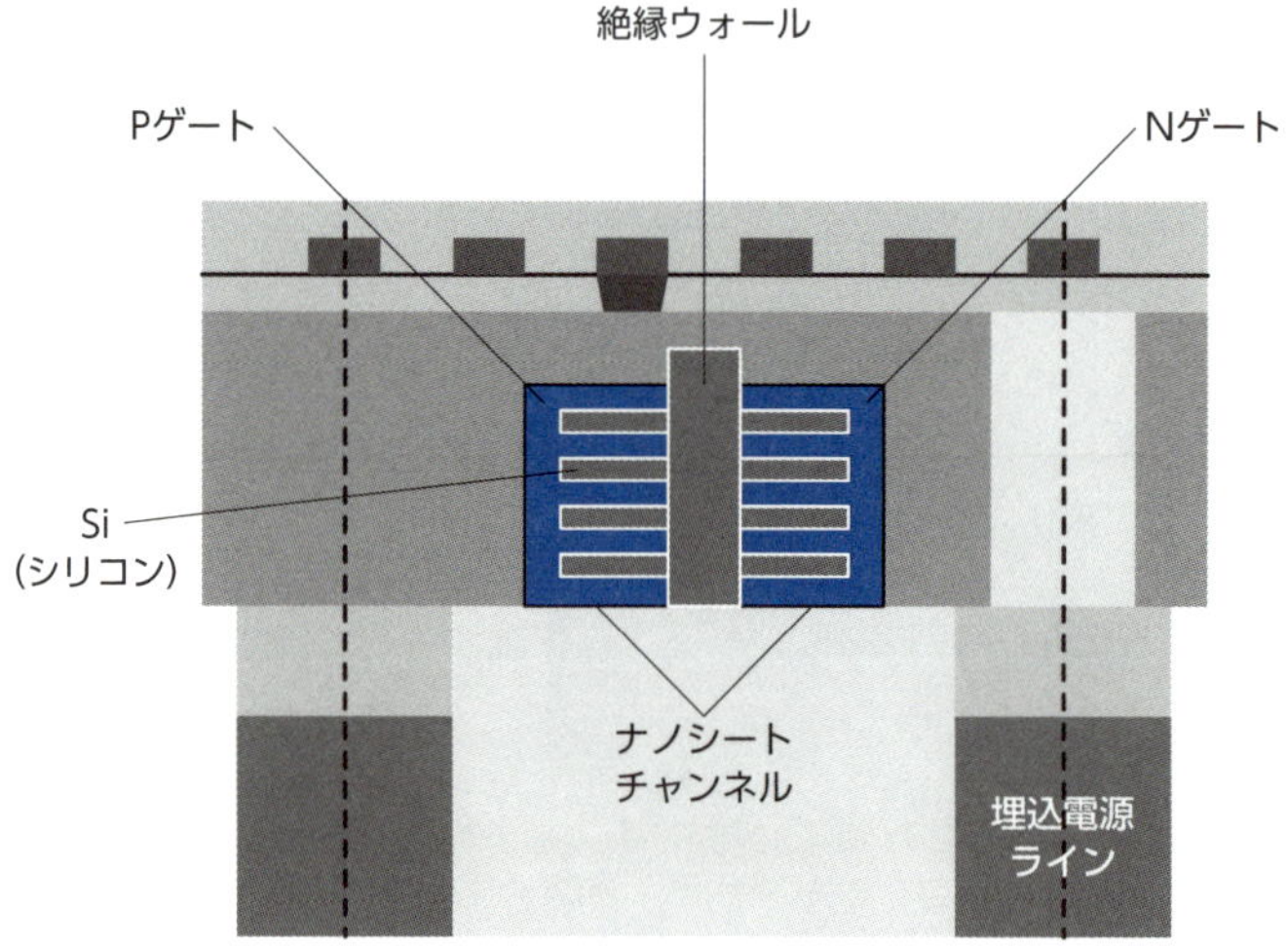

(IMEC資料)

Section 05

右脳的な機能を持ったニューロモーフィックチップ

▼ノイマン・ボトルネック

これまでの**ノイマン型コンピュータ**は、演算と記憶が分離しているため、両者間の情報のやり取りが高速化・高性能化を阻害する要因、いわゆる「ノイマン・ボトルネック」になってきています。この問題を克服し、人間の脳に匹敵するAI（人工知能）ソリューションを実現するため、まったく新しい原理に基づくAIチップが研究・開発されています。このチップは「**脳型チップ**（ニューロモーフィックチップ）」と呼ばれ、その名の通りニューロンを模したハードウエア構造を持ったチップです。

ちなみに、人間の脳はこぶし大の大きさの中に約2000億個の神経細胞と数百兆個のシナプスを持ち、同じ細胞が記憶保持と演算処理を行なっています。

現在提案されているAIチップは脳のニューラルネットワークの構造と機能を模して開発されてきましたが、あくまでそれをノイマン型のコンピュータ上で、ソフトウエアを用いて再現してきました。

それに対し、脳型チップでは、演算部と記憶部を分離せずに一体化してニューラルネットワーク・ハードウエア構造を再現しようとしています。

脳型チップは非ノイマン型で、汎用性はなく、論理的な演算はできません。このため、ノイマン型チップには左脳的、脳型チップには右脳的な役割を分担させ、それを繋ぎ合わせることで、統合的なAIが実現できると考えられています（図6-5-1）。

次に、実際に開発されたいくつかの脳型チップについて見てみましょう。

▼IBM「TrueNorth（トゥルーノース）」

これは脳型チップの先駆けとも呼ぶべきチップで、54億

図 6-5-1　右脳的ニューロモーフィックチップ

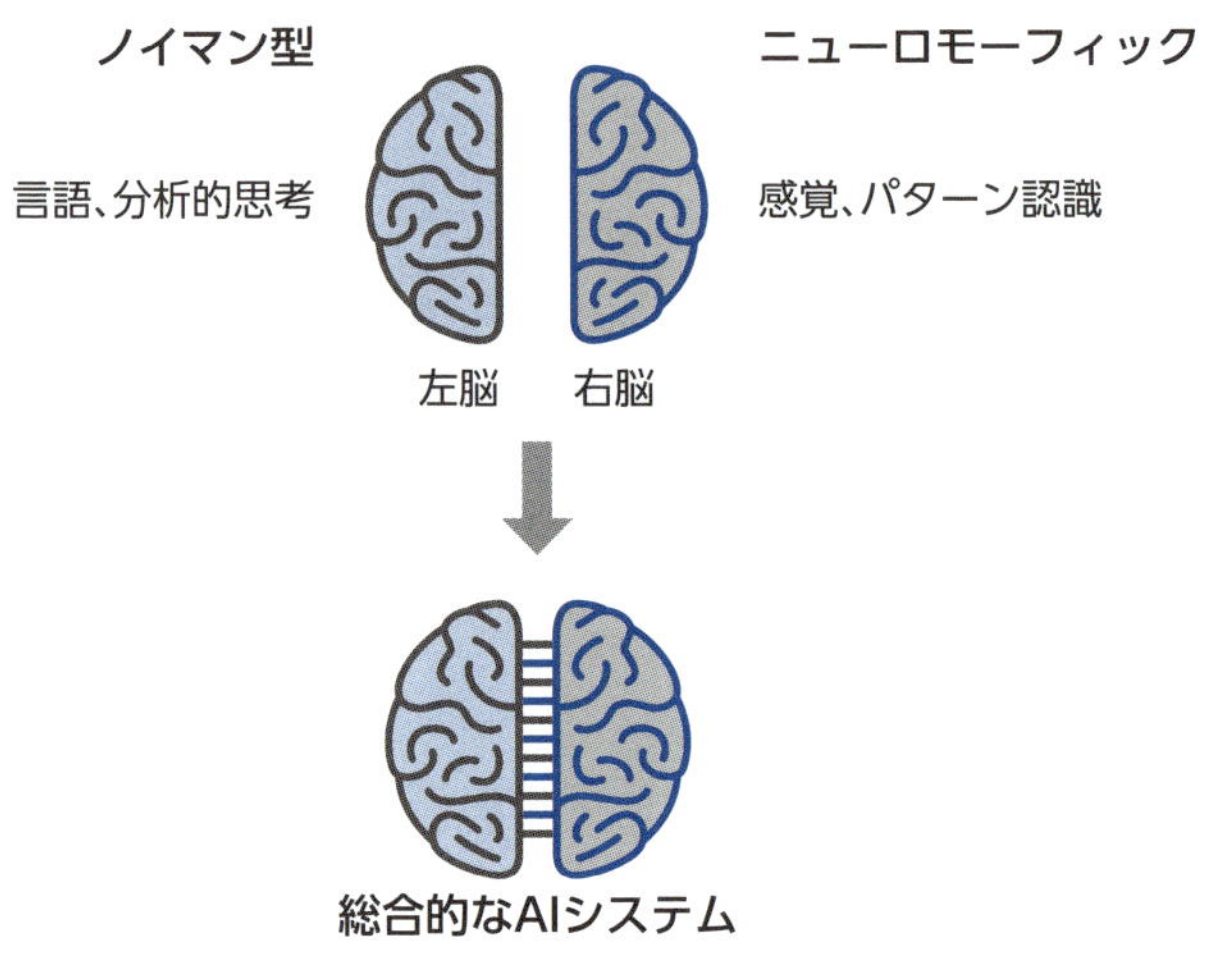

図 6-5-2　IBM の TrueNorth の内部構造

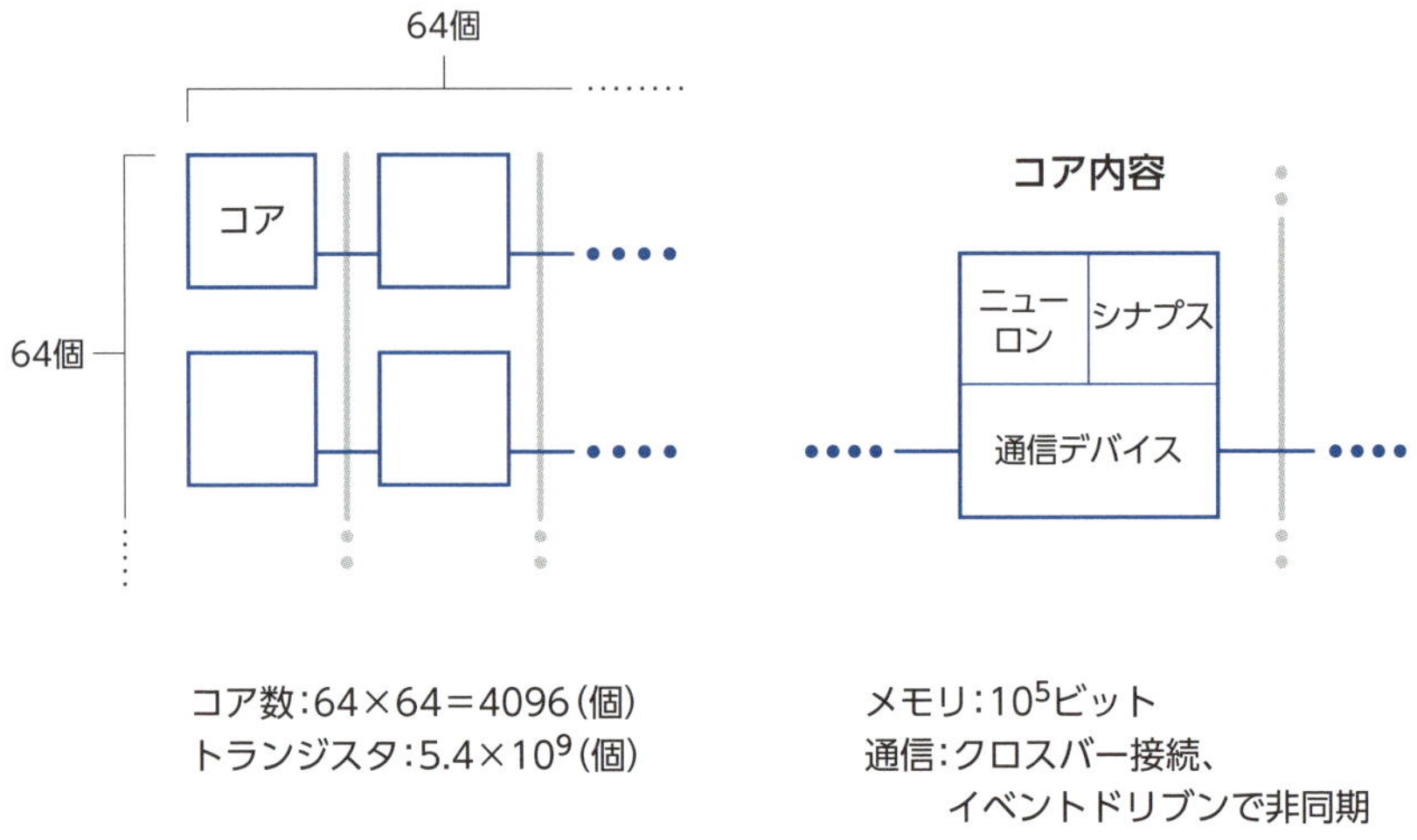

個のトランジスタ、100万個のニューロン、2億5600万個のシナプスを、28nmプロセスで作製した4・3㎠のチップです（図6-5-2）。

TrueNorthは昆虫の脳の規模と同等とされますが、1秒当たり46億回も再現されるシナプスの動きを70～200mWで実行できています。米エヌビディアのGPUで数百W、グーグルのTPUで40Wと比べて省エネ度が際立っています。

▼インテル、TSMCのAIチップ

インテルのLoihi2（ロイヒツー）はEUVプロセス（4nmノード）で、チップサイズ31㎟、23億トランジスタ、チップ当たり最大6プロセッサ、チップ当たり最大100万ニューロン、チップ当たり最大1・2億シナプスを集積しています（図6-5-3）。

TSMCのCerebras「WSE-2」は7nmプロセスで、ウエハースケールは巨大な4万6225㎟で、2・6兆個のトランジスタを集積したディープラーニング用チップです。85万演算コア、40GBのSRAMを搭載しています。

そのほかでは、ヨーロッパの「Human Brain Project」ではアナログ回路を基盤にし、1枚のシリコンウエハー上に20万個のニューロン、5000万個のシナプスを搭載したニューロコンピューティング・チップを開発。ヒューレット・パッカードとユタ大学はメモリスタ（memristor）を用いた「ISAAC」を開発。ブレインチップの「SNAP64」、クアルコムの「Zeroth」、日本の産総研なども鋭意開発中です。

図6-5-3　インテル「ロイヒ2チップ」

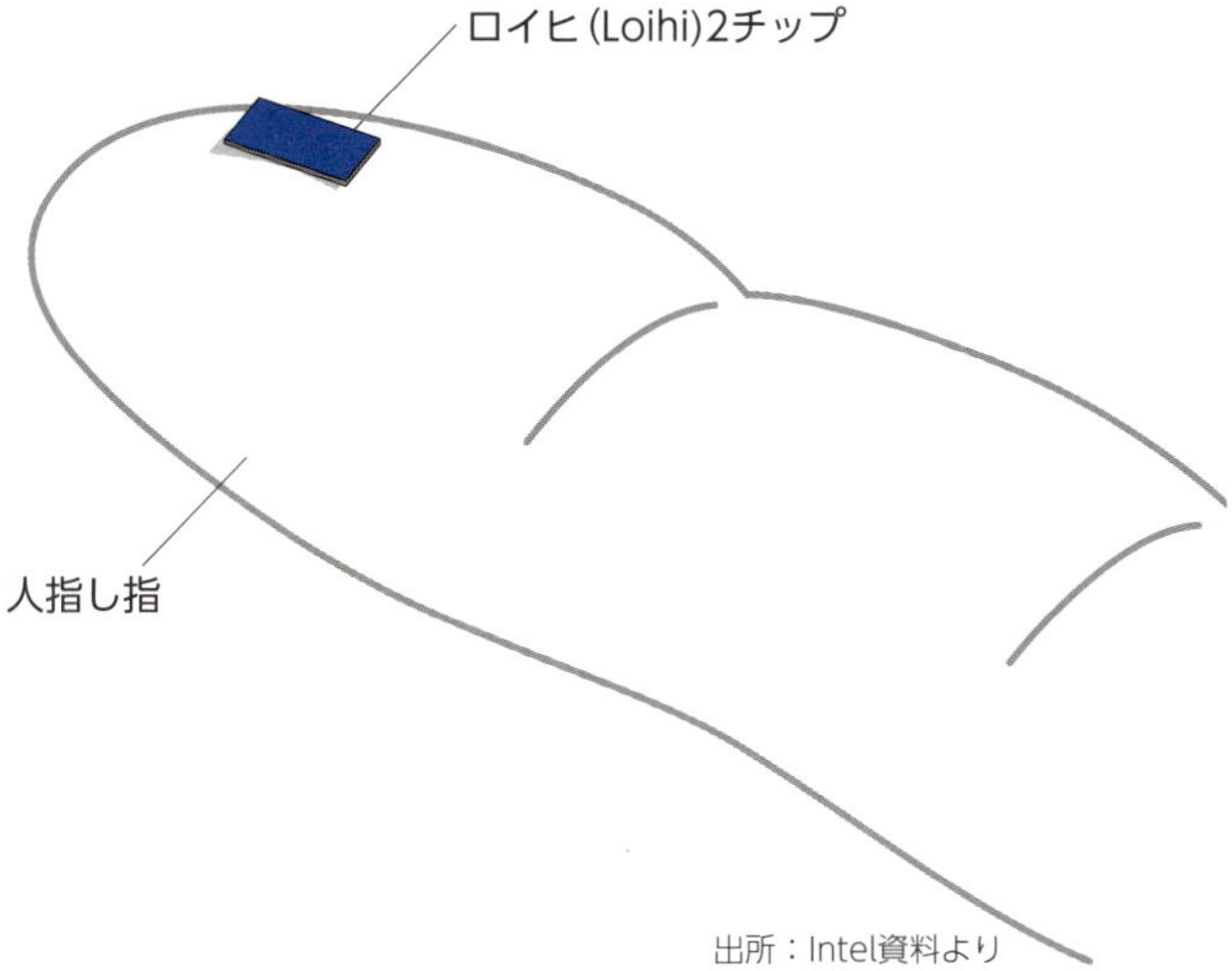

Section 06

現実空間とメタバースを融合する半導体
——インターネットの進化系?

▼宇宙を超越する?

メタバースとは「超越」を意味するメタ（meta）と、「宇宙」を意味するユニバース（universe）のバースを組み合わせた造語で、ネットワークの中に構築された仮想空間やその中でのさまざまなサービスを意味します。メタバースはインターネットの進化形とも言え、アバターを介し、人々が交流し、仕事し、遊びもする、現実世界と似た仮想世界を提供します（図6-6-1）。

このような概念自体は、1960年代から存在しましたが、最近さまざまな関連技術の進歩によって、現実的な形になってきました。メタバースでは、ヘッドセットやスマートグラスとネットワーク間のリアルタイムでの双方向通信や仮想シミュレーションが求められますので、より多くのデータを高速で処理するコアプロセッサ、高速大容量のデータ転送ネットワーク、高精細高密度ディスプレイなどが求められます。

図6-6-1　メタバースのイメージ

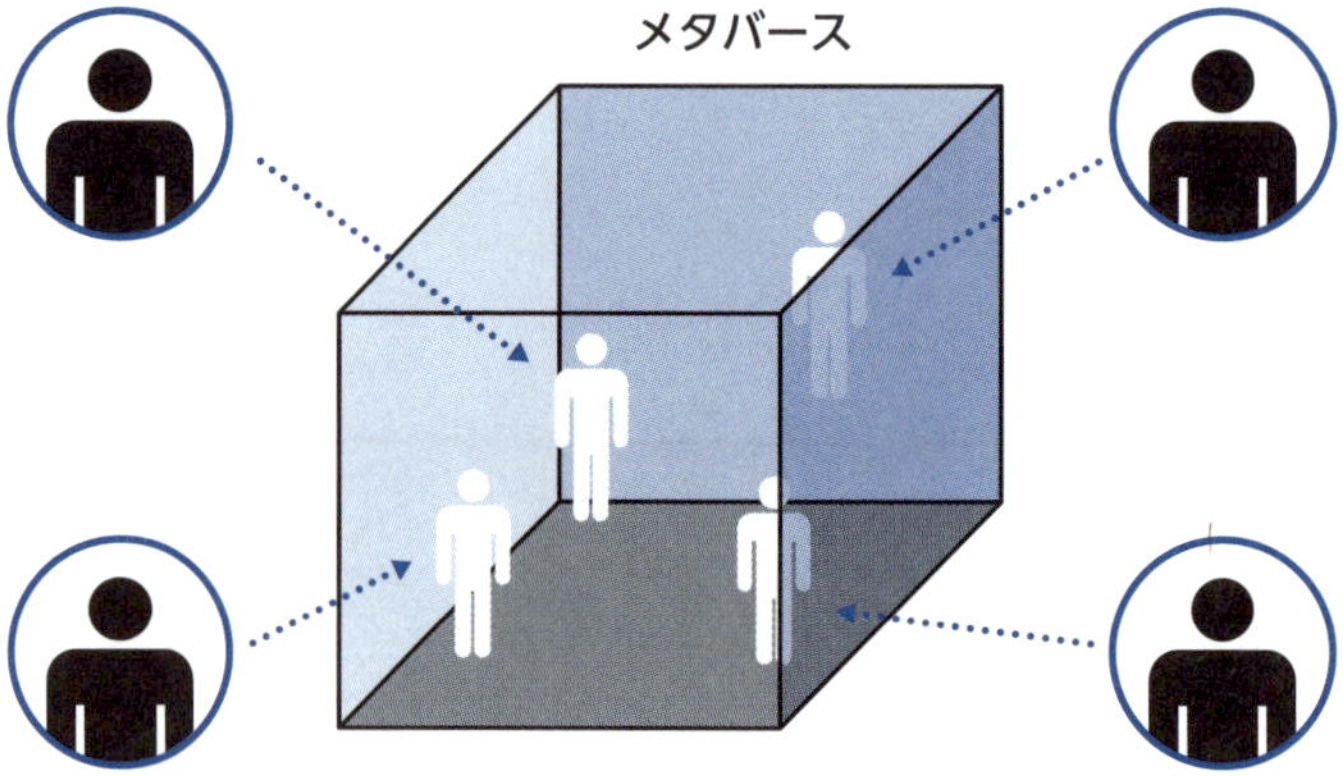

これらの要求を満たすには、より進んだ半導体デバイス、5GあるいはB5G（Beyond 5G）の通信網、新たなディスプレイ技術などが必要になります。たとえば、より高性能化されたCPUやGPU、超高精細マイクロOLED（有機ELダイオード）等々です。

図6-6-2には、VR（仮想現実）とAR（拡張現実）のイメージをイラストで示しています。

図6-6-2　VRとARのイメージ

VR（仮想現実）

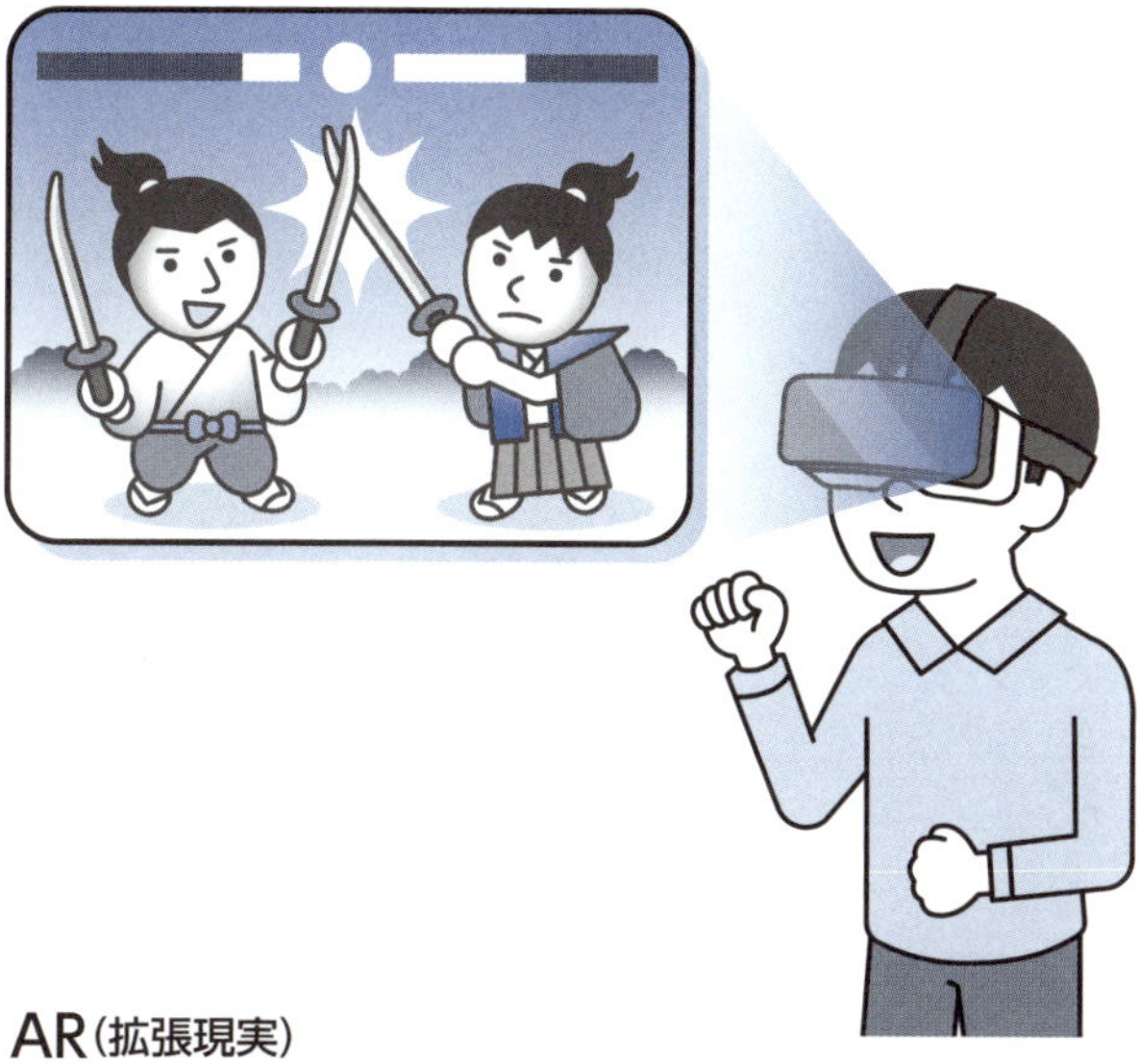

AR（拡張現実）

Section 07

3D化と光配線

近年、半導体の3D化が注目を集めています。一口に3D化といっても、複数のチップを積み重ね、ボンディングワイヤーで接続することで表面実装面積を上げる**MCP**(Multi Chip Package マルチチップパッケージ)など、あくまで半導体製造工程の「後工程」としての3D化は、すでに広く採用されています(図6-7-1)。

▼3次元構造半導体

しかし、ここでいう3D化はそれとは趣を異にします。いわば半導体製造の「前工程」で採用されている技術やプロセスを後工程に適用すること、言い換えれば、前工程と後工程を融合させることで実現される「3次元構造半導体」を実現する技術・方法を意味します。

我々は3次元の世界に住んでいるので、これまで2次元的に展開してきた半導体(IC)を3次元化しようとするのは、概念的にはごく自然な考えであり、特に目新しいも

図6-7-1　マルチチップパッケージ(MCP)

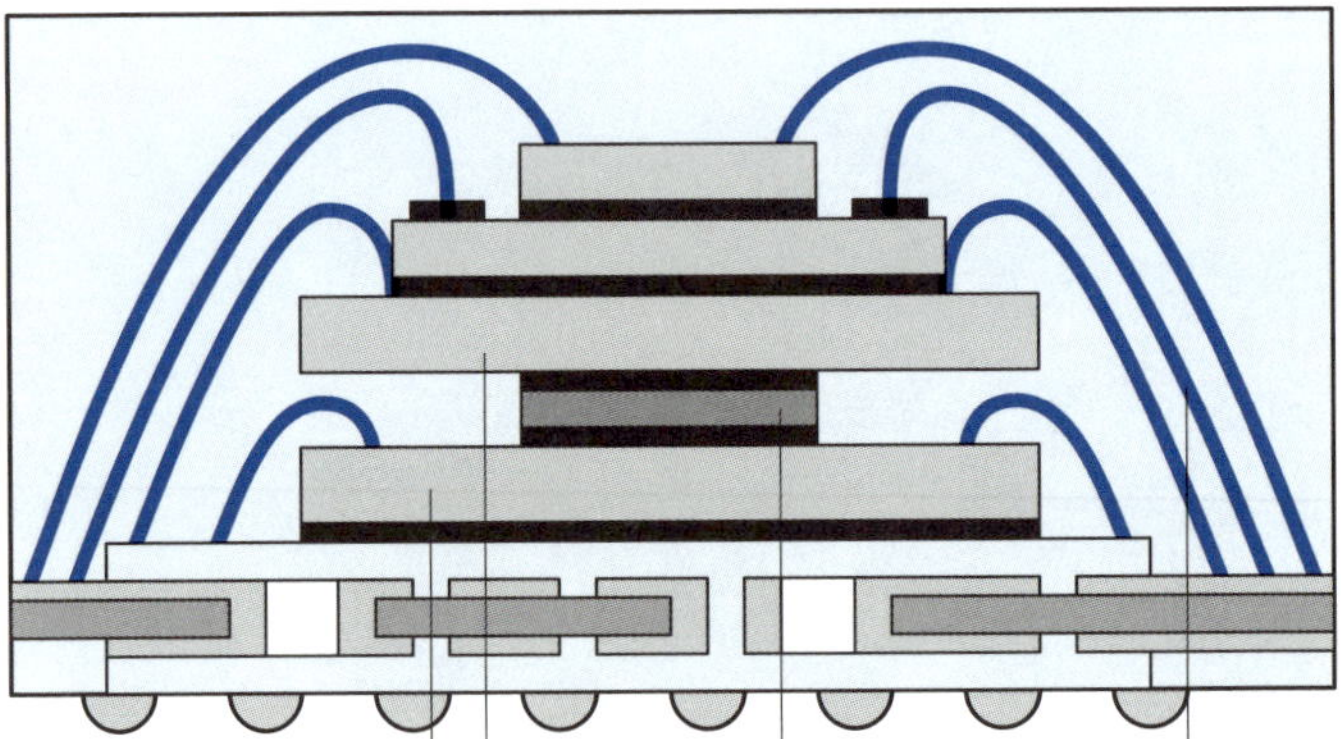

のではありません。むしろ、3D化するのは「新機能が実現できる、高性能化・高信頼性化を図れる、コスト・パフォーマンスが向上する」というメリットを享受したいためであり、関連諸技術の進歩がそれを可能にする段階に達して来たことに他なりません。

関連する技術としては、シリコンチップを貫通して上下面を繋ぐTSV（Through Silicon Via シリコン貫通電極）、マイクロバンプ、微細パターンのシリコンインターポーザーなどがあります。

▼3次元技術――ホモジニアス

半導体（IC）の3次元実装技術には、ホモジニアス（同質）なタイプと、ヘテロジニアス（異質）なタイプがあります。

ホモジニアスとは、シリコン基板上に作製された半導体と同質の半導体を積層していくものです。たとえば、NANDフラッシュメモリでは200層を超える積層構造が実現されていますし、インテルの3Dスタッキング技術Foveros（図6-7-2）や、TSMCのSoIC（Systems on Integrated Chips）積層技術ではCPUの上にDRAMを積層して集積度を上げながら発熱を抑えたり、12個のチップ積層に成功したりしています（図6-7-3）。

図6-7-2　Foveros スタック

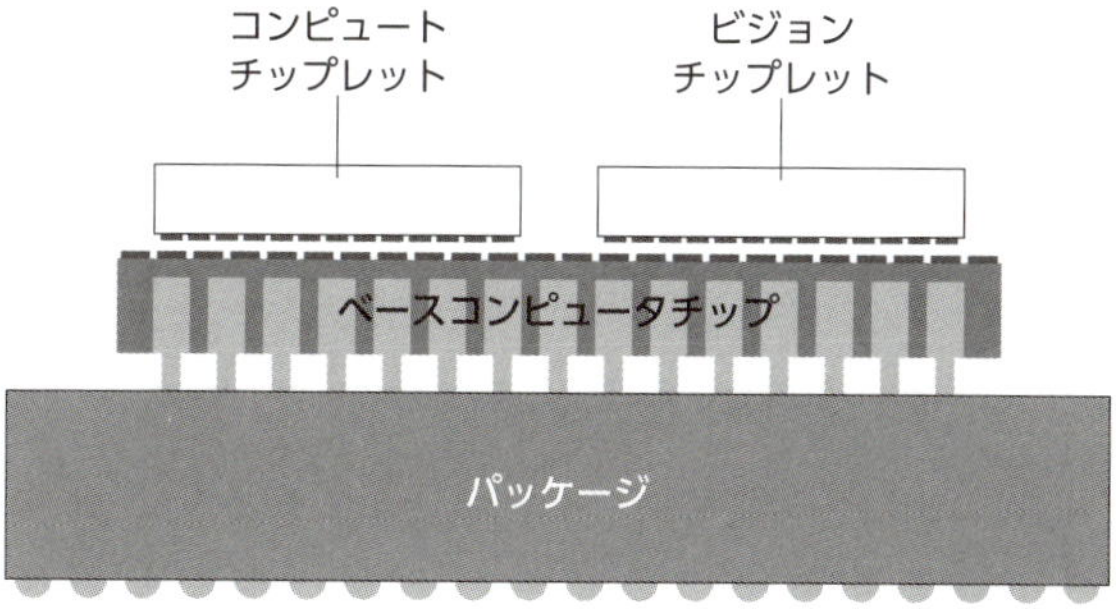

出所：Intel資料より

図6-7-3　TSMCのSoIC

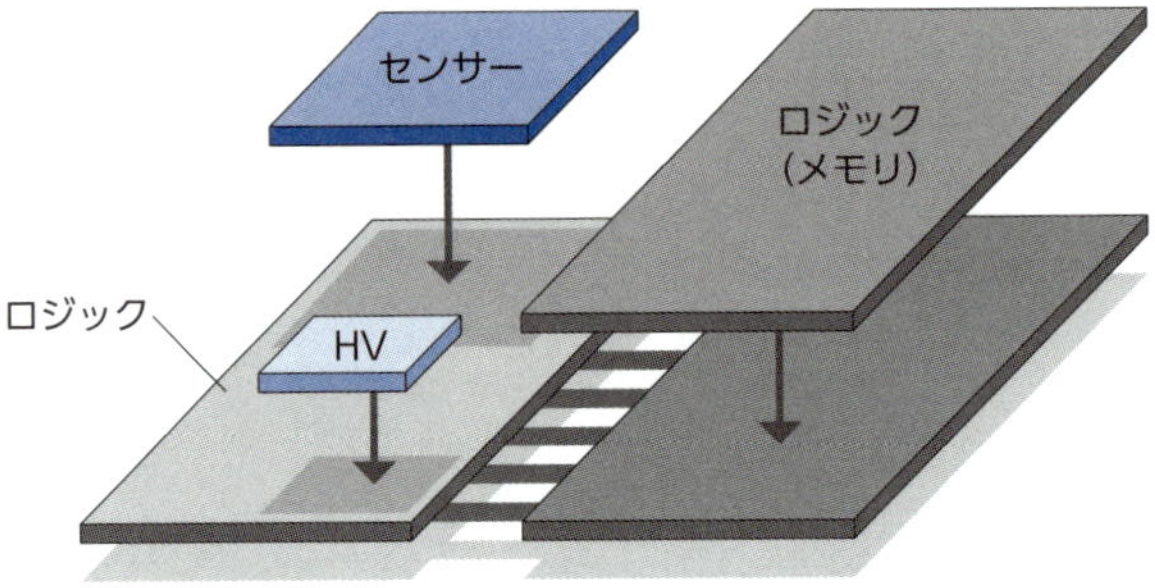

出所：TSMC資料より

これらは3D化のうちでも、どちらかといえばモア・ムーアに近いアプローチで、面積当たりの高集積化、高性能化、発熱低減などを目的にしています。

▼3次元技術——ヘテロジニアス

いっぽう、ヘテロジニアス（異質の）とは、シリコン基板上に作製された半導体上に、異種材料（たとえば化合物半導体や酸化物半導体など）で異種機能を持ったデバイスを積層するもので、モアザン・ムーア的なアプローチと言えます。

ソニーが信号処理ICの上に画素トランジスタ、さらにその上にフォトダイオードを積層した積層型CMOSイメージセンサーを開発していますが、これなどはホモジニアスとヘテロジニアスの中間的アプローチと言えるかもしれません。

また3D化の別のアプローチとしてモノリシック、すなわち半導体の前工程の延長線上にあるような3次元化のアプローチもあります。たとえばシリコン半導体の上に、化合物半導体層や酸化物半導体層などを成膜し、そこに特異な性質を持ったデバイスを作製し、全体で一つの複合デバイスを作製する方法です。これはAR／VR用のヘッドマウントやスマートグラスのような超高精細ディスプレイ装置などに有効な方法です。

光配線技術に関しても3D技術と同様なことが言えます。情報媒体として電子に比べ伝搬速度が速い光を用いることは、誰でも思いつくでしょう。光配線を用いることで、従来の金属配線に比べ信号の遅延を減らすことができ、装置の高速動作が可能になります。

光配線の実用化は、エレクトロニクス機器間、機器内、半導体チップ間、半導体の内部配線へと進むでしょうが、そのためには光技術と電子技術が融合したオプトエレクトロニクス技術のいっそうの進展を待たなければなりません。

オプトエレクトロニクス技術の進展のためには、シリコン半導体技術と光デバイスの効果的な融合を図っていかなければなりません。光の応用分野としては、光通信を始めとして、図6-7-4に示したような光応用デバイスが存在しています。

これらのデバイス、さらにその進化したデバイスが高度に進化した各種シリコンデバイスと、チップレットなどの革新技術を利用して、高度で高性能な複合機能を持ち、モアザン・ムーアの概念に沿った半導体として新しい応用分野や製品の開発・実用化につながっていくと思われます。

図6-7-4　光応用デバイスと応用分野

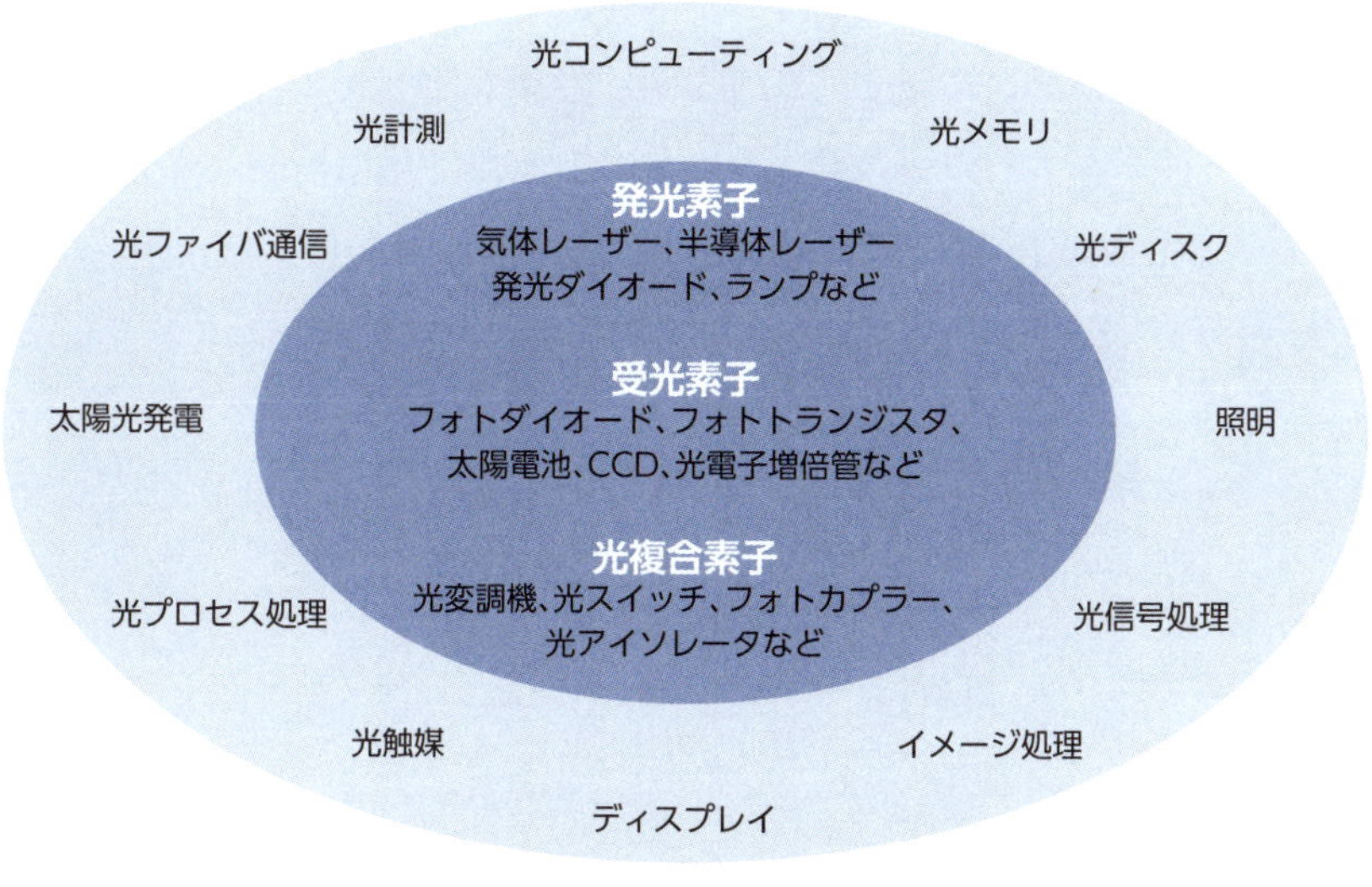

Section 08

日本半導体産業の今後を展望する

▼2つの第一印象

2021年6月、日本政府（経済産業省）は、「半導体・デジタル産業戦略」を取りまとめて公表しました。その中の一つ「半導体戦略（概略）」では、有識者の意見交換を踏まえて、半導体を取り巻く基本認識から、今後の対応策としての国内産業基盤の強靭化《きょうじん》と経済安全保障上の国際戦略を述べています。

内容は別として、筆者の第一印象は、「遅きに失した感」と、とはいえ、「何事も遅すぎることはない感」の入り混じったものでした。

第1章でも触れましたが、日本の半導体メーカーが「日の丸半導体」と呼ばれ、世界市場の50％を占めていた1980年代末から世界シェア6％にまで落ち込んでしまったという経緯が、心のどこかに引っかかっているためです。1986年の日米半導体協定の経験が残したトラウマを抱え、米国政府の目を気にして半導体産業に対する大胆かつ大規模な支援策を打ち出せなかった日本政府（現、経済産業省）——。

その間に台湾、韓国、中国は政府の手厚い保護・支援と、「半導体」分野での優れた経営者にも恵まれ、現在の状況を招来したことは紛れもない事実です。政府を含め日本の半導体メーカーは、なぜもっと早く再生に向け大胆かつ抜本的な手を打てなかったのかという思いが、「遅きに失した感」に繋がっています。

しかし、何事も遅すぎることはないと考えれば、「行動を起こすことが肝要」と言えるでしょう。今回打ち出された「半導体戦略」が、日本半導体産業の現状に鑑みて、危機意識と明快な将来展望に立脚した熱い思いを込めたものであることを願うばかりです。

▼枯れた技術の導入への不安

今回の半導体戦略の中で、製造に関する目玉とされているのが、TSMCの日本新工場の建設の話です。熊本県菊陽町に建設したのは22／28、12／16ｎｍノードの半導体（IC）を月産4～5万枚生産できる工場です。総建設費は約8000億円で、国が半分の4000億円を支援し、ソニーが470億円を出資し、残り約3600億円をTSMCが持ち、2022年4月着工で2024年内に稼働を予定していました。

しかし最近のニュースによれば、トヨタ（デンソー）も400億円の出資をするとの発表に伴い、10ｎｍノードも手掛けるとし、新合弁会社には合計9800億円が投じられるという内容に変わってきています。

この原因としては、現在のボリュームゾーンが20～28ｎｍノードとはいえ、最先端の5ｎｍノードから見ると、4世代も前の技術（十数年前に開発された技術）を今さら、という一部の人たちからのネガティブな反応を考慮したものと言えるでしょう。ここにも、今回の新工場建設誘致の軸足の不安定さを感じるのは、筆者だけでしょうか？

この件に関しては、大きく賛成派と疑問派に分けられますが、代表的な両派の意見を紹介しましょう。

▼賛成派、懐疑派の意見

賛成派の意見を集約すると、次のようになります。

新工場で生産した製品は国内メーカーに優先的に供給されるはずだ（そんな契約が存在するかどうかはわかりませんが）。半導体を海外から調達する地政学的リスク、値上げリスクを緩和できる。半導体サプライチェーンの混乱に備えられる。中国などのバックドアを持ったダーティな半導体を回避できる。経済安全保障（半導体安全保障）を確保できる。今後の我が国における半導体産業の育成に資する、と。

これに対し、懐疑派はどうでしょうか。

20～28ｎｍノードの新工場を今さら日本国内に作ること自体に疑問がある。もちろん、枯れた技術による古い半導体で十分な車載用やイメージセンサーには意味があるとしても、特定メーカーのために多額の税金を当てるのはどうか。サプライチェーンの整備といっても、パッケージングは海外のOSATに頼らざるを得ないのではないのか、と。

▼筆者の考え

今回のTSMC日本工場建設で大事な点は、どん底にあえぐ我が国の半導体産業の再興に向けた刺激剤、あるいはトリガーとして捉え、しっかりとした長期ビジョンを持ち、強い決断力と実行力に裏付けられた将来に向けた戦略をもつことです。

米国などが付加価値の高い先端技術製品にリソースを回すため、付加価値が高くないボリュームゾーンを日本が肩代わりするようなスキームに終始し、日本が半導体産業の二流国として定着するような事態は何としても避けなければなりません。

「ボリュームゾーン」といえば聞こえはいいのですが、それは時とともにニッチゾーンに変わっていくものです。

もう一つ、微細化（モア・ムーア）のためのテクノロジーについて筆者が懸念を抱いているのは、日本では行なわれていない最先端のEUVリソグラフィです。この技術をいち早く日本メーカーが習得する必要がありますが、そのためには7nm以下のノード製品を製造する必要がありま す。この点で、今回の新工場（20～28nm）に諸手を挙げて賛成する、というわけにはいかないのです。

▼総花的戦略への疑問

製造面だけでなく、半導体産業全体として挑戦すべき課題は数多くあります。先に述べた「半導体戦略（概略）」の中で、今後の主な取組・施策について述べられています。すなわち、

- 微細化プロセス技術開発プロジェクト（More Moore、モア・ムーア）
- 3D化プロセス技術開発プロジェクト（モアザン・ムーア）
- 先端ロジック半導体量産工場の国内立地
- 産総研「先端半導体製造技術コンソーシアム」
- TIA「半導体オープンイノベーション拠点」
- 半導体製造装置・材料等の先導研究

です。

本書では、これらの個々の内容については立ち入りませんが、基本的な考え方やスタンスについて筆者の経験に照らして記させていただきます。

挑戦すべき項目について総花的になることなく、我が国半導体の復権に資する可能性が高いと考えられるものにプライオリティを付け、集中的にリソースを投入すべきだという点です。

過去の国家プロジェクトの経験と反省に基づき、計画の途中評価を公正・厳正に実施し、必要に応じて変更や方向転換をするフレキシビリティと、迅速かつ強い判断・決定ができる体制を築くこと。特異なタレントを有する人材の発掘、育成、厚遇に努めること。いわゆる有識者や権威に多く頼るのではなく、在野の専門家や現業に携わっている人々の意見を吸い上げ、反映させることが必要です。

筆者の私見を一部具体的な例として以下にあげておきま

す。ここではあくまで技術的側面に限定したものです。

・我が国に多少ともアドバンテージがあると思われる、新規材料の導入を伴う新メモリ、パワー半導体、オプト半導体など世界に先駆けてデファクト製品を生み出すこと。

・世界市場で健闘している我が国の製造装置業界や材料業界は、慢心・油断することなく、後続を振り切る気概を持つこと。そのために国も全面的サポートを惜しまないこと。

・3D化の実装技術やモノリシック技術で日本が先行しているなどという幻想を捨て、基礎技術開発に努めるとともに、いち早く製品化に進むこと（EUVリソグラフィの轍《てつ》は踏まない）。

・エレクトロニクス機器メーカーやITメーカーを含め、我が国の産学官をあげて半導体（IC）を用いた新アプリ開発に努めること。そのためには、人間の潜在的あるいは顕在化しつつある欲求を吸い上げ、具体的製品に仕上げていくクリエイティブな思考が求められる。

・タレント豊かな人材の発掘、育成、厚遇に努め、働き甲斐の感じられる業界とすること。

・チップレットなど半導体パラダイムを変える可能性のある技術潮流を注意深くウオッチングし乗り遅れないこと（図6-8-1）。

図6-8-1　チップレットの例

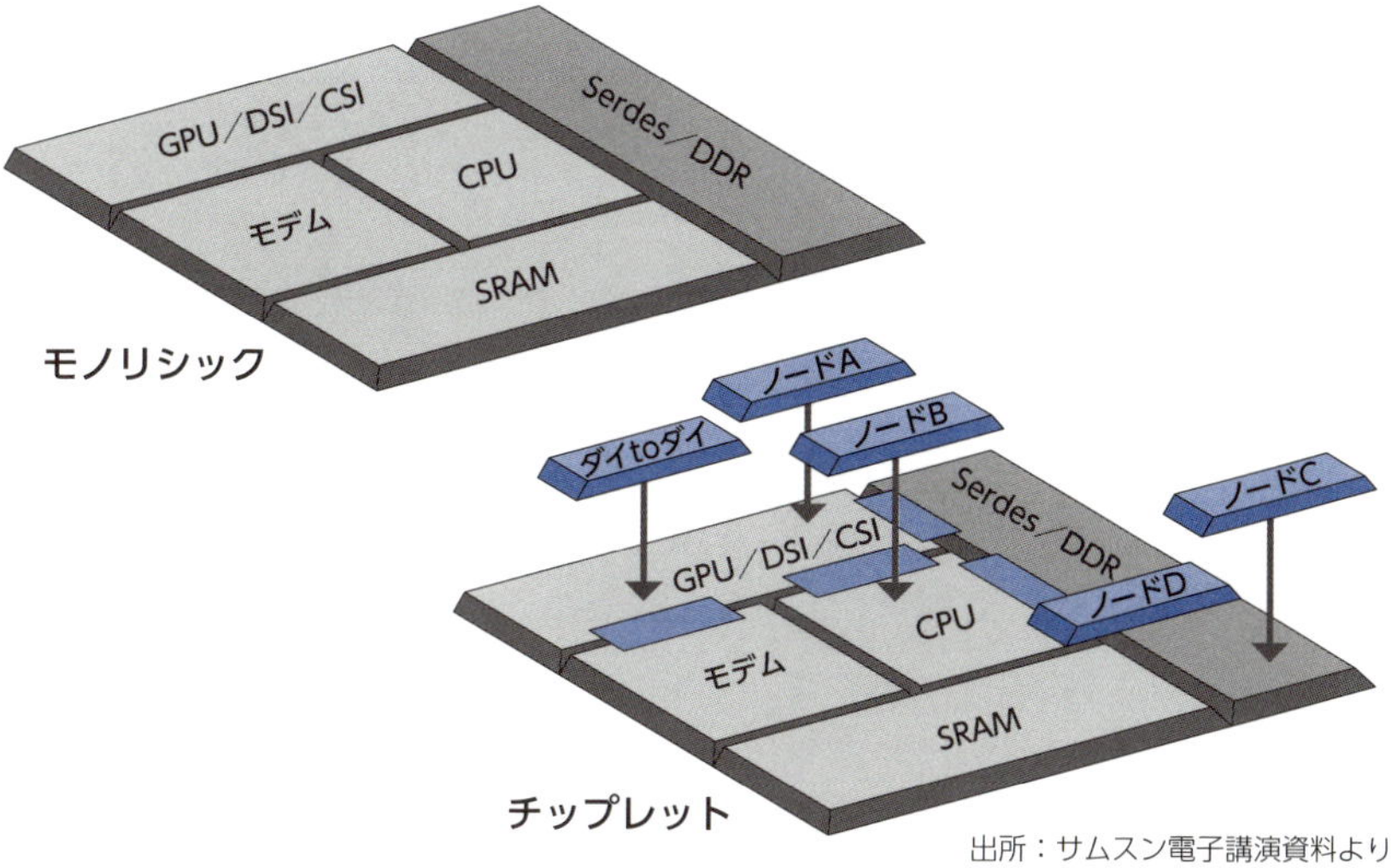

出所：サムスン電子講演資料より

それらの根底として、我が国から半導体産業が消えること、あるいはずっと二流国として甘んじることなく、再生への堅い決意と、自分達にはできるという自覚が何より必要でしょう。

▼我が国の半導体産業における最新の動き

本書執筆の最終段階で、我が国半導体産業に関する新たな動きがありましたので、それに関して最後に少し触れておきたいと思います。

2022年12月23日、政府（経産省）は、我が国半導体産業の復活を掲げ、**ラピダス**（次世代半導体の量産新会社）と**LSTC**（技術研究組合最先端半導体技術センター）をセットにした基本戦略構想を発表しました。

このうち、ラピダス（Rapidus ラテン語で素早いの意味）はすでに同年11月11日時点で新会社設立が公表され、政府から2024年11月時点で累計9200億円の支援を受け、国内8社（キオクシア、ソニー、ソフトバンク、デンソー、トヨタ、NEC、NTT、三菱UFJ銀行）が出資し、スーパーコンピュータ、自動運転車、AIなどのアプリ向け2nmテクノロジー・ノードのロジック半導体の製造基盤を、今後5年間かけて確立する計画を掲げています。ラピダスの第二工場建設の話もあり、トータル5兆円規模の投資が必要と考えられますが、今後民間からの資金をいかに集められるかが問われるでしょう。なお、ラピダスに出資するキオクシアも2024年12月に東証プライムに上場予定です。

このスキームには、米国IBMやヨーロッパのIMEC（本部ベルギー）とも連携することが発表されています。

この30年間、衰退の一途を辿ってきた我が国半導体産業を復活させるために大規模な構想が打ち出されたことは、やっと（！）という感を別にして、喜ばしいことに違いはありません。あとは、それが絵にかいた餅や我が国の自主性・自立性を損なうことにならないこと、そして世界の半導体産業の中で確固とした位置を占めるとともに、我が国産業界のみならず国民生活の向上に資することを願ってやみません。

今回の構想は、いわば我が国半導体産業復活の「ラストチャンス」であるという認識のもと、人材育成・確保や時々の有効な戦略や行動が求められています。

コラム

AIは知能を、感情をもつか？

シンギュラリティ（Singularity）とは、「人工知能が人間の知能を超える技術的特異点」のことを言います。アメリカの未来学者レイ・カーツワイルがその時点を2045年と紹介したこともあり、大きな関心を呼び起こしました。

背景には、2010年代に起きたディープラーニングの発達とビッグデータの集積があります。ディープラーニングを用いたAI（人工知能）がチェス、将棋、囲碁の名人を次々に破るというニュースが流されるにつけ、いずれはAIが人々の生活のさまざまな局面にも入ってくるだろうことが容易に想像されるようになり、「一体この先、何が起こるんだろう？」という思いに駆られる人も少なくないでしょう。

ところで、従来人間が行なってきた種々の知的な仕事や作業をAIが取って代わるようになると、その延長線としてAIが「意識」や「感情」さえ持つようになり、人間を排除しようとする事態が起こるのではないかと心配する向きもあります。

ここで考えてみたいのは、知能および生命と意識（インテリジェンスとコンシャスネス）の問題です。哲学者ジョン・サールが「中国語の部屋」で、外部からの入力に対し、出力が人間から見て人間のしかるべき応答と区別できなくとも、それをもって部屋が知能的とは言えないと主張しました。一方、アラン・チューリングは両者を区別できないなら、すなわちチューリングテストをパスするなら、知能的と認めてもよいのではないか、と主張します。

この件に関し筆者は、ここで言う知能的とは、あくまで対象実体に対してではなく、その働きに対する表現だと考えます。すなわち機能（function）として人間に劣らず知能的であれば、それを「知能」と呼ぶことに問題はないと思いますが、だからといって知能的な機能を持った実体（ハードウエア）が知能を持った存在であるとは言えないのでは、と感じるからです。知能的働きを持った実体が知能的存在でありうるためには、その実体が生命とそれに付随する意識（コンシャスネス）を持たなければならないと思うのです。その意味で、AIが実体的な知能的存在になるためには、生命を持たなければならず、少なくともそれが実現するまでは、AIが意識や感情を持つことを心配する必要はないと考えています。

第７章

半導体の先端技術の動向

Section 01

先端半導体を牽引する4つのアプリケーション分野とは？

▼アプリ分野、先端半導体、先端技術

これまで半導体技術は、秒針分歩と呼ばれるほど急速な進歩を遂げてきましたが、その勢いは今後、激しさをますます増すものと思われます。

では、具体的にどのような先端技術がこれからの半導体には求められてくるのでしょうか。

本章では、まず先端半導体を必要とする代表的な「**アプリケーション分野**」を、4つに分類して簡単に触れていくことにします（①ＨＰＣ、②クラウド&ＤＸ、③生成ＡＩ、④自動運転車）。

そして、次節では、それらアプリケーション分野で求められる「**先端半導体**」とはどのようなものかを列挙してみます。

最後に、7-3でそのような「先端半導体」を実現するためには何が必要か、それを実現するための「**先端技術**」と主要な半導体関連メーカーについて、具体的な候補を紹介していくことにします。

▼どんなアプリケーション分野か？

今後大きく発展・拡大すると思われる半導体のアプリケーション分野については、以下の4分野が中心となっていくものと考えます。

①ＨＰＣ（High Performance Computing）

より速く、より大量のデータを計算・処理するためのコンピュータシステムで、一般的にいえば、「よりコンピュータを高性能化すること」を意味します。

②クラウド&ＤＸ（Digital Transformation）

一つはクラウド分野です。インターネットを通じて「必要な時に必要な分だけの情報サービス」を利用できる環境としてのクラウドのさらなる高度化です。

図7-1-1　先端半導体を実現するための3つの階層

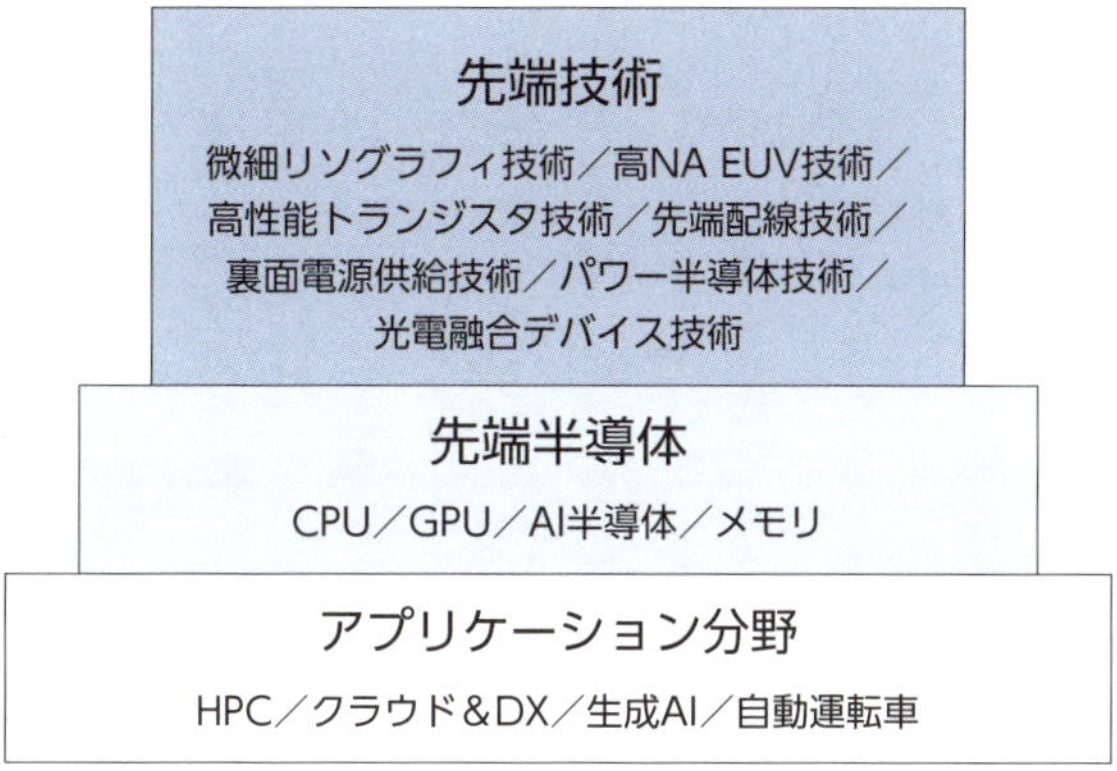

もう一つは、デジタル技術によって社会や生活をより快適で、より便利なものにするための変革としてのDXの普及・高度化です。この2つが先端の半導体開発を促すと考えます。

中央の巨大データセンターと、分散されたより小規模のエッジデータセンターがその中心的役割を果たします。

③AI（生成AI）

AI（Artificial Intelligence 人工知能）、特に生成AI（Generative AI）はLLM（大言語モデル）などに代表されるテキスト、画像、音声などのデジタルコンテンツを自動生成する技術です。今後、この分野では技術の高度化と爆発的な用途拡大が期待されています。

④自動運転車——レベル1～5

英語でautonomous carまたはself-driving carと呼ばれる、「自律走行システムを備えたクルマ」のことです。自動運転の程度によって、レベル1からレベル5までの自律レベルがありますが、最終的には人間の操作をまったく必要としない「レベル5」の完全自動走行車の実現を目指しています。それを実現する先端半導体技術が求められています。

必要とされる先端半導体は？

前節で述べたようなさまざまな分野におけるアプリケーションを開拓・実現するためには、多様で数多くの「**先端半導体**」が必要になります。その代表的な半導体（CPUやGPUなど）について見ておきましょう。

なお、以下では説明の都合上、機能別に個別の半導体として見ていきますが、実際にはこれら個別の半導体はSOC（System On a Chip）やチップレット（Chiplet）を利用することで、集積・構成された半導体システムとして実現されると考えられます。

▼CPU（Central Processing Unit 中央演算処理装置）

まず、**CPU**とは「コンピュータの中心的な構成要素」のことです。コンピュータ内の他の回路の制御やデータの処理・演算などを行ないます。

前節で述べた4つのアプリケーション分野のすべてにおいて、それらの要望を達成するためには、現在よりも高性能（高速）なCPUが求められます。特にリアルモバイルPC向けなどでは、より省電力性（低パワー動作）のCPUが重視されます。

またCPUの性能をより引き出すためには、HBMやチップレット技術との整合性の向上も期待されます。

以下、現在のCPUの代表的企業と主要な製品（シリーズ）をまとめておきましょう。

インテル（米）は、XeonやCoreなどのモバイル端末以外のCPUのトップメーカーです。加えてIFS（Intel Foundry service）を標榜しファウンドリー事業の拡大と、それに伴い4年間で5つのプロセスノード開発を行なうとの挑戦的な目標を掲げ、CPUの高機能化・高性能化を狙っています。

AMD（米）は、インテルと並びデータセンター向けなどのCPUの大手で、最近ではインテルに肩を並べるほどのレベルになっていますが、製造はTSMC（台）などのファウンドリーに委託しています。代表的なCPUとしてEPYC（エピック）やRyzen（ライゼン）があります。

ARM（英：アーム）は、CPUアーキテクチャの代表的IPプロバイダーで、基本的にそのライセンス収入で運営されている特異な会社です。

Qualcomm（米：クアルコム）は、アンドロイドOSのスマホやタブレット端末に多用されているARMアーキテクチャCPUのSnapdragonなどを提供しているファブレス企業です。

アップル（米）は、自社のスマホやタブレットに使用する高性能CPUのM4などをつくっています。

サムスン（韓）は、ARMベースのスマホやタブレット向けのCPUであるExynosなどを自社向けにつくっています。

エヌビディア（米）は、次に述べるGPUメーカーとして余りに有名なファブレス企業ですが、高性能CPUも手掛けています。たとえば、モバイル機器向け、車載向け、ゲーム機器向けなどに対し、ARMベースのTegra CPUなどを提供しています。

▼GPU（Graphic Processing Unit 画像処理装置）

CPUと同様に、4つのアプリケーション分野のすべてにおいて、より高性能・高効率な**GPU**が求められます。特にエッジコンピューティングや自動運転車などの分野では、リアルタイム処理のための高性能で低消費電力のGPUに対する要求が高まるとともに、HBMやチップレットとの整合性も、GPUの性能向上の一環としてより問われるようになるでしょう。

GPUはグラフィックコントローラとも呼ばれ、もともとリアルタイムでの画像処理やビッグデータ処理を行なうプロセッサの一種です。

プロセッサといえば、汎用処理に向くCPUがあります。これに対して、GPUはCPUのように幅広い処理には向きませんが、その代わり、内部でコアが連携して動作する「**並列処理**」により、高速な画像処理や演算処理が可能です。たとえば行列の積和計算（掛け算の結果を次々に足していく計算：累乗算）ではCPUの10倍以上の処理能力を発揮します。

GPUの大手としては、アメリカのエヌビディアとAMDがあげられます。特にエヌビディアは生成AIの発展・普及の波に乗って、ここ数年で驚異的躍進を遂げ、世界の半導体市場シェア1位、時価総額もマイクロソフトに次いで世界第2位の超大企業に成長しています。

代表的なGPUとしては、エヌビディアのH100、ブラックウエルのB200、AMDのInstinctシリーズなどがあります。

GPUはグラフィックボード、クラウド上のデータセンターなどを含め、CPUと共同して動作する内蔵GPUなどさまざまな使われ方があります。たとえばインテルなどはゲーム機用として、GPUを内蔵したCPUを提供しています。

画像処理に特化していた初期のGPUは、**GPGPU**(General Purpose GPU)とも呼ばれるように、一般の高速大量のデータ処理用のほか、データセンター用、学習やディープラーニング向けAIや生成AI用のプロセッサとして、CPUよりも数多く利用されるようになっています。

GPUにおけるエヌビディアの優位性は今後もしばらく続くと思われます。追随する他社も含め、いっそうの技術的発展があると考えられます。

▼AI半導体 (Artificial Intelligence)

AI半導体については第3章のコラムでも紹介しましたが、AI演算処理を高速かつ効率的に行なうことに特化した半導体群に対する総称です。AI半導体はCPU、NPU、GPU、FPGA、ASICなどをSOCやチップレット構成として開発されています。

今後、AI半導体の分野は最先端の半導体技術がいち早く適用される分野の一つです。今後のAI半導体の進展を考えると、新興のファブレス企業が最も出現・発展しやすい分野と思われ、この業界に「第2のエヌビディア」が出現する可能性も大いに期待されています。たとえば、図7-2-1に示したような新興企業にも大いにチャンスがあると思われます。

▼メモリ

近年、メモリに関して注目されている技術に、図7-2-2に示すような**HBM**(High Bandwidth Memory:広帯域メモリ)があります。

メモリの積層による3D化はフラシュメモリでは多用されていますが、HBMではDRAMを3次元実装技術で積層することにより、メモリとプロセッサを結んで信号をやり取りするバスの帯域幅を広くすることで、いわゆるノイマンボトルネックを軽減し、プロセッサの性能をできるだけ引き出すことを目的としています。

HPC(ハイ・パフォーマンス・コンピューティング)や生成AIの普及・拡大に伴って大量のデータを高速に処理する必要性が増大するに伴い、CPUやGPUとメモリの間の情報のやり取りに要する時間がコンピュータシステ

図7-2-1　AI半導体に特化した新興企業の例

企業名	国	特徴・コメント
Graphcore (グラフコア)	イギリス	2016年設立 プロセッサに機械学習モデルを内包するIPU(Intelligent Processing Unit)AI専用プロセッサ 2024年にソフトバンクグループが完全子会社化
Tenstorrent (テンストレント)	カナダ	2016年設立 エッジAIアクセラレータやRISC-VベースCPU、チップレット 2024年ラピダスとの協業発表
Esperanto (エスペラント)	アメリカ	2014年設立 RISC-Vベースの高性能CPU、データセンター用低消費電力AIチップ 2024年ラピダスとの協業発表
Groq (グロック)	アメリカ	2016年設立 機械学習の推論、データ予測 データセンターや自動運転車
SambaNova (サンバノバ)	アメリカ	2017年設立 RDU(再構成可能なデータフロー装置) 精度の高いAIモデル内蔵、理化学研究所も採用
Cerebras (セレブラス)	アメリカ	2015年設立 ウエハースケールエンジンと呼ばれる巨大AIチップ 東京エレクトロンデバイスと販売契約
Hailo (ハイロ)	イスラエル	2017年設立 エッジAIプロセッサ、自動車向けAI マクニカ(神奈川)と提携
PFN (プリファードネットワークス)	日本	2014年設立 IoT分野向けディープラーニングAIチップ
EdgeCortix (エッジコーティックス)	日本	2019年設立 エッジAIに特化した高速・低消費電力のプロセッサ

図 7-2-2　HBM の例

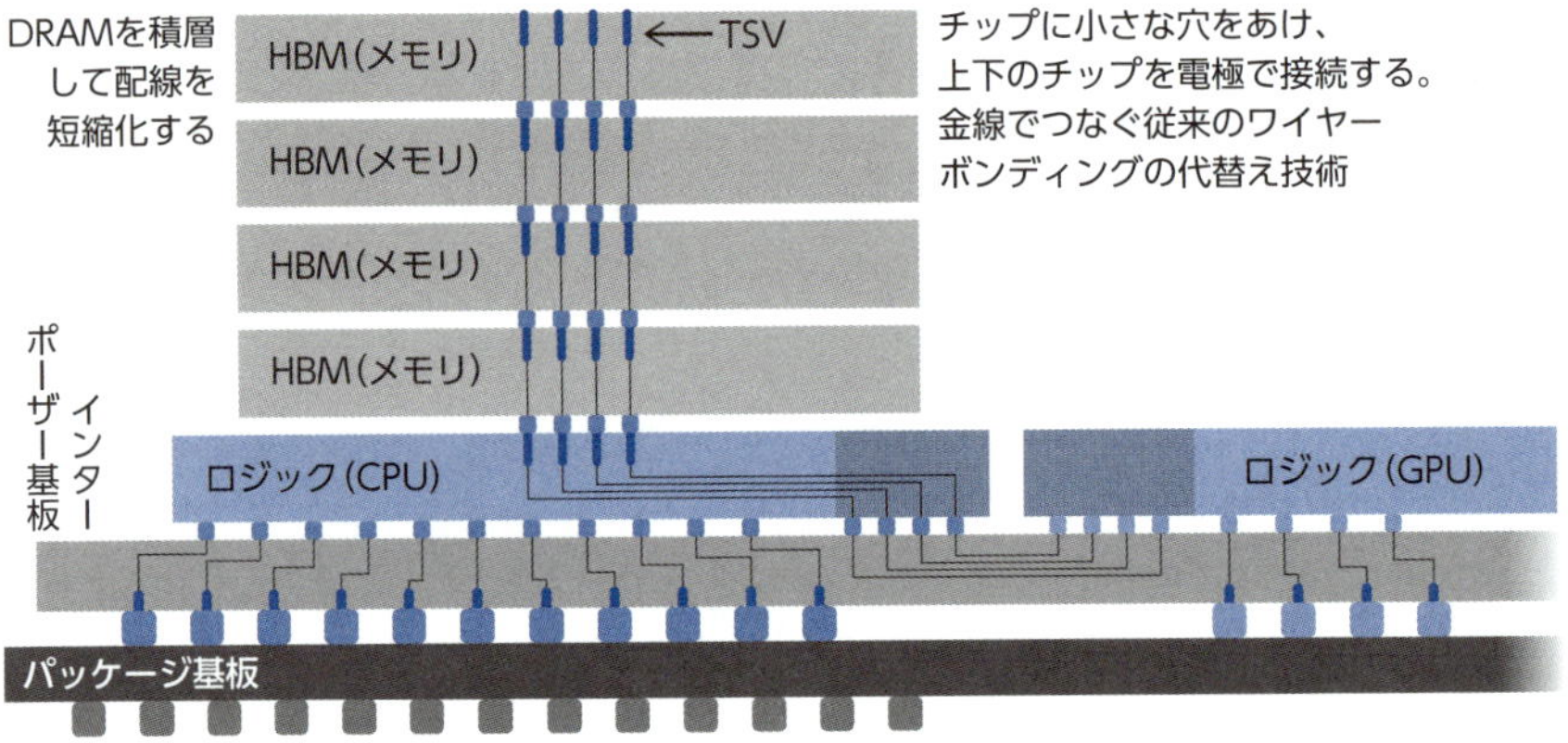

ムの性能をリミットすることが顕著になってきたため、その対処法の一つとしてHBMが注目されています。

HBMには微細TSV（シリコン貫通電極）や貼り合わせなどの中工程が重要な要素の一つになります。この分野では、SKハイニックス（韓）が一歩リードし、サムスン（韓）、マイクロン（米）、キオクシア（日）などが後を追っている感があります。

マイクロンは最近、広島工場でもHBMの生産を行なうと発表しています。

一般的に、メモリハイアラキー、すなわちCPUやGPUのプロセッサ、SRAMキャッシュメモリ、DRAMメインメモリ、フラッシュSSDの階層の中で、特にキャッシュメモリとメインメモリの間をつなぐ新規メモリの開発が期待されます。

また上記とも関連し、新たな万能メモリとも呼ぶべき、DRAM以上の高速動作と不揮発性を備えた新たなメモリも鋭意検討開発されています。たとえば、MRAM、PRAM、RRAM、OSメモリ（酸化物半導体メモリ）などの候補技術が俎上に載っています。

Section 03

求められる先端技術

前節までに記した主要なアプリケーション分野や、そこで必要となる先端半導体を実現するための新技術に関し、開発すべき主な項目や内容、さらにそれに関連して注目すべき企業について見ていきましょう。

▼微細リソグラフィ技術

今後さらなる微細加工の中核としての露光技術に関しては、**高NA EUV露光機**があります。これまでのEUV露光機では開口数NA＝0・33でしたが、次の高NA EUV露光機ではNA＝0・55で解像度が1・7倍になります（解像度は開口数に反比例する）。この高NA EUV露光機の試作第1号機は2023年11月にASMLからインテルのオレゴン州ヒルズボロにあるプロセス開発拠点「ゴードン・ムーア・パーク キャンパス」に導入されました。

インテルによれば2027年に生産開始を目指す1・4nmノード世代から量産に採用し、2030年までにファウンドリービジネスで台湾のTSMCに次ぐ世界第2位になるという目標実現の要となる計画です。

これに対し、TSMCや韓国のサムスン、日本のラピダスもASMLに対し高NA EUV露光機を購入する働きかけをしているようです。

高NA EUV露光機は高価（600億円超）な上、非常に複雑な装置のため、1・6nmノードまでは従来のEUVの多重露光でしのぎ、1・4nmノード（8nmピッチL／S）から本格採用されるのではないか、と考えられます。

▼高NA EUVの技術的な課題

高NA EUV露光技術に関しては、露光機以外にもさまざまな技術課題があります。まずマスク（レチクル）については、現状のシリコンとモリブデンを数十層重ねた反射鏡をルテニウムで覆い、その上にパターン作製用の吸収体を形成していますが、高NAに合わせ新たな吸収体が必要になります。このためIBM、テクセンドフォトマスク、DNP（大日本印刷）、HOYAなどが研究開発をしています。

レチクルを保護するためのペリクルに関しては高出力EUV光に耐性のあるカーボンナノチューブ・ペリクルが三井化学などで開発されています。またレジストの薄膜化や金属酸化物レジストなどの新材料導入、ハードマスクとエッチングプロセスの開発、新たな検査・計測ツールの開発などさまざまな課題が山積しています。

フォトレジストに関してはJSR、東京応化工業、信越化学、富士フイルム、レゾナックが研究開発をしており、エッチングプロセスに関してはラムリサーチ、AMAT、東京エレクトロンが、さらには検査・計測に関してはKLA、レーザーテックなどが研究開発をしています。

また、ハイパーNA（0・75）用のレンズ設計をカールツァイスが行なっているという情報も漏れ聞こえてきます。

最近、2024年7月に沖縄科学技術大学院大学（OIST）の新竹教授がエネルギー効率を飛躍的に高める革新的なEUV露光装置技術を発表しています。従来の装置に比べ、光源の小型化、低電力化（1／10）、低コスト化（1／2）、長寿命化が見込まれています。この新しい技術では、反射ミラーが従来の10枚からわずか4枚に減り、さらに二重露光フィールド技術により正面からEUV光を照射するなどの工夫が施されていて、画期的な改善が見込まれています。

また宇都宮大学などがEUV光源の高効率化のためのマルチレーザー照射法の実証実験を行なっています。

現在EUV露光装置を100％独占しているASMLに対し、これらの革新的な新規国産技術が早期に実用化され、露光技術分野に大きな一石を投じる突破口になってもらいたいものです。

▼高性能トランジスタ技術

現在3nmノードまでの最先端ロジック半導体などでは、**FinFET**（Fin Field Effect Transistor：フィンフェット）と呼ばれるトランジスタが用いられています。このトランジスタでは、魚の背びれ（Fin：フィン）のような形をしたシリコン半導体からなる構造の上面と両側面をゲートで包んでいるため、平面構造（以前のプレーナ型）に比べ、同じ平面積相当であってもより多くの電流を流せるなど、より高集積化や高性能化が可能になりました。

次の2nm〜1・5nmノード対応の高性能トランジスタとして、一般的に**GAA**（Gate All Around）と呼ばれ

図 7-3-1　テクノロジー・ノードと露光技術の進展

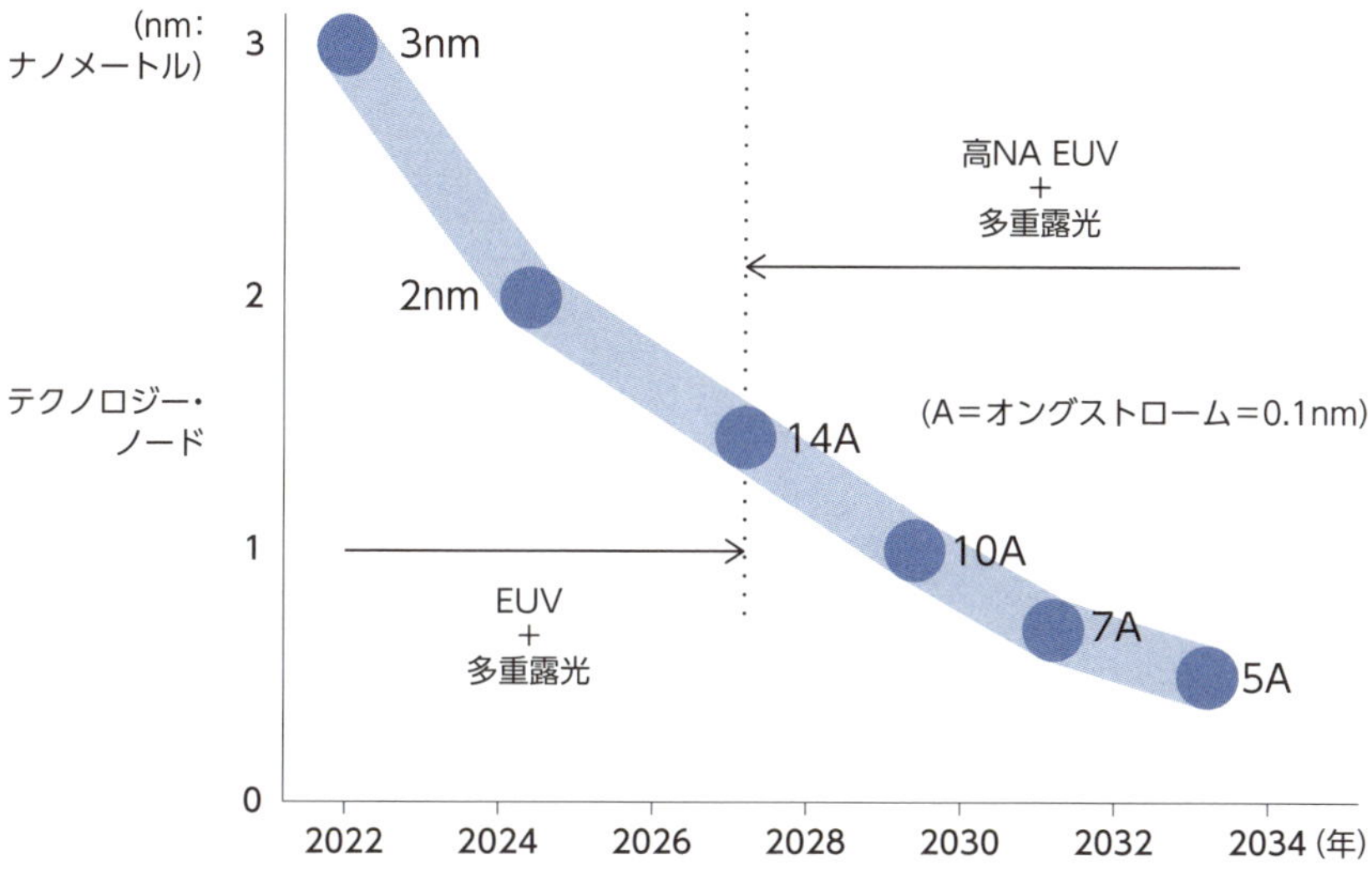

るトランジスタが研究開発されています。このトランジスタは、その名が示す通り、ゲート電極が半導体チャンネルの四面周囲全体をぐるりと囲む構造になっていて、ソースとドレイン間のリーク電流低減、高い電流駆動能力など高集積、低消費電力など、より高性能化が可能になります。

同じＧＡＡとしてのカテゴリでも、ＴＳＭＣやサムスンはＧＡＡ、ＩＢＭはナノシーツ、ＩＭＥＣはフォークシーツと呼ぶこともあります。さらに１・５ｎｍから１・０ｎｍノードに対しては、CFET（Complementary FET：シーフェット）が有望視されています。

ここまでの高性能トランジスタはあくまでもシリコンテクノロジーに基づいていて、その開発から実用化までのメインプレーヤーを務めるのはＴＳＭＣ、サムスン、インテルの3社でしょう。

１ｎｍ以降に関しては、2次元チャンネル（アトミックチャンネル材としてタングステンやモリブデンの硫化物やセレン化物など）、さらにはカーボンナノチューブなどを用いたシリコンとは異なる新たな材料を用いたトランジスタが出現するかもしれません。その場合のメインプレーヤーとしては、上記3社に加えＩＢＭやＩＭＥＣ、さらには新材料技術を制した新興企業の台頭の可能性も否定できません。

図7-3-2　トランジスタ技術の進展

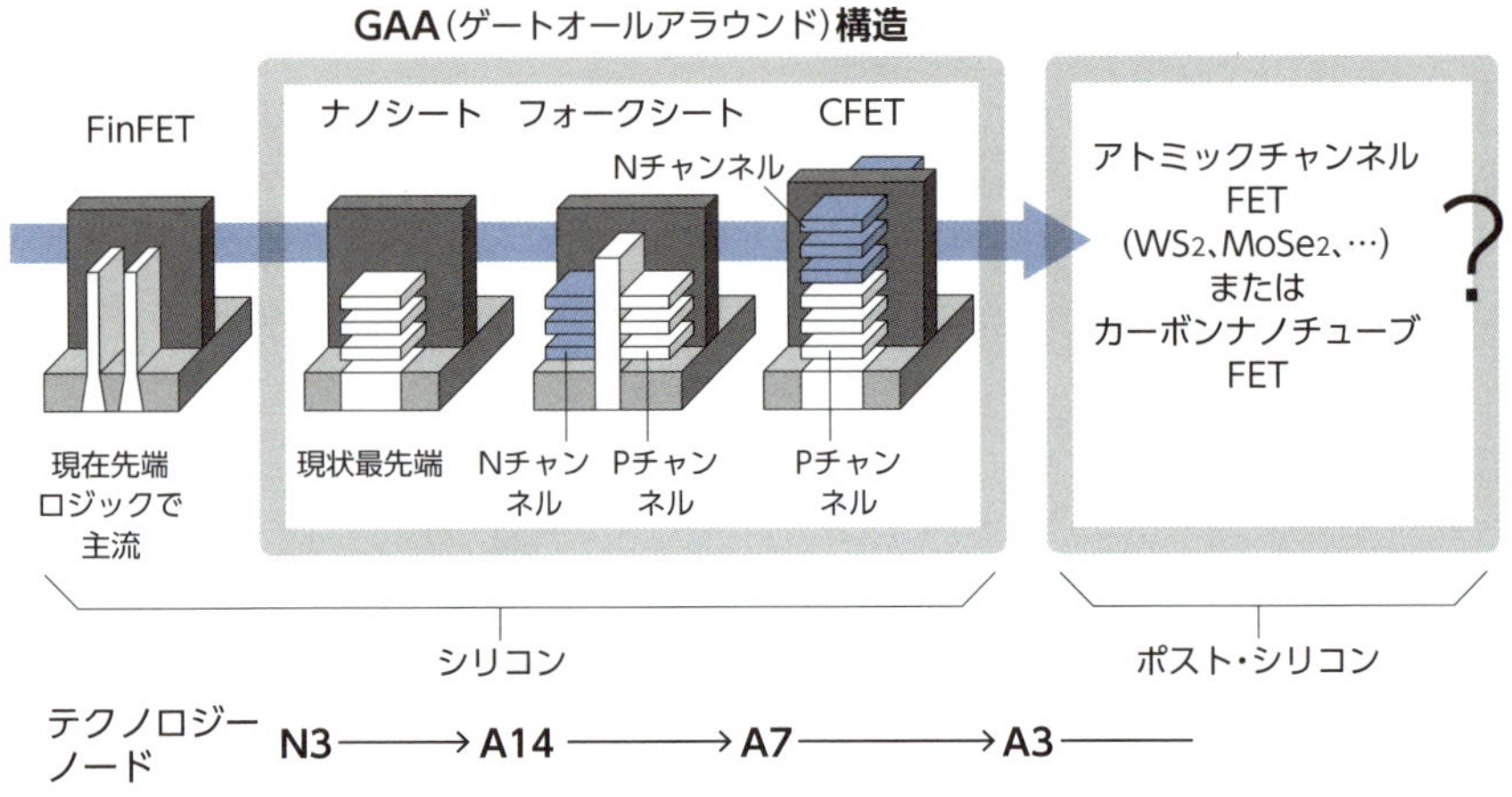

▼先端配線技術

先端配線技術に関しては、2つの大きな流れがあります。その1つはAMATが提唱している現状の銅配線を2nmノード以降に適用可能にするための方法です。現状の銅ダマシンプロセスで微細化を進めようとすると、バリア層とライナー層の占める割合が高くなり、電気抵抗が低下します。これに対処するため、ライナー層をRuCo（ルテニウムコバルト）の二元金属に変え、厚さを2nmと薄くし、ボイドフリーの銅リフロープロセスで溝を埋め、抵抗を低減するという方法です。

また配線のいわゆるRC信号遅延を抑えるため、配線間の電気容量を下げるために、機械的強度を確保しながら、低誘電率（低k値）材料の導入が求められます。これによって信号伝達速度が上がり消費電力は下がります。

AMATではブラックダイヤモンドと呼ばれるナノポーラス低誘電体（k＝2・55）を採用することで目的を達しています。同社はこの先端配線技術をIMS（Integrated Material Solution）と呼んでいます。

もう1つの流れは、TSMCが推奨するもので、金属配線をダマシンプロセスからRIE（反応性イオンエッチング）に変更し、配線間にはエアギャップ（空気間隙）を設ける方法です（図7-3-3）。配線抵抗を下げ、エレクト

図 7-3-3　配線技術の進展

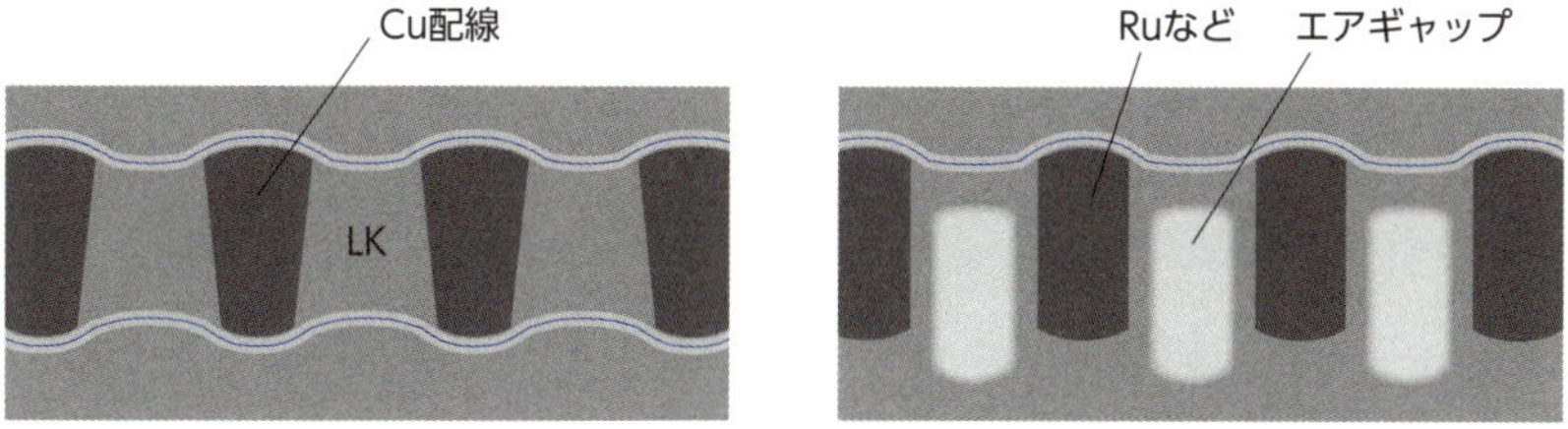

CuメッキとCMPで配線を形成し間を低誘電率膜（LK）で分離する（ダマシン法）

Ru、Moなどの金属を反応性イオンエッチングで形成し、配線間にエアギャップ（空気間隙）を設ける

VLSI2022、TSMC発表資料より

ロン・マイグレーション耐性が上げられる高融点金属としてRIE加工が可能なルテニウムやモリブデンが有望と考えられています。また空気は誘電率がk＝1と最も低いので、金属配線間の容量を減らすのに最適です。

▼裏面電源供給技術

先端ロジック半導体などでは、多層配線技術を多用して素子間を相互接続する信号線や電力供給用の電源線、さらに接地用のグラウンド線を配置配線しています。しかし多層配線数が増加することで、信号線と電源線の干渉効果による電力信号品質の低下（ノイズによる）や発熱管理の問題、さらに電源電圧とグラウンド線のIRドロップ（抵抗による電圧降下）などによって消費電力や性能面の問題が顕在化してきます。

さらに微細加工技術によってチップ面積の有効活用を図るとともに、高度な3次元半導体を実現するために**裏面電源供給**（**BSPDN**：裏面パワー供給ネットワーク）技術が各所で鋭意検討されています。

裏面電源供給技術は、以前からアイデアレベルでは存在していましたが、複雑なプロセスでコストもかさむためこれまではあまり真剣に取り組まれて来なかったのが実情でしょう。しかし最近になってにわかに注目されているのは、

図7-3-4　裏面電源供給技術

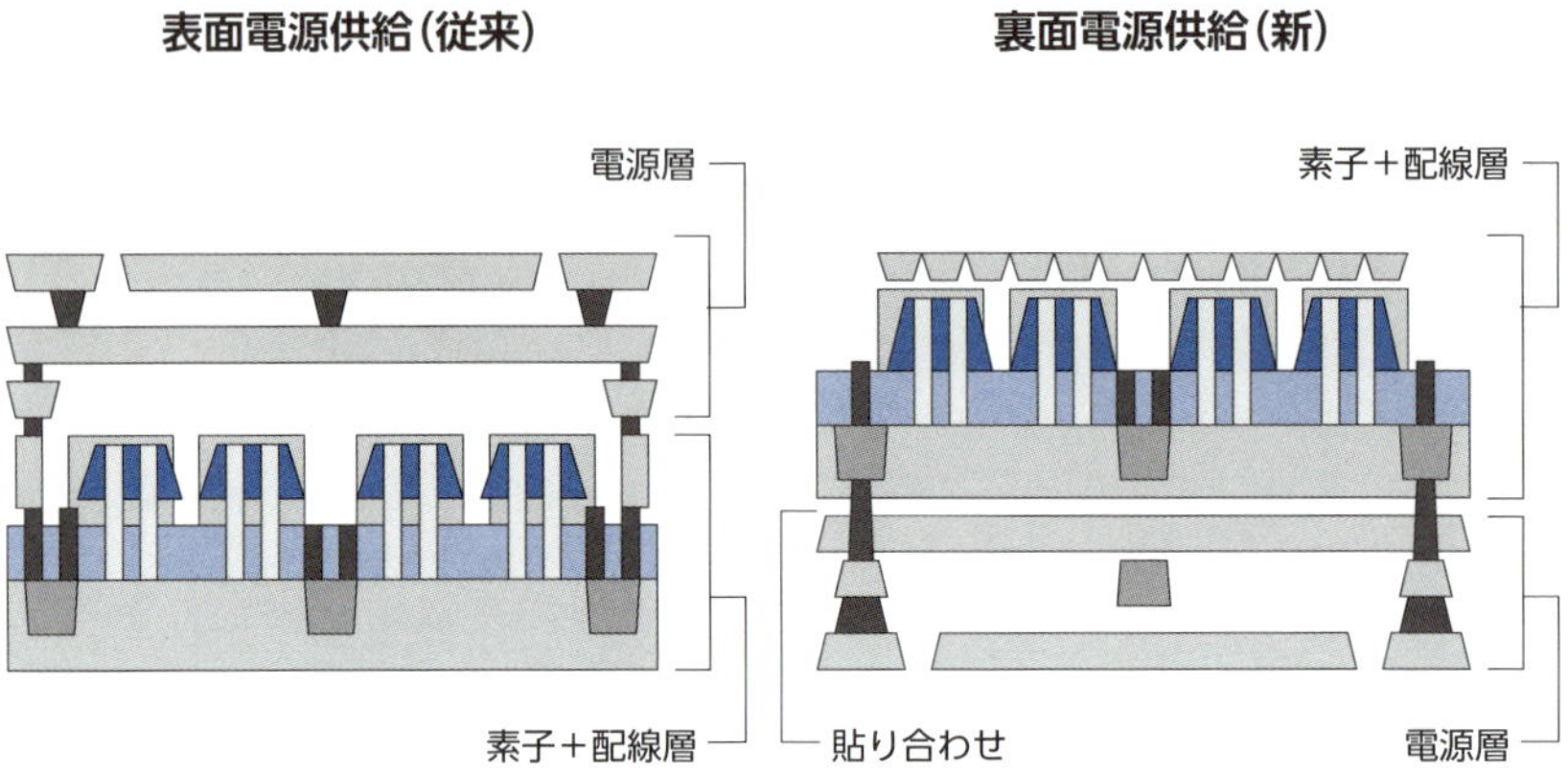

HPC（高性能コンピューティング）や生成AI用にニーズが拡大しているためです。

具体的な動きとしては、インテルは2024年内に実用化をアナウンスしました。サムスンは2027年から2nmプロセスへの採用を、TSMCは2027年から「16A」プロセスへの採用をアナウンスしています。

いずれにせよ、この3社がリードしてデバイス・プロセスとしての技術開発と量産化を推進していくことでしょう。

また同時に、BSPDN層のウエハー裏面貼り合わせ技術に関しては、ウエハーの薄膜化や微細TSV（Through-Silicon Via：シリコン貫通電極）形成のための、研削・研磨技術のディスコ、TSV開口とフィリングのためのエッチングや埋め込み用成膜のAMAT、東京エレクトロン、ラムリサーチなどのメーカーが注目されます。

▼パワー半導体技術

パワー半導体は「パワー半導体デバイス」、あるいは「パワーデバイス」などと呼ばれることもあります。

パワー半導体は、半導体の中でも特異な位置を占めています。というのも、一般の半導体は電気（電子）を情報媒体として利用し、各種演算処理や記憶などを行なっているのに対し、パワー半導体は電気をパワー（エネルギー）として利用し、電力の制御や変換を行なっているからです。

パワー半導体は定格で1A以上の電流と数十V以上の高電圧を扱うデバイスと定義されることもあります。

パワー半導体の主な用途としては家電製品、IT機器、電車、産業機器、5G基地局、太陽光発電、電気自動車やハイブリッド車など多岐にわたっています。

従来のパワー半導体はシリコン半導体を用いたサイリスタ（高電圧向け）、パワーMOSFET（200V以下）、IGBT（200V以上）がメインでしたが、近年さらなる高電圧、高性能、小型化のために、シリコンに代わる新たな半導体材料が検討、開発、実用化されています。

新たな半導体材料として、SiC（シリコンカーバイド）、GaN（窒化ガリウム）がメインですが、特にSiCは電気自動車や太陽光発電などの高耐圧分野に、GaNはACアダプタなど高速の低耐圧分野での活用が進んでいます。

なお、化合物パワー半導体の市場シェア別順位は2024年時点で以下のようになっています。

SiCでは、STマイクロエレクトロニクス（スイス）、オン・セミコンダクター（米）、インフィニオン（独）、ウルフスピード（米）、ローム（日）、またGaNではローム、インフィニオン・テクノロジージャパン、サンケン電気（日）、パナソニック（日）となっています。

さらに今後の新材料としては、Ga_2O_3（酸化ガリウム）、ダイヤモンドなどが有望視されています。

▼光電融合デバイス技術

HPC、生成AI、機械学習、自動運転車、AR／VR／XR、IoTなどの進展に伴って、通信やセンサ機器の高速化、広帯域化、低コスト化、低消費エネルギー化、小型化が求められています。

このため光媒体を用いた通信や接続法の開発と普及が必要になります。一般的に光を用いた接続法の進化ステップは、まずスタンドアロンの光デバイスとして、光トランシーバとシリコンフォトニクス技術による超小型光デバイス、次に半導体チップ周辺の光接続、さらに半導体チップ間の光接続、最後に半導体チップ内のコア素子間伝送とチップ内の光信号処理の順に進むものと考えられます。その一環として、beyond5G（6Gの先取り）対応としてNTTが打ち出しているIOWN（革新的光学的ワイヤレスネットワーク）に代表される**光電融合技術**によって、電子回路と光回路を一つの統合されたシステムとして実現する構想に基づき開発が進められています。

関係する日本メーカーとしては、NTT、NEC、富士通、日立、三菱電機、ソニーなどのデバイスメーカーに加え、古河電工、日本オラクル、サンテック、イビデン、味の素などの部品や材料メーカーなどが挙げられます。

ファウンドリーの最大手ＴＳＭＣでも、光融合デバイスの開発に向けた動きが活発化しているようです。

図７-３-６に光電融合技術の進歩とそのデバイス事例を示しておきます。

図 7-3-5　パワー半導体の用途例

図7-3-6 光電融合技術の進歩と光電融合デバイスの例

(a) 光電融合技術の進歩

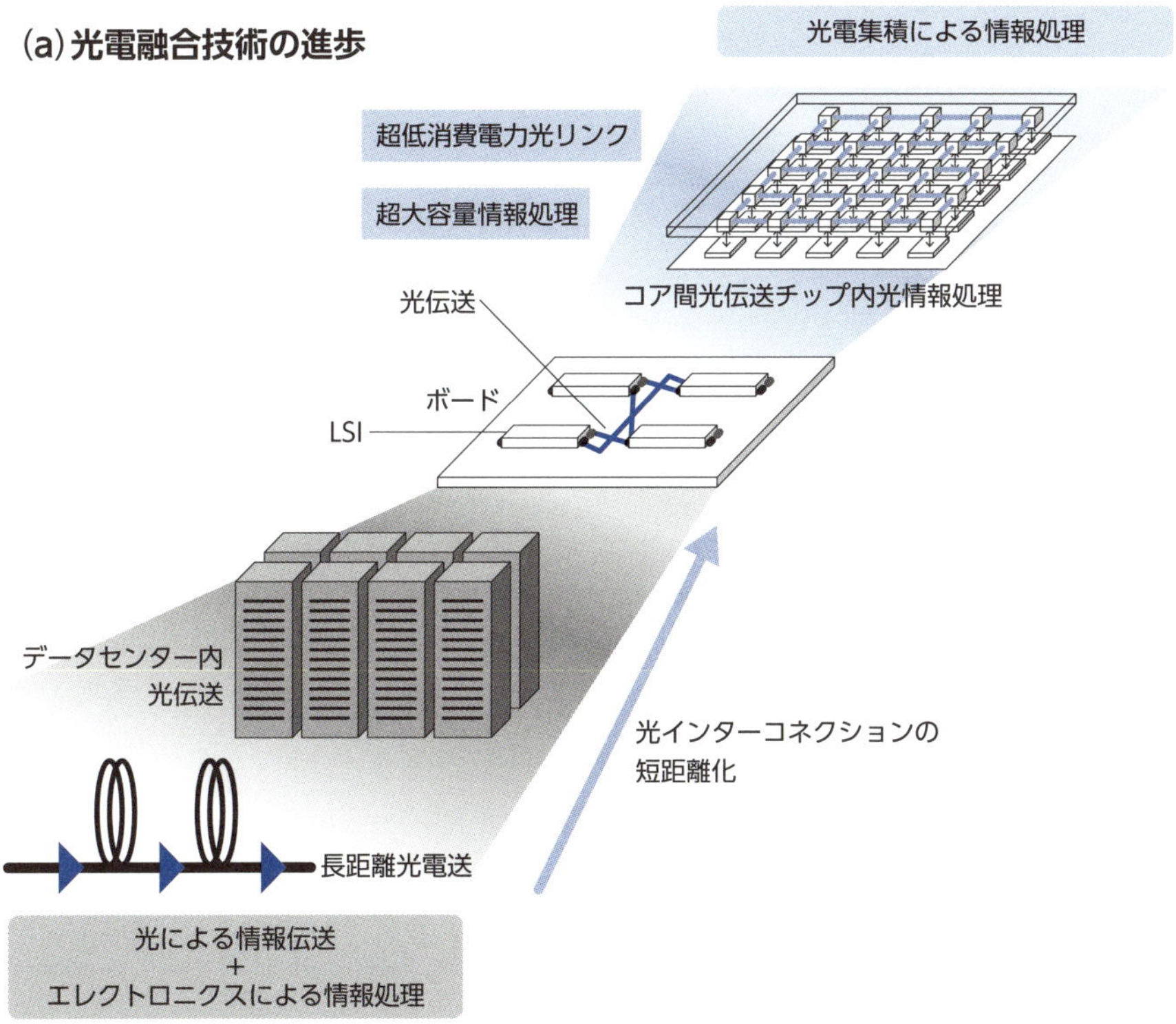

(b) 光電融合デバイスの例

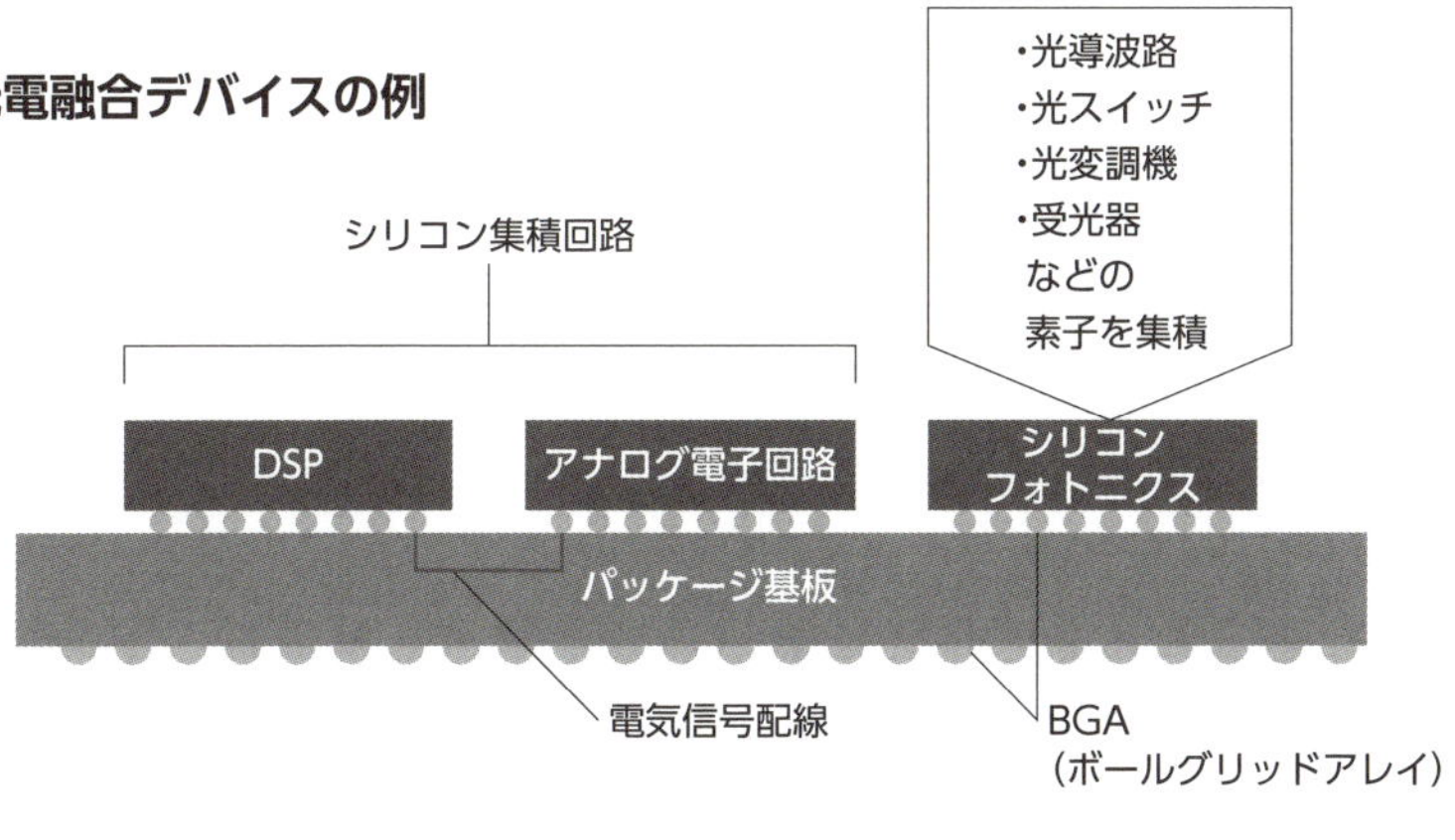

コラム

元素を確保せよ！

半導体メーカーの中でも「装置業界」「材料業界」は依然として存在感を誇っています。しかし、「原材料」そのものは、ほとんどを海外からの輸入に頼っています。そこで、日本の半導体材料業界が輸入に頼っている主な品目と輸入国のいくつかの例を表にまとめておきました。

原材料【元素】	主な用途	主な輸入国
金属シリコン 【メタルSi】	シリコンウエハーの原料	中国、オーストラリア、ブラジル、ノルウエー
ゲルマニウム【Ge】	元素半導体の原料	中国、カナダ、アメリカ、ロシア
ガリウム【Ga】	化合物半導体やパワー半導体に利用	中国、ロシア、アメリカ
アルミニウム【Al】	配線用	オーストラリア、ロシア、サウジアラビア、ブラジル
銅【Cu】	配線用	チリ、ペルー、インドネシア、カナダ
タングステン【W】	配線やバリアメタル用の レアメタル	中国、ボリビア、南アフリカ、ロシア
タンタル【Ta】	誘電体やバリア膜	ドイツ、中国、エストニア、タイ
チタン【Ti】	バリア膜	南アフリカ、インド、カナダ、オーストラリア
モリブデン【Mo】	配線用	チリ、アメリカ、メキシコ、ベトナム
ニッケル【Ni】	シリサイド膜	フィリピン、ニューカレドニア
インジウム【In】	酸化物半導体やディスプレイの 透明電極用（ITO）	韓国、中国、カナダ、台湾
スズ【Sn】	ディスプレイのバックプレーン、 酸化物半導体	インドネシア、マレーシア、タイ
リチウム【Li】	電池用	チリ、アメリカ、アルゼンチン、中国
ネオン【Ne】 クリプトン【Kr】 キセノン【Xe】	露光機用の希ガス	ロシア、ウクライナ、中国
蛍石【CaF2】	エッチングや洗浄用の フッ化水素酸の原料	中国、メキシコ、南アフリカ、ベトナム
パラジウム【Pd】	水素の高純度化のため	南アフリカ、ドイツ

第8章

注目！　世界の半導体
トップ企業38社

Section 01

エヌビディア

売上高 491億6100万ドル（2023年）
従業員 2万9600名

エヌビディア（NVIDIA）は1993年に、LSIロジック社を退社した**ジェンスン・ファン**（Jensen Huang）らによって設立されたアメリカのファブレス企業です。

もともとは3次元グラフィックスを扱う半導体を提供することを目指していました。1999年に同社によって発明された**GPU**はCPUとともに、コンピューティングにおける新たな土台を築いたといえるでしょう。

エヌビディアのGPUは、2000年代前半まではゲーム市場やクリエイティブ業務の用途に主に使われてきましたが、2001年にCUDAアーキテクチャを採用したTeslaシリーズにより、**汎用GPU**（GPGPU）として科学や各種研究分野に採用されるようになり、市場が一気に広がりました。

さらにアーム社（ARM）のプロセッサと融合させたTegraなどのSOCを開発することでデータセンター、ワークステーション、スパコンからパソコン、ロボット、ドローン、自動車など、幅広いアプリ分野で同社のGPUが採用され、同社の規模拡大や業績向上に貢献しました。

2022年に注目を集めた**生成AI**では、高価なGPU（エヌビディアのシェアが8割）を湯水のごとく使用します。追い風を受けたエヌビディアは業績を急伸させ、2023年には世界半導体売上でインテルやサムスンを抜いてトップに躍り出るとともに、時価総額でもマイクロソフトに次いで世界第2位の巨大企業に成長しました。

躍進を続けるエヌビディアですが、「すべてが安泰」とは必ずしもいえないでしょう。2020年には、ソフトバンクからアーム社を4・2兆円で買収する予定でしたが、2022年には各国の独占禁止法当局により買収を断念しています。また、2024年9月の同社の株価急落は、2080億個のトランジスタを搭載したBlackwellアーキテクチャGPUの出荷計画の遅れが関係したとされています。決算そのものは好調でも、エヌビディアに対する市場の期待度が高すぎる分、反動も大きいと考えられます。

今後、生成AI用半導体分野でインテルやAMDとの争いは必至で、さらにオープンソースの代替えチップアーキテクチャへの関心が高まっていること、アームの設計をカスタマイズして利用する企業が増えてくることなども考えると、エヌビディアと業界の動きから目が離せません。

Section 02

TSMC

売上高 2兆6000億新台湾ドル（2023年）
従業員 6万5000名強

TSMCは1987年にモリス・チャン（Morris Chang）によって設立された世界最大の**ファウンドリー企業**で、本社は台湾の新竹市にあります。TSMCは設立からわずか三十数年で半導体トップとなり、時価総額で世界13位に成長しています。

同社は先端ロジック半導体の実に75%を製造・供給していて、台湾という地政学的位置から、米中覇権争いの中で最重要物資としての半導体を巡り注目を集めています。

筆者が感じているのは、同社の成功の裏には、創業者モリス・チャンによる考え抜かれた戦略と戦術があったことです。つまり、TSMCがファウンドリーとしての生産技術、生産システムのあるべき姿を徹底的に追求してきたことと、もう一つは**PDK**（プロセスデザインキット）をオープン化することで、「自社への生産委託を囲い込んだ」ことがあげられます。

TSMCは日本（熊本工場JASM）では2024年内にFinFETで22／28nm、12／16nmプロセスでロジックの生産を開始する予定でした。さらに6/7nmプロセスで2027年に稼働予定の第2工場もアナウンスされていて、3兆円超の投資のうち半分は日本政府の補助です。

またドイツ・ドレスデンにインフィニオン、NXP、ボッシュとの合弁会社ESMCの22nm FinFETプロセス工場の起工式を2024年8月に行ないましたが、この工場には総額100億ユーロ（約1兆6000億円）の投資と、ドイツ政府が50億ユーロの支援を行なう予定です。

さらにアメリカ政府からの66億ドル以上の支援のもと、アリゾナ州フェニックスに3工場を建設予定ですが、4nmプロセスの第1工場建設が遅れていて、生産開始が当初の2024年から26年にずれ込む見込みです。

これらからもわかるように、TSMCは最先端プロセスの開発と生産はあくまで台湾国内に維持しながら、各国の支援金を活用して少し古いプロセスはアメリカで、さらに遅れたプロセスは日本やヨーロッパで行ない、そのレベルを少しずつ上げていく戦略をとっているようです。

さらにTSMCはチップの積層化技術やアセンブリ技術、チップレット技術にも長けていて、HPC（高性能コンピューティング）や生成AI向けのHBM（広帯域メモリとしての積層DRAM）開発のための大手メモリ各社とのつながりを強化しています。

サムスン電子

売上高 443億7400万ドル（2023年）
従業員 11万3485名

サムスン電子は、1969年に設立された韓国の最大財閥サムスングループの中核会社です。そして、世界最大の総合家電、電子部品、電子製品メーカーであるとともに、半導体の巨大IDMです。サムスンは、メモリ（DRAMとNANDフラッシュ）では世界ナンバーワン、2023年の半導体売上高ランキングでは第3位で、2022年まではアメリカのインテル社とトップ争いを演じて来ました。しかし、2023年にはアメリカのエヌビディア（NVIDIA）の躍進でトップ争いから陥落しています。

また、2023年にはコロナ特需による在庫の積み増しの反動でメモリの在庫調整が進み、その影響をもろに受けたサムスンの業績が急落し、1・7兆円もの大幅な赤字と人員削減に見舞われました。しかし、2024年に入ると在庫調整がほぼ終わり、生成AI向けのハイエンドDRAMやデータセンター向け需要の増大で、第1四半期には黒字転換を果たし、営業利益は1兆2200億円と前年同期比15倍以上になっています。

このような中で、サムスンの弱点を挙げれば、メモリ分野で急成長中の**HBM**（DRAMよりも大きなデータを一度に扱える高性能メモリ）でSKハイニックスの後塵を拝し、ファウンドリー事業でもTSMCに水をあけられていることでしょう。HBMに関しては、未だエヌビディアの基準を満たしていないと伝えられています。

またアメリカ・テキサス州テイラーでの新工場の立ち上げも遅れていて、当初、2024年後半を生産開始としていましたが、26年に遅らせるとの情報もあります。

最近のサムスンの明るいニュースとしては、台湾のメディアテックと協力して業界最高速の低パワーDRAM（LPDDR5X）の開発成功が伝えられています。

サムスンは横浜市にパッケージに関する先端半導体研究開発拠点を400億円以上を投じて開設しますが、日本政府は200億円の補助を行なうとされています。

このようにサムスンは巨大IDMでありながら、ファウンドリーとしての事業拡大も目指していて、この点インテルと戦略的に似通ったところがあります。逆に言えば、ファウンドリー事業の将来がどうなるかは、インテル同様、注目に値するところです。

Section 04

インテル

売上高 511億9700万ドル（2023年）
従業員 12万4800名

1968年に設立されたアメリカの**インテル**社は、**マイクロプロセッサ**（CPU／MPU）を中核とする半導体最大手のIDM企業です。同社は、パソコンやデータセンター用のMPUを軸に業績を伸ばし、「半導体業界のリーダー」たる地位を築いて来ましたが、2020年を境にしてその地位に陰りが見え始めました。

その背景には、サーバー分野でAMDが伸びてきたこと、モバイル向けCPU分野でアームに後れを取ったこと、GAFAMなど大手ITメーカーが専用CPUを自社開発し始めたこと、最先端プロセスの開発・量産でTSMCやサムスンの後塵を拝したことなどが挙げられます。

状況を打開すべくインテルは、「IDM2・0」のスローガンを掲げ、抜本的改革のため2つの戦略を打ち出しました。その一つが「5N4Y」と呼ばれる、4年で5つの新プロセスを立ち上げ、TSMCやサムスンに追いつくという目標です。具体的には、2021年にインテル7、22年にインテル4、23年にインテル3、24年にインテル20A、25年にインテル18Aとなっています。ここでAはÅ（0・1nm：オングストローム）を意味します。

もう一つは、IFSと呼ばれるファウンドリー事業の拡大で、2030年までにTSMCに次ぐ世界第2位になるという目標です。結局IDM2・0は、①先端プロセスで自社製造（Core、Xeon、Gaudiなど）、②委託生産（TSMCへLunar Lake 2CPUなど）、③他社先端プロセス品の受託生産の3つからなっています。

このように、革新的戦略を打ち出しているインテルですが、2024年9月までの3か月間の最終決算で2兆5000億円の赤字と1万5000人を超える従業員削減を発表しています。主な原因はファウンドリー事業の不振です。

そんな中、2024年9月17日には「インテルが受託生産を分社化する」というニュースが飛び込んできました。最先端工場に膨大な投資をしながら大口受託ユーザーを十分確保できない懸念から、分社化することで外部からの資本導入も考えざるを得ない事態に追い込まれている、と思われます。さらにデータセンター用AI半導体ではエヌビディアに大きく水を空けられ、MPU（CPU）でAMDの猛追を受ける中、王者としての巻き返しがなるか、今後の動向に目が離せません。

Section 05

アーム（ARM）

売上高 26億7900万ドル（2023年）
従業員 6500名

アームはイギリスのケンブリッジに本社を置く、大手IPプロバイダーです（1990年に設立）。もともとの名称は、Acorn RISC Machineでしたが、その後Advanced RISC Machine Ltd.に改称され、現在のARMという社名に至っています。

以前の社名に入っていた**RISC**（リスク）とは、マイクロプロセッサのアーキテクチャであるReduced Instruction Set Computer（縮小命令セットコンピュータ）を表わしています。これからわかるように、アームはもっぱらRISCマイクロプロセッサのIPを提供するプロバイダーです。RISCに対して、インテルなどのアーキテクチャはCISC（Complex Instruction Set Computer：複雑命令セットコンピュータ：シスク）と呼ばれます。

アームは半導体の設計に特化している企業で、ライセンス料が主な収入源です。とくにスマホ向けプロセッサーIP（設計資産）の世界シェアは95％を超えるとも言われ、圧倒的な存在感を示しています。

スマホのOS（Operating System：オーエス）には、アップルのiPhoneシリーズに使われているiOS（アイオーエス）やグーグル社が開発したAndroid（アンドロイド）がありますが、どちらのプラットフォームにもアームの技術やIPを利用したチップが搭載されています。

2016年にソフトバンクグループがアームの全株式を買収し、世間を驚かせました。当時、筆者はある友人から、「今度の買収についてどう思うか」と聞かれ、「お得な買い物じゃないかな」と答えたのを憶えています。結果的には筆者が考えていた以上にお得だったようです。

2020年にはエヌビディアがアームの全株式を4・2兆円で買収するという発表がありましたが、2022年に断念。理由は、各国当局が、市場独占化の懸念などにより不承認としたためです。その後、ソフトバンクグループはアメリカナスダック市場にアームを上場しています。

アームは、アップル、グーグル、マイクロソフトなどの巨大IT企業やエヌビディア、クアルコムなど大手半導体企業をカスタマーとして抱えており、自動車、白物家電、IoT、スマートウォッチなどのIP市場にも進出しています。さらに、AI市場のデータセンター向けではエヌビディアとのパートナーシップを強化しています。

Section 06

キオクシア

売上高 9700億円（2023年）
従業員 1万5200名

2017年、東芝が半導体メモリ事業を分社化して設立したのが東芝メモリで、2019年に商号変更して誕生したのが現在の**キオクシア**です。2023年の半導体売上高では世界第20位にランクされています。なお、キオクシアという言葉は、日本語の「記憶（kioku）」とギリシャ語の「価値」を意味するaxia（アクシア）の合成語です。

キオクシアは**NAND型フラッシュメモリ**を専門的に開発・生産する半導体メーカー（IDM）ですが、もともとNAND型フラッシュメモリは東芝の発明品とされ、元祖の立場にあります。なおフラッシュメモリにはNAND型の他に、NOR型と呼ばれるものもあります。

キオクシアは「記憶で世界をおもしろくする」というスローガンを掲げています。キオクシアの代表的半導体製品はNAND型フラッシュメモリと、SSD（Solid State Drive ソリッドステートドライブ）ですが、NAND型フラッシュメモリの世界シェアは19%で第3位を占めています。ちなみに、1位はサムスン（韓）の34%、2位はSKハイニックスの19%、4位はウエスタンデジタル（WD）の13%になっています。

三重県四日市市にある大規模工場は、ウエスタンデジタル傘下のサンディスクと共同投資で作られ、1992年に発足し、翌年から本格的に稼働しています。この工場ではキオクシアとサンディスクの両社のNAND型フラッシュメモリを生産しています。また岩手県のキオクシア北上工場は、2018年に起工し2020年から本格稼働を始めていますが、さらに2025度中には新棟が稼働を始め、生産能力の増強に寄与する予定です。

財務面で問題を抱えているキオクシアは、ウエスタンデジタルとの統合の話が何度か出ていますが、キオクシアの大株主であるアメリカのベインキャピタル、さらに間接出資している韓国のSKハイニックス、さらに日本政府の思惑などが絡まり複雑な事情になっているようです。特にSKハイニックスは、先に述べた市場シェアからも窺えるように、キオクシアとウエスタンデジタルが統合すれば、自分たちはNANDフラッシュメモリ2位のポジションから陥落してしまう恐れや、ウエスタンデジタルの思惑が入ってくるなどの懸念からか、統合に同意せず2023年10月には決裂するに至っています。なお、キオクシアは2024年12月に東証プライム市場に上場を予定しています。

ASML

売上高 275億5800万ドル（2023年）
従業員 3万9086名

ASMLはオランダのフェルトホーヘンに本部を置く半導体製造装置メーカーです。1984年にオランダのフィリップスとASMインターナショナルが50%ずつ出資した合弁会社（ASM Lithography）としてスタートし、1988年にそこからスピンアウトして、ASML（Lithographyを Lに省略）となりました。

半導体を微細化する上で中核となる**露光機**（マスクパターンをウエハー上に転写する装置）で圧倒的な存在感を示し、日本のニコン、キヤノンを大きく引き離しています。KrFステッパーで65%、ArF液浸ステッパーで97%、**EUV**（極端紫外線）ステッパーに至っては100%の世界シェアを誇っています。

2023年度の世界半導体製造装置の売上高では、アメリカのAMATやラムリサーチを抑え、トップに返り咲いています。2024年の第2四半期の決算では、売上62・4億ユーロ（1兆円）、粗利益率が51・5%と明るい結果を出しています。

ASMLのEUV露光機は、2024年中に日本のラピダスのパイロットラインへの導入を予定していました。また2025年にはマイクロンの広島工場にも、さらに熊本のJSAM第2工場にも導入される予定です。

高NA EUV露光機（NA（開口数）＝0・55）の試作機はインテルに納入されたばかりですが、2024年6月には第2号機をTSMCへ出荷するとアナウンスしています。

このインテルに納入された試作機EXE:500の映像がインテルから公開されましたが、14m×4m×4mで重さ160トンという巨大システムで、驚かされます。将来こんな巨大な装置が何十台も設置された半導体工場をイメージすると、信じ難い気持ちになります。量産機EXE:5200は2025～2026年に出荷予定で、すでにインテルが発注しているようです。

2024年6月には、IMECイベントでNA＝0・75のハイパーNA EUV装置の発表があり、2030年には登場すると思われます。

ASMLは韓国サムスンとも次世代EUV装置のR&Dファブを共同で設立し、ラピダスやマイクロンの広島工場へのEUV露光機の導入に先立って日本法人の人員を2026年までに600名増員すると発表しています。

Section 08

アプライドマテリアルズ（AMAT）

売上高 265億1700万ドル（2023年）
従業員 3万4000名

AMATは1967年に設立された世界最大の半導体製造装置メーカー（カリフォルニア州サンタクララ）です。半導体製造装置の他に、FPDや太陽電池の製造装置のリーディングカンパニーでもあります。特に成膜装置（CVD、PVDなど）やCMP装置では世界トップの座を占めています。2024年第3四半期には、AIや5G対応需要が牽引して過去最大の売上を記録しています。

半導体製造装置全体のシェアでも、オランダのASMLと常にトップ争いを演じています。2社については、AMATが露光装置を除く前工程のほとんどの分野をカバーしているのに対し、ASMLは露光装置1本に絞っているという大きな違いがあります。

AMATの特徴は、ファウンドリーとの連携を深めることで「装置導入、立ち上げ、メンテナンス」に至るまで、広い業務を請け負っている点です。これによって、AMATにとってはコネクテッドな製品（インターネットに接続されたIoT製品）やサービスを提供できること、TSMCなどのファウンドリー企業にとっては装置の早期立ち上げと安定稼働が期待できることなど、win-winの関係を築いています。

同社に関する最近の技術話題としては、2nmノード以下の微細銅配線によるエネルギー効率の向上、EUVでダブルパターニングに替わるパターンシェービングによる低コスト化、短工期、品質向上、ウシオ電機と共同で2μm対応チップレットやヘテロジニアスインテグレーション向けデジタルリソグラフィ装置の開発などがあります。

AMATは2013年に東京エレクトロンとの「世紀の統合（業界1位と2位）」を発表しましたが、アメリカ司法省の承認が得られず、2015年には中止に至りました。

さらに同社は2019年に日立系で拡散炉に長じたKOKUSAI ELECTRIC（国際電気）の買収を発表したものの、中国の独占禁止法当局が承認せず、こちらも2021年には計画を断念しています。

また最近、アメリカ政府の半導体製造装置の対中輸出禁止を巡る連邦当局の捜査の中で、AMATは米国政府の許可を得ずに製造装置を中国のSMICなどへ輸出していたことが判明。それが原因か否かは定かでありませんが、チップス法に基づく政府補助金が却下されたようです。

Section 09

ルネサスエレクトロニクス

売上高 1兆4694億円（2023年）
従業員 2万1204名

ルネサスエレクトロニクスは、三菱電機と日立製作所から分社化したルネサステクノロジ（2003年）に、NECエレクトロニクス（NECから分社）が経営統合し、2010年に設立された日本の半導体メーカーです。設計から生産までを一貫して行なう垂直統合型デバイスメーカー（IDM）で、2023年の半導体売上高では世界第16位（日本では1位）の位置にあります。

主要製品としては、汎用マイコン、車載用マイコン、ARMベースのRISC型SOCなどがあります。マイコンは汎用と車載用を合わせて世界シェア17％で、ドイツのインフィニオン・テクノロジーに次いで第2位のポジションを占めています。

車載用マイコンでは、オランダのNXPセミコンダクターズ、ドイツのインフィニオン・テクノロジーとともにビッグ3の一角を占めていて、もともと車載用に強いことから、デンソーが株主に名を連ねるなど、トヨタグループと強い関係を持っています。自社ファブとしては40nmノードのレガシー（古い）プロセスで、28nm以降のミドルレンジから最先端プロセス半導体については、TSMCなどファウンドリー企業に生産委託をしています。

2021年3月にはルネサス那珂工場で火災が発生し、3か月以上もラインが完全停止しました。ちょうど世界中で車載用半導体が不足していた時期でもあり、自動車工場の多くが減産や生産停止に追い込まれ、新車・中古車購入に甚大な影響を及ぼしたことは記憶に新しいところです。

車載用のパワー半導体に関して、ルネサスは、100％子会社で150mmと200mmのウエハーを用いた甲府工場（山梨県甲斐市）を2014年から閉鎖させていましたが、最近その場所に約900億円を投資して、300mmウエハーによるパワー半導体工場に生まれ変わらせるという構想を打ち出しています。同社によれば、今後電気自動車（EV）や人工知能（AI）の普及・拡大に伴って必要となる、電力の効率的な活用に貢献するパワー半導体の専用工場として戦略的な拠点にする構想です。

ルネサスは、設立以来さまざまな経営上の問題を抱え何度か存続の危機に瀕しましたが、国内自動車メーカーの強い要望もあり、政府のテコ入れと合わせ今日に至っています。現在は産業革新機構が69％の株式を保有し、事実上、国有化（国策会社化）されています。

マイクロン・テクノロジー

売上高 155億4000万ドル（2023年）
従業員 4万6000名

マイクロンはDRAMやフラッシュメモリの他、メモリカード、SSDなどを提供しているアメリカのIDM企業の一つで、本社はアイダホ州ボイシ市にあります。

1978年に創業され、80年にアイダホ・ポテトで知られるシンプロット氏が同社を買収。その翌年からDRAM事業に参入し、その後TIの半導体メモリ事業、2013年には日本のエルピーダメモリなどを買収し、事業を次々に拡大してきました。買収したエルピーダメモリの広島工場には8年間で1・8兆円を超える大型投資を行なったとされ、開発・生産の拠点として日本を重視してきたことが窺えます。

2023年度、コロナ禍での半導体不足の反動としての半導体、特にメモリの作り過ぎからくる在庫調整などで、マイクロンも他のメモリメーカー同様、17億ドル超の赤字を出しましたが、2024年第3四半期の8月決算では、前年同期比で売上、利益とも大幅に改善し、営業黒字を達成しています。データセンター向けやサーバー用、HBMなどが業績向上に寄与した結果です。

マイクロンの最近の目立った活動として、2024年7月に世界最速データセンター向けSSDとして第9世代のNANDフラッシュの量産、同年4月にゲームとAI向けの次世代グラフィックスメモリのサンプル出荷、同4月に200層を超えるスタックでQLC（4ビット／セル）のNANDを採用したSSDなどがあります。

また2024年8月には、生成AI向けで急増しているHBMを広島工場でも製造することをアナウンスしています。なお、5000億円の投資のうち1920億円を日本政府が支援することになっています。

EUV露光は2025年から導入し、2026年から1γ（ガンマ）DRAMから適用する計画です。

マイクロンは持続的な技術開発に加え、エヌビディアとも密接な協力関係を築いていて、AI用途向けの次世代GPU対応として、HMB3eメモリも提供しています。

マイクロンは、今後ニューヨークとアイダホに4工場を建設する計画で、最初の2工場に米国政府が9500億円の補助をすると発表しています。さらにマイクロンは、インド政府の70％の補助のもと、インドのグジャラート州に27・5億ドルをかけて後工程の工場を建設予定です。

KLA

売上高 96億ドル（2023年）
従業員 1万5000名

KLAはカリフォルニア州ミルピタスに本社を置く、アメリカの半導体製造装置の会社です。同社は主に、半導体の製造工程におけるプロセス制御や歩留まり管理のための欠陥検査装置・計測装置を開発・製造・販売しています。以前、同社は**KLAテンコール**（KLA-Tencor）と呼ばれていましたが、2019年に現社名に変更しています。

半導体製造装置メーカーとしては世界ランキング5位で、マスク検査装置や生産管理システム、プロセスモニターシステムなどに強みがあります。特にプロセスコントロール分野では世界シェアの50％強を占め、半導体検査装置の王者といえるでしょう。

筆者が現役だった頃、KLAに関して次のような噂が流布されていました。「KLAの装置・システムは大手半導体企業のすべての工場に入っていて、各工場の稼働状態（故障や事故の有無、稼働率など）のデータが随時、KLA本部にネットで送られ、把握されている。へたをすると当事者の半導体メーカーの人よりKLAの方が工場の状況についてよく知っているかもしれない」というものでした。

もちろん半導体メーカーとKLAの間の厳しい守秘義務契約によって、それらの情報が外部に漏れることはなかったでしょうが、そんな噂が流れること自体、半導体工場のオペレーションにおいてKLAの果たしている役割がいかに大きなものかを、改めて感じさせられます。

そんな王者KLAでも、EUV露光用マスク検査装置に関しては、それほど得意ではありません。

それに対し、日本のレーザーテック（次ページ参照）はEUV用マスク（レチクル）検査装置で世界シェアをほぼ独占し、さらにEUV露光の普及に伴い、業績を大幅に伸ばしているのと対照的で、その部分が検査装置の王者のアキレス腱と言えなくもありません。

2015年にラムリサーチがKLAを合併・買収するという発表がありましたが、翌年、アメリカ規制当局が無効と判断して断念しています。それ以前にも、当時、半導体製造装置メーカーの1位、2位であったアプライドマテリアルズ（AMAT）と東京エレクトロンの経営統合に対してアメリカ司法省の承認が下りず、計画は頓挫しました。これらのケースでは、独占的巨大企業の誕生に対する懸念が当局に働いたものと推測されます。

Section 12

レーザーテック

売上高　1528億3200万円（2023年）
従業員　425名

レーザーテックは、1960年に医療用X線テレビカメラ装置の設計開発を行なう東京ITV研究所として設立され、1986年にレーザー顕微鏡を皮切りに、DUV／EUV光学系技術を生かし、欠陥検査・計測を行なう検査装置メーカーとして、横浜市港北区に本社を置いています。

「その時代にないものを開発する」という理念のもと、売上の10％を研究開発に向け、従業員の80％近くがエンジニアという、研究開発に特化した企業です。同社は最小限の製造装置をもつだけで、需要拡大時には外部のファウンドリー企業に製造を委託する、いわゆる**ファブライト**企業です。

レーザーテックは、半導体やFPD（フラットパネルディスプレイ）向けの検査装置や計測装置、顕微鏡などの製品を扱っていて、マスク検査装置ではアメリカのKLAに次いでシェア36％（世界第2位）の位置にあります。

レーザーテックは、その従業員数に比べて売上高や時価総額からも超優良企業であることが窺えます。特に、2019年から始まった最先端半導体を製造するためのEUV露光技術の普及・拡大に伴い、EUVマスク関連検査装置で業績を伸ばし、当該装置の世界シェアはほぼ100％という、独占状態にあります。直近の2024年6月期の連結売上は1900億円（前年同期比24％増）、純利益470億円（同2％増）と、半導体製造装置メーカーの多くが減収減益の中で健闘しています。

レーザーテックはマスク全般にわたる検査・計測を行なう製品（EUV用マスクブランクスの欠陥検査装置、ビューステーション、パターン欠陥検査装置、マスククリーニング装置など）を提供していて、3nmプロセスノードまでの対応が可能です。今後、EUV露光で作製される先端半導体製品が増えるにつれ、さらにレーザーテックの検査装置の需要が増えていくでしょう。

またEVなどの普及に伴い、パワーデバイス向けSiC（シリコンカーバイド）などの半導体材料が注目されますが、この分野の検査装置でも高いシェアを持っています。

同社の将来性に関しては、ニッチトップの製品を多く抱えている限り、それほど心配ないと思われますが、この分野の世界的トップランナーKLAの追撃をかわし切れるかどうか、それがポイントになるでしょう。

東京エレクトロン

売上高 2兆2090億2500万円（2023年）
従業員 1万7522名

東京エレクトロンは1978年に設立された半導体およびFPD（フラットパネルディスプレイ）の日本の最大手企業の一つです（東京都港区赤坂）。もともとはエレクトロニクスの販売代理店としてスタートしたユニークな歴史を持っています。

東京エレクトロンはAMATと同様、半導体製造装置の幅広い分野をカバーするメーカーです。特にコータデベロッパー、熱処理炉、ウエハー・プローバなどでは世界トップ、また2023年の半導体製造装置の売上高では世界第4位で日本の製造装置メーカーの中ではダントツの地位を占めています。

東京エレクトロンは、フォトレジストを塗布／現像するコータ／デベロッパーでは世界の90%以上、なかでもEUV用に限ればほぼ100%、さらにウエハー・プローバでは世界トップのポジションにあります。その他、熱処理炉では世界シェア59%、2位の日本のKOKUSAI ELECTRICと合わせると実に94%を占めています。

東京エレクトロンの近年の業績は、2024年3月決算では前年比で売上、営業利益ともマイナスでしたが、AI需要などにより、2025年3月の売上高、営業利益とも前年比20%を超える成長が見込まれています。

同社に関する最近の新たな製品開発情報としては、次のようなことがあります。まずガスクラスタビームを用いたEUV露光パターンの補正技術でエッチング処理後にビームを照射し、線幅の加工と形状補正を行ないます。これにより工程削減とコストダウンが図られます。この方法は、先にAMATに関して紹介したパターンシェービングに類似の技術とも言えるでしょう。

また製造前工程のみならず、後工程装置にも注力し始めていて、ウエハーボンディング（2枚のウエハーを貼り合わせる）、ウエハーエッジのトリミング、貼り合わせたウエハーのレーザー剥離など、いわゆるアドバンストパッケージングの分野でも存在感を高めています。

同社とアメリカのAMATとのいわゆる「世紀の統合」については先述したとおり、アメリカ司法省の承認が得られず2015年に中止に至りました。東京エレクトロンは、アメリカの対中国制裁策の中で、オランダのASMLと並び、中国に対する厳しい規制を受けています。

SUMCO（サムコ）

売上高 4259億4100万円（2023年）
従業員 9847名

SUMCO（サムコ）は1999年に設立された、日本のシリコンウエハー専業メーカーです（東京都港区芝浦）。同社は2002年に三菱マテリアル・シリコンと合併、2005年に現在の商号に変更し、さらに2006年にはコマツ電子金属株式会社を子会社化しています。

SUMCOは信越化学についで**シリコンウエハー**の世界シェアが第2位の位置にあります。

直近の2024年第2四半期決算の前年同期比では、売上10％減、営業利益56％減となり、信越化学に比べて低迷しているといえます。要因としては、SUMCOは韓国サムスンのメモリ依存が高いのに対し、信越化学は顧客バランスが取れていることがあげられます。特に韓国SKハイニックスのHBMが好調なことが影響していると見ることもできるでしょう。しかし、2024年の後半からは業績回復の見込みで、SUMCOは10年後に売上高を倍増する計画を発表しています。

SUMCOは現在、伊万里、佐賀、長崎、宮崎などの工場で、プライムウエハー、エピタキシャルウエハー、貼り合わせSOIウエハーなどを供給していますが、さらに佐賀県の吉野ケ里町に最先端シリコンウエハー工場を建設する予定です。TSMCの熊本進出なども影響しているものと思われます。

なお、SUMCOは国から750億円の支援を受けることが決まっていて、その支援金は吉野ケ里の工場建設に役立てると考えられます。シリコンウエハーの分野で、信越化学と並び、世界1位と2位のポジションを死守することが「国内半導体産業の復活にも必須」と考えられているからと思われます。

SUMCOは生成AI市場の活況化の影響を背景に、中工程でのチップレット用シリコンインターポーザーや、後工程でのパッケージの大型化などに伴い、材料としてのシリコンウエハーの消費量は倍増するのでは、と期待しています。今後、半導体の中工程と後工程の進展が、材料としてのシリコンウエハーの需要拡大につながるか興味深いところです。

なお、京都にサムコ（SAMCO）という会社があります。京都のサムコは半導体などの電子部品メーカーで、SUMCOとは発音が同じ「サムコ」ですが、まったく違う会社ですので、ご注意ください。

グローバルファウンドリーズ

売上高　73億9200万ドル（2023年）
従業員　1万1000名

グローバルファウンドリーズは2009年に設立し、サンフランシスコ州サニーベールに本社を置くアメリカのファウンドリー企業で、台湾のTSMC、韓国のサムスンに次いで世界第3位のポジションを占めています。

2008年、AMDは同社の半導体製造部門を分社・独立してThe Foundry Companyを発足しましたが、その翌年アブダビ首長国の投資会社がその分社に出資し、新たに出発したのが現在のグローバルファウンドリーズ（GF）です。つまり、同社株式の過半数以上にあたる約66％をアブダビの投資会社が保有しています。

そして、2010年、同社はシンガポールの半導体企業チャータード・セミコンダクタを合併、2014年にはIBMの半導体事業部門をも買収しています。

同社の特徴としては、最先端プロセス（7、5、3、2nmなど）を扱うファウンドリーではなく、**ミドルレンジ**の枯れたプロセスがメインになっており、それらの生産に特化することで、ファウンドリー間でのビジネスの棲み分けがなされている事情がわかります。たとえばスイスのSTマイクロエレクトロニクスなどには40nmのチップを供給していますが、逆に2016年にはサムスンから14nmプロセスFinFETの技術移管を受けています。

このため、グローバルファウンドリーズは、たとえば汎用プロセッサ用のバルクシリコン（プライムウエハー）ウエハープロセス、マイクロプロセッサ用のSOI（Si On Insulator）ウエハープロセスの他にも、6インチや8インチウエハーを用いた各種センサーなどに多用されるMEMS（微小電気機械システム）プロセスの受託生産も行なっています。

台湾のファウンドリーPSMCが日本のSBIホールディングスと合弁で宮城県に半導体工場を建設することを発表し、狙う市場はグローバルファウンドリーズに近いものになると予想されていましたが、2024年10月に中止されました。

グローバルファウンドリーズの主なユーザーは、STマイクロエレクトロニクス、AMD、IBM、クアルコム、東芝、ブロードコム、ルネサス、マイクロソフト等々、世界中にわたっています。

なお、アメリカ政府は最近、同社に対して約15億ドルの支援を決めています。

Section 16

ディスコ

売上高 2841億円（2023年）
従業員 連結5990名

半導体製造（特に後工程）で使用される精密加工装置や加工ツールを開発・製造・販売する日本のメーカー（本社：東京都大田区大森北）で、1940年に設立されました。

創業当初は「第一製砥所」の社名であったことからも窺えるように、もともとは砥石《といし》メーカーとして出発しています。**ディスコ**（disco）というと、音楽を流し、客を踊らせるディスコを連想するかも知れませんが、「ディスコ」の名称（1977年）は旧社名の「Dai-Ichi Seitosho CO.,Ltd.」の頭文字に由来しています。

ディスコの業務内容を簡潔に示しているのが、当社のスローガンになっている、「KIRU（切る）」「KEZURU（削る）」「MIGAKU（磨く）」の3種類の加工です。

半導体の製造工程では、これらディスコの3種類の加工装置が次の工程で使われています。

まず、シリコンウエハー上に集積回路（IC）を作りこむ工程（前工程）が完了した段階で、基板の電気抵抗の低減やパッケージングする際のICチップの高さ（厚さ）を抑える、あるいはTSV（シリコン貫通電極）を利用してチップを積層し、3D構造を実現するなどの目的で、ウエハーの厚みを薄くするために裏面を削る**バックグラインダー**（裏面研削機）があります。グラインダーはウエハーを5μmまで薄くでき、その時の口径300mmウエハー内のバラツキが1・5μm以内という、超高精度の加工が可能です。次に、裏面研削後のダメージを取り除き、ウエハーの機械強度を上げるためにピカピカの状態に磨く**ポリッシャー**、そして、プローブ検査の終わったウエハーを1個1個のチップに切り分ける**ダイサー**などがあります。ディスコのダイサーを使えば、人間の髪の毛を縦に35分割できるとされます。

ディスコはこのような高精度加工技術によって、ダイサーでは世界シェアの70〜80％、バックグラインダーでは60〜70％と圧倒的な強みを発揮しています。

近年、売上高と純利益を大幅に伸ばしているのは、この精密加工技術がNANDフラッシュの多層化やHBMに寄与している賜物でしょう。また、自分の意思でキャリアデザインができるユニークな社内制度なども、その一翼を担っているのかも知れません。

ラムリサーチ

売上高 174億2851万ドル（2023年）
従業員 1万2200名

ラムリサーチは1980年に設立されたアメリカの半導体製造装置メーカーです（本社：カリフォルニア州フリーモント）。半導体製造装置メーカーとして、オランダのASMLとアメリカのアプライドマテリアルズ（AMAT）に次ぐ世界第3位のポジションを占めています。

ラムリサーチが扱っている製造装置としては、エッチング装置（特にドライエッチング）、銅メッキを含む各種成膜装置（CVD、ALD等）、洗浄装置などがあります。これらの中で、**ドライエッチング装置**については、世界シェアトップで約半分を、2位の東京エレクトロン、3位のアプライドマテリアルズと合わせると、3社で実に90%弱を占めています。ラムリサーチは、特にメタル系のドライエッチングに長じている感があります。

筆者の現役時代の印象では、メタル系はラムリサーチ、絶縁膜系は東京エレクトロンに、それぞれ一日の長があるように感じていました（あくまでも個人的印象ですが）。

シリコンウエハー上に多数のICチップを作り込む前工程は、トランジスタなどの素子を多数形成する「フロントエンド（FEOL）」と、それら素子を配線で相互接続する「バックエンド（BEOL: Back End）」とに分けられます。

近年、先端ロジックICの進歩に伴って配線層数が増えるにつれ、バックエンドの工程が増加し、それとともにドライエッチングの重要性が技術的にもコスト的にも増大してきています。そのこともあって、半導体製造装置の中では、数年前までは1台当たりの単価が極端に高い露光装置の分野が投資ベースでトップの座を占めていましたが、最近ではドライエッチング装置（ドライエッチャー）の分野がそれに取って代わりつつあります。それだけ高価な装置の使用台数が増加している傍証と言えるでしょう。

ラムリサーチは、このような半導体技術の進展に歩を合わせる形でドライエッチング分野を中核にして業績を伸ばしてきています。ラムリサーチは、2011年に同業他社であるアメリカのノベラス・システムズ（Novellus）を買収し、成膜装置分野の技術開発を促進するとともに事業の拡大を図りました。さらにKLAとの合併・買収によってAMATを追撃する体制を整えようとしましたが、アメリカ規制当局が認可せず、失敗に終わっています（これに関してはKLAの項でも同様の説明をしています）。

Section 18

アドバンスト・マイクロ・デバイセズ(AMD)

売上高 226億8000万ドル(2023年)
従業員 2万6000名

AMDはカリフォルニア州サンタクララに本社を置く半導体メーカー(ファブレス)です。2023年の半導体売上高世界ランキング7位、ファブレスでは4位の位置にあります。AMDはもともとIDMでしたが、2008年に半導体製造部門をファウンドリー会社として分社化し、翌年、この会社はアブダビ首長国の政府系投資会社の出資を受け、**グローバルファウンドリーズ**(GF)として新たな出発をしました。AMDはこのグローバルファウンドリーズに一部製品を、また先端プロセス品は台湾TSMCへそれぞれ生産委託をしています。

AMDの主要製品はCPU、GPU、チップセットなどですが、データセンター向けCPUではインテルの約70%についで20%のシェアを持ちます。インテルを上回る成長率を示していて、今後AMDのシェアが増大するとの観測もあります。AMDはCPU分野でインテルと競合する局面が多くありますが、ビジネスやゲームの分野ではインテルに分があり、画像関係や科学計算の分野ではAMDに分がある感じもします。

AMDは、パソコン用CPUとしては、インテルの10nmプロセスに対しTSMCへ生産委託をして7nmプロセスを利用することでコストを下げ、価格差でインテルを一歩リードしていましたが、最近その差がなくなりつつあるようにも感じます。いっぽうGPU(グラフィック処理装置)では、エヌビディアが80%と圧倒的なシェアを占めていて、AMDはシェア約20%で2位の地位にあります。

これからわかるように、AMDはCPUの分野ではインテル、GPUの分野ではエヌビディアという巨大競合企業を相手にしていかなければならない状況です。

インテルがファウンドリービジネスの拡充と、矢継ぎ早の先端プロセス開発に大きく舵を切り始め二兎を追っているのに対し、エヌビディアはHPC(高性能コンピューティング)やAI(特に生成AI)で飛躍的に業績を伸ばしており、昨今のAMD対インテル、AMD対エヌビディアの熾烈な競争・争いの構図はさらに激化し、加えて新IDM(IDMがファウンドリービジネスなども取り込んで巨大化した半導体会社としてのIDM)対ファウンドリーの生き残り競争という観点からも半導体業界の今後に大きな影響を及ぼすでしょう。

クアルコム

売上高 358億2000万ドル（2023年）
従業員 4万1000名

クアルコムは1985年に設立された、アメリカの通信機器、半導体開発のアメリカ企業です（本社：カリフォルニア州サンディエゴ）。社名のクアルコム（Qualcomm）は、Quality（品質）とCommunication（通信）の合成語で、当社の業務内容を反映しています。

クアルコムはファブレス企業なので、半導体の生産をグローバルファウンドリーズ（GF）、TSMC、サムスンなどのファウンドリー企業に委託しています。2023年の世界半導体売上高では第4位のポジションにあります。

クアルコムの業務内容としては、もともとCDMA（Code Division Multiple Access：符号分割多重接続）と呼ばれる、5Gなどの**無線通信技術**に強く、CDMAの携帯電話用チップセットでは、スマホメーカーや他のデバイスメーカーに供給することで、ほぼ市場を独占していますが、スマホ以外にも、自動車やIoT（モノのインターネット）などの多様な分野にも進出しています。クアルコムは移動体通信に関するモデム（アナログ信号とデジタル信号を相互に変換する装置）チップ開発と多数の堅牢な関連特許を抱き合わせにする「**ノーライセンス・ノーチップス**」というビジネスモデルによって躍進してきました。このため、製品だけでなくライセンス料も同社の大きな収入源になっていますが、そのことで他社との間にしばしば軋轢が生じたり、紛争になったり、規制対象になったりを繰り返して今日に至っています。

同社の代表的製品であるSnapdragon（スナップドラゴン：略称スナドラ）は、イギリスArm（アーム）社の命令セットを採用した、スマホやタブレット端末向けの組み込みプロセッサチップのSOC（System On a Chip）で、アンドロイド系スマホに広く採用されています。クアルコムはこれまで、2009年にAMDのモバイルプラットフォーム部門を買収しましたが、それによるモバイルグラフィック技術は同社のGPUコア「Adreno（アドレーノ）」に生きています。また2016年に自動車用半導体に強いオランダのNXPセミコンダクターズの買収を計画しましたが、翌年に失敗しています。

逆に2017年にはアメリカの無線や通信インフラに強いブロードコムがクアルコムの買収計画を発表しましたが、こちらも断念するに至っています。

Section 20

シノプシス

売上高 58億4200万ドル（2023年）
従業員 2万300名

シノプシスと**ケイデンス**の2社は、ともに大手**EDA**（Electronic Design Automation：電子設計自動化）ベンダーで、シーメンスEDA（独シーメンス社がメンター・グラフィックスを買収したことによって誕生）とあわせて「EDAのビッグ3」と呼ばれています。両社は、半導体（IC）の機能設計、論理設計、回路設計、レイアウト設計やそれらを検証するためのハードウエアとソフトウエアのツールに加え、デバイス、プロセス、回路、レイアウト、システムなどのシミュレーション用ツールを提供しています。

また、両社は独自のIP（Intellectual Property：回路機能ブロック）を提供する**IPプロバイダー**でもあります。

シノプシスは米国GEのメンバーが1986年にカリフォルニア州マウンテンビューに設立したアメリカの会社で、その後アバンティ（Avanti）社など多くの関係会社を買収して成長しました。IPプロバイダーとしては、広く使用されているインターフェース仕様に対応した実績豊富なIPソリューション・ポートフォリオを開発・保有し、提供しています。シノプシスは2024年1月に、エンジニアリングシミュレーション大手のANSYSを約350億ドルで買収する最終合意に達しましたが、各国当局の認可が下りるか否かは不透明です（2024年9月末時点）。

Section 21

ケイデンス・デザイン・システムズ

売上高 40億5000万ドル（2023年）
従業員 1万1200名

1988年にSDAシステムズとECAD社が合併して誕生し、カリフォルニア州サンノゼに本社を置いています。その後テンシリカ（Tensilica）社など多くの会社を買収・成長しました。IPプロバイダーとしては、DSPコア群、インターフェース・コア群、先端シリアル・インターフェース・コア群などのIPを提供しています。

筆者も何度かトップの講演を聞いたことがありますが、半導体技術全般に通じているという印象が残っています。

ケイデンスは2024年4月にTSMCとシステムおよび半導体設計のイノベーションで協業することを発表しています。

Section 22

JSR

売上高 4046億3100万円（2023年）
従業員 7997名

JSRは、1957年に合成ゴムの国産化を目的として、国と民間の出資により設立された日本合成ゴム株式会社を前身とする日本の化学メーカーです。1997年に英名の「Japan Synthetic Rubber Co. Ltd.」から現社名に変更されました。本社は東京都港区東新橋にあります。

JSRは半導体関連分野の化学素材メーカーとして、**フォトレジスト**の世界シェア27％と、トップのポジションを占めています。2021年には、EUV露光用のレジストとして有望視される金属酸化物レジストのパイオニアであるアメリカのインプリア（Inpria）社を完全子会社化しています。

JSRは半導体関連素材としてはレジストの他に、CMP用のスラリーやCMP研磨パッドなどの提供も行なっています。2023年7月には、官民ファンドのJIC（産業革新投資機構）により、9000億円でJSR全株式の公開買い付け（TOB）が成立したと発表されました。

Section 23

東京応化工業（TOK）

売上高 1622億7000万円（2023年）
従業員 1877名

東京応化工業（TOK）は、1936年に東京応化研究所として設立されましたが、1940年の組織改正により現在の社名に変更されました。本社は川崎市中原区にあります。東京応化工業は世界シェア26％を有するフォトレジストの最大手の一つで、JSR（27％）とトップ争いを演じています。

JSRと東京応化工業の例でもわかるように、フォトレジストに関しては日本メーカーの独壇場で、JSRを筆頭に東京応化工業、信越化学、住友化学、富士フイルムの5社で世界シェアの90％を占めています。

上記の「JICによるJSR買収」で、フォトレジスト業界の力関係の変化や業界再編などの動きがどうなるか、気になるところです。

東京応化工業は、フォトレジストなど高純度化学薬品の供給能力拡大のため熊本県菊池市に新工場を建設中で2025年上期からの稼働を予定しています。

Section 24

アドバンテスト

売上高 4865億700万円（2023年）
従業員 7358名

アドバンテストは、1954年にタケダ理研工業として設立され、1985年に現社名に変更された半導体関連検査装置メーカーです（本社：東京都千代田区）。

アドバンテストは、2023年の半導体製造装置メーカー売上高シェアで第6位、**半導体向けテスター**（半導体検査装置）部門では世界トップのポジションにあります。ロジックテスターのシェアは56%、メモリテスターのシェアでは50%を占める最大手です。

当初、アドバンテストは、メモリテスター部門で存在感を示していましたが、2011年にデジタル半導体とロジック半導体に強かった同業のアメリカのベリジー（Verigy）社を買収し、メモリ主体の業務から非メモリ（ロジックやSOCなど）分野の業務拡大に成功し、現在に至っています。その意味で、アドバンテストは5G、DX、データセンター、スマホなど、時代の変化にうまく乗れたという印象もあります。

また1990年代のエヌビディア創業の当時から同社との取引を続けていて、今後もAI半導体の隆盛に合わせて業績を伸ばすポテンシャルに恵まれています。アドバンテストは以前、富士通から出資を受けていた時期がありましたが、2017年には資本関係を解消しています。

Section 25

テラダイン

売上高 26億7630万ドル（2023年）
従業員 6554名

テラダインは1960年に設立された、マサチューセッツに本社を置くアメリカの半導体向け、エレクトロニクス向け、ワイヤレス機器向けのテスターメーカーです。

テスターでは、日本のアドバンテストに次ぐ世界第2位のポジションにあります。個別に見ていくと、ロジックテスターで40%、メモリテスターで34%の世界シェアを握り、第1位のアドバンテストと合わせると、ロジックで97%、メモリで84%と、2社で半導体向けテスター市場を圧倒的に占有しています。

テラダインは、エヌビディアの技術を活用し、AIを搭載した産業用の搬送ロボット事業に2025年にも参入すると発表しています。

Section 26

信越化学工業

売上高 2兆4149万3700億円（2023年）
従業員 2万5717名

1926年に設立され、1940年に現社名・**信越化学工業**に変更された日本の大手化学メーカーです（本社：東京都千代田区）。1967年には100％子会社の**信越半導体**を設立しています。信越化学工業は、売上および利益率ともに高い、日本最大の化学メーカーで、バランスの良い健全経営で知られています。

半導体関連素材としては、世界シェアが29％で首位を占める**シリコンウエハー**、シェア16％で世界第3位のフォトレジストを始めとして、半導体製造後工程向けにもさまざまな素材を提供しています。2024年に入り、シリコンウエハーの加工を行なっている三益半導体工業を680億円で完全子会社化し、シリコンウエハー事業の拡大を図っていますが、国から750億円の支援を受けた世界第2位のシリコンウエハーメーカーのSUMCO（日本）を含めた今後の動向が注目されます。

また、化合物半導体のGaNエピタキシャル成長用基板の300mm化に成功しました。

Section 27

レゾナック

売上高 1兆2899億円（2023年）
従業員 2万3840名

2020年に昭和電工が日立化成を連結子会社にし、2023年には昭和電工と統合して商号を**レゾナック**とした日本の大手化学メーカーです（本社：東京都港区）。レゾナックは半導体製造の後工程材料に強い会社です。

2023年11月には、アメリカのカリフォルニア州シリコンバレーに、半導体のパッケージングと関連材料のR&Dセンターを開設し、2025年度には運用を開始する予定です。これは今後、半導体市場を牽引すると思われる生成AIやHPCなどで求められる2・5D、あるいは3・0D積層化を含めた流れに対応するためと思われます。

レゾナックは2024年9月に、フランスのSoitecとパワー半導体向け8インチSiC（シリコンカーバイド）エピタキシャルウエハーの共同開発契約を結びました。SiC半導体基板は再生エネルギー関連やEV用として、ポストシリコン材料として期待されています。レゾナックがSiC単結晶基板を提供し、Soitecが貼り合わせをする計画です。

Section 28

TOPPANホールディングス

売上高　1兆6782億4900万円（2023年）
従業員　1万843名

TOPPAN（トッパン）ホールディングスは、大日本印刷と並ぶ日本の印刷大手の会社です（本社：東京都台東区）。同社は1900年に凸版印刷合資会社として設立、1908年には凸版印刷株式会社に改組、2023年に現社名のTOPPANホールディングスに変更されました。

TOPPANは半導体関連の部材として重要なフォトマスク（レチクル）の製造販売を行なう事業を拡大するため、2022年にフォトマスク専業メーカーとして新会社を発足させました。それが**テクセンドフォトマスク**（本社：東京都港区新橋）で、TOPPANホールディングスが50・1％、運営ファンドのインテグラル（東京都）が49・9％を出資しています。テクセンドフォトマスクは2023年のフォトマスク世界シェアで39％を占め、2位のアメリカのフォトロニクス、3位の日本の大日本印刷を合わせると、3社で実に世界の94％を占めています。

テクセンドフォトマスクは、2024年にアメリカのIBMとEUV露光用マスクに関する共同研究開発の契約を締結し、今後のEUVマスクの開発に乗り出しています。

Section 29

大日本印刷

売上高　1兆4248億円（2023年）
従業員　1万107名

大日本印刷は1876年に創立され、1935年に現社名に変更されています（本社：東京都新宿区）。TOPPANホールディングスと並んで国内印刷会社の2強の一つです。

2023年の半導体フォトマスクの世界シェアは23％で、テクセンドフォトマスク、フォトロニクスに次いで、世界第3位のポジションを占めています。

2016年にいち早くマルチビームEBマスク直描装置を導入したことでも知られ、2020年からは5nmプロセス用EUVマスクの供給を始め、現在はさらに3nmプロセス向けフォトマスクの技術開発に取り組んでいます。

また、2027年から2nmノードの先端ロジック量産が始まる国策ファウンドリーのラピダス向けに、EUV露光用のフォトマスク（レチクル）を供給する計画を発表しています。TOPPANとともに、国内のフォトマスク部材のサプライチェーン整備に資する予定です。

Section 30

インフィニオン・テクノロジー

売上高　163億900万ユーロ（2023年）
従業員　5万8600名

1999年にドイツの総合電機メーカーであるシーメンス社から分離独立したドイツの半導体メーカー（IDM）が**インフィニオン**（本社：ドイツ・バイエルン州）です。2020年にアメリカのファブレス企業サイプレス・セミコンダクタを買収しました。社名のInfineonは無限を意味する「Infinity」と、永劫を意味する「eon」の合成語です。

2023年の世界半導体売上高ランキングでは第9位、**パワー半導体**では世界トップのポジションを占めています。製品群としては、マイクロコンピュータ、通信用IC、パワーデバイスと幅広く扱っていますが、特に自動車や産業機器向けの半導体に長じています。パワー半導体用にいち早く300mmシリコンウエハーを採用し、またシリコンカーバイド（SiC）や窒化ガリウム（GaN）などの化合物半導体を用いたパワーデバイスでも先行しています。

一部の人に、「パワー半導体では日本メーカーが先行している」という誤解があるようですが、世界市場ではインフィニオンを筆頭に、アメリカのオンセミ、スイスのSTマイクロエレクトロニクスの後に、やっと日本の三菱電機、富士電機、東芝、ロームなどが続いている状況であり、日本企業が先行しているわけではありません。

Section 31

ローム

売上高　4677億円（2023年）
従業員　2万3401名

ロームは1958年に設立され、1981年に現社名に変更した電子部品メーカーで、半導体としてはカスタムLSIなどが主力の会社です（本社：京都市）。

ロームは1998年にヤマハの半導体部門を買収しています。また2008年に、沖電気工業の半導体事業部門OKIセミコンダクタを買収しました。現在SiCのパワーデバイスでは世界シェア20%を持っていますが、2024年になって東芝との半導体事業の業務連携に向けた協議を開始した、と伝えられています。

ロームは最近、電気自動車の電動化やソフトウエアによる知能化へ対応するため、デンソーと品質や信頼性の高い半導体の安定供給と開発に関し連携を強化しています。

ソニーセミコンダクタソリューションズ

売上高 1兆6027億円（2023年）
従業員 9000名

ソニーセミコンダクタソリューションズは、2015年にソニーグループの半導体部門であるソニーセミコンダクタソリューションズグループの中核になっている半導体メーカーです（本社：神奈川県厚木市）。

主な半導体製品としては、**CMOSイメージセンサー**がありますが、その他の一部LSIも手掛けています。

ソニーセミコンダクタソリューションズは2023年の世界半導体売上高で第17位で、CMOSイメージセンサーでは世界シェア42%のトップを占めています。

イメージセンサーの世界シェア2位は韓国のサムスンで19%、3位はアメリカ本拠のオムニビジョン、4位はスイスのSTマイクロエレクトロニクス、5位はアメリカのオンセミとなっています。

シェアの高さからもわかるように、ソニーセミコンダクタソリューションズは、CMOSイメージセンサーで圧倒的な強さを有していて、Cu-Cu接続技術を用い、受光部（フォトセンサー）と信号処理部（CPUなど）の積層化などにもいち早く成功しています。

競争相手として猛追しているのはサムスンで、ソニーと同様の裏面照射方式を採用しています。オムニビジョンは、車載やモバイル、医療用などのイメージセンサーを生産していますが、2016年に中国資本に買収され、中国ウィル・セミコンダクター・上海の傘下に入っています。パワー半導体にも強いオンセミは今年から自社工場でイメージセンサー・モジュールを生産する計画です。

ソニーセミコンダクタマニュファクチャリングは2016年にソニーセミコンダクタソリューションズの完全子会社として設立し、熊本、長崎、大分、山形などに事業所を持っています。

熊本県菊池郡菊陽町の工場の近くに、TSMCの日本工場（JASM: Japan Advanced Semiconductor Manufacturing）が建設されています。ソニーグループは、熊本県合志市に県内2か所目の半導体工場を建設する（投資額は数千億円規模）と発表し、2025年稼働を目指しています。

また北海道千歳市に建設中の、ラピダス（Rapidus 国策ファウンドリー会社）にはNTT、NEC、トヨタ、デンソー、ソフトバンク、キオクシア、三菱UFJ銀行とともにソニーグループも資本参加しています。

Section 33

TOWA

売上高 538億円（2023年）
従業員 1876名

TOWAは1979年に東和精密工業として設立された、精密金型などの半導体製造装置（後工程）の日本メーカーです。1988年に現社名に変更されました（本社：京都市）。

TOWAは**モールド封止用装置**では世界シェアの60％を占めます。また、モールド封止された基板をダイサーでICに個片化するための装置（シンギュレーション装置）でも有名です。最近、進歩が著しいHBM（広帯域メモリ）のパッケージングでは、同社は独占的地位を占めています。

TOWAは生成AIなどで需要が高まっているHBMなどのモールディング装置の需要拡大に対応するため、2024年10月から韓国の天安市に約60億円を投じた半導体製造装置の新工場を稼働させています。HBMは韓国のSKハイニックスが世界のリーダーサプライヤーになっていることもあり、子会社のソウル市にあるTOWA韓国の売上と生産能力も2倍に上げる計画です。

Section 34

イビデン

売上高 3700億1100万円（2023年）
従業員 1万2744名

イビデンは1912年に揖斐川電力として設立され、1982年に現社名に変更された日本の電機メーカーです（本社：岐阜県大垣市）。半導体の**パッケージ用基板**では世界シェア28％を占める大手で、GPUで躍進著しいエヌビディアをユーザーに持っています。

Section 35

住友ベークライト

売上高 2872億7000万円（2023年）
従業員 8044名

住友ベークライトは、1911年に住友化学の持分法による会社として設立された日本の化学メーカーです（本社：東京都品川区東品川）。

半導体のモールドパッケージで使用される**封止用エポキシ**では世界シェアの40％を握る大手です。

Section 36

SCREEN

売上高 504億9160万円（2023年）
従業員 5987名

SCREENは1944年に大日本スクリーン製造としてスタートし、2014年に現社名に変更された産業用機器の日本の会社です（本社：京都市）。

売上の70％以上を占めるのが**半導体洗浄装置**（ウエット型）で、半導体製造装置では世界第8位、国内では東京エレクトロン、アドバンテストに次いで第3位のポジションにあります。また海外の売上比率が80％以上と高いのも特徴です。SCREENは洗浄装置の他にコータデベロッパーも手がけています。

SCREENは2024年1月から、彦根事業所内の敷地に80億円を投じ2023年から着手していた新工場の操業を開始しました。この工場は4500㎡の土地に延床面積1万3500㎡を持ち、枚葉式洗浄装置の生産を行ないますが、特に、省エネ対策として新たな空調システムを採用していると発表しています。

2022年12月には、IMECと先端半導体用の洗浄技術を研究する共同開発契約を結んでいます。

Section 37

セメス

売上高 2兆2143億ウォン（2021年）
従業員 1000名以上

1993年に韓国サムスンと大日本スクリーン（現SCREEN）の合弁会社K-DNSとして設立され、2005年にサムスンの100％子会社化した韓国最大の半導体製造装置メーカーが**セメス**（SEMES）です。

以前、韓国はサムスンなどが中心となって日本の半導体製造装置メーカーに対して、韓国に工場を作り、そこから自国の半導体メーカーに納入するよう動いていました。このため、日本の半導体製造装置メーカーは深入りして緊密な関係になることを躊躇していましたが、大日本スクリーン（現SCREEN）はその誘いに乗り、上記K-DNSの合弁会社がスタートしましたが、結局、SCREENが技術を渡した後は不要になって切られた形です。

最近、サムスンに入っている洗浄装置はほぼSEMES製といわれていて、その分、SCREENはサムスンという大きな市場（ユーザー）を失ったことになります。セメスは洗浄装置の他にも、市場が拡大しているドライエッチャーの分野にも進出しようとしています。

SMIC

売上高 63億2160万ドル（2023年）
従業員 2万1629名

SMIC（Semiconductor Manufacturing International Corporation）は2000年に設立された中国の半導体メーカー（ファウンドリー）です。国から資本を受けて民間で運営する、いわば**国策ファウンドリー**といえます。

ファウンドリーとしては2023年度で世界第5位のポジションにあります。米中覇権争いを受けた貿易規制の中で、中国における半導体の国産化を推進するための中核的役割を果たしていて、旺盛な中国国内での需要や政府の支援を背景に業績を伸ばしています。

SMICは、200mmと300mmのシリコンウエハーを用い、レガシープロセスから最先端に近い7nmプロセスまでを幅広く扱っています。これまでSMICが量産化してきたプロセスノードの推移をみると、プレーナ型トランジスタとしては2008年に65nm、2012年に40nm、2015年に28nm、2019年からは14nmのFinFET（フィンフェット）と微細化を進めています。そして2023年には7nmノードの開発に成功した模様で、世界に衝撃を与えました。おそらくフッ化アルゴン（ArF）エキシマレーザー液浸露光と多重パターニング技術を駆使した結果と見られ、想像以上に中国の半導体製造技術の進化が著しいと考えられます。

世界最大の通信機器メーカーである中国のファーウエイ（Huawei）のパソコン用CPUキリン（Kirin）シリーズには、SMICで製造された半導体が搭載されています。2024年になってファーウエイが出したパソコン「Mate 60Pro」には5nmプロセスのプロセッサ「Kirin 9006C」が搭載されていることがわかりました。アメリカの圧力を受け、中国に対してASML社（オランダ）のEUV露光装置が輸出禁止になっている状況下にもかかわらず、5nmプロセスを可能にした中国半導体製造技術の進歩は恐るべきとの観測も一部で流れました。しかし、最近の調査結果によると、TSMCの5nmプロセスが使われていることが判明したようです。

SMICの主なカスタマーとしては、中国大手のファーウエイの他、アメリカの大手ファブレス企業のクアルコム、ブロードコム、またIDM企業のTIなどがあります。なお、2020年、SMICは中国への禁輸対象となるエンティティーリストに加えられています。

［著者］
菊地 正典（きくち・まさのり）
1944年樺太生まれ。東京大学工学部物理工学科を卒業。日本電気（株）に入社以来、一貫して半導体関係業務に従事。半導体デバイスとプロセスの開発と生産技術を経験後、同社半導体事業グループの統括部長、主席技師長を歴任。（社）日本半導体製造装置協会専務理事を経て、2007年8月から（株）半導体エネルギー研究所顧問。2024年7月から内外テック（株）顧問。著書に『入門ビジュアルテクノロジー 最新 半導体のすべて』『図解でわかる 電子回路』『プロ技術者になる！ エンジニアの勉強法』（日本実業出版社）、『半導体・ICのすべて』（電波新聞社）、『「電気」のキホン』『「半導体」のキホン』『IoTを支える技術』（SBクリエイティブ）、『史上最強図解 これならわかる！電子回路』（ナツメ社）、『半導体工場のすべて』（ダイヤモンド社）など多数。

新・半導体産業のすべて
AIを支える先端企業から日本メーカーの展望まで

2025年1月7日　第1刷発行
2025年2月13日　第2刷発行

著　者――――菊地 正典
発行所――――ダイヤモンド社
〒150-8409　東京都渋谷区神宮前6-12-17
https://www.diamond.co.jp/
電話／03･5778･7233（編集）　03･5778･7240（販売）

ブックデザイン――萩原弦一郎（256）
編集協力――――シラクサ（畑中隆）
図表作成――――うちきば がんた（G体）
校正――――――鷗来堂
DTP・製作進行――ダイヤモンド・グラフィック社
印刷・製本――――勇進印刷
編集担当――――横田大樹

ISBN 978-4-478-12155-9

さくいん

英数字

サ行

タ行

ナ行

ハ行

マ行

ラ・ワ行

資料①——半導体メーカーと主要製品一覧

❶IDMメーカー

会社名（国籍）	主要製品
インテル（アメリカ）	MPU（超小型演算処理装置）、NORフラッシュ、GPU、SSD、チップセット
サムスン電子（韓国）	メモリ（DRAM、NANDフラッシュ）、イメージセンサー
SKハイニックス（韓国）	メモリ（DRAM、NANDフラッシュ）
マイクロン・テクノロジー（アメリカ）	メモリ（DRAM、NANDフラッシュ、SSD）
テキサス・インスツルメンツ[TI]（アメリカ）	DSP（デジタル信号処理装置）、MCU（超小型制御装置）
インフィニオン・テクノロジー（ドイツ）	MCU、LEDドライバー、センサー
キオクシア（日本）	メモリ（NANDフラッシュ）
STマイクロエレクトロニクス[ST]（スイス）	MCU、ADC（アナログ／デジタルコンバータ）
ソニー（日本）	イメージセンサー
NXPセミコンダクターズ（オランダ）	MCU、ARMコア
ウエスタンデジタル（アメリカ）	メモリ（NANDフラッシュ、SSD）

❷ファウンドリー・メーカー

会社名（国籍）	名称	最近の世界シェア
TSMC（台湾）	台湾積体電路製造	56%
サムスン電子（韓国）	三星電子	16%
UMC（台湾）	聯電	7%
GF（アメリカ）	Global Foundries	6%
SMIC（中国）	中芯国際集成電路製造	4%
VIS（台湾）	世界先進積体電路	2%
フアホンセミコンダクター（中国）	華虹	2%
タワーセミコンダクター（イスラエル）	Tower Semiconductor	1%
PSMC（台湾）	力晶積成電子製造	1%
DB ハイテック（韓国）	Dongbu Hitek	1%

❸ファブライト・メーカー

企業名（国籍）	主要製品
TI（アメリカ）	アナログIC、DSP、MCU
サイプレス・セミコンダクタ（Cypress Semiconductor Corporation アメリカ）	NOR型フラッシュ、MCU、アナログIC、PMICなどMCU、音声IC、オーディオIC（2020年にインフィニオン・テクノロジーの子会社に）
ルネサス（日本）	車載半導体、PMIC、MCU
パナソニック（日本）	MCU、LEDドライバー、オーディオIC（2020年に台湾Nuyotonへ半導体事業売却）

❹ファブレス・メーカー

会社名（国籍）	主要製品
クアルコム（Qualcomm,Inc. アメリカ）	スナップドラゴン（Snapdragon）と呼ばれるARMベースのCPUアーキテクチャ、モバイルSOC
ブロードコム（Broadcom Inc. アメリカ）	無線（ワイヤレス、ブロードバンド）、通信インフラ
エヌビディア（NVIDIA Corporation アメリカ）	GPU（グラフィック処理装置）、モバイルSOC、チップセット
メディアテック（Media Tek Inc. 台湾）	スマートフォン向けプロセッサ
アドバンスト・マイクロ・デバイセズ（AMDアメリカ）	組込プロセッサ、コンピュータ、グラフィックス、MCU
ハイシリコン（HiSilicon Technology Co.,Ltd. 中国）	ARMアーキテクチャのSOC、CPU、GPU
ザイリンクス（Xilinx,Inc. アメリカ）	FPGAを中心とするプログラマブルロジック
マーベル・セミコンダクター（Marvell Semiconductor アメリカ）	ネットワーク系
メガチップス（MegaChips Corporation 日本）	ゲーム機向け
ザインエレクトロニクス（THine Electronics 日本）	インターフェース用

❺大手IT企業

企業名（国籍）	主要製品
グーグル（Google LLC アメリカ）	機械学習用プロセッサTPU（テンソル処理装置）
アップル（Apple Inc. アメリカ）	アプリケーションプロセッサ

アマゾン（Amazon.com.Inc. アメリカ）	AI（人工知能）用チップ
メタ（Meta Platforms,Inc. アメリカ　旧Facebook）	AI（人工知能）用チップ
シスコシステムズ（Cisco Systems,Inc. アメリカ）	ネットワークプロセッサ
ノキア（Nokia Corporation フィンランド）	基地局向け半導体

❻OSAT（オーサット）メーカー

企業名	国籍
ASE	台湾
アムコー・テクノロジー	アメリカ
JCET	中国
SPIL	台湾
PTI	台湾
ファーティエン（HuaTian）	中国
TFME	中国
KYWS	台湾

❼EDAベンダー

企業名（国籍）	主要製品
ケイデンス・デザイン・システムズ（アメリカ）	3強寡占。ソフト・ハード全般（シミュレーションに強い）
シノプシス（アメリカ）	3強寡占。ソフト・ハード全般（論理合成に強い）
シーメンスEDA（ドイツ）	3強寡占。設計自動化のソフトとハード（2021年に米国のメンターを統合）
アルデック（アメリカ）	Active-HDL
ジーダット（日本）	SoC向け
プロトタイピング・ジャパン（日本）	FPGAベース
ソリトンシステムズ（日本）	組込システム
キーサイト・テクノロジー（日本）	プリント基板設計
キャッツ（日本）	組込系開発ツール
図研（日本）	とくにプリント基板
ベンサ・テクノロジーズ（カナダ）	Web／モバイルソリューション
シルバコ（アメリカ）	設計自動化ソリューション

❽IPベンダー

企業名（国籍）	主要製品
アーム（ARM）（イギリス）	組込機器や低電力アプリケーションからスーパーコンピュータまで、さまざまな機器で用いられるアーキテクチャを設計しライセンスしている
シノプシス（アメリカ）	業界で広く使用されているインターフェース仕様に対応した実績豊富なIPソリューション・ポートフォリオを提供している
ケイデンス・デザイン・システムズ（アメリカ）	TensilicaベースのDSPコア群、先端メモリ・インターフェース・コア群、先端シリアル・インターフェース・コア群などのIPコアを提供している
イマジネーション・テクノロジーズ（イギリス）	モバイル向けGPU回路のIP
シーバ（Ceva）（アメリカ）	信号処理、センサーフュージョン、AIプロセッサIP
SST（アメリカ）	マイコン製品に多く搭載されている、スプリットゲート方式の埋め込みフラッシュメモリIP。同社はスーパー・フラッシュ（Super Flash）と呼称している
ベリシリコン（中国）	画像信号処理プロセッサ用IP
アルファウェーブ（カナダ）	マルチスタンダード・コネクティビティIPソリューション
eメモリー・テクノロジー（台湾）	書き換え回数の異なる4種類の不揮発性メモリIPを提供
ラムバス（アメリカ）	SDRAMモジュールの1種のRambus DRAM、低消費電力でマルチスタンダード接続可能なSerDes IPソリューション

❾MEMSメーカー

企業名（国籍）	主要製品
ブロードコム（アメリカ）	RF MEMS
ボッシュ（ドイツ）	MEMSセンサー
ST（スイス）	温度センサー、マイク、タッチセンサー、測距センサー
TI（アメリカ）	MEMSミラー、温度センサー、磁気センサー、光センサー
HP（アメリカ）	加速度センサー、地震センサー、インクジェットMEMS
カーボ（アメリカ）	RF MEMS、アクチュエーター
TDK（日本）	MEMSマイク、圧力センサー、気圧センサー、加速度センサー、超音波センサー

村田製作所（日本）	加速度センサー、マイク、ジャイロセンサー、傾斜角センサー
パナソニック（日本）	ジャイロセンサー、MEMS感圧スイッチ
旭化成エレクトロニクス（日本）	磁気センサー、超音波センサー
キヤノン（日本）	各種マイクロマシン、プリントヘッド
太陽誘電（日本）	圧電アクチュエータ、弾性波フィルタ
アルプスアルパイン（日本）	気圧センサー、湿度センサー
エプソン（日本）	振動センサー、加速度センサー、プリントヘッド

⑩シリコンウエハー製造メーカー

企業名（国籍）	最近の世界シェア
信越化学工業（日本）	31%
SUMCO（日本）	24%
グローバルウエハーズ（台湾）	18%
SK シルトロン（韓国）	14%

⑪化合物半導体基板メーカー（日本企業）

企業名	主要製品
住友電気工業	GaAs、InP、GaN
住友金属鉱山	GaP、InP
レゾナック（旧昭和電工）	GaP、InP
信越半導体	GaAs、GaP、SiC
三菱ケミカル	GaAs
日立金属（現プロテリアル）	GaAs
DOWAホールディングス	GaAs
日鉱マテリアルズ	InP、CdTe
日亜化学工業	GaN
豊田合成	GaN

⑫製造装置メーカー

企業名（国籍）	主要製品
AMAT（アメリカ）	エッチャー、CVD、CMP、ALD、スパッター、メッキ
ASML（オランダ）	アライナー、スキャナー、EUV
東京エレクトロン（日本）	コーター、デベロッパー、CVD、エッチャー、ALD

ラムリサーチ（アメリカ）	エッチャー、成膜、洗浄
KLA（アメリカ）	製造検査装置（プロセスパラメータ、工程制御、インテリジェント・ライン・モニター）
アドバンテスト（日本）	テスター、EB直描
SCREEN（日本）	コーター、デベロッパー、ウエット洗浄、
東京精密	ダイサー、CMP、プローバ
シンフォニアテクノロジー（日本）	搬送システム
日立ハイテク（日本）	EB直描、顕微鏡（SEM、TEM、AFM）
テラダイン（アメリカ）	テスター
ASM インターナショナル（オランダ）	ALD、CVD
ニコン（日本）	ステッパー
日立国際電気（日本）	サーマルプロセス装置、エピ装置
ダイフク（日本）	搬送機システム
キヤノン（日本）	ステッパー
ディスコ（日本）	ダイサー、グラインダー
アルバック（日本）	スパッタ装置
カイジョー（日本）	ボンダー
ローツェ（日本）	ウエハー搬送機
スピードファム（日本）	グラインダー
ニューフレアテクノロジー（日本）	マスクEB描画機

⓭ガス・メーカー（日本企業）

企業名	主要製品
大陽日酸	成膜、ドーピング
エア・ウォーター	成膜、クリーニング、エッチング
関東化学	エッチング、クリーニング（特にフッ素ガス）
レゾナック（旧昭和電工）	エッチング、成膜
ダイキン工業	エッチング
日本ゼオン	エッチング
住友精化	成膜、エッチング、ドーピング、エピタキシャル成長
セントラル硝子	成膜、クリーニング
岩谷産業	産業ガス（O_2、N_2、Ar_2）、材料ガス（H_2、He、CO_2）
三井化学	エッチング
関東電化工業	エッチング、クリーニング
ADEKA	エッチング、成膜

⓮ガス・メーカー（海外）

企業名（国籍）	主要製品
エアー・プロダクツ・アンド・ケミカルズ（アメリカ）	材料ガス（H_2など）
エア・リキード（フランス）	特殊ガス（SiH_4など）
SKマテリアルズ（韓国）	エッチング
フォーサング（韓国）	特殊ガス

⓯薬液メーカー（日本企業）

企業名	主要製品
ステラケミファ	フッ酸、バッファードフッ酸
住友化学	硫酸、硝酸、アンモニア水
関東化学	各種酸、アンモニア水、過酸化水素、フッ化アンモニウム
日本化薬	MEMS用レジスト
東京応化工業	現像液、剥離液
三菱ガス化学	エッチング
三菱ケミカル	洗浄液
ダイキン工業	エッチング（フッ酸など）
森田化学工業	エッチング
トクヤマ	現像液
富士フイルム和光純薬	洗浄液

⓰薬液メーカー（海外企業）

企業名（国籍）	主要製品
BASF（ドイツ）	洗浄液
LGケミカル（韓国）	洗浄液

⓱熱酸化炉メーカー

企業名	国籍
東京エレクトロン	日本
KOKUSAI ELECTRIC	日本
ASMインターナショナル	オランダ
大倉電気	日本
テンプレス	オランダ
ジェイテクトサーモシステム（旧光洋サーモシステム）	日本

⑱CVD装置メーカー

企業名	国籍
AMAT	アメリカ
ラムリサーチ	アメリカ
東京エレクトロン	日本
ASMインターナショナル	オランダ
日立国際電気	日本
ジュソン・エンジニアリング	韓国
日本エー・エス・エム	日本

⑲ALDメーカー

企業名	国籍
AMAT	アメリカ
ラムリサーチ	アメリカ
インテグリス	アメリカ
ビーコ	アメリカ
東京エレクトロン	日本
ベネック（Beneq oy）	フィンランド
ASMインターナショナル	オランダ
ピコサン	フィンランド

⑳銅メッキメーカー

企業名	国籍
荏原製作所	日本
東設	日本
東京エレクトロン	日本
AMAT	アメリカ
ノベラス・システムズ	アメリカ
EEJA（旧日本エレクトロプレイティング・エンジニヤース）	日本
日立パワーソリューションズ	日本

㉑フォトレジスト塗布機メーカー

企業名	国籍
東京エレクトロン	日本
SCREEN	日本
セメス	韓国

㉒フォトレジスト・メーカー（日本企業）

企業名	最近の世界シェア
JSR	27%
東京応化工業	24%
信越化学工業	17%
住友化学	14%
富士フイルム	10%

㉓露光機メーカー

企業名	国籍
ASML	オランダ
ニコン	日本
キヤノン	日本

㉔ドライエッチング装置メーカー

企業名	国籍
ラムリサーチ	アメリカ
東京エレクトロン	日本
AMAT	アメリカ
日立ハイテク	日本
サムコ	日本
芝浦メカトロニクス	日本

㉕ウエットエッチングメーカー

企業名	国籍
SCREEN	日本
ラムリサーチ	アメリカ
ジャパンクリエイト	日本
ミカサ	日本

㉖イオン注入機メーカー

企業名	国籍
AIBT	台湾
アムテック・システムズ	アメリカ
AMAT	アメリカ
アクセリス・テクノロジーズ	アメリカ

日新電機	日本
住友重機械イオンテクノロジー	日本
アルバック	日本

㉗CMPメーカー

企業名	国籍
AMAT	アメリカ
荏原製作所	日本
スピードファム	アメリカ
ラムリサーチ	アメリカ
ストラスボー	アメリカ

㉘スラリーメーカー

企業名	国籍
キャボット	アメリカ
富士フイルム	日本
フジミインコーポレーテッド	日本
レゾナック（旧昭和電工マテリアルズ）	日本
BASF	ドイツ
ニッタ・デュポン	日本
JSR	日本
トッパンインフォメディア	日本
エアープロダクツ・アンド・ケミカルズ	アメリカ

㉙ランプアニールメーカー

企業名	国籍
アドバンス理工	日本
ウシオ電機	日本
ジェイテクトサーモシステム（旧光洋サーモシステム）	日本
マトソンテクノロジー	アメリカ

㉚プローバメーカー

企業名	国籍
東京エレクトロン	日本
東京精密	日本
日本マイクロニクス	日本

ティアテック	日本
オプト・システム	日本

㉛テスターメーカー

企業名	国籍
アドバンテスト	日本
テラダイン	アメリカ
アジレント・テクノロジーズ	アメリカ
テセック	日本
スパンドニクス	日本
シバソク	日本

㉜ウエハー搬送機メーカー

企業名	国籍
村田機械	日本
ダイフク	日本
ローツェ	日本
シンフォニアテクノロジー	日本

㉝ウエハー検査装置メーカー

企業名	国籍
KLA	アメリカ
AMAT	アメリカ
ASML	オランダ
日立ハイテク	日本
レーザーテック	日本
ニューフレアテクノロジー	日本

㉞ダイシングメーカー

企業名	国籍
ディスコ	日本
東京精密	日本
アピックヤマダ	日本

㉟リードフレームメーカー

企業名	国籍
三井ハイテック	日本

新光電気工業	日本
ASMパシフィックテクノロジー	シンガポール
チャン・ワ・テクノロジー	台湾
アドバンスト・アセンブリー・マテリアルズ・インターナショナル	台湾
ヘソン DS	韓国

㊱マウンターメーカー

企業名	国籍
BEセミコンダクター（Besi）	オランダ
ASMパシフィックテクノロジー	シンガポール
キューリック・アンド・ソファ	シンガポール
パロマー・テクノロジー	アメリカ
新川	日本

㊲ワイヤーボンディングメーカー

企業名	国籍
ASMアッセンブリー・テクノロジー	オランダ
DIASオートメーション	香港
キューリック・アンド・ソファ	シンガポール
新川	日本
澁谷工業	日本

㊳熱可塑性樹脂メーカー

企業名	国籍
レゾナック（旧昭和電工マテリアルズ）	日本
イビデン	日本
ナガセケムテックス	日本
住友ベークライト	日本

㊴樹脂封止機メーカー

企業名	国籍
TOWA	日本
ASMパシフィックテクノロジー	シンガポール
アピックヤマダ	日本
I-PEX	日本
岩谷産業	日本

㊵スパッタリング装置メーカー

企業名	国籍
AMAT	アメリカ
アルバック	日本
キヤノンアネルバ	日本
ナウラ・テクノロジー	中国
芝浦メカトロニクス	日本
東横化学	日本
日本エー・エス・エム	日本

㊶スパッタリングターゲット・メーカー（日本企業）

企業名	主要製品
JX金属	Ti、Cu、Cu合金、Ta、W
東芝マテリアル	Cu、Cu合金（2024年までに撤退）
フルウチ化学	Al、Ni、Cu、ITO
高純度化学研究所	Al、Co、Cu、In
アルバック	W、Co、Ni、Ti、Silicide
三井金属鉱業	ITO、IZO、IGZO
大同特殊鋼	Ni、Ti、Cu、Cr、Al

㊷超純水メーカー（日本企業）

企業名	コメント
オルガノ	台湾比率が高い
野村マイクロ・サイエンス	韓国、台湾でトップシェア
栗田工業	水処理専業として国内最大手

㊸マスク検査装置メーカー（日本企業）

企業名	主要製品
レーザーテック	EUVマスク、DUVマスク
ニューフレアテクノロジー	DUVマスク
堀場製作所	マスク／レチクル異物
SCREEN	マスク外観

資料②——半導体用語の解説

A/D、D/A	(Analog to Digital converter、Digital to Analog converter)。アナログ信号からデジタル信号への変換器、デジタル信号からアナログ信号への変換器。ADC、DACとも表記される。
AGV	Auto Guided Vehicle(無人搬送車)。無人搬送ロボットとも呼ばれ、クリーンルーム内でシリコンウエハーの工程間搬送に使われる。
ALD	Atomic Layer Deposition(原子層堆積)。シリコンウエハーが入っているチャンバー内に、成膜すべき膜材料を含む複数ガスの供給と排気を何度も短時間で繰り返すことで1原子層ずつ必要な組成を持った膜を堆積する。
AlGaP	Aluminum Gallium Phosphide(アルミニウムガリウムリン)。
AND	論理積とも呼ばれ、「……かつ……」を意味する。
BEOL	Back End Of Line(ビーイーオーエル)。略してバックエンドとも呼ばれる。前工程の後半部分、すなわちFEOLで作られた素子を内部配線で相互に接続する工程。
CIM	Computer Integrated Manufacturing(コンピュータ統合生産)。コンピュータを駆使して、製造工程でのデータ収集と解析、装置制御、搬送制御、工程管理など、見える化を含め行なうシステム。
CIS	CMOS Image Sensor(シーモス　イメージセンサー)。フォトダイオードで発生した電子の転送をCMOS回路で行なうタイプのイメージセンサー。
CISC	Complex Instruction Set Computer(シスクと読む)。コンピュータの命令セットのアーキテクチャ設計法の一つで、ハードウエアが複雑ないっぽう、命令回数は少ない。
CMP	Chemical Mechanical Polishing(化学的機械的研磨)。シリコンウエハーを回転させ、スラリーを流しながら、シリコンウエハーを研磨パッドに押し付け、化学的機械的な反応により研磨して表面を真っ平にする(平坦化)。非常に平坦な表面が得られるので、鏡面研磨(mirror polish)とも呼ばれる。CMPには絶縁物系とメタル系がある。
CODEC	COder＋DECoder(符号器／復号器)。
CPU	Central Processing Unit(中央演算処理装置)。コンピュータの心臓部で、さまざまな演算処理を行なう。
CT	Computed Tomography(コンピュータ断層撮影)。人体などの輪切り画像をコンピュータによって再構成する医療装置。

CVD	Chemical Vapor Deposition（化学的気相成長）。シリコンウエハーを入れたチャンバー内に原料ガスを流し、熱やプラズマでガスを励起し化学反応させ、シリコンウエハー上に必要な薄膜を堆積させる。成長させる膜には各種の絶縁膜、半導体膜、導電体膜がある。
CZ法	Czochralski（チョクラルスキー）法は最もポピュラーな単結晶成長法の一種。
DC/DCコンバータ	Direct Current／Direct Current Converter。直流を直流に変換する装置。直流の電圧を変えて、電圧変換を行なう。
DRAM	Dynamic Random Access Memory。記憶保持動作が必要な随時書き込み読み出しメモリ。リフレッシュ動作必要、破壊読み出しで再書き込み必要。
DSP	Digital Signal Processor（デジタル信号処理装置）。デジタル信号処理に特化したマイクロプロセッサ。
DX	Digital Transformation。デジタルトランスフォーメーション。デジタル技術の進化・浸透によって「人々の生活がより良いものへと変革される」という考え方。
EB直描	Electron Beam direct writing（電子線直接描画）。マスクを用いず電子データから直接描画する。低スループットが最大の難点。
EDA	Electronics Design Automation。電子系の設計自動化のこと。半導体の設計作業を支援するためのハードウエアとソフトウエアの総体。EDAツールを開発・提供する企業は「EDAベンダー」と呼ばれる。半導体回路のシステムデザイン、論理合成・検証、レイアウト設計・検証、各種のCADツールやシミュレータなどを提供・支援する。CAD（Computer Aided Design）とは、コンピュータ支援設計のことをいう。
eDRAM	ロジックとDRAMを混載した半導体で、CPUシステムで主記憶に最も近い階層のキャッシュメモリに使われる。埋込DRAM、混載DRAMとも呼ばれる。
EEPROM	Electrically Erasable Programmable Read Only Memory。電気的に消去、プログラム可能な読み出し専用メモリ。
EUV	Extreme Ultra Violet（極端紫外線）。13.5nmの紫外線を用いた露光のこと。現在、最も解像度の高い光源になっている。
FEOL	Front End Of Line（エフイーオーエル）。ウエハー上にトランジスタなどの素子を作り込む工程。略してフロントエンドとも呼ばれる。前工程の前半部分の工程。
FLASH	フラッシュ。代表的不揮発性メモリで、NAND型とNOR型がある。

FPGA	Field Programmable Gate Array（フィールドプログラム可能なゲートアレイ）。製造後に購入者や設計者が内部論理構成を設定できるゲートアレイ。
GA	Gate Array（ゲートアレイ）イージーオーダー品に相当するLSI。あらかじめ用意した基本論理セルの配列（マスタースライス）にユーザーの要求機能に応じて配線接続して作る。
GaAs	Gallium Arsenide（ガリウム砒素）。
GaN	Gallium Nitride（窒化ガリウム）。
GPU	Graphics Processing Unit（グラフィック処理装置）。3Dグラフィックスなどの画像処理に特化したプロセッサ。
HSMC	Hongxin Semiconductor Manufacturing Corporation。エイチ・エス・エム・シー。中国武漢市のファウンドリー企業。
IC	Integrated Circuit。日本語では「集積回路」と訳される。多数のトランジスタなどの素子を相互に内部配線で接続し一定の電気的機能を持たせた回路。
IDM	Integrated Device Manufacturer。垂直統合型デバイスメーカー。半導体デバイスの設計から製造さらに販売までを一貫して自社で行なう企業。
IGBT	Insulated Gate Bipolar Transistor（絶縁ゲートバイポーラトランジスタ）。MOS型トランジスタを主要部に組み込んだバイポーラトランジスタで、電力制御（パワーマネジメント）の用途で使用される。
IGZO	Indium Gallium Zinc Oxide（インジウムガリウム亜鉛酸化物）。
InP	Indium Phosphide（インジウムリン）。
IP	Intellectual Property。知的財産のこと。半導体のまとまった機能を持った回路ブロックの設計資産。IPを提供する企業はIPベンダー、またはIPプロバイダーと呼ばれる。
ITO	Indium Tin Oxide（インジウムスズ酸化物）。透明半導体。
LED	Light Emitting Diode（発光ダイオード）。ダイオードの1種で、2端子間に順方向電圧をかけたときに発光する素子。
LSI	Large Scale Integration。大規模集積回路と訳される。
MCU	Micro Controller Unit（超小型制御装置）。MPUより機能や性能が小規模に絞り込まれたマイクロコントローラ。マイコンとも呼ばれる。
MCZ	Magnetic CZ（磁気CZ）。強磁界を印加しながら行なうCZ法。
MEMS	Micro Electro Mechanical System（超小型機械要素部品）。「メムス」と呼ばれる。センサー、アクチュエータ、電子回路を半導体チップ上に搭載した超小型のデバイス。

MODEM	MOdulation＋DEModulation。パソコンのデジタル信号と電話回線などのアナログ信号を相互に変換する変調機能と復調機能を担う送受信装置。
MOS	Metal Oxide Semiconductor（金属-酸化物-半導体）。最も基本的な電界効果型トランジスタで用いられる構造。
MPU	Micro Processing Unit（超小型演算処理装置）。コンピュータの基本的演算を行ない、CPUとほぼ同義で扱われるが、「半導体チップに搭載されたCPU」という意味合いが強い。
MRAM	Magnetic RAM。磁気現象（電子のスピン）を利用した、不揮発性メモリの一種。
MRI	Magnetic Resonance Imaging。強い磁界と電界により体内の状態を断面像として撮影する医療装置。
MSI	Medium Scale Integration。中規模集積回路。
NAND	NOT＋AND。すなわちAND（……かつ……論理）の否定論理。NANDフラッシュはNORフラッシュに比べ高集積化が可能で、ビットコストが低いので大容量ストレージ用に向いている。
NFC	Near Field Communication。近距離無線通信規格。かざすだけで周辺機器と通信可能な技術。
NOR	否定論理和。つまり、論理和（OR「……か……」）の否定論理のこと。
OHS	Over Head Shuttle。リニアモーター駆動のシリコンウエハーの天井搬送シャトル。
OHT	Overhead Hoist Transport。クリーンルーム内の天井に設置した軌道を走行し、シリコンウエハーを移動したり、上下したりするホイスト機構を持った搬送装置。
OR	論理和。「……か……」を意味する。
OSAT	Outsourced Semiconductor Assembly and Test。オーサットと読む。半導体の後工程を請け負い受託生産する企業。
PCRAM	Phase Change RAM。電流（発熱）による相変化で電気抵抗が変化することを利用したRAM。
PD	Photo Diode。フォトダイオード。光を電気信号に変換するダイオード。
PET	Positron Emission Tomography（陽電子放出断層撮影法）。陽電子検出を利用したコンピュータによる断層撮影法。
PLD	Programmable Logic Device（ピーエルディー）。内部論理回路の内容をプログラムで変更できるICの一般的呼び名のこと。

PLL	Phase Locked Loop（位相同期回路）。周期的な入力信号をもとにフィードバック制御を加え、別の発信器から位相が同期した信号を出力する回路。
PVD	Physical Vapor Deposition（物理的気相成長）。CVDに対する呼び方で、物理的に原料ガスをシリコンウエハー上に堆積させて成膜する。PVDの代表的な方法としてスパッタリングがあるが、スパッタリングでは膜材料を円盤状に加工したスパッタリングターゲットに高速のアルゴン（Ar）を衝突させ、反跳で飛び出してくる構成元素をシリコンウエハーに堆積させ成膜する。
RISC	Reduced Instruction Set Computer（リスクと読む）。コンピュータの命令セットのアーキテクチャ設計法の一つで、ハードウエアが比較的簡単ないっぽう、命令回数は多い。
RRAM	Resistive Random Access Memory。電流による抵抗変化を利用した不揮発性メモリのこと。
RTA	Rapid Thermal Annealing（急速熱アニール）。多数の赤外線ランプを並べたチャンバーの中にシリコンウエハーを入れ、赤外線ランプに電流をオン・オフすることで急速に昇温・降温する。ランプアニール（Lamp Anneal）とも呼ばれる。
Siウエハー	Silicon wafer。シリコンウエハー。単結晶シリコンの薄い円板。口径は300mmϕ（ϕは直径）、450mmϕ（現状最大）など。
SMIC	Semiconductor Manufacturing International Corporation。エスエムアイシー。中国上海市のファウンドリー企業。
SnO_2	tin oxide（酸化スズ）。
SOC	System On a Chip。シリコンウエハー上にシステム機能を搭載したLSI。
SOIウエハー	Silicon On Insulator。薄い単結晶シリコン層を$Si+SiO_2$上に張り付けた基板のこと。
SRAM	Static Random Access Memory。記憶保持動作が不要な随時書き込み読み出しメモリ。リフレッシュ動作が不要。
SSD	Solid State Drive。NAND Flashをディスクドライブのように扱える補助記憶装置。
SSI	Small Scale Integration。小規模集積回路。
TPU	Tensor Processing Unit。グーグルが開発した機械学習に特化したAI処理向けの半導体。
TSMC	Taiwan Semiconductor Manufacturing Company。ティー・エス・エム・シー。台湾の世界最大のファウンドリー企業（半導体の受託生産会社）。台湾新竹市に本部を置く、世界最初のファウンドリー企業で世界最大規模。2021年の売上高は568億ドル。

TSV	Through Silicon Via（シリコン貫通電極）。シリコン基板の上下面間に貫通孔を穿（うが）ち、そこに導電性材料を埋め込むことで、半導体（IC）の3次元構造を実現するための実装技術。
ULSI	Ultra Large Scale Integration。超大規模集積回路。
UMC	United Microelectronics Corporation。ユー・エム・シー。台湾のファウンドリー企業。略称、聯電。台湾新竹市に本部を置く世界3位（2015年）の半導体製造ファウンドリー企業。
VIS	Vanguard International Semiconductor Corporation ヴィー・アイ・エス。台湾のファウンドリー企業。
VLSI	Very Large Scale Integration。超大規模集積回路。
ZnO	Zinc Oxide（酸化亜鉛）。
アプリケーション・プロセッサ	Application Processor。スマートフォンやタブレット端末で使われるマイクロプロセッサ。
アライナー	aligner。ステッパーで、ステップ・アンド・リピートでウエハーステージのみ動かすタイプ。
イオン注入	Ion Implantation。電界で加速した導電型不純物イオンを打ち込むことで半導体に導電型不純物添加領域を形成する。
イメージセンサー	Image Sensor（固体撮像装置）。「電子の眼」とも呼ばれる。
ウエハー・ソート	wafer sort。半導体基板上に前工程で作り付けた多数のデバイス（IC、LSI、VLSI）が製品規格に照らし良品か不良品かを判別する。
ウエットエッチング	wet etching（湿式エッチング）。薄膜材料と化学反応を起こし薄膜を溶解させる薬液を用いて、薄膜を部分的または全面を除去する。
エピウエハー	epitaxial wafer。プライムウエハー上に単結晶シリコン膜をエピタキシャル成長させた基板のこと。
カーボンニュートラル	Carbon Neutral。地球上の温室効果ガスを均衡、すなわち排出量と吸収量・除去量のバランスを取ることで、CO_2やメタン、フロンガスなどの増加を防止する。
キャリアガス	carrier gas。化学反応には関与せず、活性ガスの輸送や不活性雰囲気に利用される。N_2、Ar_2などがある。
クラウドコンピューティング	cloud computing。インターネットなどを経由してコンピュータをサービス資源として提供する形態のこと。
クリーニングガス	cleaning gas。成膜装置などのチャンバー内部の清浄化用。NF_3、C_2F_6、COF_2などのガスがある。
コプロセッサ	Co Processor（補助プロセッサ）。CPUなどは、コンピュータシステム内で主要な役割を果たす汎用プロセッサなのに対し、一部処理の補助・代行をするプロセッサ。

スキャナー	scanner。ステッパーで、ウエハーステージだけでなくレチクルにもステップ・アンド・リピート機能を持たせたもの。レンズの収差の少ない部分を利用できるので、より広い露光フィールドが得られる。KrFエキシマレーザー以降（一部i線から）はスキャナーが多く使われている。
ステッパー	stepper。縮小投影露光装置。ステップ・アンド・リピート（step and repeat）動作により、マスク（レチクル）パターンを1/4～1/5に縮小してフォトレジストに投影し焼き付ける。より微細なパターンを焼き付けるには、より波長の短い光が必要で、このため光源としてg線（436nm）、i線（365nm）、KrFエキシマレーザー（248nm）、ArFエキシマレーザー（193nm）、ArF液浸（対物レンズとフォトレジストの間に屈折率1.44の水を挟むことで解像度を1.44倍上げる）、さらに微細パターン形成のため多重露光も使用される。
スパッタリング	sputtering。成膜材料を円盤状に加工したターゲット（target）にアルゴン原子を高速でぶつけることにより、反跳で飛び出してくる構成原子を付着させ成膜する。CVDに対するPVD（Physical Vapor Deposition　物理気相成長）の1種。PVDには他に蒸着（evaporation）やイオンプレーティング（ion plating）などがある。
スパッタリングターゲット	sputtering target。スパッタリングで薄膜を成長させるために用いられる円盤状に加工された材料で、これにアルゴンガスを高速でぶつけ、反跳により飛び出してくる材料粒子を付着させることで成膜する。
スマートグラス	Smart Glass。目の前の見えている現実に加えて仮想現実の情報を追加して見せる眼鏡。
スラリー	slurry。薬品の中に研磨材を分散させたコロイド状の液のこと。CMPでの研磨に用いられる。
ダイシング（スクライビング）	dicing。シリコンウエハーを1個1個のICチップに切り分けること（ダイシング）。ICチップはダイ（die）、ペレット（pellet）とも呼ばれるため、ペレタイジング（pelletizing）とも呼ばれる。ウエハー上の1個1個のチップを、チップ周辺に設けられた切りしろ（スクライブ線　scribe line ）に沿ってダイヤモンドソーで切り分ける。この装置はダイサー（dicer）と呼ばれる。
チップ	Chip。元々は小片の意味。シリコンの薄い四角の小片の上にICが作り込まれたモノをICチップ、または単にチップと呼ぶ。チップはダイ（die）やペレット（pellet）とも呼ばれる。
チップレット	Chiplet。CPUやGPUなどの複数のコアを、それぞれコア単位で作製し、それらをレゴブロックのように組み合わせることで1個の集合体としての半導体（IC）を作る方法。
ディスクリート	discrete（個別半導体）。

デザインハウス	Design House。他社の半導体製品の設計だけを請け負い受託設計する企業のこと。
テスター	tester。デバイスとの間で電気信号をやり取りすることでデバイス動作（機能、性能）を測定する装置。
ドライエッチング	dry etching（乾式エッチング）。加工すべき薄膜材料と化学反応を起こし揮発性生成物を生じる反応性ガス、イオン、ラジカルなどにより、薄膜を部分的（フォトレジストに覆われていない部分）または全面を除去する。
ドローン	drone。無人飛行機のこと。
バーンイン	Burn-In。ICに電圧（Bias バイアス）をかけ、温度（T）を上げて行なう信頼性加速試験。BT（Bias Temperature）試験とも呼ばれる。
ハイシリコン	HiSilicon Technology Co., Ltd. 中国深圳（しんせん）市にある半導体メーカーで、以前はファーウェイのASICデザインセンター。
パッケージング	packaging。チップをさまざまな材質、形状のパッケージ（ケース）に搭載する。
パワー半導体	Power Semiconductor。高電圧・高電流を扱う電力機器向けの半導体素子。
ファーウェイ	中国深圳（しんせん）市に本社がある通信機器の大手メーカー。
ファウンドリー	Foundry。原義は鋳造所。半導体チップを作る工場、すなわち半導体製造の前工程を請け負い受託生産する企業のこと。
ファブライト	Fab-light。最小限の半導体製造ラインを持っているが、生産の大半はファウンドリーに委託する企業のこと。
ファブレス	Fabless。Fab（製造ライン）＋less（なし）。半導体デバイスの製造を行なわず、すなわち製造施設（fabrication facility）を持たず、設計に特化した会社。生産はファウンドリーに委託する。文字通り、「製造ラインを持たない企業」を指す。
フォトマスク	photomask。石英などの透明な原版上に遮光性膜のパターンが描かれたもの。最近のステッパーやスキャナーと呼ばれる露光機で使われるマスクは、実際にシリコンウエハー上に転写するパターンの4～5倍でパターンが描かれていてレチクル（reticle）とも呼ばれる。
フォトレジスト	photo resist。写真食刻技術で、光による化学反応を利用しパターニングに利用される液。感光材、ベース樹脂、溶媒からなる。光が当たった部分を溶解除去するポジ型と、光が当たっていない部分を溶解除去するネガ型がある。
シリコンプライムウエハー	Silicon prime wafer。引き上げ成長させた単結晶シリコンインゴットをスライス、研磨した薄い円板状の基板のこと。

プローバ	prober。半導体基板上に作られた個々のICに設けられた電極パッドの配置に当てるための探針を設けたプローブ・カードと、それを制御する装置。
ボンディング	bonding。チップ上のボンディングパッドとケース（パッケージ）のリード線を細いワイヤー（金線など）で結び電気的に接続する。この装置はボンダー（bonder）と呼ばれる。
マウント	mount。チップをケース（パッケージ）のアイランドに搭載（貼り付け）する。この装置はマウンター（mounter）と呼ばれる。ダイボンド、そして装置はダイボンダーとも呼ばれる。
マスク（レチクル）	mask（reticle）。露光光（露光に使う光）を通す部分と通さない部分を有し、これを、マスクにして光を照射することでフォトレジストに所要パターンを焼き付ける。実際に形成するパターンの4～5倍の寸法パターンを有し、露光では1/4～1/5に縮小して露光する。
メッキ	plating。FEOLプロセスでは比較的厚い銅膜を成長させるのに電解メッキが使われる。
メモリ	memory。情報を記憶し、必要に応じて取り出し利用できるデバイス。
リソグラフィー	lithography。ウエハー上に形成された各種薄膜に塗布されたフォトレジストに写真食刻法を利用して回路パターンを焼き付ける。
リンス	rinse。残留液を超純水で洗い流すこと。
レーザートリマー	laser trimmer。DRAMなどのリダンダンシーを有するデバイスで、不良ビットをデバイスがあらかじめ余分に持っているビットに置き換えるため、ヒューズをレーザーでトリミングし、外から見て完全動作させる。
化合物半導体	compound semiconductor。2種以上の元素の化合物からなる半導体で、構成元素数がxのとき、x元系と呼ばれる。たとえば、2元系ではSiGe、GaAs、GaN、SiC、3元系ではAlGaAs、GaInAs、4元系ではInGaAsP、InGaAlPなどがある。
乾燥	drying。スピンドライ、IPA乾燥（マランゴニ、ロタゴニなど）。
揮発性	volatile。電源を切ると覚えていた情報を忘れてしまうこと。
現像	develop。フォトレジストが光照射により化学反応を起こし、未露光部と異なる性質を利用し現像液に晒すことでパターンを形成する。露光で現像液に溶解しやすくなるレジストをポジ型、溶解しにくくなるレジストをネガ型と呼ぶ。
酸化物半導体	oxide semiconductor。酸化物からなる半導体のこと。ZnO、ITO、IGZOなどがある。
酸化用ガス	oxidation gas。O_2、スチーム、O_2+H_2（パイロジェニク）、O_2+H_2Oなどがある。

信頼性試験	reliability test。製品の信頼性を保証するため温度、電圧などを加えた加速試験。
洗浄・リンス・乾燥	cleaning rinsing drying。あるプロセス処理が終わり次の処理に移る際に、表面のパーティクル、微量金属不純物、微量有機物質などを除去して清浄化するため、薬液による洗浄、純水などによるリンス、リンス液を飛ばす乾燥が行なわれる。ガスを用いた洗浄もあり、この場合はドライ洗浄と呼ばれ、薬液洗浄はウエット洗浄とも呼ばれる。
選別・検査	sorting inspection。パッケージングされたデバイスを、製品規格に照らして良・不良を判定（選別）し、各種電気特性や外観などを検査する。
超解像度技術	露光時の解像度をより上げるため、レチクルに位相シフト、OPC（Optical Proximity Correction 光学近接効果補正）などを加えること。
超純水	ultrapure water。微粒子（パーティクル）、有機物、気体などの不純物をさまざまな工程を経て取り除いた極度に純粋な水。
塗布機	coater（コーター）。ウエハー上に形成された各種薄膜にフォトレジスト薄膜を塗布する装置。
捺印	marking。ケース表面に、製品名、製造会社名、製造ロット名、製造履歴などがわかるよう印刷する。
入庫検査	incoming inspection。製品として最終的な電気特性や外観を検査する。
熱拡散	thermal diffusion。シリコンウエハーを高温にした導電型不純物ガスに晒すことで、熱拡散現象を利用して導電型不純物を添加する。
熱拡散現象	温度をかけた状態で濃度勾配によって物質が移動する現象。
熱酸化	thermal oxidation。高温にしたシリコンウエハーを酸化性雰囲気に晒し、シリコン（Si）と酸素（O_2）を化学反応させ、二酸化シリコン膜を形成する。$Si+O_2 \rightarrow SiO_2$。
熱処理炉	thermal furnace。熱（高温度）を加える処理を行なう炉。
剥離剤	remover。不要になったフォトレジストを除去する薬液。
薄膜	薄膜としては、絶縁膜にはSiO_2、SiON、Si_3N_4、金属膜にはAl、W、Cu、半導体膜にはPoly-Si、シリサイド膜には$TiSi_2$、$TaSi_2$、CoS_2i、$NiSi_2$、TiN、TaNなどが使われる。
半導体レーザー	Semiconductor Laser。半導体の電子–正孔の再結合発光を利用したレーザー。
搬送装置	transferring equipment。半導体デバイス製造工程で、仕掛品をある工程から次の工程に搬送する。リニアモーターによる天井搬送、AGV（Auto Guided Vehicle）や無線による床搬送がある。
不揮発性	non-volatile。電源を切っても情報を記憶し続ける性質。

封入	sealing。パッケージに搭載したチップを保護しハンドリングを容易にするためにモールド樹脂で包んだり、金属キャップをかぶせたりして封止する。
裏面研削	back grinding。ダイシングによるチップの切り分けを容易にし、電気特性の向上やパッケージングでの便宜のため、ウエハー裏面を研削して薄くする。

資料③——海外と日本の半導体主要工場の新設状況

❶海外の主な半導体工場の新設状況（2024年10月時点）

企業名	場所	主要製品	量産時期	業務形態	投資規模	備考
インテル	アリゾナ州チャンドラー	先端ロジック（20Aプロセス）	2024年〜	IDM ファウンドリー	15兆1000億円	3兆円 政府支援
	オハイオ州		2026年〜	ファウンドリー		
マイクロン	アイダホ州ボイシ	先端DRAM	今後10年	IDM	2兆2000億円	
	ニューヨーク州クレイ（4工場）	先端DRAM	2020年末〜	IDM	15兆円	1兆円
テキサス・インスツルメンツ	ユタ州リーハイ	アナログ 組み込みプロセッサ	2026年〜	IDM	1兆6300億円	
グローバルファウンドリーズ	ニューヨーク州マルタ	車載、5G、IoT（14、12nm）		ファウンドリー	1500億円	
TSMC	アリゾナ州フェニックス	先端ロジック	2030年まで	ファウンドリー	10兆円	9800億円
サムスン電子	テキサス州テイラー	先端ロジック	2024年〜	ファウンドリー	6兆1600億円	9800億円
インフィニオン	ドイツドレスデン	パワー半導体他	2026年〜	IDM	8500億円	1700億円
STマイクロ＋GF	フランスクロル	FD-SOI	2026年まで	ファウンドリー他	5兆7000億円	1兆7000億円
TSMC	ドイツドレスデン	先端ロジック（28〜12nm）	2027年まで	ファウンドリー	1兆6000億円 TSMC70% ボッシュ、インフィニオン、NXPセミコン、各10%	8000億円 ドイツ政府支援
SMIC	天津市	28nm以上	非公表	ファウンドリー	1兆円	
	上海市	28nm以上	非公表	ファウンドリー	1兆円	
UMC	シンガポール	22／28nm	2024年〜	ファウンドリー	7400億円	
インフィニオン	マレーシア	パワー半導体（SiC）	2024年〜	IDM	8440億円	
グローバルファウンドリーズ	シンガポール	アナログ、パワー、不揮発性メモリ	2023年〜	ファウンドリー	5800億円	
Silicon Box	シンガポール	チップレット	2023年〜	OSAT	3000億円	
インテル	マレーシア	チップレット 3D実装	2024年〜	IDM	8100億円	

（用語）
FD-SOI: Fully Depleted Silicon On Insulator（完全空乏型エスオーアイ）

❷日本国内における主な半導体工場の新設状況（2024年10月時点）

工場名	場所	新／増設	生産品	量産時期	業務形態	投資規模	備考
ラピダスIIM-1	北海道千歳市	新設	先端ロジック（2nm以下）	2027年〜	ファウンドリー	2兆円	9000億円政府支援
富士電機（津軽セミコンダクタ）	青森県五所川原市	増設	パワー半導体（SiC）	2024年〜	IDM	1900億円	
キオクシア岩手	岩手県北上市	増設	NANDフラッシュ	2025年〜	IDM	7200億円（三重と合わせて）	2400億円政府支援
加賀東芝エレクトロニクス	石川県能美市	増設	パワー半導体（Si）	2024年〜	IDM	2000億円	
ルネサス	山梨県甲斐市	増設	パワー半導体（Si）	2024年〜	IDM	900億円	
キオクシア三重	三重県四日市市	増設	NANDフラッシュ	2024年〜	IDM	7200億円（岩手と合わせて）	2400億円政府支援
三菱電機福山	広島県福山市	増設	パワー半導体（Si）	2024年〜	IDM	1300億円	
マイクロン	広島県東広島市	新設	NANDフラッシュ	2024年〜	IDM	8000億円	1920億円政府支援
ラピスセミコンダクタ宮崎第二	宮崎県国富町	増設	パワー半導体（SiC）	2024年〜	IDM	3000億円	
JASM 第一（TSMC）	熊本県菊陽町	新設	ロジック半導体（22/28、12/16nm）	2024年〜	ファウンドリー	1兆2900億円	4760億円政府支援
JASM 第二（TSMC）	同上	同上	同上（6、12nm）	2027年〜	同上	3兆円	7320億円
三菱電機	熊本県菊池市	新設	パワー半導体（SiC）	2026年〜	IDM	1000億円	
ソニーセミコンダクタ	熊本県合志市	新設	イメージセンサー	2024年〜	IDM	数1000億円	

（用語）
IIM: Innovative Integrated Manufacturing
JSMC: Japan Semiconductor Manufacturing Company
JASM: Japan Advanced Semiconductor Manufacturing